国家出版基金项目
NATIONAL PUBLICATION FOUNDATION

"十三五"
国家重点出版物出版规划项目

航天推进技术系列专著

燃烧诊断学

刘佩进 吕 翔 金秉宁 杨 斌 王 倩 著

西北工业大学出版社

西 安

【内容简介】 随着对火箭发动机、吸气式发动机和燃气轮机等动力装置燃烧研究的深入，燃烧诊断方法越来越受到研究者的重视。本书介绍了燃烧诊断学所涉及的物理学基础知识，以及近红外吸收光谱、拉曼光谱、激光诱导荧光和数字全息等常用的燃烧诊断方法的基本原理、系统组成与数据处理方法等内容。

本书可作为从事火箭发动机、航空发动机、燃气轮机或内燃机等燃烧动力装置的研究者深入开展燃烧研究的参考书，也可以作为高等院校相关专业的研究生教材。

图书在版编目(CIP)数据

燃烧诊断学/刘佩进等著. —西安:西北工业大学出版社,2023.11

ISBN 978 - 7 - 5612 - 8856 - 6

Ⅰ.①燃⋯　Ⅱ.①刘⋯　Ⅲ.①燃烧分析　Ⅳ.①TK16

中国国家版本馆 CIP 数据核字(2023)第 218070 号

RANSHAO ZHENDUANXUE

燃 烧 诊 断 学

刘佩进　吕翔　金秉宁　杨斌　王倩　著

责任编辑:张　潼	策划编辑:杨　军
责任校对:胡莉巾	装帧设计:高永斌　李　飞

出版发行:西北工业大学出版社

通信地址:西安市友谊西路 127 号　　　邮编:710072

电　　话:(029)88491757,88493844

网　　址:www.nwpup.com

印 刷 者:陕西奇彩印务有限责任公司

开　　本:787 mm×1 092 mm　　　1/16

印　　张:16.5　　　彩插:4

字　　数:433 千字

版　　次:2023 年 11 月第 1 版　　　2023 年 11 月第 1 次印刷

书　　号:ISBN 978 - 7 - 5612 - 8856 - 6

定　　价:98.00 元

如有印装问题请与出版社联系调换

前　　言

随着航空航天推进技术及其他动力技术的发展,如何保持火焰稳定、提高燃烧效率、降低污染物排放已成为研究重点,对燃烧的研究提出了越来越高的要求,对在时间和空间维度上的燃烧建模要求更加精细。深刻理解燃烧,进而按照不同的需求控制燃烧,就需要学习先进的燃烧诊断技术。

燃烧诊断学课程在西北工业大学已开设多年,对扩展学生视野、提高燃烧基础和应用研究水平起到明显的推动作用。由于该课程本身学科跨度大,涉及几何与工程光学、激光和分子光谱学等方面的知识,航空宇航推进理论与工程和工程热物理等相应学科的研究生想学好该门课程的难度很大,国内也缺乏集燃烧诊断基础知识与应用于一体的合适的参考书。

笔者在学习该门课程的过程中也遇到过很大的困难,通过查阅大量的专著和论文,以及学习国外著名大学的课程课件,逐步了解并掌握了该门课程内容,并将其用于科研实践活动。笔者总结多年的学习经验撰写了本书,希望能够为本领域的读者提供一本既通俗易懂、具有一定的理论深度且又能指导实践的教材。需要说明的是,燃烧诊断技术博大精深且处于不断发展之中,本书只是燃烧诊断技术的入门参考书。

刘佩进教授负责策划本书并撰写了本书的大部分内容,吕翔教授参与了第 2 章和第 8 章的撰写,上海理工大学的杨斌副教授参与了第 3 章和第 4 章的撰写,金秉宁博士完成了第 7 章的编写,第 8 章的主要撰写工作由上海交通大学的王倩完成。撰写本书的时间很长,课题组的众多研究生在本书的撰写过程中也做出了重要贡献,黄斌和王志新硕士对第 4 章和第 7 章做出了很大的贡献,徐朝启博士完成了第 6 章的大部分撰写工作。

感谢中国科学院力学研究所的余西龙研究员、浙江大学的吴迎春博士和中国空气动力研究与发展中心的陈爽研究员对本书的贡献。

由于水平有限,本书疏漏之处难免存在,希望广大读者不吝赐教。

著　者

2020 年 5 月

目　　录

第1章 绪 论

1.1 燃烧实验诊断的重要性

燃烧是一项古老而又常用的技术,燃烧现象的发现改变了人类的生活模式,甚至对人类的进化起到了至关重要的作用。从燧人氏发明了钻木取火开始,火的应用极大地促进了文明的发展。现在,化石燃料的燃烧依然是人类获取能源最主要的手段,在现代日常生活中无处不在。在燃烧应用的过程中,人类对燃烧的认识逐步深入,并且采用各种手段来控制燃烧,以达到特定的应用目的。

高效、安全和低排放的要求始终贯穿着燃烧的研究过程,不同的领域对燃烧效率、排放和安全性有不同的侧重点,目前不同应用领域的燃烧研究均取得了进步。燃烧过程是复杂的多维和多相过程,和时间强相关,同时伴随着质量、动量和能量的输运,从反应物到生成物之间有复杂多样的中间产物。尽管在多数场合下可以按照设想组织和控制燃烧,但由于燃烧具有复杂性,目前人类对于燃烧的认识还不够深入。

在航空宇航推进系统中,燃烧是获得能量、产生推力的主要手段。活塞式发动机、涡轮喷气发动机、涡扇发动机、液体火箭发动机、固体火箭发动机、冲压发动机,以及这些发动机之间的组合,仍然是当前使用的推进动力。这些动力方式的燃料体系不同,燃烧组织方式差异显著,燃烧研究所面临的问题也各不相同。对燃烧系统的研究依赖于对其燃烧场信息的获取,燃烧最终产物的浓度、燃烧中间过程活性基团的浓度、燃烧场温度、流场及其分布等信息是研究燃烧动力学过程、燃料的掺混、点火和燃烧场演化发展等过程的基础。燃烧诊断技术对燃烧的研究至关重要。

目前新一代涡轮/涡扇发动机、超燃冲压发动机、脉冲爆震发动机是国际上的研究热点,燃烧室也仍然是研究的核心。内部流动过程复杂、压强高、流速高、组分复杂、自发光强,工作过程环境振动强烈,都对燃烧诊断提出了极高的要求。有些情况下,如固体火箭发动机和液体火箭发动机,工作压强可能高于 10 MPa,燃烧温度超过 3 500 K,有时伴随着浓密烟雾,准确了解燃烧产物最终状态也是非常困难的。尽管这些发动机能够可靠甚至高效工作,完成各种各样的任务,但是研究者对燃烧的理解还是很有限的。

近年来,燃烧的理论模型和数值模拟技术得到迅速发展,不仅降低了燃烧的研究成本,而且为细致理解燃烧提供了更为充分的数据。但是数值模拟的可信程度依赖于燃烧模型,燃烧模型需要实验数据的支撑,数值模拟的结果需要实验结果的校验。数值模拟考虑得越细致,对燃烧实验数据的要求也就越高。

长期以来,基于探针和热电偶等技术的介入式探测获得的结果对燃烧理论研究起到很好的促进作用,但是介入式探测获得的数据非常有限,时间和空间分辨能力弱,已经不能满足对燃烧深入研究的需求。随着人们对原子、分子结构认识的逐步深入,以及激光技术、光谱探测技术和分析技术的发展,各个领域对精细燃烧的研究已经进入了一个空前繁荣的时期。

1.2 介入式探测方法及其存在的问题

传统的介入式探测方法已经应用于探测和描述燃烧现象,常用的方法包括利用采样技术收集燃气以获得组分浓度,利用温度探针测量燃烧场中的温度分布。压强传感器可以是非浸入的,但是测量总压则需要浸入燃烧场之中。燃烧过程很容易被插入物质干扰,浸入燃烧场的物理探测装置能够显著地改变所研究火焰的状态。由于探针的存在,所以燃烧过程可能受到流动扰动、热扰动或者催化作用而产生根本性的影响,在有些情况下,相比于探针不存在时燃烧行为可能完全不同。例如在高速流动的液体冲压发动机中,插入式探针形成的微小回流区可以起到火焰稳定器的作用,从而使燃烧得到强化。由于燃烧具有尺寸效应,所以本身空间尺度相对狭小的燃烧器更容易受到此类影响。除物理主导的影响之外,探针材料有时会产生化学催化作用。此外,介入式探测在空间分辨率和时间响应上普遍受到限制。尽管热电偶裸丝可以做得很精细(百微米级),但是其应用被限制在相对平稳的火焰中,火焰温度也不能太高。当在很高的气动力作用下且有颗粒存在时,例如大多数喷气发动机的燃烧室和喷管中,热电偶需要采取铠装之类的保护措施,这就使得空间分辨率降低,时间响应延迟,测量结果的精确度降低。在高速流动系统中,燃气流速快,驻留时间短,燃烧场变化快,点火和火焰传播等过程在毫秒时间量级内完成,要获取这些瞬态信息,需要千赫兹级的响应,介入式探测的方法无法完成这样的任务。

探针在高温、高压环境下使用存在更多的问题。由于环境更加恶劣,从传热的角度,探针就必须变得更加耐用,这就增加了对被测对象的干扰,降低了空间和时间的精度。此外,介入式探测不能进行在线测量,它需要进行校正,这会给测量结果引入不确定因素。例如,热电偶测量的是它自身的温度而不是周围气体的温度,需进行热辐射、对流换热和热传导修正,而这些传热因素与测量的环境相关。用气体采样装置测量化学组分时,气体由燃烧现场进入收集容器,在管道的流动过程中组分仍然可能有一些变化。在设计和使用中必须非常谨慎,应避免在取样位置处和与探测设备连接的管道中发生化学反应。有些关键的中间产物(如自由基)在取样过程中会消失。在超声速气流中,插入式探针可能会诱发激波,导致更为复杂的因素介入测量结果之中,需要采用更为复杂的校正方法。但无论如何,介入式探测方法成本低、操作简单、数据易于分析,在燃烧诊断中具有重要的地位。

1.3 激光诊断技术及其优、缺点

目前,随着激光器技术的发展,激光器的性能、可靠性得到很大程度的提升,激光光谱学在燃烧过程实验研究中承担了非常重要和广泛的角色。基于激光的技术为燃烧研究者提供了一种可远程操控、非接触、在线的方法,并且可以获得空间和时间上的高分辨率测量。有了激光诊断的方法之后,人们对不同种类的燃烧现象的理解更加深入,可以提高能量转化设备的效率以及产物的清洁度,这在现代日常生活中是非常重要的。

激光诊断给燃烧研究人员提供的不仅仅是一种更加精确的测量技术,还有一些全新的功能。高空间分辨和高速瞬态测量的特征可以冻结和跟踪燃烧过程。沿一条线、一个平面或多个平面上的多个位置同时测量,可获得空间相关性,为洞察燃烧和流动的基本过程提供全新的视角。采用激光诊断的方法还可以获得通过其他手段很难探测到原子和分子的相关信息,为物理学和化学的基础研究提供了有力的手段。不同微观结构的原子、自由基和分子的振动、转动模式不同,表现出不同的光谱特性,为燃烧场中特定物质的识别奠定了基础。激光诊断可以获得许多内部能级状态,使得研究和确定非平衡反应现象的指定状态成为可能。激光诊断可以研究能量在不同分子、原子和自由基运动模式中的分布及其影响,可以确定与运动模式相关的温度(振动温度及转动温度)。激光技术能够在易受干扰区域,如回流区、边界层、火焰锋面、超声速流动中进行精确测量。激光光谱诊断技术可以应用在受限空间容器和恶劣环境中,目前已经应用到了柴油发动机、喷气式发动机、熔炉以及煤粉气化等方面。通过激光诊断方法,已经试验并确认了一些重要现象,如逆梯度扩散、超平衡自由基浓度以及微分组分扩散效应等等。这些尖端且令人振奋的技术,以一种非常重要的形式影响着燃烧科学与技术的发展。

1.3.1　激光诊断技术的优势

随着现代科学技术的发展,为了增强对燃烧现象的理解,以便按照特殊的要求控制燃烧过程,人们想要对燃烧现象的细节了解更多,需要更精确的组分浓度和温度信息,兼具高的时间和空间分辨率,甚至是燃烧反应中的某些中间过程。传统的接触式测量方法难以胜任这些不断发展的需求,激光诊断技术表现出突出的优势,具体如下:

(1)非接触测量方法不会干扰燃烧场,非常适合于在回流区、边界层以及受限空间的燃烧区域中应用。

(2)可以同时直接测量以获得温度和组分浓度等多种信息,一般不需要复杂且可能引入不确定性的修正。

(3)可以实现原位测量。通过光束的聚焦可在燃烧现象发生的当地开展测量,因此测量结果通常很明确。

(4)可以实现远程测量。很多激光光束可以远距离传输,激光光源和光探测装置可以远离实验现场,这对具有毒性和其他危险性的燃烧研究尤为重要。另外,随着电子技术和半导体激光技术的发展,激光器和光探测器可以小型化,用于飞行器的机载测量。

(5)高时间和空间分辨率:可以同时具有时间和空间分辨能力。空间分辨能力取决于光束尺度,测量空间为典型的圆柱状区域(激光光束),直径为 $50\sim500~\mu m$,典型的空间分辨率通常可达 $100~\mu m$。根据激光器的类型,单脉冲测量时间可达 $10^{-8}\sim10^{-6}$ s 量级。飞秒(10^{-15} s)激光技术可获得亚皮秒(10^{-12} s)级的时间分辨率,许多实验测量中需要对多次脉冲进行平均,该技术可用于研究非常快速的化学反应和能量输运过程。应用连续波激光器,可以通过合适的信号采集时间分辨率获得高频时间响应。实际使用时,有必要对时间和/或空间尺度折中,确保获得好的测量信号。

(6)具有组分分辨能力:由于某一组分具有特征吸收和发射谱线或波长,可以针对一些特定的谱线开展研究,来确定特定组分的存在与否及其物理化学参数。

(7)没有温度测量上限:因为激光技术为非接触式技术,所以应用上没有高温限制。目前热电偶方法基本不能用于常规的火箭发动机,高温等离子体环境更是远远超过热电偶的测量能力。通过光谱测量和分析可以获得没有上限的温度。

(8)非平衡过程测量:由于是在线测量,具有高的时间分辨能力,所以激光技术也能够应用于非平衡过程中的测量。

1.3.2　激光诊断技术的缺点

任何技术都存在缺点,激光诊断技术也不例外。目前激光诊断技术存在的主要问题是光学介入问题,即激光如何进入测量区域。燃烧研究通常需要在封闭的高压系统中开设光学窗口以实现光学介入。复杂的几何形状,如环状燃气轮机燃烧室,以及含烟雾环境下的测量更具有挑战性。尽管很多激光诊断技术在简单、洁净的理想环境下演示效果很好,但是一旦与真实的工程应用相结合,就会出现很多预料之中或预料之外的问题。

单激光技术不能同时测量所有的组分和温度,不同方法是互补的,如果想获得更多的信息,需要多种方法混合使用,实验系统就会变得很复杂。激光光谱技术趋向于应用在小分子上,通常小于 6 个原子。对于大分子,根据其对称类型,其光谱通常非常复杂,光谱特性可能会非常相似,鉴定其特殊组成成分就非常困难。

尽管激光诊断学方法有很高的空间分辨率,但在解决精细尺度的湍流燃烧中,它通常不具备足够的全三维空间分辨率。在湍流燃烧的特性区域中,获得不大于 $100~\mu m$ 的分辨率通常需要解决柯尔莫戈罗夫(Kolmogorov)微尺度①火焰锋厚度问题。在激光诊断技术中,可获得的空间精度主要由信号强度决定,且明显大于光学探测容积。从光学上讲,容积降低至数个光波长是可以实现的。尽管如此,通过设计与当前激光技术的空间分辨尺度相适应的大尺度实验系统,湍流燃烧研究取得了显著进展。另外,小尺度的激光器和探测器技术也在持续发展。

激光诊断技术需要很高的操作技巧,对使用者物理学方面的背景知识有很高的要求。诊断系统所需的组件,如激光器、探测器和光谱仪等都是商用的。尽管激光诊断设备的商业化程度在不断提高,可从厂商那里获得成套设备,但是厂家提供的服务仅限于简单的演示。实际复杂问题的研究需要使用者对燃烧问题本身、光谱学设备和数据处理方法等有比较深入的认识。热动力和推进领域的研究者往往对光学和光谱学方面的知识掌握得较少,也就增加了灵活应用激光诊断技术的难度。

与热电偶等简单的测试方法相比,激光技术价格比较高昂,特别是具有高时间分辨能力的激光器和高时空分辨能力的探测设备。随着技术的不断发展,激光器和探测器的成本在不断下降。研究人员在利用简单光学设备获得燃烧场信息方面开展了研究工作,例如采用普通二极管灯取代二极管激光器。从另一个角度讲,当简单的手段不能提供迫切需要获得的信息,而激光诊断技术可以提供时,成本就不再是主要的问题。

1.4　燃烧诊断技术的分类

由于激光诊断技术功能具有多样性,所以对激光诊断技术进行分类是一件很困难的工作。从光与物质相互作用方面讲,可以分为光谱学方法和非光谱学方法(光谱学方法可以是线性的,也可以是非线性的);从空间上讲,可以分为点测量、线(一维)测量和面(二维)测量;从时间上讲,可以分为连续测量和脉冲测量;从燃烧所关心的主要参数上讲,可以分为温度测量、组分

---

①湍流会产生许多不同长度尺度的涡,但是湍流中的大部分动能包含在大尺度的结构中,能量的级串通过惯性力从大尺度结构向小尺度结构传递,这个过程实质上跟黏性无关。这个过程继续进行会产生越来越小的结构组成旋涡的层次结构。最后,这个过程会产生足够小的旋涡,在这个尺度上分子扩散变得很重要,能量的黏性耗散开始发生,这个尺度通常被称作是 Kolmogorov 尺度。

（包括最终产物、自由基和离子）浓度测量和两相流粒度测量等；从光的相干性上讲，可以分为相干测量和非相干测量。图 1.1 是不同空间特性参数的测量方法示意图，表 1.1 所示是常用激光诊断方法的测量能力。

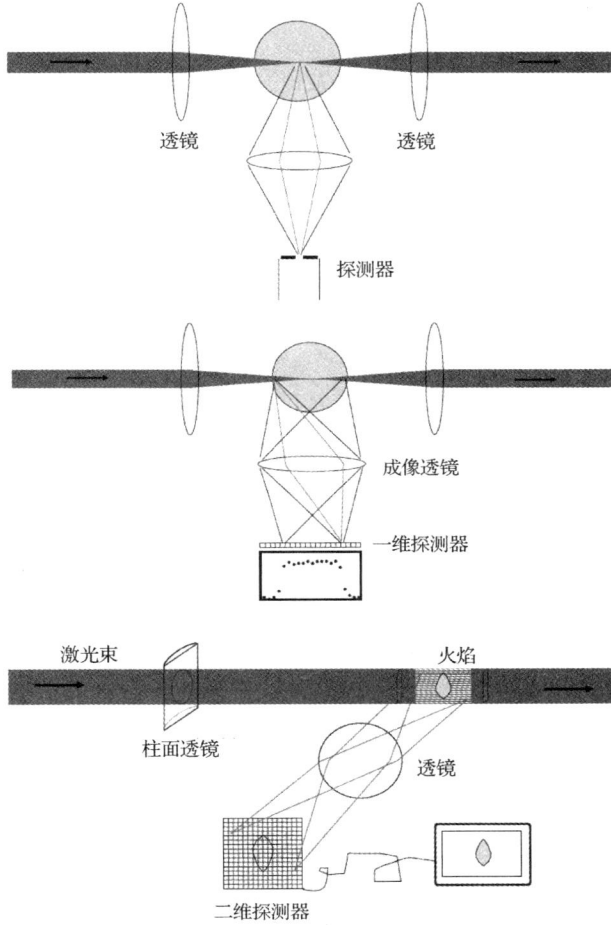

图 1.1 不同空间特性参数的测量方法

表 1.1 常用的激光诊断方法

诊断方法	测量能力
瑞利散射	总密度，等压条件下确定温度，无组分分辨能力
激光诱导荧光（LIF）	自由基浓度，温度
简并四波混频法（DFWM）	温度和探测低浓度中间产物，浓度为 10^{-6} 量级的 O 原子或 OH，红外频段可用于探测主要产物组分
自发拉曼散射	温度、组分浓度
相干反斯托克斯拉曼光谱（CARS）	温度、组分浓度
激光诱导击穿	组分浓度、混合比
吸收光谱	特定组分的温度、浓度、速度

在了解各种典型方法的特点和测量能力之后,接下来面临的重要问题就是激光诊断方法的光路布置,需要从相干和非相干的角度进行简单介绍。

在非相干散射过程中,一单束激光穿过介质,在其传播的路径上产生各个方向的散射信号。光学接收系统接收散射信号,接收立体角为 Ω,与入射光所成的夹角为 θ。虽然后向散射(180°)的信号最强,但搜集角度 θ 通常选择为 90°,如图 1.2 所示。测量的空间分辨率取决于激光与接收系统相交形成的体积。在后向散射中,非相干方法因为其具备的单通道接收特性而变得具有吸引性,但是其接收效率低。例如,在各向同性的散射过程中,采用 $f\sharp 3$ 光学系统(f 为 3),在任何位置接收到的散射信号仅仅为产生信号的 1%。非相干散射方法的另外一个优点是便于扩展,采用平面激光片光和二维阵列相机可实现二维测量。

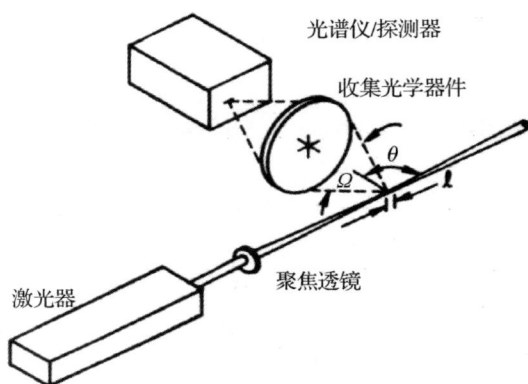

图 1.2　典型的非相干光线散射的光路布置示意图

相干光方法至少有两个光学通道,要求视线光学通路。在相干过程中,混频激光之间的交叉角导致的空间结构决定了空间分辨率。进一步来讲,所有的信号产生于以下两种相干过程,一种是在双色光中对某一束光的调制,另一种是在单色或者三色光散射中捕获光信号。通过图 1.2 和图 1.3 的对比可以很清楚地看到,相干过程和非相干散射过程相比,实验设备要复杂得多,因为它需要两个或者两个以上的光线在测量点相互作用来产生信号。通过复杂的设备,可以获得增强的信号,以及高的信噪比。

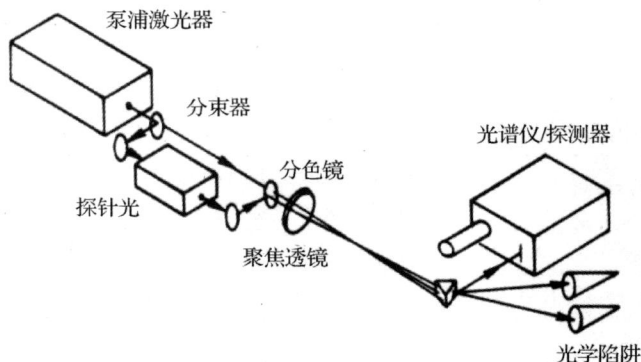

图 1.3　典型的相干光线散射的光路布置示意图

不论浓度高低,相干和非相干方法都可以用于测量温度和组分浓度。表1.2列出了相干和非相干技术的优点和缺点,非相干技术的信号强度线性地依赖于组分的浓度,而不是激光器的强度。这种特性使其校准简单,并且光谱简单,光谱计算相对容易。另外,可以在后向散射中发挥作用,因此只需要一个光学通道。不足之处是,非相干技术需要较大的接收立体角来增加灵敏度或是减小测量误差。由于信号强度较低,所以非相干技术的抗干扰能力差,而真实的燃烧环境往往具有各种强的干扰信号。相干方法产生如同激光一样的准直信号束,信号较强,允许实验设备在较强干扰的环境下工作。这项技术严重依赖于激光器的强度,并且非线性地依赖于组分浓度,因此导致校准困难,光谱比较复杂。相干光谱学需要对干扰进行构造和解构,因此跃迁位置、跃迁间隔和线宽这些深入的知识非常重要,光谱分析也很复杂。视线光学通路是必需的,同时,诸如湍流产生的折射效应可导致激光束偏转或不能聚焦,使激光难以对准。

表 1.2　相干和非相干技术的比较

方法	非相干技术	相干技术
优点	线性的、强度非依赖性、单向入射、光谱简单、容易校准	信号强、类似于激光的信号束、抗干扰能力强
缺点	大立体角、容易受干扰	非线性、依赖强度、多向入射、光谱复杂、难于标准化、折射敏感

由上述讨论可知,非相干技术由于实验上和理论分析上的简单性,更适合用于研究。在任何一种测量应用中,应首先考虑非相干方法。在大多数情况下,可行性将严重依赖于自然界或者周围的某些特殊环境的限制,但在许多实际的装置中,必须采用相干的手段,尽管它们比较复杂,对光学介入的要求也很严格,需要努力克服环境的干扰,无论这些干扰是自发产生的还是激光诱导产生的。

1.5　燃烧场典型参数的测量方法

许多测量方法同时具备多种参数的测量能力,而一种参数可以有很多种测量方法,因此,介绍参数的测量方法并不容易。对于从事发动机或燃烧研究的人来说,更希望了解某一参数的测量方法。在介绍参数的测量方法时,对最先出现的测量方法涉及的原理做初步的介绍。

1.5.1　浓度测量

热化学、流体力学、传热传质和化学动力学在燃烧过程中扮演着重要的角色,系统的燃烧效率通常是研究者最为关心的,通常用主要生成物的浓度表征燃烧效率,热化学、流体力学和传热传质是影响燃烧效率的关键因素。化学动力学细节不是燃烧效率的主控因素,但是在人们关心的其他燃烧问题中非常关键,例如污染物(NO_x、SO_x、碳烟和有毒的有机化合物等)的生成、点火过程、火焰的抑制过程,这些过程与燃烧过程中或最终燃烧产物中的微量组分相关。因此,浓度的测量涉及主要组分和微量组分的测量,通过判断微量组分在燃烧场中是否存在,还可以鉴别某一燃烧细节过程是否发生。

燃烧产物的浓度检测方法包括化学检测法和光谱检测法。化学检测法通常基于采样技术，事后测量。从微观上说，无论是主要组分还是微量组分，产物的浓度实际上是分子数密度。

许多光谱学方法都可以用于组分浓度的检查，包括散射方法、激光诱导荧光方法、相干反斯托克斯拉曼散射、简并四波混频、吸收光谱技术和激光诱导击穿等。

1. 散射方法

定向传播的光束在通过光学性质不均匀的介质时将偏离原来的方向，向四面八方散开的现象称为散射。弹性（线性）和非弹性（非线性）散射技术都可用于浓度的测量。弹性散射是指入射光子与其作用分子或粒子之间无能量转移，散射光与入射光相比在频率上没有改变，米散射和瑞利散射（Rayleigh Scattering，RS）属于弹性散射。非弹性散射的入射光子和分子之间产生能量交换，产生频率变化，拉曼散射属于非弹性散射。

在入射激光的照射下，更多的分子散射导致更高的光强，瑞利散射可以用于测量总密度，在压强已知的条件下可以计算出温度，但通常无法测量某一特定组分的浓度，即不具有组分分辨能力，如图 1.4 所示。

图 1.4　瑞利散射示意图

拉曼散射（Raman Scattering，RS）是光对物质转动、振动或电子能量变化的非弹性反射，如图 1.5 所示。拉曼效应的现象起源于分子振动（和点阵振动）与转动，因此从拉曼光谱中可以得到分子振动能级（点阵振动能级）与转动能级结构方面的信息。同时，由于拉曼频率及强度、偏振等标志着散射物质的性质，所以，从这些信息可以得出物质结构及物质组成成分的知识。拉曼散射具有组分分辨能力。拉曼散射强度仍然与分子数密度相关，从而可以获得特性组分的浓度信息。介质温度的不同导致分子振动、转动状态的不同，表现出谱线形状的不同，因此可以从谱线推算出温度。瑞利散射和拉曼散射的入射激光与物质不产生共振，因此这两种技术原则上对入射激光的波长没有限制，而且散射过程发生得非常快。在第 5 章中将对拉曼散射和瑞利散射技术做专门的介绍。

图 1.5　拉曼散射示意图

2. 激光诱导荧光方法

通过不同的方式使原子、分子或自由基跃迁至受激态，然后自发回迁至较低能级，向外辐射光子，即荧光。电子轰击、化学反应（化学发光）、加热或光子吸收都可以产生荧光。这里只讨论最后一种方式，即光子吸收。荧光应该被视为吸收光子跃迁后自发辐射产生的现象。激光诱导荧光(Laser Induced Fluorescence LIF)过程的精确定义需要不同电子能级之间跃迁产生的辐射,电子能级具有多样性,比如同一电子的自旋态。不同电子自旋能级间的辐射称为磷光现象。通常,荧光持续的时间为 $10^{-10} \sim 10^{-5}$ s,远小于磷光现象的 10^{-4} s 到秒级。荧光辐射的波长与入射光有偏移,共振荧光的波长与入射光相同。实际上,为了避开潜在的米散射和伪散射的干扰,更希望检测与辐射光不同的波长。由于荧光法具有组分分辨能力,且截面相比于拉曼和近共振拉曼要高许多数量级,所以它是目前人们比较感兴趣的燃烧诊断方法,在燃烧中的应用比较广泛。荧光信号的强弱同样与分子或自由基的数量密度相关,因此可以通过荧光信号的强度获得浓度信息。图 1.6 所示为激光诱导荧光过程示意图。

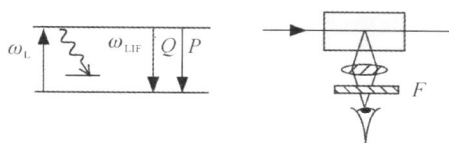

图 1.6　激光诱导荧光过程示意图

分子处于电子激发态时并不一定产生荧光辐射,有其他几种与荧光并列的能量损失(回迁)方式。这包括离解、等离子化、分子间碰撞导致的能量转移、能量转化为其他内部能级以及化学反应等,这些过程统称为猝灭,它与荧光辐射形成竞争,减少荧光辐射的强度,并且为数据处理带来了麻烦。原则上,如果能知道所有的猝灭组分密度,以及所有的猝灭速率常数,可以考虑猝灭数据的校正分析。但由于上述方法很难实现,故绝大多数研究荧光的机构都将注意力集中在如何避免猝灭修正的方法上,例如饱和荧光、预离解或者其他能够通过实验确定猝灭的在线试验方法。LIF 主要用于探测化学反应的中间产物和自由基,例如—OH 和—CH,第 6 章将详细介绍这种方法。由于 LIF 方法的灵敏度高,它可以在较低浓度下检测到其中特有成分的电子跃迁光谱(紫外段)。

3.相干反斯托克斯拉曼散射

相干反斯托克斯拉曼散射(Coherent Anti-Stokes Raman Scattering,CARS)是三色或者四色技术,通常采用三色,其中一个信号是非线性作用而产生新频率信号。在过去的 20 年里,CARS 技术在燃烧诊断中已经受到了很大的重视。CARS 技术中,频率为 ω_1 的泵浦光束和频率为 ω_2 的探测光束(泵浦束的斯托克斯频移束)混频,产生频率为 $\omega_3 = 2\omega_1 - \omega_2$ 的 CARS 光束,如图 1.7 所示。另一个与之类似的过程称为相干斯托克斯拉曼散射,其探测光束是能谱光束的反斯托克斯频移。CARS 信号是三阶非线性极化率绝对值的二次方,因此,CARS 光谱比自发拉曼光谱和 SRGS(受激拉曼增益光谱)光谱更为复杂。CARS 光谱也受到非谐振极化率的影响,有许多方法可以抑制这种非谐振极化率的影响。在背景噪声抑制的情况下,可探测能力通常会受限于信号水平,信噪比本质上由探测器的脉冲噪声决定。

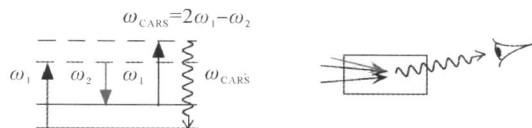

图 1.7　CARS 过程示意图

由于 CARS 至少是三色过程,相比于双色过程,三色过程相位匹配并不会自动满足。在存在显著色散的介质中,需要精确调整泵浦束和斯托克斯束之间的角度来实现相位匹配,角度方位必须按照拉曼频率确定。由于光谱跨越的频率间隔很宽,相位匹配角度需要连续不断调整,这给实验带来了不便。在几乎没有色散的气体中,仅通过让泵浦束和探测束重叠就能满足相位匹配。

相干反斯托克斯拉曼效应具有两大优势:第一,在常压下产生的 CARS 信号强度比常规拉曼散射高很多数量级;第二,发出的光是能够完整收集的相干光。CARS 发生在反斯托克斯区域,它所在的区域大部分没有荧光干扰,该技术有可能作为燃烧温度的测定方法。在大气压力下,CARS 技术只能用来测定主要成分,比如浓度大于或等于 0.1% 的组分。浓度测量基于 CARS 信号的强度,但是如果消光和折射效应明显,这种测量不易进行。幸好在 0.1%～30% 的浓度范围内,CARS 谱形状也对浓度敏感,可由谱分布进行浓度测量。

一般来说,CARS 测量的敏感性和自发拉曼散射相当。这两种技术都可以与激光诱导荧光(LIF)技术互补,LIF 具有跟踪检测火焰自由基的能力,但对大部分浓度为 10^{-6} 量级的主要组分则只能从数量级上估测,不能准确测量,这是由其电子跃迁光谱难以检测所造成的。不同于自发拉曼散射,CARS 技术能够在实际燃烧设备的典型恶劣环境中应用,并已在内燃机、模拟燃气涡轮燃烧室以及实际喷气发动机中得到验证。本书不对 CARS 技术做专门的介绍,有兴趣的读者可阅读 CARS 技术的专门著作。

4. 简并四波混频

简并四波混频(Degenerate Four Wave Mixing,DFWM)技术在一段时间内一直作为解决光束相位失真的方法而受到关注。DFWM 被采用在所谓的相位共轭几何中。该技术作为诊断方法起始于 19 世纪 80 年代中期,在获得一些成功的演示效果后更被重视。与谐振 CARS 不同,DFWM 只需要如图 1.8 所示的一个输入频率,这样所有在混合过程的波都是谐振的,并具有相同的频率,因而称之为简并。信号产生于三阶非线性极化率,强度与其极化率绝对值的配方相关。DFWM 光谱本质上发生在被探测组分的电子吸收之后。所产生的信号与入射探测束是相位共轭的(见图 1.8),并严格地沿探测束的相反路径传播,产生的谱线信号不存在多普勒加宽,因此在低压下信号带宽非常窄。目前为止,大部分工作都采用窄带扫描方法,新一代的宽带方法也已被验证,但还未得到广泛采用。由于频率简并,所以相位匹配有了很大的灵活性。除去没有发生频移的信号频率,即使是在由于要保证信号光束相干而形成的限制几何空间内,干扰散射也不再是问题了。这样就允许了来自实验中和空间滤波中的信号可以在较远的距离被捕捉,这两者(实验和空间滤波处捕捉信号)都能显著地抑制干扰散射。

DFWM 的探测灵敏度同 LIF 和谐振 CARS 差不多。相比于后者,DFWM 实验系统相当简单,并且很容易实现二维图形模式。由于 DFWM 对猝熄不敏感,相比于 LIF 更受关注。由于对线宽的依赖,DFWM 对碰撞环境较为敏感,这是定量测量所应关注的一个问题。LIF 测量的误差正比于测定的猝熄率的误差。同 CARS 类似,DFWM 测量的误差远小于已知的背景碰撞环境,尽管这仍需广泛验证。由于本身的相干特性,DFWM 或许比 LIF 更适合用于某些特定的测量场合。

$$\omega_{DFWM} = 2\omega_1 - \omega_1$$

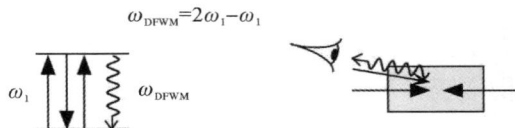

图 1.8 DFWM 示意图

5.吸收光谱技术

分子的振动或转动对应一定的频率,当入射激光的频率与分子振动或转动的频率一致时,激光的能量被吸收,透射光的强度产生变化。根据吸收定律,透射光的强度与组分浓度相关,温度和压强的变化会改变吸收谱线的形状,如图 1.9 所示。吸收光谱(Laser Absorption Spectroscopy,LAS)技术是将激光波长调制到特定组分吸收频域,通过测量激光束经待测区域的衰减程度,实现参数测量的一种燃烧诊断技术。随着近年来快速调谐激光器技术的发展,快速线扫描技术具有更广泛的应用前景。拥有这些手段后,通过完整的吸收线型可以同时测量压强、温度、组分浓度和速度。吸收光谱技术可以提供沿程平均的测量,或者不严格的点测量。

图 1.9 吸收光谱示意图

运用对空间结构的数学反演,可以获取一般轴对称情况下的空间特性变化,某些非对称情况也可以使用反演。分析结果对反演过程的假设很敏感,它的误差具有不确定性。采用类似于电脑断层扫描技术,吸收光谱可用于平面测量,此时需要多光束和多角度,使得吸收组分的空间变化可以重构。该方法是从计算机轴向断层成像(Computerized Axial Tomography,CAT)扫描技术发展而来的,在医学领域应用很普遍。但燃烧现象和病人不同,它是一种动态的过程,多光束、多角度的吸收必须在非常短的时间完成,时间尺度为 10^{-4} s 或者更短。随着技术的发展,"快拍"技术将允许我们获取某些参数在整个燃烧流场的瞬时值。

值得注意的是,目前在大气监测和燃烧诊断中最为活跃的是采用二极管激光器的吸收光谱技术,由于激光器和探测器可以小型化,能实现机载,对飞行器过程某些重要参数进行非接触测量,故该技术在高超声速飞行中得到特别的重视。第 4 章中将详细介绍吸收光谱技术。

光腔衰荡光谱(Cavity-Ringdown Spectroscopy)技术可以理解为吸收的一种,也可用于在线测量,在微量检测方面具有优势。CRDS 技术检测光在衰荡腔中的衰荡时间,该时间仅与衰荡腔反射镜的反射率和衰荡腔中介质的吸收有关,与入射光强的大小无关。该方法灵敏度超高,信噪比高,抗干扰能力强。

6.激光诱导击穿

对于利用燃料同空气燃烧释放化学能量的吸气式动力系统来说,燃料和空气的混合比例是维持火焰稳定性的关键因素。因此准确测量燃料/空气局部当量比对于评价混合方式的优劣与否、燃料能量的释放程度(即化学反应的进行程度)以及对了解和提高动力系统的性能都非常必要。激光诱导击穿(Laser Induced Breakdown Spectroscopy,LIBS)通过强激光击穿局部区域的混合介质,通过原子发射光谱的测量获得当地的当量比。以煤油和空气混合气为例,根据击穿后 C,H,O,N 四种原子辐射强度,可推算出燃料/空气局部当量比。

由于激光诱导击穿光谱是一种将目标分子全原子化的测量手段,所以在此过程中所产生的原子谱线强度受激光功率密度的影响较大,且由于不同分子具有不同解离阈值,对于不同的光解对象所需的最小激光能量不可能相同,所以有必要在实验中检测激光能量对于所选原子谱线相对值的影响。原子谱线强度随时间延迟衰减很快,且不同的原子衰减速率并不一致,因此单独探测原子谱线意义不大。两个原子谱线相对强度,如 H/O,基本不随激光功率密度的变化而变化,和混合比之间有对应关系,可以用于火焰局部当量比测量。

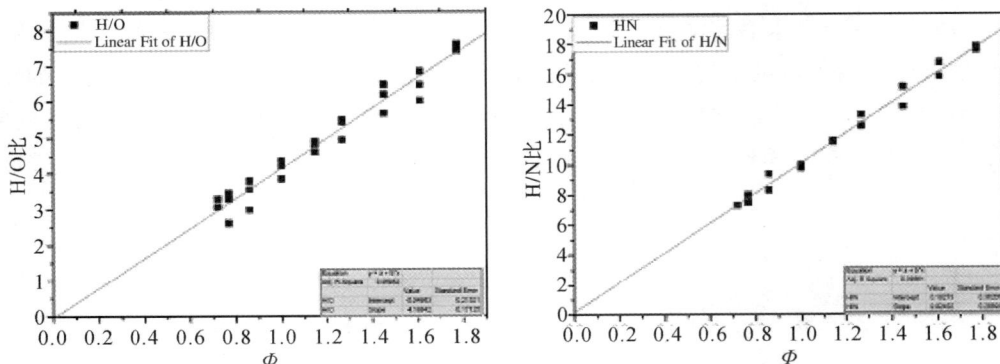

图 1.10　原子相对强度比与火焰燃料当量比的对应关系

1.5.2　温度测量

温度是燃烧场的另一个重要信息,反映能量的释放程度。尽管存在响应速度慢、需要校正等缺点,热电偶还是最常用的温度测量方法。但是热电偶在发动机中使用存在诸多问题,一般的火箭发动机燃烧温度都超过 3 000℃,目前短时间承受温度最高的 G 型热电偶(最高使用温度可达到 2 800℃,在高于 2 300℃时数据分散)也不能满足要求。冲压发动机的温度相对低一些,但是钨铼热电偶极易氧化,不能用于含碳气氛(如在含碳氢化合物的气氛中使用,温度超过 1 000℃即受腐蚀),限制了 G 型热电偶在冲压发动机中的应用。另外,传统热电偶的响应时间偏长,多用于稳态测量。在要求快速响应、高温或者不能被扰动的环境下,一般需要采用非接触式测量方法。近年来,基于 MEMS 技术的薄膜热电偶在提升响应时间方面有很大的进展,在某些条件下可用于瞬变温度测量。

光学和光谱学方法可用于温度的非接触测量,可以将此类方法分为四类。第一类方法利用辐射原理,从辐射的强度中获取温度;第二类方法基于光的干涉,温度的变化导致气体介质密度的改变,从而影响折射率;第三类方法为光谱学方法,跃迁强度与跃迁能级的粒子数密度有关,而振动-转动态的粒子数密度服从玻尔兹曼分布,从而与温度相关,可以从各种谱线中获取温度信息;第四类方法基于数字图像处理技术,从色彩分布信息中获取温度。这些方式的分类不是绝对的,辐射法中也需要用到一些光谱的运算。

1. 辐射测温法

辐射测温法是通过测量火焰在燃烧过程中发出的辐射能,从而确定火焰中介质的温度。测温原理来自于辐射能量分布的普朗克辐射定律、维恩定律和斯忒藩-玻尔兹曼定律,根据测量方式的不同可以将其分为:全辐射(红外)测温方法,单色法,双波长测温方法,多光谱测温方法。

(1)全辐射(红外)和单色法方法测温时,由于需要直接测量实际物体在整个辐射波段或某个波长处发射到探测器上的辐射量的绝对值,而辐射量的绝对值不仅与温度有关,还与其他很多难以确定的因素(包括实际物体的发射率、立体角,辐射在传播中的损耗、探测器的性质,窗口污染和周围环境等)等有关,特别是在燃烧火焰的发射率很复杂的情况下,很难测出温度。

(2)双波长测温方法(比色法)避免直接测量辐射量的绝对值,利用实际辐射在两个波长处辐射通量的比值与温度的单值关系得出温度。双波长法消除了各种外界环境等因素的影响,适用于恶劣环境,如灰尘、蒸汽和颗粒,以及窗口污染等。但由于选取两个波长处的发射率的差异,需要对测温进行修正,很难达到很高的精度。

(3)获得物体真实温度和光谱发射率数据的最有效的方法是多光谱测温法,它是利用多个光谱下的物体辐射亮度信息,经过数据处理得到物体的真实温度,被认为是最有前途解决上述问题的测量方法。多光谱测温仪对固体火箭发动机的羽焰温场的成功测试也恰好证明了这一点。近年来,对多光谱辐射测温理论也进行了较深入的研究,可能较好地解决火焰温场的测量问题。

基于辐射方法的亚历山大效应可以用于超高温的测量。"亚历山大效应"指的是当宝石在日光(6 500 K)下和白炽灯光(2 856 K)下转换时产生的显著变色现象。典型的亚历山大光谱透射在可见光谱中有两个波段。某辐射体的光穿过宝石晶体,当不同光源的温度一致时,宝石显现出的色彩也相同,如在 6 500 K 日光下与 6 500 K 白炽灯光下宝石会呈现相同的蓝绿色,虽然这两种光的光谱功率分布全然不同。不同温度下的色彩是由 CIELAB 色彩空间中的色彩角表示的。用亚历山大宝石效应方法来测量温度是以 CIELAB 色彩空间中温度与色彩角的关系为基础的。

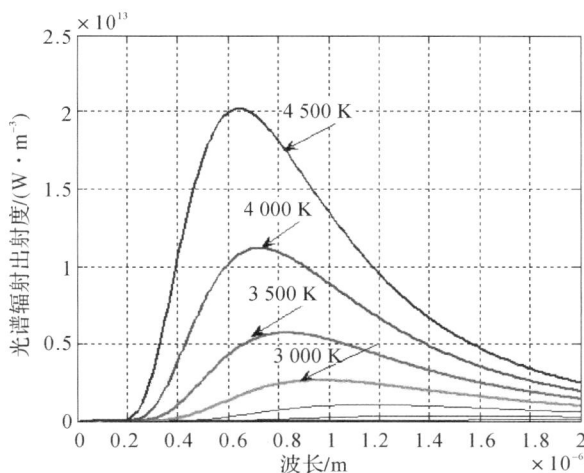

图 1.11　黑体在不同温度下的光谱辐射力分布

亚历山大效应的色彩角只取决于辐射体的温度,不管它的光谱功率分布类型如何。计算色彩角是对所有已测量的波长范围的整合。因此,利用亚历山大效应测量温度就是对整个可见波长范围的被测物辐射波整合运作。亚历山大效应高温计的整合计算有三个优点。第一,任一辐射体光谱功率分布中可测波长范围里的所有光谱线均可被纳入计算,因此,可用亚历山大大效应方法,利用光谱功率分布中的光谱线,测量等离子体、电荷及气体激发的热工温度。第二,光谱功率分布的无规噪声对温度测量的精度几乎没有任何影响,因为噪声的整合效应为零。最后,任何小干扰对测量精度几乎没有影响。这个特性是利用亚历山大效应法测量任何辐射体温度的基础。

2. 干涉测温法

可以采用基于光学干涉的方法测量温度。激光散斑照相法、纹影法、干涉仪法和激光全息干涉法均是基于光的干涉原理。从物理模型上来说，基于干涉原理的各种光学方法测量火焰的温度场，均可以等效为首先测量火焰的折射率分布。因为对气体而言，折射率通常是与密度成正比的，所以可以通过理想气体状态方程从测得的密度场数据获得所需的温度场数据。

3. 光谱学方法

根据玻尔兹曼分布，温度不同可导致粒子(分子、原子或自由基等)在不同能态上的数密度发生变化，进而影响到辐射强度，同时，温度对谱线加宽产生影响，导致谱线线型与温度相关。1.5.1 小节介绍的光谱技术几乎都可以用于温度测量，每一种方法的数据处理方式有明显的不同。

直接吸收光谱技术用于温度测量一般采用双线(两个吸收波长)策略，双线积分吸收率比值可化简为谱线强度比值，为温度的单值函数，可用于确定温度。波长调制吸收光谱技术可以根据测量的峰高度比来推断温度值。具体测量方法在第 4 章将给予详细介绍。

从拉曼散射信号中处理温度的方法有以下几种：①谱带面积方法，已经在 N_2，H_2O，CO_2 组分上验证过，由激发态和基态的相对积分强度导出温度值；②谱带峰值强度方法，已经在 N_2 和 O_2 上验证过，通过转动激发态与基态的峰值强度之比来获取温度；③斯托克斯/反斯托克斯强度方法，特别是针对 N_2，通过斯托克斯 Q 分支与反斯托克斯 Q 分支积分的相对强度比率来确定温度；④谱线拟合方法，已用于 N_2，O_2，CO_2，H_2O 和 H_2 的温度测量，通过最小二乘法拟合实验光谱和特定温度下的理论光谱。采用拉曼谱带形状的方法通常与独立的热电偶测量值和绝热平衡温度计算符合很好，误差在几个百分点。拉曼散射和瑞利散射的具体测量方法将在第 5 章给予详细介绍。CARS 信号中包含了与温度、组分和浓度相关的信息，通过谱线拟合，或者同一成分两条谱线相对强度的对比便可确定温度。

由于荧光与能态分布相关，所以 LIF 也可用于温度测量。LIF 测温是通过测量荧光强度随激发光波长的变化，从而得到基态转动能级粒子数的分布或者振动能级粒子数的分布，然后根据玻尔兹曼公式计算出体系的温度。在燃烧系统中 LIF 的应用包括测量温度、测量粒子浓度、燃料分布等方面。目前，LIF 已成为燃烧气流的化学与结构研究的重要手段。但是，目前的 LIF 只是一种定性的测量方法，很难做到定量。具体测量方法将在第 6 章给予详细介绍。

4. 发光图像的数字图像处理方法

基于光谱技术的测温方法比一般实验系统和处理方法都较为复杂，实际上，燃烧场的彩色图像包含了丰富的信息，可以用来测量温度场和其他信息，近年来得到迅猛发展。

由相机记录的强度或者颜色信息对于分析各种火焰结构非常有帮助。但是进一步的图像定量分析由于介质属性、缺少有效方法和处理手段而变得非常困难。数字成像已经与光学镜片配合使用以获取有用的火焰化学信息。例如，对于预混火焰，由光学过滤的 CH 和 C_2 灰度数字图像得到的标准化的化学发光强度轮廓，已经被发现可以和由光电倍增管得到的全局光谱相媲美。此外，合成的图像可以通过标度来说明基团发射的二维分布。数字火焰图像的空间分辨率也可以提取诸如点火点、点火区域、发光区域和亮度等有用信息。这些信息和熔炉数据的关系为燃烧监测提供了一个可行的手段。

彩色 CCD(电荷耦合器件)和 CMOS(互补性氧化金属半导体)类型数字图像设备的出现使得很值得寻找包含在数字火焰图像内的火焰化学信息,其主要的困难在于数字化颜色是通过光学过滤的最初 RGB(红绿蓝)颜色强度混合得到的。因此,想定量地分离物理光谱是非常困难甚至是不可能的。然而,最近关于在 RGB 矢量空间内基于颜色的模式识别和利用 HSV(色彩饱和度值)的自动化的火焰监测开展的研究已经揭示使用各种颜色模型来表示实际中的数字颜色信息的可能。火焰颜色分析方面研究也取得进展,已经可以通过研究数字火焰图像的 RGB 信号的关系来估计火焰温度。具体测量方法将在第 8 章给予详细介绍。

1.5.3 两相流粒度测量

固体火箭发动机、液体火箭发动机、冲压发动机和航空发动机都存在两相流问题。液滴的雾化、蒸发和燃烧过程决定着燃烧效率,并对燃烧稳定性产生影响。在固体火箭发动机中,金属的燃烧及其产物的两相流特性不仅影响发动机的燃烧效率和稳定性,还会影响熔渣的沉积。过载条件下,不同粒度分布的两相流对绝热层和喷管的冲刷程度差别巨大,有可能影响到发动机的工作安全性。两相流特征参数的准确获取对发动机的设计者和研究者都是十分重要的,由于燃烧环境复杂且缺少合适的实验手段,因而在发动机燃烧基础研究仍有欠缺。

两相流的测量方法一般有三种:图像处理方法、散射法和透射法。由于散射信号包括了反射、折射和衍射,又衍生出更多的处理方法,例如基于夫琅和费(Fraunhoff)衍射的激光衍射粒度仪,基于彩虹现象的处理方法,等等。散射法和其他光学、光谱学方法结合,也可以产生新的处理方法。

1. 图像处理方法

图像处理方法是最简单、直接的两相流粒度测量图像处理方法。该方法首先对两相流场拍照,然后进行图像处理工作,获得粒子的粒度及其分布。当被测对象的粒度较小时,可以采用光学放大技术,如采用长焦显微镜拍摄两相流场。应用于百微米量级的颗粒测量时,光学放大技术存在景深小的问题,大多数颗粒存在离焦的问题,另外,需要针对很多幅图像开展分析,才能获得粒度分布的统计结果。

2. 相位多普勒粒子分析仪/相位多普勒干涉仪

相位多普勒粒子分析仪(PDPA)和相位多普勒干涉仪(PDI)本质上是一致的,可称为相位多普勒(PD)法,是基于散射、干涉的方法,具有很高的测量精度。两束相干的激光产生干涉条纹,当透明粒子穿过条纹区域时,粒子起到透镜的作用,在探测面上形成具有空间分布的光强信号。由于粒子的移动,或干涉条纹本身的移动,设置的两个接近的探测点获得的信号会有相位差,通过相位差可以获得粒子的直径。

3. 衍射方法

光在行进过程中遇到颗粒时,会有一部分偏离原来的传播方向;颗粒尺寸越小,偏离量越大;颗粒尺寸越大,偏离量越小。散射现象可用严格的电磁波理论,即 Mie 散射理论描述。当颗粒尺寸较大(至少大于 2 倍波长),并且只考虑小角散射(散射角小于 5°)时,散射光场也可用较简单的 Fraunhoff 衍射理论近似描述。

不同大小的颗粒在通过激光光束时其衍射光会落在不同的位置,位置信息反映颗粒大小;当同样大的颗粒通过激光光束时其衍射光会落在相同的位置,即在该位置上的衍射光的强度叠加后就比较高,所以衍射光强度的信息反映出样品中相同大小的颗粒所占的百分比,可根据光学衍射理论获得衍射光信号和颗粒粒径之间的对应关系。基于此原理的激光衍射粒度仪(如马尔文粒度仪)既可以用于收集后测量,也可以用于在线测量。

4.激光全息方法

全息技术记录了光波的全部信息,包括振幅(强度)和相位。全息技术是传统的光学技术,曾被用于固体火箭发动机和液体火箭发动机的两相流粒度分析。全息法记录的是相干衍射图像,通过图像重构,可以获得三位方向上的颗粒信息。简单地说,就是干涉记录,衍射再现。传统的全息技术将激光全息图像记录在全息干板上,然后采用模拟的方法重构图像,工作量很大。近年来,一种称为同轴数字全息(Digital In-line Holography,DIH)的技术被用于颗粒粒度的研究之中。数字全息技术采用数值算法开展图像重构,相对于模拟方法,工作量大大降低,但是其空间分辨率不及传统的干版记录方法。为提升空间分辨能力,采用光学放大系统和高分辨率的CCD记录图像。如图1.12所示为采用同轴数字全息技术记录的燃烧中的铝的图像。

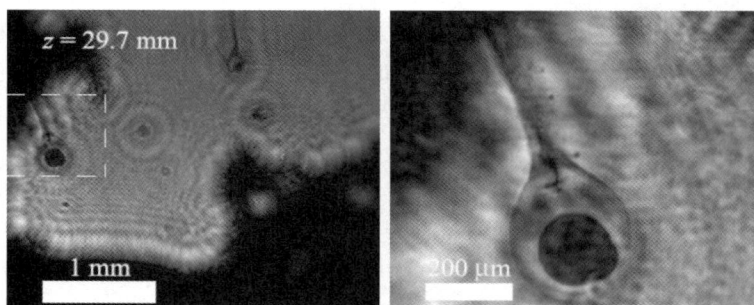

图1.12　铝颗粒燃烧全息图像(右图是左图白色方框内的放大)[8]

数字全息法正在发展之中,通过对图像的进一步处理,可以获得更多的信息。例如一个百微米尺度的透明液滴,通过对连续图像衍射条纹的深入分析,可以获得液滴纳米级的粒径变化过程,这种跨尺度的测量能力是普通光学方法无法具备的。

5.彩虹技术[11]

从本质上讲,彩虹技术是基于米散射原理的测量技术。彩虹是光照射透明液滴时产生的一种特殊光学现象。彩虹主要有几个特点:①彩虹角度位置固定且只与液滴折射率有关;②彩虹角附近光强增强;③一般具有偏振性。入射光折射进入液滴,接着在液滴的内表面反射,然后再折射离开液滴形成彩虹,其形成机理主要为折射—反射—折射。根据光在液滴内的折射次数,彩虹可以分为主彩虹(一次内折射),二阶彩虹(两次内折射),等等。针对彩虹技术的研究,发展了若干种彩虹理论,比较有名的主要有两种。一种是基于衍射的Airy理论,这是一种近似理论,可以较准确地预测彩虹的角度位置和光强分布。另一种是基于光散射的Lorenz-Mie理论,这是一种基于Maxwell方程组的严格理论。彩虹是光照射透明液滴时产生的一种特殊光学现象,与液滴折射率和粒径有关。彩虹技术是通过测量球形液滴的主彩虹角度附近的散射光亮度分布,从而反演液滴折射率、粒径、浓度和温度等参数。根据运行模式,可以分为标准彩虹技术、全场彩虹技术和相移彩虹技术三种,实现对喷雾液滴场的单点测量,一维、二维和三维测量,可用于测量喷雾液滴粒径、液滴温度、组分、浓度等参数。

球形透明液滴的主彩虹的角度位置对液滴的折射率变化非常敏感,而液滴折射率随液滴组分浓度、温度等参数变化而变化,同时,主彩虹的形状对液滴粒径敏感。彩虹技术是通过测量球形液滴的主彩虹角度附近的散射光亮度分布,从而反演液滴折射率、粒径、浓度和温度等参数。

6. 激光诱导荧光/散射方法

利用 LIF 过程作为一种非弹性散射过程,其强度和粒子的体积成正比,而米散射作为一种弹性散射和粒子的表面积成正比的物理规律。假定粒子是球形的,则 LIF 信号和米散射信号的比值就和粒子的直径成正比。同时,CCD 的每一个像素给出的信号实际上是像空间有限区域发出的光信号的积分。CCD 测量得到的 LIF 信号和米散射信号的比值恰好应该是一种索太尔平均直径。这种二维粒径成像和分析功能是 PDPA 所不具备的。

7. 激光衰减法

激光衰减法粒度测量基于吸收定律,同时涉及粒子的散射特性。根据吸收定律,透射分数(透射光强与入射光强之比)与无量纲的消光系数、粒子的横截面积、粒子的数密度、光程长度、粒子的质量浓度、单个粒子密度和粒子直径相关。两束光穿过同样的介质,通过测量透射分数,在已知其折射率(可计算出消光系数)的条件下,可以获得粒径分布。

PDPA 和 PDI 技术在本书的后续章节中不做深入的介绍,读者可参考介绍该技术的专业文献。

1.5.4　速度测量

1. 接触式方法

最简单的流场速度测量方法是皮托管,同时测量总压和静压,利用总压和静压的气动关系式确定速度。由于皮托管的结构尺寸一般较大,插入流体中会产生很大的干扰,用于壁面测量效果要好一些,但总压测量不可避免地要正对来流。

热线风速仪也是比较常用的接触式流场速度测量装置,其作用原理是将一根通以电流而被加热的细金属丝置于通道中,金属丝是测量的敏感元件,当气体流过它时会将带走一定的热量,此热量与流体的速度有关。常用两种方法确定流速:一是定电流法,即加热金属丝的电流不变,气体带走一部分热量后金属丝的温度就降低,流速愈大温度降低得就愈多;测得金属丝的温度则可得知流速的大小。另一种是定电阻法(即定温度法),改变加热的电流使气体带走的热量得以补充,而使金属丝的温度保持不变(也称金属丝的电阻值不变),这时流速愈大则所需加热的电流也愈大,测得加热电流值则可得知流速的大小。定温度法应用更广泛一些。

2. 粒子图像速度仪(Particle Image Velocimetry,PIV)

PIV 从本质上看是一种图像分析技术,利用粒子对入射光产生米散射的原理,并以此作为示踪粒子,用照相机对含粒子的流场进行瞬时拍照。它可在瞬间冻结流场,给出二维速度分布,如图 1.13 所示。通过对粒子影像的查询处理,确定粒子两次成像的位移量 Δx,Δy。由于激光器发生两次脉冲的时间间隔是已知的,这样就可以得到粒子的运动速度分量为

$$u = \lim_{t_2 \to t_1} \frac{x_2 - x_1}{t_2 - t_1} = \lim_{t_2 \to t_1} \frac{V_x}{V_t}$$

$$v = \lim_{t_2 \to t_1} \frac{y_2 - y_1}{t_2 - t_1} = \lim_{t_2 \to t_1} \frac{V_y}{V_t}$$

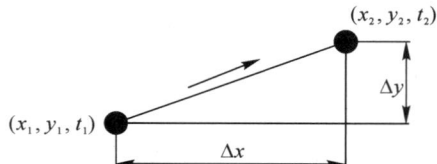

图 1.13　PIV 的测速原理

所测平面内大量粒子的运动矢量,构成了二维平面速度矢量场。两个摄像机成一定角度布置,共同对一个平面成像,采用一定的重构算法,可实现速度场的三维测量。

在粒子浓度很低时,称此 PIV 模式为 PTV（Particle Tracking Velocimetry）,即粒子追踪速度场仪。当粒子浓度高到使映像图在接收区重叠时,称此 PIV 模式为 LSV（Laser Speckle Velocimetry）,即激光做斑速度场仪。通常所讲的 PIV 是指粒子浓度很高但映像在接收区不重叠的情况。

典型的 PIV 系统包括照明流场的瞬时多次曝光光源系统（双脉冲激光器、光导臂、片光镜头）、粒子图像的记录装置（数字摄像机）、粒子图像的处理判读方法和设备（计算机和数据处理软件）,以及粒子播放示踪装置,如图 1.14 所示。双脉冲激光器发出两束具有很短时间间隔的脉冲光,光通过光导臂传输至实验场所,由片光镜头将束光转换为片光,照明感兴趣的流场区域。数字相机拍摄图像,由图像处理软件处理成速度场。没有杂质的气态流场不能产生足够强度的米散射,因此需要在流场中播撒一定粒度的示踪粒子。PIV 获得的流场速度实际是示踪粒子的速度,因此所播撒粒子的随流性非常关键,随流性与粒子的粒度有关。

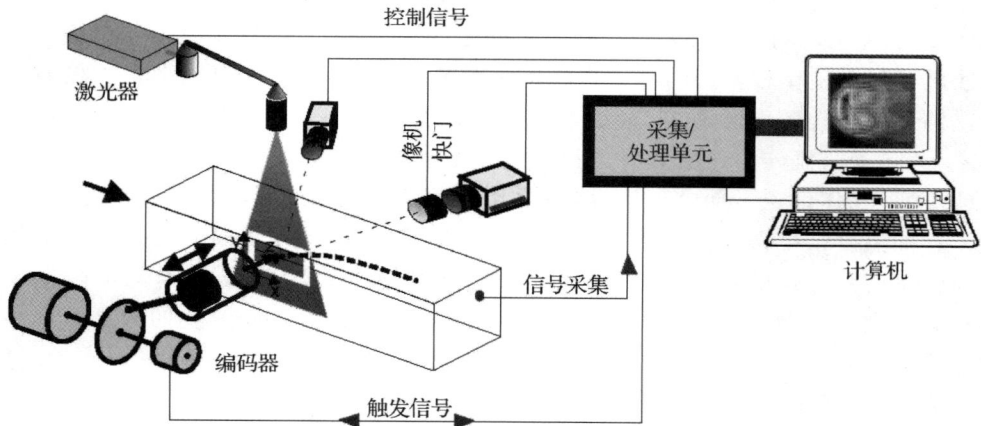

图 1.14　PIV 系统示意图

PIV 的速度测量能力取决于激光器脉冲的调节能力,空间分辨能力取决于 CCD 相机。由于激光器和数字摄像机技术水平的限制,传统的 PIV 时间分辨能力较差,一般最多每秒成像 11 次,适合于研究稳态的流场。对于随时间变化较为剧烈的流场,例如百赫兹量级的涡脱落,需要高时间分辨能力的 PIV 技术。近年来,PIV 技术向高时间分辨、微观成像、层析成像等方向发展。可获得的商业化产品有以下几种:

（1）层析 PIV 系统（Tomo-PIV）。采用四台相机摄像，利用层析重构算法和三维互相关分析，可以得到一个控制体内流场速度分布。

（2）显微 PIV 系统。将显微技术和 PIV 技术相结合，可以研究细观流动的流场分布，比如血管的血液流动。

（3）高时间分辨 PIV（高速 PIV）系统。采用高时间分辨的激光器和高速数字相机，可以实现每秒千赫兹量级的速度场测量。

层析技术、显微技术、高时间分辨技术可以相互组合，形成强大的非稳态、细观流场的分析能力。采用内窥镜技术，可以研究内燃机内部的流场状况。

3. 分子标记速度测量技术

分子标记速度测量技术（Molecular Tagging Velocimetry，MTV）是将分子作为标记示踪的流场速度测量技术，与 PIV 技术类似，都是根据示踪物在已知时间间隔内跟随流场的移动距离计算流场的速度分布。所不同的是，PIV 技术采用质量较大的粒子作为示踪物，而 MTV 采用标记的分子作为示踪物，可以认为是对流场的直接测量，因此有效克服了 PIV 技术在超高速流动尤其是含有强激波的流场中示踪粒子的跟随性问题（有研究表明，即使是直径小到 100nm 的粒子也不是总能有效地跟随流场）。而且，MTV 技术还避免了在流场中注入粒子密度控制较难，对设备可能带来的污染等问题。

很多种燃烧场中存在的分子自由基、或者分子母体（如 H_2O 是 OH 的母体分子）都可以作为标记分子，如 OH，NO，O_2 和 O_3 等，通过选择合适的激发模式产生这些分子，或者将本来存在的分子激发到可以分辨的能态，在其寿命周期内进行探测，可显示流场的速度，且具有空间分辨能力。目前，液态流场中的磷光物质分子，气态流场中的 OH 和 NO 作为流场的标记示踪分子已经得到了较为广泛的应用。由于生存周期的限制，MTV 方法一般用于流动速度较高的燃烧流场，燃烧场强烈的辐射干扰问题的解决具有一定的难度。

4. 多普勒效应

从速度测量的角度来说，PDPA 是激光多普勒测速仪（Laser Doppler Velocimetry，LDV）的扩展，利用运动微粒散射光的多普勒频移测量速度，利用不同接收方向上散射光的相位差测量粒子尺寸，测速精度为 1%。

典型的 PDPA 系统包括激光发生器、冷却系统、光纤驱动器、光纤、发射器、接收器、光电倍增管、分析仪和 DSA 软件，如图 1.15 所示。其工作过程如下：首先，由激光器产生一束相干光源，这束光经准直器校直后，垂直进入布喇格盒中进一步被分为三色六束光，同色的两束单色光分别被频移为 0 MHz 和 40 MHz 后，聚焦于测量区域中。在焦点处示踪粒子接收入射光并向四周散射。接收器接收部分散射光并通过全反射光纤把光信号传递给光电倍增管 PMT，PMT 完成由光信号转换为电信号任务。电信号经过信号处理器 DSP，经过过滤、放大等处理，由计算机输出所需的流动参数。

PDPA 系统一般采用氩离子激光发生器，其能产生多种谱线的激光，波长范围主要分布在蓝光和绿光区域。若输出激光的功率为 0～5 W，则绿光的最大输出为 2 W，蓝光为 1.5 W，紫光为 0.45 W。氩离子激光发生器是大电流器件，放电电流为数十安培，因而电源及放电管发热厉害，工作时必须通水冷却。

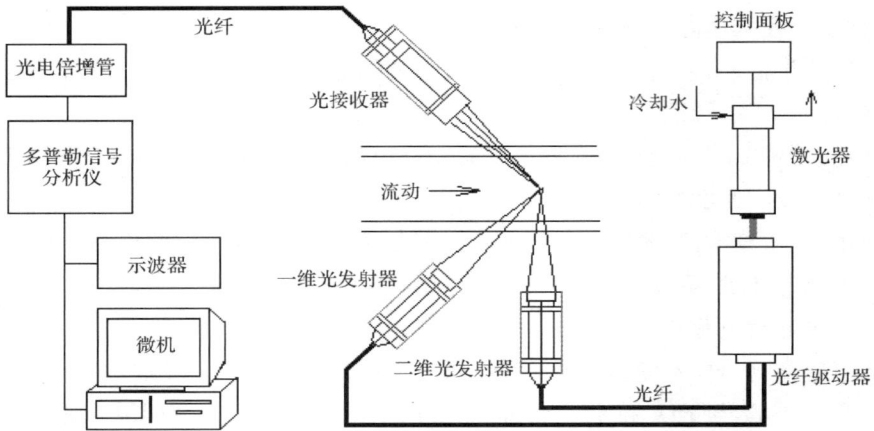

图 1.15　典型的 PDPA 系统

一束来自激光器的相干光进入布喇格盒中后进行分色分束处理,首先经过光调制器,生成一系列频移光束,其中一束为零级光,相当于没有加频移的光束,其性质和入射光一样,只是光强占入射光的 47% 左右,另一束光加了 40 MHz 的频移,其光强占入射光的 50% 左右,剩余的少数光弃之不用。两束光在色散棱镜中被分色,产生三对不同颜色的光束,波长分别为 514.5 nm(绿光)、488.0 nm(蓝光)、476.5 nm(紫光)。分色分束后的三对光束经耦合器耦合,沿两根光纤通过全反射从两个发生器射出汇交于一点。从发射器出来的光,其强度只有进入光纤前光强的 40%,同色光强度大约相等。三色光强度顺序为绿光 > 蓝光 > 紫光。

一个二维光发射器和光接受器配合可完成粒度测量和二维速度的测量,增加一个光发射器可完成三维速度的测量。需要说明的是,PDPA 的几束光需要对焦至一点,测量的速度是通过该点的粒子的速度。

两束同色光形成间距已知的相关条纹,当粒子通过该区域是散射光强产生变化,这便是速度测量的原理。在多普勒频移与粒子速度的关系中,由于频率没有正负,所以大小相同、方向相反的速度得到的频率是一样的。为了判别流动方向,PDPA 采用频移装置,使其中一束光产生频移,这样控制体中的干涉条纹就会从高频光束向低频光束一侧移动,利用此原理可获得速度的方向,如图 1.16 所示,微粒散射光强与其尺寸有关,微粒越小,散射光越弱,依此原理可获得单个粒子的分辨率,加上适当的算法可给出粒度分布和不同定义的平均粒径。

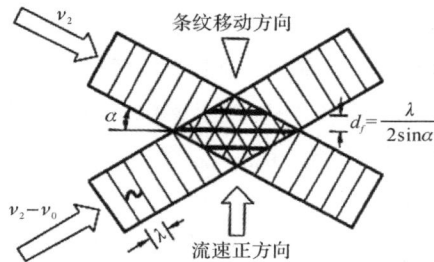

图 1.16　相干条纹

PDPA 的功能不算强大,但三维测量的难度不小,主要是对焦比较困难。传统的氩粒子激光器产生大量的热,需要大量的冷却水对激光器进行冷却。近年来,PDI(相位多普勒干涉仪)技术逐渐取代 PDPA,其速度和颗粒粒度的测量原理与 PDPA 差别不大,采用半导体泵浦的激光器功率更小,操作更为简便。

除了 LDV,PDPA 和 PDI 之外,吸收光谱技术也可以利用多普勒效应开展速度测量。一般的做法是布置两路交叉激光,与主流成一定的角度,且两束激光沿流向的垂直方向对称分布,两个探测器采集的吸收谱线之间由多普勒频移,据此频移可计算气流速度。基于吸收光谱的测速技术在第 4 章中给予详细介绍。

1.6 本 书 梗 概

本书主要介绍燃烧场中温度、组分浓度测量所使用的激光光谱诊断技术,对一些应用较为普遍或者有很强应用潜力的方法做重点介绍,给广大航空宇航推进理论的研究者提供更为全面的帮助。

光和物质的相互作用的基础知识是本书的重点,这些相互作用给我们提供了燃烧过程中有关的温度和化学组分的有用信息。在第 1 章中,概述基本的燃烧诊断方法及相关的概念,为读者提供燃烧诊断方法的全貌。第 2 章以较大的篇幅介绍燃烧诊断的物理学基础,用通俗易懂的方式使读者对光与物质的作用原理和产生的效应有一个清晰的认识。重点介绍分子光谱的相关基础知识,因为分子的转动和振动光谱是大多数实验诊断方法的物理根源。第 3 章介绍燃烧激光诊断常用的激光器和探测设备,包括其基本光学原理,探测器的种类和应用特点等,也简单介绍激光诊断方法在燃烧应用场合时的实际考虑因素,诸如干扰源(例如干扰光、微粒等)、潜在介质扰动、激光/信号转换等。第 4 章介绍近红外吸收光谱技术的原理和应用,并以通用燃烧器和冲压发动机为例介绍温度、浓度和速度的测量方法,并简要介绍吸收光谱的断层诊断技术。第 5 章涵盖自发拉曼散射和瑞利散射,将会详细介绍拉曼光谱的计算方法和实验数据处理方法,并简单介绍滤波瑞利散射技术。第 6 章介绍激光诱导荧光光谱(LIF)及其应用。第 7 章介绍数字全息技术基本原理、图像处理方法以及其在微小颗粒燃烧方面的应用。第 8 章介绍近年来发展迅速的基于数字图像的火焰特征分析技术。

第 2 章　燃烧诊断的物理学基础

从原子、分子或自由基的光谱中解读出燃烧反应的温度和浓度信息,需要了解光谱数据和细观粒子结构与运动模式之间的关系。光谱是如何产生的?与细观粒子结构有何关系?与热力学状态有何关系?这些都需要物理化学方面的基础知识。本章介绍吸收光谱、拉曼光谱和激光诱导荧光技术等所涉及的光谱学知识。鉴于大部分从事燃烧和航空宇航推进领域的研究者缺乏物理化学方面的基础,本章从物理化学的角度,从分子能量入手,以较大的篇幅介绍这些基础知识,便于读者对后续章节的理解。

2.1　分 子 能 量

光与物质相互作用时,能级跃迁是光吸收和辐射的内在物理机制,理解能级跃迁首先要了解分子的能量。本节将介绍能量出现的各种形式。首先应用熟悉的牛顿经典物理,引入分子能量,随后指出其量子力学的处理方法。在量子力学的基础上,将给出分子能级的量子描述,并将说明光谱实验数据的解读依据。随后将介绍玻尔兹曼(Boltzmann)分布定律,借这一原理能较好地理解热力学中十分基础的热平衡概念,也便于理解温度的光谱学测量原理。玻尔兹曼还能描述分子是如何分布在各个能级的。

2.1.1　分子的热力学解释

经典热力学的各种计算和预示都立足于物质整体性质的数据,只讨论大集团的问题,这种原子或分子大系统的性质,被称为宏观性质。与此相反,燃烧诊断所涉及的光谱问题涉及单个原子或分子的能级,讨论的是微观性质。经典热力学可以对宏观化学体系的平衡特征做出详细和精确的预言,但不对单个原子或分子性质有任何依赖性,它只用了有关整体性质的数据。

另外,平衡性质也能从微观或分子的观点出发获得,其结果产生了理论化学的一个特殊分支,称为统计热力学。本章将从统计热力学中借用某些定性概念,以帮助展开对经典热力学的讨论。

如果抽象的热力学参数能与分子性质的物理概念相关联,则有助于深刻理解发动机中涉及的热物理参数和平衡、非平衡过程。理解分子能量是达到这一目的的基础。

2.1.2　分子的平动、转动和振动

将能量加入到一个体系中以升高体系温度,加入的能量将发生什么变化?体系中的分子怎样来储藏这些加入的能量?按照物质运动论,这些能量大多数被储藏在分子运动中和分子内原子间的运动中。大多数分子的总热能可以分解为三类运动:平动、振动和转动。

分子运动的分解也可以方便地用数学描述。首先以这样一种分子模型作为开始:假定组

成分子的原子质量集中在一个点上,几乎原子的所有质量是集中在一个半径约为 10^{-15} m 的核上,由于分子总的尺度为 10^{-10} m 数量级,所以有理由将分子看作一个由若干质点组成的集团。讨论一个由 N 个原子组成的分子,为了在三维空间中表示出这些质点的瞬时位置,需要 $3N$ 个坐标。这些坐标可以记为 x_j,y_j,z_j,它们确定了 N 个质点中每一个质点的位置。用以确定分子中所有质点(原子)位置所需的坐标数目,称为分子的自由度数。所以由 N 个原子组成的分子有 $3N$ 个自由度。

分子的平动可以视为组成分子的各原子作为连接在一起的一个整体单元在空间移动,可以用它的质心运动来表示整体平动。考虑一组定位在位置(x_j,y_j,z_j)的质点 m_j,需要用三个坐标(自由度)来表示质心的瞬时位置,以完全确定质心的平动,余下的($3N-3$)个坐标代表内部自由度。

内部自由度可以再分为转动和振动。对于线型分子,转动有两个自由度(另外一种转动实际上可用平动表达,并非独立的运动模式);对于非线型分子,转动有三个自由度,如图2.1 所示。

除去平动和转动自由度外,线型分子剩下($3N-5$)个自由度,非线型分子剩下($3N-6$)个自由度。它们描述核和核之间的相对运动,这些数字就是振动自由度的数目。双原子分子有 $3N-5=1$ 个振动自由度,线型多原子分子 CO_2 有 $3N-5=4$ 个振动自由度,非线型分子 H_2O 有 $3N-6=3$ 个振动自由度。用坐标术语讲,这些自由度代表用以确定原子框架几何图形所必需的核间距和角度的数目。用分子运动的术语讲,这些自由度代表分子中能够存在的(近乎)独立振动模式的数目。例如,CO_2 有 4 个正则振动模式,并且各个模式均有一个与之对应的振动能量。

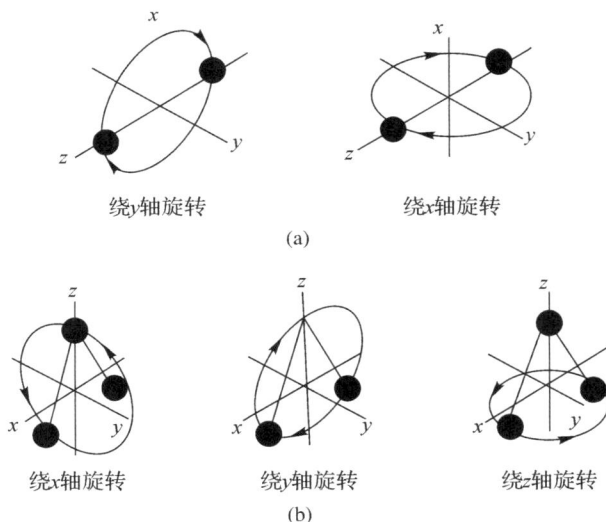

图 2.1　分子的转动自由度
(a)线型分子;(b)非线型分子

总结来讲,一个由 N 个原子组成的分子有 $3N$ 个自由度,它可以被分为如表 2.1 所示的独立分子运动。

表 2.1　独立分子运动划分

线型分子	3 个平动	非线型分子	3 个平动
	2 个转动		3 个转动
	$3N-5$ 个振动		$3N-6$ 个振动

2.1.3　分子平动能量

平动是指分子作为一个整体通过空间的运动。可以将分子的总质量 m 想象成集中在它的质心上，用经典力学的观点来讨论它在空间运动的动能。经典力学假定能量有一个连续的允许值范围。实际上，在分子和原子尺度层面需要采用量子力学理论，能量只能被分成分立的包（称为量子），所以它不能连续地变化，而只能以一定的跳跃方式来变动，可以把能量简单地理解为一系列离散值）。但平动的量子非常小，使得能量变动可以当作连续来处理。

如果构建一个 X,Y,Z 的三轴正交轴系，分子的速度 c 可以分解成沿这一轴系的每一根轴向的分量 (u,v,w)，分子的平动能可以写成

$$\varepsilon_t = \frac{1}{2}mc^2 = \frac{1}{2}mu^2 + \frac{1}{2}mv^2 + \frac{1}{2}mw^2 \tag{2.1}$$

这三个能量项包括了三个平动自由度的能量。

可以应用理想气体模型的结果来计算一个分子的平均平动能。1 mol 理想气体分子的总平动能是 $\frac{3}{2}RT$（利用理想气体的分子模型可以证明，参考工程热力学的内容），与分子速度 c 的二次方平均值 $\overline{c^2}$ 相关联，即

$$\frac{1}{2}m\overline{c^2}L = \frac{3}{2}RT \tag{2.2}$$

式中，L 是阿伏伽德罗（Avogadro）常数 6.022×10^{23} mol^{-1}。于是一个分子的平均平动能 ε_t 变为

$$\varepsilon_t = \frac{1}{2}m\overline{c^2} = \frac{3}{2}\frac{R}{L}T \tag{2.3}$$

式中，R/L 称为玻尔兹曼常数 k，其量纲为单位分子的能量除以温度，在 SI 单位中，$k = 1.381 \times 10^{-23}$ JK^{-1}。于是式(2.3)给出一个分子的平均平动能量为

$$\varepsilon_t = \frac{1}{2}m\overline{c^2} = \frac{3}{2}kT \tag{2.4}$$

如果气体不流动，则分子运动在所有方向上的概率是相等的（分子运动是各向同性的），因此

$$\overline{u^2} = \overline{v^2} = \overline{w^2} = \frac{\overline{c^2}}{3} \tag{2.5}$$

于是，从式(2.4)可以得到一个分子的每一自由度的平均平动能是 $\frac{1}{2}kT$，气体中的任意一个特定分子则可能具有显著低于或高于平均值 $\frac{1}{2}kT$ 的能量。注意只有平均能量和温度 T 相关联，一个单独分子的温度则不具有任何意义。

2.1.4 分子转动能量

一个分子要绕某一个轴做转动运动,这个分子必须具有相对于该轴的转动惯量。假定一个物体由一组质量是 m_j 的点组成的,各点离开某一个轴的距离是 r_j,则转动惯量的定义是

$$I_r = \sum m_j r_j{}^2 \tag{2.6}$$

绕该轴转动的动能是

$$\varepsilon_r = \frac{1}{2} I_r \omega^2 \tag{2.7}$$

式中,ω 是转动角速度,单位是弧度每秒(rad/s)。转动动能的数学表达式和平动动能的表达方式类似。

图 2.2(a)显示了 CO 的一些转动特征。分子被简化成两个分别代表 C 原子和 O 原子的球,两球之间有一根长度是 R_e 的键。因为 R_e 具有固定的数值,所以这一模型是一个假设的刚性转子。在图中,原子间的中心线(键)与 Z 轴重合,X,Y 轴则与 Z 轴垂直并相交在分子的质心。质量点 m_1 和 m_2 离开坐标系原点的距离为

$$r_1 = \frac{m_2}{m_1 + m_2} R_e, \quad r_2 = \frac{m_1}{m_1 + m_2} R_e \tag{2.8}$$

式中,R_e 是原子 C 和原子 O 的中心的平衡距离。

由式(2.6)可得,绕 X 轴的转动惯量是

$$I_{rx} = m_1 r_1^2 + m_2 r_2^2 \tag{2.9}$$

由图 2.1 所示对称性,有

$$I_{rx} = I_{ry} = I_r \tag{2.10}$$

将式(2.8)~式(2.10)合在一起,得到

$$I_r = \frac{m_1 m_2}{m_1 + m_2} R_e^2 \tag{2.11}$$

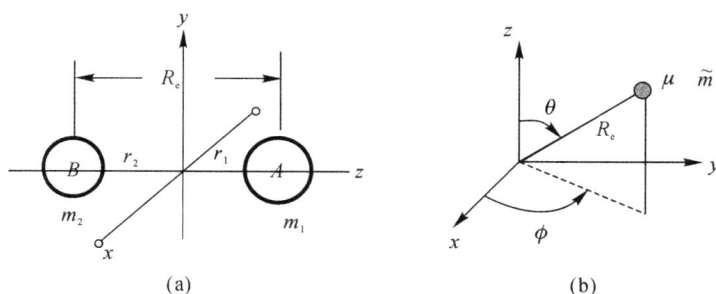

图 2.2 CO 分子转动模型

(a)两个独立原子;(b)简化为单质点

式(2.11)中的质量比称为折合质量 $\tilde{m}$,其定义为

$$\frac{1}{\tilde{m}} = \frac{1}{m_1} + \frac{1}{m_2} \quad 或 \quad \tilde{m} = \frac{m_1 m_2}{m_1 + m_2} \tag{2.12}$$

折合质量的优点是它将一个二体问题,例如 CO 分子问题,简化为一个简单的单体问题。两个质量被替换成一个折合质量 $\tilde{m}$,而离开质心的两个距离被替换成一个两体间的分隔距离。

因此,现在只需要讨论下列简单表达式:

$$I_r = \tilde{m} R_e^2 \qquad (2.13)$$

这一结果的物理解释是:一个双原子分子的转动运动可以表示成一个距离坐标原点为固定值 R_e,质量为 $\tilde{m}$ 的质点转动,如图2.2(b)所示。用来表示质量 $\tilde{m}$ 运动所需的两个自由度可以方便地选择球坐标系的两个角度 θ 和 φ。

从图2.2可以看出,双原子分子(或任一线型多原子分子)只具有两个转动自由度。因为原子用点质量来代表,因此在式(2.6)中,各个原子离开 Z 轴距离全部都是零,所以 I_{rz} 等于零。

如果线型分子遵循经典力学,则它具有转动能量

$$\bar{\varepsilon}_{x,r} = \bar{\varepsilon}_{y,r} = \frac{1}{2} I_r \omega^2$$

按经典力学,每个转动自由度都具有的平均能量为 $\frac{1}{2}kT$。因此,在温度 T 时,线型分子总的平均转动能量是

$$\bar{\varepsilon}_r = \left(\frac{1}{2}kT\right)_x + \left(\frac{1}{2}kT\right)_y = kT$$

非线型分子的转动能是

$$\bar{\varepsilon}_r = \frac{1}{2} I_{rA} \omega_A^2 + \frac{1}{2} I_{rB} \omega_B^2 + \frac{1}{2} I_{rC} \omega_C^2 \qquad (2.14)$$

式中,三个 I_r 和三个 ω 的下标分别对应三个互相垂直的转动轴,这三个转动轴称为主轴。对于非线型分子,根据经典力学可知其平均转动能是

$$\bar{\varepsilon}_r = 3\left(\frac{1}{2}kT\right) = \frac{3}{2}kT \qquad (2.15)$$

2.1.5 分子振动能量

以图2.3中所示的双原子分子 CO 作为例子来讨论振动能量,原子间的 CO 键用一根假想的弹簧代替。如果弹簧从它的平衡位置 R_e 被拉伸开,随后又被释放,于是这两个原子将进行一种规则的振动运动。为了了解这一运动的性质,必须考察拉伸力和原子间距离的关系。弹簧被拉伸得愈长,被拉开的力也愈大。弹簧提供了一个恢复力 F,其作用是使弹簧回复到它的平衡位置 R_e。若弹簧不是被拉伸得太远,则这一恢复力的大小正比于位移:

$$F = -kx \qquad (2.16)$$

式中,$x = R - R_e$,比例常数 k 被称为力常数。弹簧愈硬,即化学键愈强,则力常数愈大。

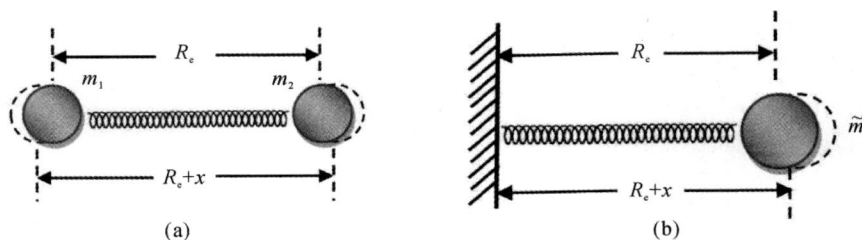

图 2.3 双原子分子的两种适于描述其振动运动的模型

(a)平衡核间距为 R_e 的二体模型;(b)离一固定点距离为 R_e 的单体模型

按牛顿第二定律

$$F = ma = m\frac{\mathrm{d}^2 x}{\mathrm{d}t^2} = -kx \qquad (2.17)$$

最后两项构成了一个振动弹簧运动的微分方程,或更普遍地,成为任一简谐振子运动的微分方程。位移 x 随 t 的变化是一个正弦或余弦函数,所以用了术语"简谐"。

如果一个宏观弹簧被拉伸和释放,它的振动幅度将衰减,并且很快趋向于静止。大尺度运动的能量已经被弹簧内部以及弹簧和周围介质间的摩擦力作用消耗掉。但这一能量并没有消失,而是引起弹簧及其环境温度的稍稍上升。这样,宏观运动就转化成了组成弹簧及其环境粒子的内部微观运动。但是对于一个孤立的振动着的分子,振荡一经开始,只要分子继续存在,就将持续下去,在分子中不存在摩擦力。如果分子不是孤立的,它就可以通过和其他分子或电磁辐射相互作用而发射或吸收能量。

假设拉伸图 2.3 中的键,使它从平衡位置 ($R = R_e$) 到 $R = R_e + A$ 或 $x = A$。在拉伸过程中的每一步 $\mathrm{d}x$,作用到分子上的功等于力与位移的乘积,即 $F(x)\mathrm{d}x$,其中力 F 本身又是 x 的函数。注意加到分子弹簧上的力与式(2.16)的恢复力正好相反。总的力积分等于储存在被拉伸开分子中的势能,即

$$\bar{\varepsilon}_p = \int_0^A F(x)\mathrm{d}x = \int_0^A kx\mathrm{d}x = \frac{1}{2}kx^2\Big|_0^A = \frac{1}{2}kA^2 \qquad (2.18)$$

假设现在将弹簧在 $x = A$ 处释放。储存的势能转化为运动的动能

$$\varepsilon_k(振动) = \frac{1}{2}\widetilde{m}v^2 \qquad (2.19)$$

质量 $\widetilde{m}$ 的速度逐步增加,直到达到一极大值为止,这时 $\widetilde{m}$ 通过 $x = 0$,$\varepsilon_p = 0$ 的平衡位置。在运动过程中的每一点,总能量是

$$\varepsilon = \varepsilon_p + \varepsilon_k = \frac{1}{2}kx^2 + \frac{1}{2}\widetilde{m}v^2 = \frac{1}{2}kA^2 \qquad (2.20)$$

总能量 ε 恒为常数。当弹簧到达 $x = 0$,其动量不断压弹簧直到被压缩弹簧的势能抽尽了所有运动的动能为止,这一点在 $R = R_e - A$ 或 $x = -A$ 时到达,接着运动倒转以完成一个简谐振荡的循环。

分子的每一个平动或转动自由度,其平均动能是 $\frac{1}{2}kT$。对每一个振动自由度,动能和势能都对能量有贡献。按经典力学,每一个振动自由度具有平均动能 $\frac{1}{2}kT$ 和平均势能 $\frac{1}{2}kT$,因此具有平均总能量 kT。这一经典行为只出现在高温时的分子振动。由于能量的量子化性质(在振动场合下它特别重要),每一振动自由度的平均能量远小于 kT。

2.1.6 正则振动模

多原子分子的振动运动可能是复杂的。但是若原子之间的力遵守胡克定律,则运动总是可以表示为许多简单的简谐振动的叠加。这简单的基本运动称为振动的正则模。在一指定的正则模(用波数 $\widetilde{v}$ 表示)中,分子中的每一振动着的原子都以同一频率振动。

CO_2(线型)和 H_2O(非线型)的正则模例子如图 2.4 所示。弯曲的 H_2O 分子有 $3N-6=3$ 个不同的正则模,每一模有特征频率。线型 CO_2 分子有 $3N-5=4$ 个正则模,两个($\tilde{v}_1$ 和 $\tilde{v}_2$)对应于分子的伸缩振动,另两个($\tilde{v}_{3a}$ 和 $\tilde{v}_{3b}$)对应于分子的弯曲振动。这两种弯曲振动的差别只在于:一个在纸平面上振动,而另一个(标以+和−)在垂直于纸平面的平面上振动。从对称性考虑,这两种振动必具相同频率(简并)。

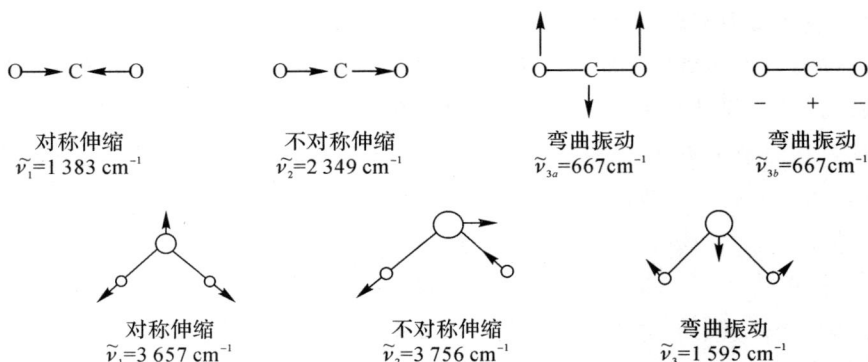

对称伸缩
$\tilde{v}_1=1\,383\ cm^{-1}$

不对称伸缩
$\tilde{v}_2=2\,349\ cm^{-1}$

弯曲振动
$\tilde{v}_{3a}=667 cm^{-1}$

弯曲振动
$\tilde{v}_{3b}=667 cm^{-1}$

对称伸缩
$\tilde{v}_1=3\,657\ cm^{-1}$

不对称伸缩
$\tilde{v}_2=3\,756\ cm^{-1}$

弯曲振动
$\tilde{v}_3=1\,595\ cm^{-1}$

图 2.4 振动的正则模

(箭头代表在纸平面上的位移,+、−代表垂直于纸平面的位移)

将多原子振动分解成正则模这一方法可使工作容易许多。这些模中的能量可以分开处理。因此,多原子分子的总振动能量就是分别在分子的$(3N-5)$个振动(线型分子)或$(3N-6)$个振动(非线型分子)中能量的叠加。每一振动模对经典分子能量的贡献为 kT($\frac{1}{2}kT$ 为动能,$\frac{1}{2}kT$ 为势能)。

2.1.7 能量的经典均分

关于分子能量的讨论可总结如下:在经典的分子能量计算中,平均分子能量是若干能量项 $\frac{1}{2}kT$ 的加和,每一能量项 $\frac{1}{2}kT$ 对应于经典能量表式中一个平方项。例如对一双原子分子,由于平动有三个平方项,$\frac{1}{2}mu^2$,$\frac{1}{2}mv^2$,$\frac{1}{2}mw^2$,所以平动对总能量的贡献是 $\frac{2}{3}kT$。因为每一转动有一个平方项 $I_r\omega^2/2$,所以两个转动对总能量的贡献是 kT。最后,因为振动能本身包含两个平方项,所以振动对总能量的贡献为 kT。于是,双原子分子的经典内能应为

$$\bar{\varepsilon} = \bar{\varepsilon}_t + \bar{\varepsilon}_r + \bar{\varepsilon}_v = \frac{3}{2}kT + kT + kT = \frac{7}{2}kT \tag{2.21}$$

每摩尔分子对应的能量为

$$\varepsilon = L\bar{\varepsilon} = \frac{7}{2}RT$$

表 2.2 总结了线型和非线型分子的平均经典能量。

表 2.2　能量的经典均分

	线型分子		非线型分子	
	自由度	平均经典能量	自由度	平均经典能量
平动	3	$\frac{3}{2}kT/$	3	$\frac{3}{2}kT$
转动	2	kT	3	$\frac{3}{2}kT$
振动	$3N-5$	$(3N-5)kT$	$3N-6$	$(3N-6)kT$

2.2　分子的量子能级

经典力学完全适合于描述大尺度客体速度远小于光速时的运动,它将能量作为一种连续变量处理。但当试图用经典力学描述例如原子和分子等小质量世界时,该理论则出现很大的问题。应用于分子世界的理论力学称为量子力学或波动力学。它和经典力学的一个主要区别是:能量不再是连续的变量,而通常显示为分立的包或量子。

2.2.1　电磁辐射的波粒二重性

光具有波粒二重性,同时也是一在空间像波运动一样移动着的电磁场(见图 2.5)。光子的能量 ε 和电磁波的频率 ν 由式(2.22)相联系:

$$\varepsilon = h\nu \tag{2.22}$$

其中,普朗克常数 h 的量纲是能量×时间,在 SI 单位中,$h = 6.626 \times 10^{-34}$ Js 。

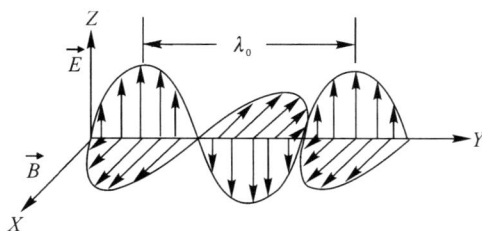

图 2.5　沿 Y 方向传播的平面电磁波

(磁感应强度 B 在 XY 平面,电场强度 E 在 YZ 平面)

频率 ν,波长 λ 和速度 c 间的关系式是

$$\nu = c(1/\lambda) = c\widetilde{\nu} \tag{2.23}$$

式中,$\frac{1}{\lambda} = \widetilde{\nu}$ 称为波数。在非 SI 单位中,约定波数单位为 cm^{-1},其物理意义为 1cm 空间尺度上波的数量。

光子没有静止质量,其能量 ε 和质量由爱因斯坦质能方程给出

$$\varepsilon = mc^2 \tag{2.24}$$

这一方程将光子的能量与光子的质量与速度结合了起来,普朗克方程则将光子的能量和光子的波动性质——频率联系起来,将这两方程合起来,给出 $h\upsilon=mc^2$。将 $\lambda=c/\upsilon$ 代入则得到

$$\lambda = h/mc$$

这一方程联系了光子的波动性质(λ)和粒子性质(mc),乘积 mc 是光子动量 p,因此有

$$\lambda = h/p \qquad (2.25)$$

2.2.2　光谱学

光的粒子和波动性质都被光与原子和分子相互作用的实验研究证实,波动性质常用来解释光的散射,而粒子性质则用来解释光的吸收和发射。测量辐射的吸收和发射是测定原子与分子能级的最广泛应用的方法。

研究辐射和物质间相互作用的学科称为光谱学。光谱表达了光的发射、吸收或散射与其频率 υ 间的函数关系。分子光谱覆盖了宽广的频率范围,从软 X 射线的高频($\upsilon\approx10^6$ Hz)到无线电波的低频($\upsilon=10^3$ Hz),可见光只占据了 $4.3\times10^{14}\sim7.5\times10^{14}$ Hz 的微小区域。紫外或红外辐射是不可见的,通常也将其看作光。光谱波长的范围从约 10^{-8} m(软 X 射线)到约 3 km(无线电波),其中可见光的范围为 $43.9\times10^{-7}\sim7.8\times10^{-7}$ m。图 2.6 中列出了研究不同原子和分子性质所用的波长,其中可见光部分依次为红、橙、黄、绿、蓝和紫。相比之下,原子半径或分子键长的数量级是 10^{-10} m。

分子吸收或发射能量只以称之为光子的分立的量或包进行。原子或分子吸收或发射辐射只能发生在辐射量子的能量等于同一原子或分子的两个能级间的能量差 $\Delta\varepsilon$ 时,该条件是必要的,但还有其他条件也须满足。于是

$$\Delta\varepsilon = \varepsilon_1 - \varepsilon_2 = h\nu \qquad (2.26)$$

不管是辐射或吸收能量量子,原子或分子都必须发生从一确定能级 ε_1 到另一能级 ε_2 的跃迁。分子只能存在于确定的分立能量状态,介于这些状态之间的能级是完全不允许存在的。

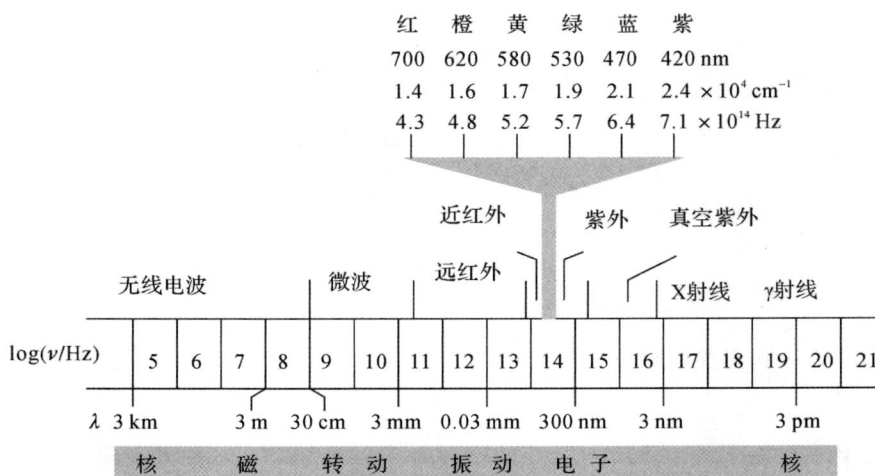

图 2.6　研究不同原子和分子性质的所用波长

图 2.7 中所示的 CO 气体光谱可用来说明光与分子间的量子化相互作用。从图中可以看出在红外区 CO 只在一段小的频率范围内吸收光。先讨论图 2.7(a)中部分的吸收。在靠近

$\nu = 6.4 \times 10^{13}$ Hz或波长 $\lambda = 4.7~\mu$m 处,有一明显 CO 吸收区域(或称为带)。这一吸收使 CO 的振动能增加,也可得到 CO 的两个振动能级间的分隔为

$$\varepsilon_1 - \varepsilon_2 = \Delta\varepsilon_v = h\nu = (6.63 \times 10^{-34}~\text{Js})(6.4 \times 10^{13}~\text{s}^{-1}) = 4.2 \times 10^{-20}~\text{J}$$

注意能量高于或低于这一数值的区域实质上无吸收,原因是这些区域的光子能量并不与 CO 分子中任两能级间的差相对应。

在靠近 $\nu = 12.8 \times 10^{13}$ Hz 或约 $\lambda = 2.3~\mu$m 处发生一弱吸收。这一区域相当于强吸收带光子能量的两倍(能量与频率成正比),因此 CO 中另一对振动能级的能量差约为 8.4×10^{-20} J。

图 2.7(b)则在较高分辨率下显示了 $4.7~\mu$m 吸收带的细节情况。这种现象的产生是因为光吸收时振动能量的较大变化,会引起分子转动能量发生小的改变。根据该光谱中出现许多条线,可以说转动与振动一样也是量子化的。

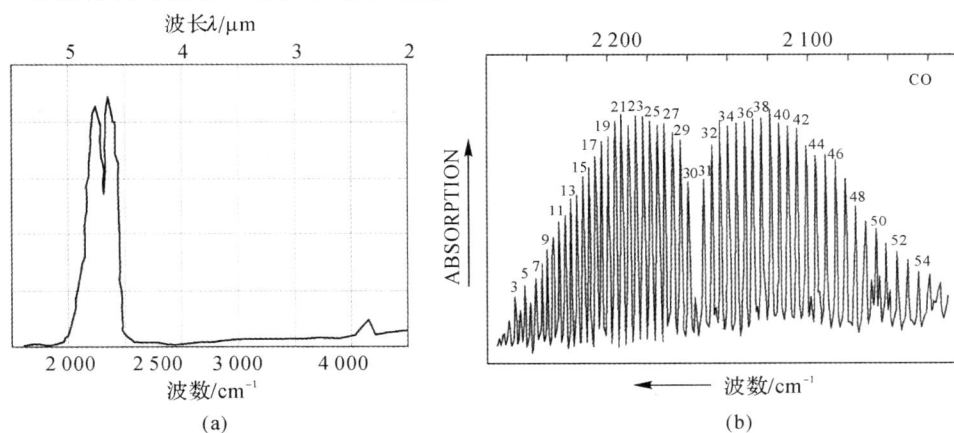

图 2.7　CO 气体在红外区的振-转吸收带
(a)低分辨率光谱;(b)较强吸收带的高分辨率光谱

图 2.7 中的吸收改变 CO 的振动和转动能量,但它们并不影响平动能量。它们也不影响电子能量,即不影响 CO 分子中由电子的位置和运动所联系的能量。

2.2.3　物质的波性质

前文描述了光的波粒二重性质。1923 年,法国物理学家 Louis de Broglie(路易·德布罗意)将这一概念推广到电子、质子、中子、原子和分子等实物粒子。他假设:关系式 $\lambda = h/p$ 等不仅适用于光子,而且能适用于所有粒子。对于以小于光速运动的粒子,动量的数值是 $p = mv$,其中 v 是粒子的速度。应用类比,从式(2.25)得出对任一实物粒子有

$$\lambda = \frac{h}{mv} \tag{2.27}$$

德布罗意关系式(2.27)是物理世界观念上波-粒二象性的一种表达形式。它关联了一个客体的波动性质(其波长 λ)和力学性质(其动量的数值 mv)。德布罗意的物质波是理解分子能量和跃迁的重要的基础概念。

2.2.4　平动能

平动能同样具有分立的能级,但这些能级的间隔非常小,以至于平动能可以看作是连续

的。粒子允许能级只限于某些分立值是与粒子的波动性质紧密关联的。现在讨论一个一维平动运动的例子,如图 2.8 所示。

一粒子被限止在两个固定在 $x=0$ 和 $x=a$ 的位垒间运动。当考虑粒子的波动特性时,代表粒子的波的振幅必须在 $x=0$ 和 $x=a$ 点为零,这是因为粒子不能穿透到这些点的外部范围中去。按这一方式被限制在空间一定区域中的波,称为驻波。对于一驻波,只有一定的分立波长才是允许的。在本场合下,必要条件是 $a=n(\lambda/2)$,其中 n 是任意整数。整数个半波长一定满足 $x=0$ 和 $x=a$。n 为量子数,取值为 $1,2,3\cdots$。这一要求允许粒子与一限制在 $0<x<a$ 中的驻波相匹配。若此要求不满足,则不存在驻波。

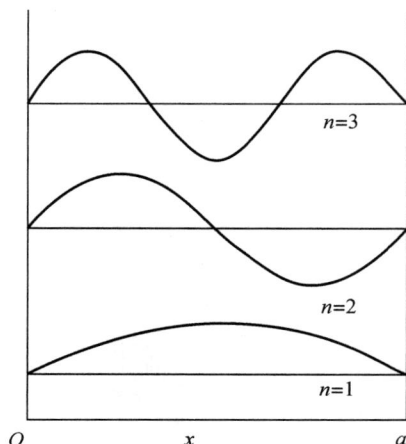

图 2.8　用波表示一粒子在固定位垒间的一维运动

对于一个一维的并限在一定范围内运动的粒子来说,必定具有满足条件 $n(\lambda/2)=a$ 的某一 n 值所确定的波长。$\lambda=2a/n$,$v=h/m\lambda=nh/2ma$,所以允许的动能 ε_k 与平动量子数 n 的二次方有关

$$\varepsilon_k = \frac{1}{2}mv^2 = \frac{n^2 h^2}{8ma^2} \tag{2.28}$$

相应地,对于限在一边长为 a,b,c 的直角箱中运动粒子,很易从量子力学导出

$$\varepsilon_k = \frac{h^2}{8m}\left(\frac{n_1^2}{a^2}+\frac{n_2^2}{b^2}+\frac{n_3^2}{c^2}\right) \tag{2.29}$$

因为三维的平动运动有三个自由度,须要三个量子数 n_1,n_2,n_3 来确定允许的能级。量子数可取任一整数值。若 $a=b=c$,容器为一立方体,其允许的能级是

$$\varepsilon_k = \left(\frac{h^2}{8ma^2}\right)(n_1^2+n_2^2+n_3^2) \tag{2.30}$$

立方箱的体积是 $V=a^3$,所以

$$\varepsilon_k = \left(\frac{h^2}{8mV^{2/3}}\right)(n_1^2+n_2^2+n_3^2) \tag{2.31}$$

注意随着体积增大,能级的间隔在减小。在体积变为无限大的极限状态时,允许能级间的间隔变为零,于是能量连续变化而不以量子跳跃。换言之,当粒子不限于在某一有限的空间中时,它遵循着经典行为。粒子被限制于一有限的体积中才导致量子化能级。量子化是粒子有

波动性质以及只有合适波长的驻波才能存在任一有限空间这一要求的必然结果。

三维势箱的最低容许能态记为（111），即 $n_1=n_2=n_3=1$。下一个态是（211），但对立方势箱，有三个态具相同能量，它们是（211），（121）和（112）。这一能级称为有统计权重或简并度 $g=3$。注意这里是说能级而不是说能态有简并度。一个能级的简并度是严格具有该能量的量子态的数目。在后面关于平均分子性质的计算中，能级简并度有重要的影响。

例 1：按经典力学预示，一分子的平均平动能是 $\frac{3}{2}kT$。在 300 K 和 1 L 体积中 O_2 能级的平均量子数应为多少才对应这一能量？

假定 $n_1^2+n_2^2+n_3^2=3n^2$，这样可以从式(2.31)估计出一个平均量子数

$$\varepsilon_t = \frac{3}{2}kT = 3\frac{h^2 n^2}{8mV^{2/3}}$$

$$n^2 = 4kT\frac{mV^{2/3}}{h^2} = \frac{(4)(1.4\times10^{-23}\,\mathrm{JK^{-1}})(5.3\times10^{-26}\,\mathrm{kg})(10^{-3}\,\mathrm{m^3})^{2/3}}{(6.6\times10^{-34}\,\mathrm{Js})^2}$$

$$n \approx 4.5\times10^9$$

例 2：在 1.0 L 体积中，O_2 分子的最低允许平动能是多少？

从式(2.31)，并令 $n_1=n_2=n_3=1$

$$\varepsilon_t(111) = \frac{(6.6\times10^{-34}\,\mathrm{Js})^2(1+1+1)}{(8)(5.3\times10^{-26}\,\mathrm{kg})(1.0\times10^{-3}\,\mathrm{m^3})^{2/3}} = 3.1\times10^{-40}\,\mathrm{J}$$

从上述示例可以看出，平均热能分子的平动量子数为 10^9 数量级，平均动能 $\frac{3}{2}kT$ 在 300 K 时为 6×10^{-21} J，所以每一能级的平均能量约为 $10^{-20}/10^9=10^{-29}$ J。和 kT 相比，每一能级间的平均能量极小，导致分子需要许多紧靠在一起的平动能级，而能量的分立或量子化特征通常很难被检测出。所以，平动能表现出是连续的值。平动能的这种经典行为表明，量子力学在大量子数极限情况下给出的结果相当于经典力学的结果，在某种意义上讲，经典力学是量子力学应用于大量子数时的特殊情况。

SI 单位中的焦耳可用作分子量子能级的能量单位，但在光谱学中用得更普遍的是另一量，称为波数 $\tilde{\nu}=\lambda^{-1}$，通常以 cm^{-1} 为单位。在辐射的吸收或发射中的光子能量等于一对分子能级的间隔，$h\nu=\varepsilon_2-\varepsilon_1=\Delta\varepsilon$。波长 λ 比光子频率 ν 要容易测量得多。因 $\nu=c/\lambda$，其中 c 是真空中的光速，于是有 $\Delta\varepsilon=h\nu=hc(1/\lambda)=h\tilde{\nu}c$。可以看出波数 $\tilde{\nu}=1/\lambda$ 正比于能量量子 $\Delta\varepsilon$，比例因子为 hc。能级与波数之间的转换计算如下式：

$$\Delta\varepsilon(\mathrm{J}) = 1.986\times10^{-23}\,\tilde{\nu}(\mathrm{cm^{-1}})$$

2.2.5 转动能

现在来讨论能级角度的转动能。图 2.9 用图形表示出与一折合质量为 $\tilde{m}$，离原点为一固定距离 r 的粒子所允许的与转动相关联的波。分子的转动惯量是 $I_r=\tilde{m}r^2$。若 v 是 $\tilde{m}$ 的线速度值，则角速度 $\omega=v/r$，而动能是

$$\varepsilon_r = \frac{1}{2}\tilde{m}v^2 = \frac{1}{2}I_r\omega^2$$

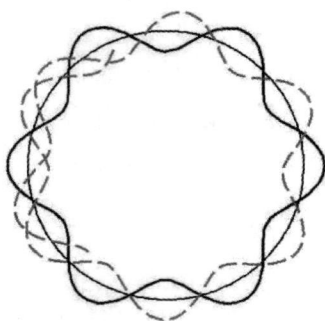

图 2.9 一转动粒子的驻波模型

（虚线表示非 $n\lambda = 2\pi r$，波将因干涉而被破坏）

转动粒子的驻波图形要求整数（J）个波刚好嵌入它轨道的圆周（$2\pi r$）上。即要求 $J\lambda = 2\pi r$ 或 $\lambda = 2\pi r/J$。J 就是转动量子数，可以取值 $J = 0,1,2,\cdots$。从德布罗意关系式 $\lambda = h/\tilde{m}v$，可得

$$v = hJ/2\pi\tilde{m}r \text{ 和 } 1/2\tilde{m}v^2 = \varepsilon_r = J^2h^2/8\pi^2I_r$$

如图 2.9 所表示的转动限于二维。实际分子可在三维空间中转动。在能量表达式中正确的因子应是采用 $J(J+1)$ 代替 J^2。因此，允许的转动能级是

$$\varepsilon_r = J(J+1)\frac{h^2}{8\pi^2I_r} \tag{2.32}$$

令 $B = h^2/8\pi^2I_r$，称之为转动常数。则

$$\varepsilon_r = BJ(J+1) \tag{2.33}$$

注意在式（2.32）中，分子的小转动惯量相当于大的转动能量量子。因 $\varepsilon_r = 1/2I_r\omega^2$，分子的转动频率 ω 随着转动量子数 J 的增加而增加。

例 3：分子 $^{16}O_2$ 的核间距为 120.80 pm。在转动能级 $J=0$ 和 $J=1$ 间的间隔 $\Delta\varepsilon$ 是多少？

$^{16}O_2$ 的折合质量是

$$\tilde{m} = \frac{(16.0^2/32.0)\times 10^{-3} \text{ kg}\cdot\text{mol}^{-1}}{6.02\times 10^{23} \text{ mol}^{-1}} = 1.33\times 10^{-26} \text{ kg}$$

$$I_r = \tilde{m}r_e^2 = (1.33\times 10^{-26} \text{ kg})(120.8\times 10^{-12} \text{ m})^2 = 19.41\times 10^{-47} \text{ kg}\cdot\text{m}^2$$

对 $J=0,\varepsilon_r=0$；对 $J=1$，式（2.32）给出

$$\varepsilon_r = \frac{(6.63\times 10^{-34} \text{ Js})^2(2)}{8\pi^2(19.4\times 10^{-47} \text{ kg}\cdot\text{m}^2)} = 5.75\times 10^{-23} \text{ J} = \Delta\varepsilon$$

例 4：$^{16}O_2$ 分子的转动能级近似等于 kT（经典平均值），在 350 K 时，$^{16}O_2$ 的近似转动量子数 J 是多少？

$$kT = \left(\frac{h^2}{8\pi^2I}\right)(J(J+1)) \approx \left(\frac{h^2}{8\pi^2I}\right)(J^2)$$

$$J \approx (8\pi^2IkT)^{1/2}/h \approx \frac{(8\pi^2)^{1/2}(19.4\times 10^{-47} \text{ kg}\cdot\text{m}^2)^{1/2}(1.38\times 10^{-23} \text{ JK}^{-1}\times 350 \text{ K})^{1/2}}{6.63\times 10^{-34} \text{ Js}} \approx 13$$

例 3 和例 4 均表明转动能量比平动能量要大许多数量级，但它们仍小于平均经典能量（当 300 K 时，$kT = 4\times 10^{-21}$ J）。不过，能量已足够大，可以容易地观察到它的量子效应。

转动能级的图样如图 2.10 所示。因为能量与 $J(J+1)$ 有关，能级间的间隔随 J 的增加而增加。换言之，转动能量量子的大小随 J 增大而增大。量子数为 J 的转动能级的统计权重

(或简并度)g_J 为 $(2J+1)$。

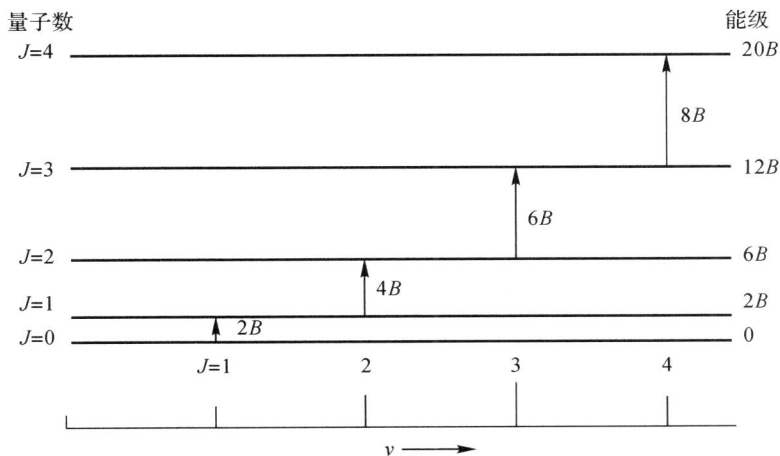

图 2.10　刚性转子的能级

2.2.6　振动能

作为第一步近似,分子振动的量子处理应用简谐振子模型。简谐振子能级的量子力学表式是

$$\varepsilon_\nu = h\nu\left(\upsilon + \frac{1}{2}\right) \qquad (2.34)$$

式中,ν 是振动频率,υ 是"振动量子数",其允许值是 $\upsilon = 0, 1, 2, \cdots$。式(2.34)给出了双原子分子的振动能量或多原子分子一个振动正则模的能量。

从式(2.34)可以看出简谐振子的振动能级是等间隔分开的,如图 2.11 所示。振动量子具能量 $h\nu$。随着量子数增加,振动能量增加,但基本振动频率不变。注意这与转动运动不同,转动频率随转动量子数和能量的增加而增加。

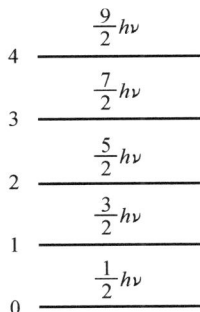

图 2.11　用量子数 υ 标记的简谐振子等间分开的能级

当 $\upsilon = 0$ 时的最低可能振动能级仍具有显著的振动能,称为零点能,其量为 $\frac{1}{2}h\nu$,即

$$\varepsilon_{\nu 0}(\upsilon = 0) = \frac{1}{2}h\nu \qquad (2.35)$$

即使在绝对零度极限,当一深度冷冻的晶体中的所有平动和转动运动都停止时,分子仍将

绕它们的平衡核间距 R_e 作内部振动。零点能完全不是小数值或可忽略的值。

对双原子分子,式(2.35)中的振动频率 ν 由下面的经典表式给出

$$\nu_v = \frac{1}{2\pi}\sqrt{\frac{k}{\tilde{m}}} \tag{2.36}$$

式中,k 是力常数而 $\tilde{m}$ 是折合质量。这一方程可用来从光谱数据计算力常数。

振动频率(能量)可以可靠地从光谱实验中得到。图 2.7 中的 CO 例子表明在两个振动能量间的差约 4.2×10^{-20} J。辐射吸收规则决定跃迁只能发生在两个相邻能级间(由跃迁的选择定则决定),所以量子数 ν 变化为 1,即 $\nu' - \nu'' = \Delta\nu = 1$。由于 CO 的振动量子是 $h\nu = 4.2 \times 10^{-20}$ J,因而吸收的波数为 $\tilde{\nu} = 2\,100$ cm^{-1}。

双原子分子的平均(经典)振动能是 kT,在 300 K 时这相当于 200 cm^{-1},所以在 2 100 cm^{-1} 时 CO 的振动量子比 kT 值大,约为它的 10 倍。在 300 K 时,任一单个 CO 分子具有即便是一个振动能量量子的概率也接近于零。所以经典预言出现巨大误差。同样明显的是,在 300 K 时 CO 分子占据的振动量子能级几乎总是低量子数的,即 $\nu = 0$ 或 1。对应原理指出了平动和转动运动的经典行为,但对振动运动,只有量子理论才能解释。

多原子分子振动的量子处理保留了正则模描述。因此一个多原子分子有($3N-5$)(线型分子)个或($3N-6$)(非线型分子)个模,各带可能的能量为 $\varepsilon_{vi} = h\nu_i(\nu_i + 1/2)$,其中 i 是模的标号。模与模间的区别是频率 ν_i 或振动量子能量 $h\nu_i$,多原子分子中各种模的波数范围约从 $100 \sim 3\,000$ cm^{-1}。振动能量与 kT 相比较很大,这使量子效应显得突出。

2.2.7 振动和转动能级的红外光谱

量子力学告诉我们当分子发射或吸收光时,能级的量子数(一个能级向另一个能级的跃迁)所产生的变化受到一定的限制,这些限制条件称为选择定则。以 CO 为例,图 2.7 中 CO 红外吸收谱的转动量子数选择定则是 $\Delta J = \pm 1$。在任一 CO 的红外吸收或发射光谱中,J 必须不是增加 1 就是减少 1。按习惯,ΔJ 本身定义为

$$\Delta J = J_{(\text{上})} - J_{(\text{下})} = J' - J'' \tag{2.37}$$

其中上和下(J' 和 J'')分别代表较高能量和较低能量的转动态。

如图 2.7 所示的振-转(红外)光谱中,分子的主要能量变化来源于两个振动能级间的跃迁,振动跃迁的选择定则是 $\Delta\nu = 1$。在这情况下,吸收发生在 $\nu'' = 0$ 和 $\nu' = 1$ 的振动能级间。伴随振动变化而发生的转动能变化,其 $\Delta J = \pm 1$,相应的转动能级 $J_{(\text{上})} = J'$ 是在 $\nu' = 1$ 的态,而 $J_{(\text{下})} = J''$ 则在 $\nu'' = 0$ 的态。

如图 2.12 所示是一些选择定则允许的吸收线的图,每一吸收线均引起 $\nu'' = 0 \rightarrow \nu' = 1$ 的变化。选择定则阻止了任一 $\Delta J = 0$ 的吸收(本书不再详细解释)。因此,要求随着 ν 的变化 J 必须发生变化。即,当 CO 中振动能级发生变化时,转动能级必须变化。选择定则不允许的跃迁称为"禁阻"。在跃迁中发生了两种类型的 J 的变化:$\Delta J = +1$ 的那些吸收线形成光谱中吸收带的 R 支(R branch),$\Delta J = -1$ 的那些吸收形成吸收带的 P 支(P branch)。图中对每一支列出了四个可能的跃迁。允许的吸收形成一组随能量增加而排列的线(R 支,$\Delta J = +1$)和一组随能量降低而排列的线(P 支,$\Delta J = -1$)。

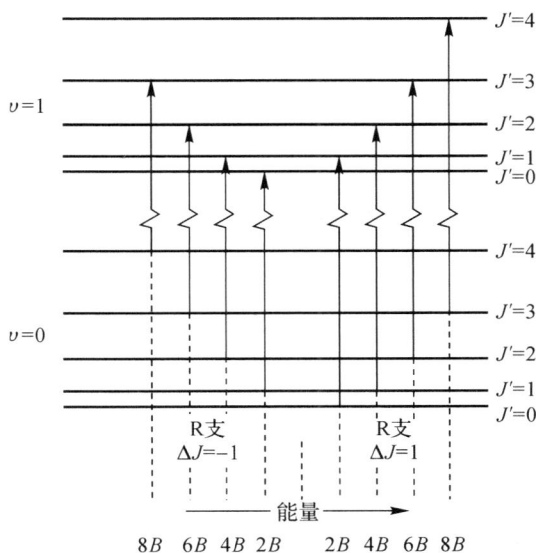

图 2.12 振—转光谱中选择定则允许的吸收线

分子吸收或者发射能量时所对应的光子能量 $h\nu$（其中 ν 在本例中是 CO 的基本振动频率）可以很方便的计算出来。其中包括：①振动变化 $\Delta\upsilon=1$ 所对应的能量；②转动能级变化所对应的能量。

根据式(2.33)，转动能级间的差为

$$\Delta\varepsilon_r = \varepsilon_r' - \varepsilon_r'' = B[J'(J'+1) - J''(J''+1)] \tag{2.38}$$

对于 R 支($\Delta J=+1$)，有 $J'=J''+1$，所以

$$\Delta\varepsilon_r = 2B(J''+1) \tag{2.39}$$

对于 P 支($\Delta J=-1$)，有 $J'=J''-1$，所以

$$\Delta\varepsilon_r = -2BJ'' \tag{2.40}$$

于是 CO 红外振-转吸收的能量 $\Delta\varepsilon_{abs}$ 变为

$$R \text{支}: \Delta\varepsilon_{abs} = h\nu_v + 2B(J''+1) \tag{2.41}$$

$$P \text{支}: \Delta\varepsilon_{abs} = h\nu_v - 2BJ'' \tag{2.42}$$

式中：ν_v 是 CO 的振动频率；B 是 CO 的转动常数，其值由 CO 的转动惯量 $I_r = \tilde{m}R_e^2$ 所定。

这些来自量子力学的简单式子可描绘 CO 光谱：

(1)R 支应是一组开始于 $\Delta\varepsilon_{abs}=h\nu_v+2B$（对应于 $J''=0$）的线系，并以等间隔 $2B$（以能量为单位）向能量增加方向展开。

(2)P 支应开始于 $\Delta\varepsilon_{abs}=h\nu_v-2B$，也是一组线系，但向低能量方向展开，也是等间隔 $2B$。

(3)在 P 支和 R 支之间应有一能量为 $4B$ 的空隙。这一空隙的中心，离开每一支第一线的距离均为 $2B$，是禁阻吸收 $J'=0 \to J'=1$ 的位置，其能量标尺的位置为 $\Delta\varepsilon_{abs}=h\nu_v$。

这些量子力学的预示的谱线与图 2.7 中测量获得的 CO 光谱符合度非常好，说明分子能级量子力学公式的正确性。

CO 光谱的理论预示值和实验数据中还遗留了两个问题。首先是关于光谱线的强度。这决定于 CO 分子在最低振动能级 $\upsilon=0$ 时处在不同转动能级 $J''=0,1,2,\cdots$ 上的分子数量，可由

玻尔兹曼分布确定。第二个问题显示出理论的不完善性,与式(2.41)和式(2.42)预言的相反,谱线间的间隔并非严格为常数,而是在 P 支中慢慢地变大,在 R 支中则在收缩。这又归结为转动常数 $B=h^2/8\pi^2 I_r$ 在两个 v 能级中并不完全相等,实际上稍有不同。它们不同是由于从振动态 $v=0$ 到 $v=1$ 时,键长 R_e 有所增加。R_e 出现在转动惯量 $I_r=\tilde{m}R_e^2$ 中,并因此影响转动常数 B。尽管 R_e 的变化小于 1%,但是在 CO 分子的光谱中依然能够清楚地表现出来。这一问题与假设的简谐振子和刚性转子有关,实际分子在振转运动中存在离心畸变等因素,选择定则也更为复杂,导致真实的光谱与理论预示值之间存在细小的差异。

2.2.8 玻尔兹曼分布

前面已经描述了单个分子能级的一般面貌。在气体中分子是怎样分布在这些能级中的呢?分子在不同能级的分布与温度相关,并决定了跃迁辐射或吸收的强度。如果能找到答案,就能计算理想气体的所有热力学平衡性质。值得强调的这一突出事实是:对于由理想气体组成的体系,所有宏观性质,包括能量、热容和平衡常数等,都能基于分子如何在能级中分布计算出来。

讨论一个大量分子的集合,例如在指定温度和压力下一定体积的气体。

例 5:计算在 101 kPa 和 298 K 时在 1 m³ 中的气体分子数 N。

$$N = \left(\frac{PV}{RT}\right)L = \frac{(101 \times 10^3 \text{ Pa})(1\text{m}^3)}{(8.31 \text{ JK}^{-1}\text{mol}^{-1})(298 \text{ K})}(6.02 \times 10^{23} \text{ mol}^{-1}) = 2.46 \times 10^{25}$$

假定在恒定温度 T,在一固定体积 V 的容器中分子是处在热平衡中。令 N_0 是最低能级 ε_0 中的分子数。在任一其他能级 ε_i 中的分子数 N_i 由下式给出:

$$\frac{N_i}{N_0} = \frac{g_i}{g_0}\text{e}^{-(\varepsilon_i - \varepsilon_0)/kT} \tag{2.43}$$

因子 g_0, g_i 是各相应能级的统计权重,或称简并度。简并度是指具有相同分子能量的量子态的数目。虽然式(2.43)中的比例是写成以最低态为参考态的,但从式(2.43)可以容易地得到一个适用于任意两态(能量分别为 ε_i 和 ε_j)的表达式:

$$\frac{N_i}{N_j} = \frac{g_i}{g_j}\text{e}^{-(\varepsilon_i - \varepsilon_j)/kT} \tag{2.44}$$

式(2.44)称为玻尔兹曼(Boltzmann)分布定律,是物理化学中最重要方程之一。特定能级分子数与总分子数 N 关系可采用如下过程导出。从式(2.43)得到

$$N_i = N_0\left(\frac{g_i}{g_0}\right)\text{e}^{-(\varepsilon_i - \varepsilon_0)/kT} \tag{2.45}$$

分子总数 N 等于 N_i 在所有能级上的加和为

$$N = \sum_i N_i = \frac{N_0}{g_0}\sum g_i\text{e}^{-(\varepsilon_i - \varepsilon_0)/kT} \tag{2.46}$$

因此

$$\frac{N_i}{N} = \frac{g_i\text{e}^{-\varepsilon_i/kT}}{\sum\limits_{i=0}^{\infty} g_i\text{e}^{-\varepsilon_i/kT}} \tag{2.47}$$

式(2.47)在分母上对能级加和的项称为分子配分函数。分子分配在各不同能级,在上式分母的加和项中每一项正比于在特定能级 ε_i 上的分子数 N_i。

若记分子的配分函数为

$$Z \equiv \sum_{i=0}^{\infty} g_i \mathrm{e}^{-\epsilon_i/kT} \tag{2.48}$$

则式(2.47)变为

$$\frac{N_i}{N} = \frac{g_i \mathrm{e}^{-\epsilon_i/kT}}{Z} \tag{2.49}$$

配分函数是统计热力学中的关键函数。它联系了微观分子能量和物理化学体系的宏观变量。不管是对于固态、液态,还是气态,只要得到了它的配分函数,就能计算出几乎所有的热力学性质。从式(2.48)可以看出,计算分子的配分函数 Z 需要在 $i \in [0, +\infty)$ 范围内进行求和计算,严格来说这需要对无穷多项进行求和,需要准确知道每一个 g_i 和 ϵ_i。在实际应用中,可采用拟合多项式的形式来描述配分函数,这些拟合多项式可在文献资料中获得。

2.3　粒　子　与　波

前文应用粒子的波动性质来确定分子中允许的能级,在给出理论公式时并没有详细讨论推导出公式的理论。而在本节中,将简单介绍量子能级和选择定则的理论出处,以加深对能级和跃迁的理解。

量子力学的核心是一个方程——薛定谔波动方程。以氢原子或双原子分子的振动运动为例,量子力学描述它们的运动是从建立专门适合它们的波动方程开始。然后,得到以数学函数形式表示的方程的解,并被称为波函数。波函数包含了我们希望知道的关于氢原子或双原子振转子的所有信息。用特定的数学算符作用到波函数上就能得到那些信息。建立波动方程,解方程得到波函数,再应用波函数去获悉能量、动量、空间分布等等,是处理任何量子力学问题的标准步骤。

本节主要叙述薛定谔方程的建立。这里有四个问题需要考虑,薛定谔的波动方程是从哪里来的? 方程是根据什么规则建立的? 如何解方程得到波函数? 什么是获得波函数所包含的物理信息的关键?

2.3.1　波的运动

量子力学的薛定谔波动方程是与牛顿物理中对于波的论述紧密相关的。本节是对波的运动的概貌作一回顾,这将有助于后面对量子力学的理解。本节将解释平面正弦波的数学描述,并论述经典物理中的微分波动方程是如何建立的。

考虑一下海洋中的水波,可以把它们看作到处都有相同特征的理想波。它们以速度 v 向前移动,v 是描述一个具体的波峰向海岸方向——定义为 x 方向运动的速度。波长 λ 是两个波峰之间的距离,而单位时间内通过某指定位置的波峰数目是频率 ν。这些参数通过公式 $\lambda\nu = v$ 联系起来。相继两个波峰通过某指定点所需要的时间称为波的周期 τ,它是 $1/\nu$。波有高度或称振幅 A,它是波峰和波谷之间垂直距离的一半。

数学上如何表达上面这些信息呢? 首先,忽略海洋具有的三维特征以简化问题。考虑水波是在一个平行于传播方向 x 的假想的墙面上行进。坐标 z 是当水波沿着墙移动时水在向上方向上的位移。用这个位移来描述波是很方便的。位移 z 是位置 x 和时间 t 的函数,$z = f(x, t)$。

考虑两张水沿着墙移动的图案的快照，一张是在时间 $t=0$ 时照的，另一张是在比 $t=0$ 迟一些的时间 t 照的。在这个间隔 t 中，一个开始在 x 位置的波峰将向前移到 $(x+vt)$ 的位置。为了重现原来的振幅，必须从 x 值中减去 vt，这样

$$z = f(x-vt) \tag{2.50}$$

显函数 $z=f(x-vt)$ 是什么？自然界存在许多形式的波列，正弦波是其中最简单和最一般的一个。光的电磁场是正弦波，分子振动可以用正弦波描述得相当正确。量子力学薛定谔的波动方程和正弦波有密切关系。

在 x 方向上，以速度 v，波长 λ，频率 ν 和振幅 A 行进的正弦波在数学上可用正弦函数描述

$$z = A\sin\left[\frac{2\pi}{\lambda}(x-vt)\right] = A\sin\left[2\pi\left(\frac{x}{\lambda} - \frac{vt}{\lambda}\right)\right] \tag{2.51}$$

这里 z 称为波函数。此方程告诉我们在任意点 x 和任意时间 t 的位移 z。

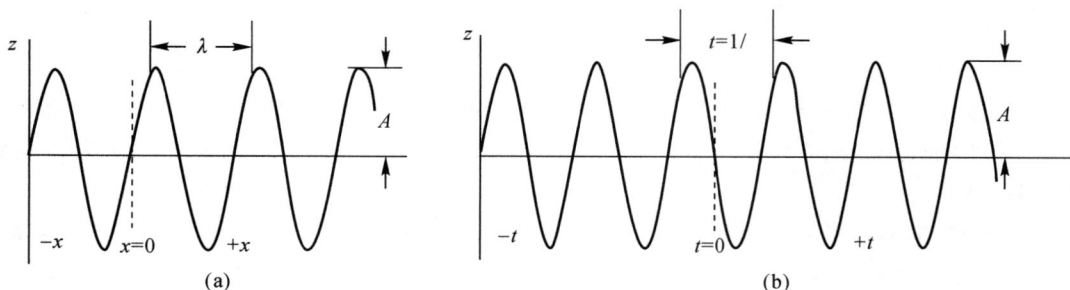

图 2.13

(a)固定时间的正弦函数，位移 z 是 x 的函数；(b)固定位置的正弦函数，位移 z 是 t 的函数

假如每次仅仅注意 z 与一个变量的依赖关系，即冻结 t 或 x 中的任一个，波就变得显而易见了，如图 2.13 所示。首先，固定时间为常数（$t=0$ 是最简单的情况），并以 z 对 x 作图；或者，固定 x 为常数（设 $x=0$），以 z 对 t 作图。在两种情况中，选择 $t=0$ 或 $x=0$ 都是任意的。

2.3.2 经典波动方程

正弦（或余弦）函数描述的周期运动来源于实际上存在的力。考虑这种情形下具体的力，该函数可以直接从牛顿第二运动定律导出。在这一推导中，首先得到一个微分方程。然后必须解这个方程以得到波函数 $z=f(x,t)$。这个微分方程出现在许多物理问题中，它是一般的波动方程或称经典波动方程：

$$\frac{\partial^2 z(x,t)}{\partial x^2} = \frac{1}{v^2}\frac{\partial^2 z(x,t)}{\partial t^2} \tag{2.52}$$

方程指出波函数 $z(x,t)$ 具有一个值得注意的性质。波函数对于位置 x 的二阶微商直接正比于它对时间 t 的二阶微商。比例因子是简单的 $1/v^2$。

对于表达量子力学的薛定谔方程来说，方程(2.52)很重要，它是描写波的运动方程的基本出发点。很显然，方程(2.51)的 $z(x,t)$ 满足波动方程式(2.52)。

2.3.3 与时间无关的经典波动方程

在物理学与化学中的许多问题与时间无关，因此，形成一个不含时间变量的经典波动方程

非常有用。只要能把方程式(2.52)的通解 $z=f(x,t)$ 写成两个函数的乘积,其中一个只与 x 有关,而另一个仅与 t 有关,就可以得到一个与时间无关的波动方程:

$$z(x,t) = \psi(x)\varphi(t) \tag{2.53}$$

现在,独立变量 x 和 t 分开出现在函数 $\psi(x)$ 和 $\varphi(t)$ 中。问题是这样的解是否可能,答案是肯定的,但须满足一定的条件。当 $z(x,t)=\psi(x)\varphi(t)$ 时,比较方程式(2.52)的左边和右边,就能证明解 $\psi(x)\varphi(t)$ 是可能的,并可看到哪些是它的限制条件。于是,方程式(2.52)的左边变成

$$\left(\frac{\partial^2 z}{\partial x^2}\right)_t = \varphi(t)\frac{d^2\psi(x)}{dx^2} \tag{2.54}$$

右边变成

$$\frac{1}{v^2}\left(\frac{\partial^2 z}{\partial t^2}\right)_x = \psi(x)\frac{1}{v^2}\frac{d^2\varphi(t)}{dt^2} \tag{2.55}$$

假如解 $z=\psi(x)\varphi(t)$ 是正确的,根据方程(2.52)我们可看出方程(2.54)和方程(2.55)的右边必须相等,因此

$$\frac{1}{\psi(x)}\frac{d^2\psi(x)}{dx^2} = \frac{1}{v^2}\frac{1}{\varphi(t)}\frac{d^2\varphi(t)}{dt^2} \tag{2.56}$$

式(2.56)左边只是 x 的函数,而右边仅是 t 的函数。只有在非常特殊的条件下,式(2.56)才能对所有 x 和 t 的值保持相等关系,这个条件就是式子两边都等于相同的常数。为了以后方便起见,假设此常数为 $-\beta^2$。这样便找到了使解 $z(x,t)=\psi(x)\varphi(t)$ 适用的条件。使等式(2.56)两边都等于常数 $-\beta^2$。则给出两个方程,一个只包含变量 x,而另一个仅包含变量 t,则

$$\frac{d^2\psi(x)}{dx^2} + \beta^2\psi(x) = 0 \tag{2.57}$$

$$\frac{d^2\varphi(t)}{dt^2} + v^2\beta^2\varphi(t) = 0 \tag{2.58}$$

方程(2.57)就是要寻找的与时间无关的经典波动方程。它的一个解是

$$\psi(x) = A\sin\beta x \tag{2.59}$$

这里 A 是求解积分过程中出现的常数。

式(2.59)表示的解是和当假设 $t=0$ 时经典波动方程(2.52)的解是等价的,对比式(2.52)可知,$\beta=2\pi/\lambda$。则方程(2.57)成为

$$\frac{d^2\psi(x)}{dx^2} + \frac{4\pi^2}{\lambda^2}\psi(x) = 0 \tag{2.60}$$

方程(2.60)是根据经典力学得到的一个与时间无关的波。当涉及与时间有关的过程,将需要一个能给出 $\psi(x,t)$ 的有关方程。

2.3.4　薛定谔波动方程

严格地说,薛定谔波动方程是不能够从任何一个更基本的假设推得的,它本身就是一个假设。薛定谔波动方程在量子力学中占有的地位类似于牛顿定律 $F=ma$ 在经典力学中所占的地位。

把牛顿经典物理和德布罗意关于波-粒二象性的思想结合起来,就能得到薛定谔波动方程。这种得到薛定谔方程的途径是特别有益的,因为它非常清晰地表明了薛定谔量子力学的

中心思想,即具有原子或分子大小的体系的性质是具有明显的波动行为。这可从牛顿物理对波行为的标准一维微分方程,即与时间无关的特殊形式的经典波动方程式(2.60)出发。原子和分子的许多有意义的性质,例如结构和能级,都是与时间无关的。

这里关键的一步是假设原子和分子的粒子服从方程(2.60),并附加基本条件:粒子波长遵循德布罗意 $\lambda = h/p$ 关系式。首先,应用 $\varepsilon = \varepsilon_k + U$ (这里 ε 是粒子的总能量,而 ε_k 和 U 分别是动能和位能),写出德布罗意波长的更有用的形式。现在,$p^2 = (mv)^2 = 2m\varepsilon_k = 2m(\varepsilon - U)$,因此,由 $\lambda = h/mv$ 可得到

$$\lambda^2 = h^2/2m(\varepsilon - U) \tag{2.61}$$

把式(2.61)代入方程(2.60)中,经整理后得

$$\left(\frac{-h^2}{8\pi^2 m}\right)\frac{\mathrm{d}^2\psi(x)}{\mathrm{d}x^2} + U\psi(x) = \varepsilon\psi(x) \tag{2.62}$$

这就是薛定谔波动方程。但它不是最一般的薛定谔方程,它不含时间,而且只是一维的,我们将看到,这个方程或它的三维形式是对原子或分子与时间无关行为的所有计算的出发点。

薛定谔方程经常写成一种简略的符号形式

$$\widehat{H}\psi(x) = \varepsilon\psi(x) \tag{2.63}$$

符号 $\widehat{H}$ 表示哈密顿算符,即

$$\widehat{H} = \frac{-h^2}{8\pi^2 m}\frac{\mathrm{d}^2}{\mathrm{d}x^2} + U(x) \tag{2.64}$$

用特殊符号 $\widehat{H}$ 是为了强调 $\widehat{H}$ 是一个数学指令而不是一个普通的函数。作为进行数学运算的指令,我们称它为算符。在这种情况下,指令要求对波函数 $\psi(x)$ 进行一定的运算。

2.3.5　波动方程应用示例

可以用薛定谔波动方程来描述氢原子、更大的原子以及分子中的电子。还可以用它来分析分子的转动和振动。最简单的应用则是论述一个粒子(电子、原子或分子)在空间的平动,这个问题将表明波动力学是如何工作的。

一个真实的粒子不受限制地在空中飞驰而不与物质和力场相互作用是不可能的。因而,完全自由的粒子是一个人为的概念。相互作用将对一个粒子的自由平动产生边界,这就像钢筒的壁限制气体一样。所以,量子力学处理总是考虑一个被限制在一定容积里的粒子。

假如把空间降低到一维,那么问题就变得更简单,而仍然保留了它的可用性。虽然一维体系可以更现实地想像为在一根金属线中的粒子,例如电子,但这里仍然称它们为箱中的粒子。把粒子限制在有限的空间范围内运动,从 $x=0$ 到 $x=a$,在此范围内它的位能 U 是常数。为方便起见,假设 $U=0$。利用箱子每边的无限的势能墙建立对粒子的限制。

从而,在这个箱中的粒子的势能变成

$$\left.\begin{array}{l} U = 0(\text{constant}) \quad 0 < x < a \\ U = \infty \quad x \leqslant 0 \quad \text{and} \quad x \geqslant a \end{array}\right\} \tag{2.65}$$

由于粒子需要无限大的能量才能从箱中跑出去,所以它被限制在 $x=0$ 和 $x=a$ 的界线内,于是,薛定谔方程仅须考虑这个空间范围。图2.14表示一维势箱的势能函数。

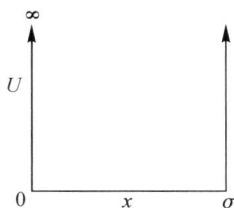

图 2.14　一维势箱的势能函数

假如能写出哈密顿算符,那么,立刻就可得到薛定谔波动方程。观察方程(2.64),就能发现一个体系的哈密顿算符与另一体系的区别在于它的位能项 $U(x)$。这样,在提出一个问题时,首先要考虑位能函数。如果在粒子能运动到的所有地方 $U(x)=0$,那么式(2.64)中的哈密顿算符就变 $H=(-h^2/8\pi^2 m)\mathrm{d}^2/\mathrm{d}x^2$。然后,薛定谔波动方程 $H\psi=\varepsilon\psi$ 是

$$\frac{-h^2}{8\pi^2 m}\frac{\mathrm{d}^2\psi(x)}{\mathrm{d}x^2} = \varepsilon\psi(x) \tag{2.66}$$

令

$$\kappa^2 = \frac{8\pi^2 m\varepsilon}{h^2} \tag{2.67}$$

利用这个形式,就能得到通解为

$$\psi(x) = c_1\sin\kappa x + c_2\cos\kappa x \tag{2.68}$$

式中,c_1 和 c_2 是任意常数。

式(2.68)可以是式(2.66)的解,但是在它成为有用解之前还需做些工作。具有式(2.68)形式的结果表示了所有微分方程的一般性质。由于 c_1 和 c_2 是积分常数,因此存在无限个解,但是并非所有的解都适合所研究的物理场合。现在的任务是选择能用于所讨论的问题的那些特解。利用使 $\psi(x)$ 成为可接受的解的那些限制(边界条件),就可计算出式(2.68)中的常数。为了知道这些常数是什么,我们现在必须先考虑波函数 $\psi(x)$ 的意义和用途。

2.3.6　波函数的统计解释

假设通过某种方法已知一个具体的量子力学问题的合适的解 $\psi(x)$。那么 $\psi(x)$ 意味着什么? $\psi(x)$ 又是如何告诉我们关于这个量子力学体系(它可以是一个 H 原子;一个 Cl_2 分子,或一个箱中的粒子)的性质的呢?

1926 年,玻恩提供了一种回答。他说明了波函数是用概率来描写粒子的。$\psi^2(x)\mathrm{d}x$ 给出了在空间范围 x 到 $(x+\mathrm{d}x)$ 内粒子出现的概率 $p(x)\mathrm{d}x$。在某些场合 $\psi(x)$ 是包含虚数 i 的复函数。此时概率是 $\psi^*\psi\mathrm{d}x$,这里 ψ^* 是 ψ 的共轭复数,用 $-i$ 取代 ψ 中所有的 i 就得到 ψ^*。例如,若 $\psi=A\mathrm{e}^{-ix}$,则 $\psi^*=A\mathrm{e}^{ix}$。

就箱中粒子而言,得到的结果是一个对位置问题的统计回答。按照波动力学,人们是不能期望精确地知道粒子在什么地方,而仅仅能知道在给定的区域内找到它的概率。这种描述和经典物理形成了明显的对比。以经典波为例,可以想象在海波中有一块软木在位置 x 处上下浮动。通过理论公式,可以精确地说出软木所处的位置。在量子力学体系中必须放弃这样的精确性。人们仅仅能说明在给定的区域内粒子出现的概率。通过对大量数目的等同体系的测量就能知道实验上的概率。在指定范围内粒子出现的概率是在该范围内有粒子出现的体系数

目除以总的体系数目。

玻恩解释和海森堡的测不准原理是一致的,该原理可严格地从薛定谔方程推得。此原理说明在同时测量粒子的动量 p 和位置 x 时,测量的偏差的乘积必须恒满足关系

$$\Delta p \Delta x \approx h/2\pi \tag{2.69}$$

这个关系表明,假如能精确地推断粒子的位置($\Delta x \to 0$),则粒子的动量的偏差将趋向无限大($\Delta p \to \infty$),这种情况是无法接受的。因而,量子力学必须使用概率的语言。

玻恩的解释同样还强调了粒子的量子力学描述的波性。像经典物理中那样,波函数可看作是一个振幅函数。就光波而言,光的强度(或电磁场的能量)是正比于波的振幅的平方。对于光量子或光子 $h\nu$,光波在任何区域的振幅越大,则在该区域内光子出现的概率也越大。量子力学对波函数的玻恩解释也与此类似。波函数有最大振幅的空间区域内粒子出现的概率也最大。

2.3.7 波函数的进一步特征

由玻恩的解释,能立即写出用 $\psi(x)$ 描写的粒子在空间某区间内($x=c$ 和 $x=d$ 之间)出现的概率。这个概率是该区域内所有各部分的概率 $p(x)\mathrm{d}x$ 的总和。此加和等价于积分

$$p(c \leqslant x \leqslant d) = \int_c^d p(x)\mathrm{d}x = \int_c^d \psi^2(x)\mathrm{d}x \tag{2.70}$$

以式(2.70)形式表示的玻恩解释对波函数提出了另一些重要的条件。首先是归一化条件。假若把式(2.70)的界限扩展到 $\pm\infty$,那么积分必须等于1。因为粒子一定总是出现在该区间内

$$\int_{-\infty}^{+\infty} \psi^2(x)\mathrm{d}x = 1 \text{ 或 } \int_{-\infty}^{+\infty} \psi^*(x)\psi(x)\mathrm{d}x = 1 \tag{2.71}$$

符合这个要求的波函数称为是归一化的。要使波函数在物理上可接受,还必须满足另外一些数学上的条件,即 $\psi(x)$ 和 $\mathrm{d}\psi(x)/\mathrm{d}x$ 必须处处是有限、单值和连续的。

因为波函数对应于粒子出现在某确定点概率的确切值,所以不能是无限的。如果波函数是双值的,那么对相同的位置将会出现两个概率,这是没有物理意义的。同样的,不连续的波函数也没有实际的物理意义,因为它将导致一级微商(由此导致动量)是无限的。关于对粒子动量的类似的讨论,产生了对微商 $\mathrm{d}\psi(x)/\mathrm{d}x$ 的另一些条件。

式(2.71)表达了归一化条件,它是量子化体系所有合适的波函数都具有的一个性质。另一个经常有用的性质是正交性。假如两个不同的波函数 ψ_n 和 ψ_m 满足

$$\int_{-\infty}^{+\infty} \psi_n\psi_m\mathrm{d}x = 0 \text{ 或 } \int_{-\infty}^{+\infty} \psi_n\psi_m^*\mathrm{d}x = 0 \tag{2.72}$$

则称它们是正交的。式(2.72)是波函数的一个通性。一个指定的薛定谔方程所有解的波函数之间通常是相互正交的。

两个相互正交并且都归一化的波函数称为是正交归一化的。它们满足条件

$$\int_{-\infty}^{+\infty} \psi_n\psi_m\mathrm{d}x = \delta_{mn} \text{ 或 } \int_{-\infty}^{+\infty} \psi_n\psi_m^*\mathrm{d}x = \delta_{mn} \tag{2.73}$$

这里 δ_{mn} 是克罗内克函数(Kronecker delta),一个具有两个数值的函数,当 $m=n$ 时 $\delta_{mn}=1$,而当 $m\neq n$ 时 $\delta_{mn}=0$。

当两个或更多的波函数对应于相同的能级时,将出现正交规则的例外。这样的能级称为

是简并的。简并能级的波函数不总是相互正交。但它们与作为同一个薛定谔方程解的所有其他波函数则是正交的。

2.3.8 平动波函数

式(2.68)提供了波动方程的无数个解。现在的任务是从那个集合中选择物理上可接受的解。玻尔的解释和前节中给出的对 $\psi(x)$ 的限制使这样的选择可以实现。

首先注意到,由于在箱外找到粒子的概率必须是零,所以玻恩的解释暗示在那里的 $\psi(x)=0$。这一点看来似乎没多大意义,因为最初提出这个问题就是仅仅考虑箱内范围。然而,当和 $\psi(x)$ 必须是连续函数的条件联系起来时,它就变得有意义了。由于在箱外 $\psi(x)=0$,所以在箱壁处 $\psi(x)$ 必须渐渐地趋向于零。这样,就可知道在这两个有用的位置上的 $\psi(x)$ 值:

在 $x=0$ 处 $\psi(x)=0$ 和在 $x=a$ 处 $\psi(x)=0$,这些对 $\psi(x)$ 的限制就是边界条件。

应用边界条件就能从式(2.68)的集合中选择物理上有意义的波函数。考虑第一个限制,在 $x=0$ 处 $\psi(x)=0$。式(2.68)变成 $\psi=0=c_1\sin0+c_2\cos0$,由于 $\sin0=0$ 和 $\cos0=1$,则 $c_2=0$,所以

$$\psi = c_1\sin\kappa x \tag{2.74}$$

成为一组物理上可接受的解。

第二个限制,在 $x=a$ 处 $\psi(x)=0$,由式(2.74)得

$$\psi = 0 = c_1\sin\kappa a \tag{2.75}$$

等式(2.75)能得到满足的条件是

$$\kappa a = n\pi \tag{2.76}$$

$n=1,2,3,\cdots$,但是 $n=0$ 必须排除。把 $\kappa=n\pi/a$ 代入式(2.74)中就得到物理上可接受的解,即

$$\psi = c_1\sin\left(\frac{n\pi}{a}x\right) \tag{2.77}$$

最后,需要计算常数 c_1。利用归一化条件式(2.71)进行计算,

$$1 = \int_{-\infty}^{+\infty} c_1^2\sin^2\left(\frac{n\pi}{a}x\right)\mathrm{d}x = c_1^2\int_0^a\sin^2\left(\frac{n\pi}{a}x\right)\mathrm{d}x \tag{2.78}$$

式(2.78)的积分限被改变了。由于粒子只能出现在 $0<x<a$ 范围内,因此在该区域内粒子出现的概率必须是 1。式(2.78)中积分值是 $a/2$,于是 $c_1^2(a/2)=1$,$c_1=(2/a)^{1/2}$。这样,对范围在 $x=0$ 到 $x=a$ 的一维箱中粒子的归一化波函数是

$$\psi_n = \left(\frac{2}{a}\right)^{1/2}\sin(\frac{n\pi}{a}x) \tag{2.79}$$

利用在 $x=0$ 和 $x=a$ 处 $\psi=0$ 的边界条件来选择波动方程的解,就自然得到 $n=1,2,3\cdots$。整数 n 是粒子的量子数,习惯上用表明量子数的记号 $\psi_n(x)$ 标记特定的解。用 $\psi_n(x)$ 这个解表示的粒子被认为处于 $\psi_n(x)$ 状态。

将方程(2.79)代入式(2.66)中,可以得到势能

$$\varepsilon = \frac{-h^2}{8\pi^2 m}\frac{1}{\Psi(x)}\frac{\mathrm{d}^2\Psi(x)}{\mathrm{d}x^2} = \frac{n^2 h^2}{8m a^2}$$

图 2.15(a)列出了几个具有低量子数状态的波函数。节点($\psi_n=0$ 的位置)及 ψ_n 的正值与负值区域的出现是量子力学波函数具有的共同特征。节点的数目随着 n 的增加而增加,独特

的是具有最低可能量子数的波函数是没有节点的。

对于在位能为常数的有限区域内运动的粒子,它有如图 2.15(a)所示的具有确切波长的波函数,波长随着 n 值的增大而缩短。但是,动能是随 n 而增大的,因此,强调一下波长和动能的对应关系则更为有用。高的动能和短的波长相联系,这是量子力学的一个普遍规律。这些观察仅适用于位能是常数或接近于常数的体系。

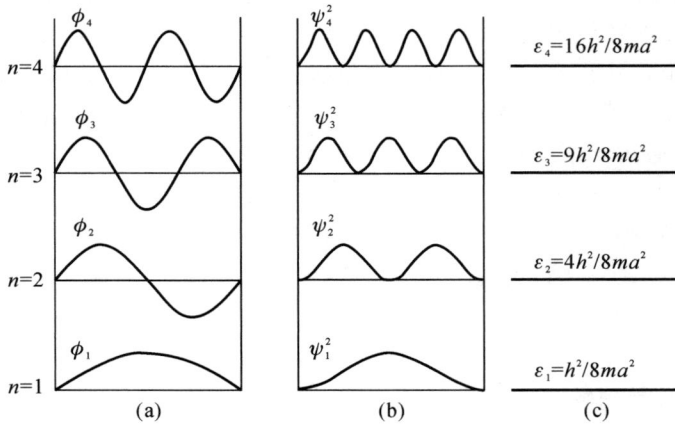

图 2.15 一维势箱中波函数

(a)波函数;(b)概率密度函数;(c)能级

2.3.9 能量量子化

把粒子约束在用量子数 n 指定的状态 $\phi_1, \phi_2, \cdots$,就导致了能量量子化。把含有量子数的式(2.79)和定义 κ 的式(2.67)结合起来,即得出

$$\kappa^2 = \frac{8\pi^2 m\varepsilon}{h^2} = \frac{n^2\pi^2}{a^2} \tag{2.80}$$

这样,箱中粒子的允许能级 ε_n 是

$$\varepsilon_n = \frac{n^2 h^2}{8ma^2} \tag{2.81}$$

对于在长度指定为 a 的箱内而质量指定为 m 的粒子,仅仅某些能量是允许的。能量是量子化的。

应该特别注意的是,能级的分裂怎样依赖于箱的长度 a。随着粒子的空间变量增大,能量子就变小,而且能级趋于更密集。当箱的长度变得非常大时,量子化实际上消失了。因此,随着箱子长度的增加,量子行为绝妙地过渡到了经典行为。这个结果说明了量子力学的一个一般原理:量子化是由对粒子所占据的空间范围的限制而引起的。

2.3.10 零点能和测不准原理

量子力学体系的最低能量状态称为基态。特别是,这个状态的能量不为零,称为零点能。例如,按式(2.81),最低允许的平动能量是 $\varepsilon_{t1} = h^2/8\,ma^2$。

零点能的存在是一个纯粹的量子力学效应,仅仅在微观体系中方能观察到它。在宏观世界的日常生活中的物体能够处于完全静止状态,动能为零。零点能是海森堡提出的测不准原理的一个结果。假设粒子可以具有能量 $\varepsilon = 0$，它的动量 $p = (2m\varepsilon)^{1/2}$ 将同样恰好为零，因此，动量的偏差将是 $\Delta p = 0$。但是，若 $\Delta p = 0$，则式(2.69)将表明 $\Delta x = \infty$，因而就无法把粒子放在它的箱内。所以，一个箱中的粒子即使处于它的最低允许的能量状态，也必须有 $\varepsilon > 0$。

2.3.11　波函数的物理意义

当粒子作与时间无关的一维运动时，它的所有物理性质(这里忽略了自旋)都可从该体系与时间无关的(定态)波函数 $\psi(x)$ 推得。$p(x)\mathrm{d}x = \psi^*(x)\psi(x)\mathrm{d}x$ 允许去计算一维空间任何区域内粒子出现的概率。假如做一个测量粒子位置的实验，那么，$\psi(x)$ 就不允许计算这个单次实验的结果。但是如果要做大量次数的实验，则 $\psi(x)$ 将允许计算从重复实验中得到的那种位置 x 的平均值。这个平均值用 $<x>$ 标记，并称为可观察量 x 的期望值

$$< x > = \int \psi^* x\psi\mathrm{d}x = \int x\psi^* \psi\mathrm{d}x = \int xp(x)\mathrm{d}x \tag{2.82}$$

如何计算粒子的其他物理量呢？假定希望计算某一个可观察量的期望值 $<G>$(比如动量)，在实验上，只要对处于 $\psi(x)$ 状态的体系重复测量 G，就可得到这个值。

量子力学的一个基本假设给出

$$< G > = \int_{-\infty}^{+\infty} \psi^* \hat{G}\psi\mathrm{d}x \tag{2.83}$$

这里 $\hat{G}$ 表示物理量 G 的算符。要注意一般说来 $\hat{G}$ 不是像 x 那样的简单因子，式(2.83)也不能改写为 $\int \hat{G}\psi^* \psi\mathrm{d}x$，但 $\hat{G}$ 必须被允许按它指出的那样对 ψ 进行算符操作。在量子力学中，可观察量是用算符代表的。算符 $\hat{G}$ 对应于可观察量 G。有关的量可先写成位置变量 x, y, z 和(或)动量分量 p_x, p_y, p_z 的函数。

2.4　偶极矩和极化率

分子内部的电荷和磁矩会以各种方式对所受的外加电磁场作出反应，对这些反应的认识能够有助于理解分子结构的信息。本节从最基本的概念入手，描述和解释外加电磁场与分子的相互作用，为定量理解光的散射和吸收等现象奠定基础。

2.4.1　相对介电常数

考虑一个平板之间是真空的平行平板电容器。使平板上每单位面积分别带电荷 $+\sigma$ 和 $-\sigma$。于是，由静电理论可得，平板之间电场大小是

$$E_0 = \frac{\sigma}{\epsilon_0} \tag{2.84}$$

式中，ϵ_0 是真空介电常数 8.854×10^{-12} $\mathrm{Fm^{-1}}$ 或 $\mathrm{CV^{-1}m^{-1}}$。

现在将电容器平板之间的真空充满不导电物质或介电物质，而平板上的电荷不变，则电场降到一个新的值

$$E = \frac{E_0}{\epsilon_r} = \frac{\sigma}{\epsilon_r \epsilon_0} \tag{2.85}$$

这个总是大于 1 的因子 ϵ_r 称为相对介电常数。($\epsilon_r = \epsilon/\epsilon_0$，此处 ϵ 是介电常数。)

电容是平板上的电荷与它们之间电位差的比值,即

$$C = \frac{Q}{\Delta\Phi} = \frac{\sigma A}{Ed} = \frac{\varepsilon_r \varepsilon_0 A}{d} \tag{2.86}$$

式中,A 是平板面积;d 是平板之间的距离。相对介电常数通常是用电容电桥来测量的,其大小是平板间含介电质的电容与真空电容的比值 $\varepsilon_r = C/C_0$。

气体的 ε_r 值非常接近于 1;各种液体的 ε_r 值范围大约从 2 到 100,少数特殊的固体像钛酸钡可高到 1 000 左右。

2.4.2 电介质的极化——偶极矩

为什么在电容器的两个平板间引入电介质会减弱电场呢?原因是电场极化了电介质,也就是在正负电荷中心之间形成一个间隔。这样,在电介质内部产生一个与外场方向相反的内场。电介质极化减弱了带电电容器极板之间的净电场。

如图 2.16(a)所示,一对相距 R、符号相反的电荷 $\pm Q$ 称为电偶极。电偶极用它的偶极矩 $\boldsymbol{\mu}$ 来表征,$\boldsymbol{\mu}$ 是一个大小为 QR,方向是从负电荷到正电荷直线方向的矢量。由相距 100 pm(化学键大小的数量级)的电荷 $\pm e$ 组成的电偶极,其偶极矩 $\mu = (1.602 \times 10^{-19} \text{ C}) \times (100 \times 10^{-12} \text{ m}) = 1.602 \times 10^{-29} \text{ Cm}$。为了纪念发展偶极矩理论的荷兰物理化学家 Peter Debye,也会用 Debye(D)作为偶极距的单位。

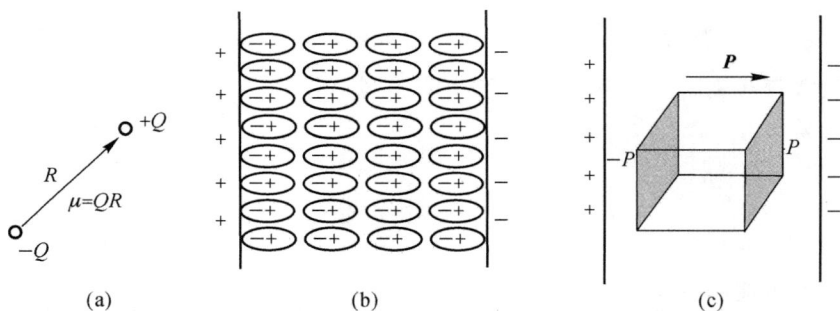

图 2.16　偶极矩与极化
(a)电偶极与偶极矩;(b)介电质的极化;(c)极化矢量 P 的定义

图 2.16(b)所示的电介质极化可定量地定义为每单位容积的偶极矩。如图 2.16(c)所示的极化矢量 P 平行于电场矢量。极化度 P 等于在单位立方体的电介质中平行于电容极板的单位面上电荷 $\pm P$ 产生的偶极矩。因而,在电介质中由于极化而产生的电场是 P/ε_0(注:此处 P 表示电荷量)。在电介质中总的电场(电容器和电介质电压之和)是

$$E = \frac{E_0}{\varepsilon_r} = \frac{\sigma}{\varepsilon_0} - \frac{P}{\varepsilon_0} = E_0 - \frac{P}{\varepsilon_0} \tag{2.87}$$

将 $\dfrac{P}{\varepsilon_0 E}$ 定义为电介质的电极化率(susceptibility)χ_e,从而

$$\varepsilon_r - 1 = \chi_e = \frac{P}{\varepsilon_0 E} \tag{2.88}$$

外场对电介质的极化可以两种方式出现:偶极的诱导和偶极的取向。电场总是用把正负电荷拉开一些距离的方法在分子中诱导出偶极子。这种诱导效应与温度无关。假若分子(在

外场不存在时)有一个永久偶极,则外场将力图调整这个偶极子使之平行于场的方向。分子随机的热运动(分子间碰撞)试图破坏外场的这个取向效应,但是净的极化仍然存在。取向效应随着温度上升而减弱。

因而,极化是两项之和,$P = P_d + P_0$。诱导或畸变极化 P_d 是由于外场使电荷部分地分离而引起的。取向极化 P_0 是由于外场使永久偶极子择优排列而产生的。我们能进一步写出 $P_d = P_e + P_n$。这里 P_e 是由于电子位移产生的,而 P_n 则是由于核的位移而产生。极化是深入理解拉曼效应的基础。

2.4.3　极化率

首先考虑一个放置在电场中的原子被诱导出的偶极矩。场移动电子,也移动核,但移动核的范围较小,从而诱导出直接正比于场 E^* 的偶极矩 μ

$$\mu = \alpha E^* \tag{2.89}$$

式中,比例因子 α 称为原子极化率(polarizability)。场被写成 E^*,表示它是作用在原子上的局部场,不一定与整个场 E 相同。

在 SI 单位中,由式(2.89)得 α 的单位是 $\dfrac{Cm}{V\, m^{-1}} = C\, m^2\, V^{-1}$。$\varepsilon_0$ 单位是 $C V^{-1} m^{-1}$,因此 $\alpha/4\pi\varepsilon_0$ 具有体积量纲。

考虑一个几乎是球形分子的 CH_4(各向同性分子)的极化率。假若简单地加和原子极化率,$(\alpha_C + 4\alpha_H)/4\pi\tilde{\varepsilon}_0 = 4.1 \times 10^{-30}\, m^3$,但是 CH_4 的实验值是 $\alpha/4\pi\varepsilon_0 = 3.3 \times 10^{-30}\, m^3$,可以看到强的 C—H 共价键如何抑制电子分布被外场引起的畸变。

当考虑一个明显是各向异性和外形上完全不是球形的分子,极化率变成一个更复杂的性质。例如线性分子 CO_2,沿着分子轴的极化率 $\alpha_{//}$ 几乎是垂直此轴的极化率 $\alpha_\perp$ 的两倍。这样的分子的极化率已再也不可能用一个简单的标量 α 来描述。在这种情况下。诱导偶极矩矢量 $\boldsymbol{\mu}$ 不再平行于电场矢量 $\boldsymbol{E}^*$。偶极矩矢量的每个分量依赖于场矢量的每个分量。因而,必然可写出一般关系式为

$$\left.\begin{array}{l} \mu_x = \alpha_{xx} E_x + \alpha_{xy} E_y + \alpha_{xz} E_z \\ \mu_y = \alpha_{yx} E_x + \alpha_{yy} E_y + \alpha_{yz} E_z \\ \mu_z = \alpha_{zx} E_x + \alpha_{zy} E_y + \alpha_{zz} E_z \end{array}\right\} \tag{2.90}$$

这 9 个 α_{ij} 一起构成能用下面矩阵表示的极化率张量

$$\hat{\boldsymbol{\alpha}} = \begin{bmatrix} \alpha_{xx} & \alpha_{xy} & \alpha_{xz} \\ \alpha_{yx} & \alpha_{yy} & \alpha_{yz} \\ \alpha_{zx} & \alpha_{zy} & \alpha_{zz} \end{bmatrix} \tag{2.91}$$

因为 $\alpha_{xy} = \alpha_{yx}, \alpha_{xz} = \alpha_{zx}, \alpha_{yz} = \alpha_{zy}$,所以极化率张量的分量只有 6 个是独立的。由于这个对称性结果,对分子总可能找到一套参考轴 X, Y, Z,它将使张量的非对角分量消失,因此

$$\hat{\boldsymbol{\alpha}} = \begin{bmatrix} \alpha_{xx} & 0 & 0 \\ 0 & \alpha_{yy} & 0 \\ 0 & 0 & \alpha_{zz} \end{bmatrix} \tag{2.92}$$

平均极化率是 $\bar{\alpha} = \dfrac{(\alpha_{xx} + \alpha_{yy} + \alpha_{zz})}{3}$。

可以通过测量 ε_0 或折射率来确定 $\bar{\alpha}$ 的值。然而，为了得到各向异性分子的极化率 α_{xx}，α_{yy}，α_{zz}，仍需要进行像电场对折射率的影响（基尔效应）和散射光的退偏振那样的特殊实验测量。当分子具有圆柱形对称性时，$\alpha_{yy}=\alpha_{zz}=\alpha_\perp$ 是垂直于对称轴的极化率，$\alpha_{xx}=\alpha_{//}$ 是平行于该轴的极化率。

2.4.4 偶极矩与分子结构

偶极矩提供分子结构的两方面信息：电荷分布和分子的几何构型。考虑一个正负电荷聚集体，其整体是电中性的。为了说明每个电荷的位置，可以选择任何方便的轴系指定一套笛卡儿坐标 x,y,z。于是电荷 Q_i 位于这个坐标系的 x_i,y_i,z_i 处。坐标 x_i,y_i,z_i 指定了一个由原点到该电荷位置的矢量 $\boldsymbol{r}_i$。然后，这电荷聚集体的偶极矩可被定义为矢量：

$$\boldsymbol{\mu} = \sum Q_i \boldsymbol{r}_i \tag{2.93}$$

偶极矩矢量的各个分量是

$$u_x = \sum Q_i x_i, u_y = \sum Q_i y_i, u_z = \sum Q_i z_i \tag{2.94}$$

将它用到一个分子的简单模型上，可以清楚说明偶极矩的这个定义。在图 2.17 中，有一个具有平面结构的 H_2O 分子，其 O—H 键长 $l=95.7$ pm，键角 $\theta=104.6°$，如图 2.17 所示。

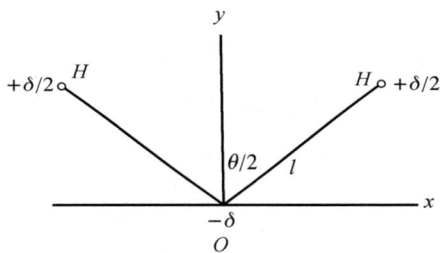

图 2.17　H_2O 的偶极矩计算

由于分子是平面的，所以可忽略 z 轴。因为氧原子的电负性较大，把有效的净电荷 $-\delta$ 放在它的中心，然后在每个氢原子上安排 $+\dfrac{\delta}{2}$ 电荷。现在应用式（2.94）计算这个模型的偶极矩的 x 和 y 分量，即

$$\mu_x = -\delta \times 0 + \frac{\delta}{2}x_1 + \frac{\delta}{2}x_2 = \frac{\delta}{2}l\sin\frac{\theta}{2} - \frac{\delta}{2}l\sin\frac{\theta}{2} = 0$$

其实从图形的对称性可以看出来，偶极矩的 x 分量等于零，即

$$\mu_y = -\delta(0) + \frac{\delta}{2}y_1 + \frac{\delta}{2}y_2 = \delta l\cos\frac{\theta}{2} = \delta(95.7 \times 10^{-12}\,\text{m})(0.611) = 58.5\delta \times 10^{-12}\ \text{C} \cdot \text{m}$$

因而，H_2O 的偶极矩是沿着 H—O—H 角平分线方向，且大小为 $(58.5 \times 10^{-12}\delta)$C·m。实验测量值 $\mu=6.14 \times 10^{-30}$ C·m；所以 $\delta=1.05 \times 10^{-19}$ C 或 $0.65e$，这里 e 是质子电荷。当然这是水分子的一个粗糙模型，仅仅用来表明如何用一般公式给出偶极矩。

分子中的电子没有固定位置，必须应用波动力学的方法来计算有效电荷分布。然而，能应用式（2.93）得到分子偶极矩的量子力学算符，假如已知与分子相当的波函数 ψ，就能用量子力学的一般方法计算 $\boldsymbol{\mu}$。

分子中不存在永久偶极矩可能是由于所有的键都是非极性的或者是由于分子的对称性使键矩的矢量和是零(如 CO_2,CH_4)。具有对称中心的分子是不会有偶极矩的。CO_2 没有偶极矩表明其分子是线型的。

2.5　辐射的发射与吸收

光与物质相互作用吸收或辐射光,燃烧诊断需要对吸收和辐射的光进行理论分析或测量。在文献中常使用不同的辐射表征方法,在介绍辐射的发射和吸收之前,先介绍一些常用的辐射量。

(1)辐射能。以电磁波的形式发射、传输或接受的能量称为辐射能,一般用 q 表示,单位是 J。辐射场内单位体积中的辐射能称为辐射能密度 $\partial q / \partial V$,单位是 J/m^3

(2)辐射功率是指发射、传输或者接受辐射能的时间速率 $\partial q / \partial t$,一般用 P 表示,单位是 W。

(3)辐射强度(Intensity)是描述点辐射源辐射特性的辐射量。辐射源在某一方向上的辐射强度是指辐射源在包含该方向的单位立体角 Ω 内所发出的辐射功率,通常用 I_e 表示。

$$I_e = \lim_{\Delta \Omega \to 0} = \left(\frac{\Delta P}{\Delta \Omega} \right) = \frac{\partial P}{\partial \Omega} \qquad (2.95)$$

辐射强度是辐射源所发射辐射功率在空间分布特性的描述,单位是 W/sr(sr 表示球面度,是立体角的 SI 单位)。辐射强度对整个发射立体角 Ω 的积分,就可给出辐射源发射的总辐射功率 P,即

$$P = \int_\Omega I_e \, d\Omega \qquad (2.96)$$

对于各向同性的辐射源,I_e 等于常数,$P = 4\pi I_e$。对于辐射功率在空间分布不均匀的辐射源,一般来说辐射强度 I_e 与方向有关。

(4)辐射照度(Irradiance)。为了描述一个物体表面被辐照的程度,引入辐射照度的概念。被照表面的单位面积上接收到的辐射功率被称为该辐照处的辐射照度,简称辐照度,用 E 表示,单位是 W/m^2。

$$E = \lim_{\Delta A \to 0} \left(\frac{\Delta P}{\Delta A} \right) = \frac{\partial P}{\partial A} \qquad (2.97)$$

2.5.1　偶极辐射

电磁学理论表明,只有加速电荷才能辐射,静电荷和匀速运动电荷不产生辐射。在大多数燃烧系统中,通常只有极少量的自由电荷,而几乎没有外加电场来对电荷加速。就辐射而言,最相关的便是振荡电偶极子。异核双原子分子(如 CO,NO),对称或弯曲结构的三原子分子(如 H_2O),本身就有固有偶极矩,当被外加电场振荡激发,就会产生辐射,且通常在近红外频段。同核双原子分子,如 O_2,N_2,H_2,本身没有偶极矩,所以没有近红外光谱。

一个偶极矩由一个原子或分子的电子激发产生,可以是由受热或碰撞或是电磁波辐射吸收激发。还有另外的情况,一个偶极矩也可能通过它在光波电场中的极化性诱导产生,这就导致了瑞利散射和拉曼散射。其他的电荷分布,如四极子,磁偶极子,也可以产生辐射,这些光谱

要比电偶极源的辐射弱很多,这里不再讨论此类情况。

加速运动的电荷会产生辐射,辐射本质上是运动的电磁波,用坡印亭矢量(Poynting vector)表示其能流密度,即单位时间通过垂直单位面积的能量,单位为 W/m^2。

$$S \equiv \frac{1}{\mu_0} E \times B$$

电场和磁场的强度是随时间变化的,坡印亭矢量的平均值更具有意义,

$$\langle S \rangle \equiv \frac{1}{2\mu_0} E_0 B_0 = \frac{1}{2} \frac{E_0^{\ 2}}{\mu_0 c}$$

式中:μ_0 为磁导率,c 为光速,E_0 和 B_0 分别为电场和磁场的振幅(注意符号 E_0 和前面意义的区别)。

考虑一个如图 2.18 所示的模型,沿纵向加速的电荷产生的电场强度与电荷、加速度、观测角度和距离的关系如下:

$$E \propto \frac{qa\sin\theta}{r}$$

其中,q 为电荷量,a 为加速度。在观测点感受到的能流 $S \propto \dfrac{q^2 a^2 \sin^2\theta}{r^2}$,从电磁理论可知,能流密度为

$$\langle S \rangle = \frac{q^2 a^2 \sin^2\theta}{32\pi^2 \varepsilon_0 c^3 r^2}$$

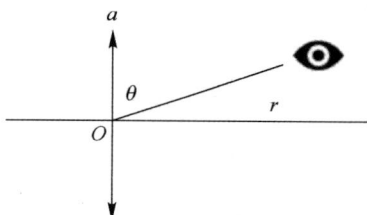

图 2.18 观测加速运动的电荷

以一个外加电场诱导产生的偶极矩为例,如图 2.19 所示,可以通过简单的推导了解其辐射强度跟哪些因素相关。

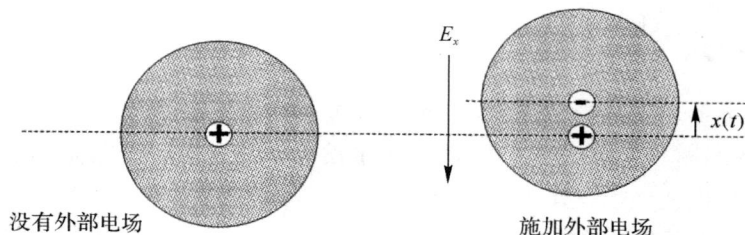

没有外部电场   施加外部电场

图 2.19 外部电场诱导产生偶极矩

如图 2.20 所示是一个简化的弹簧振子模型,用于模拟在外加电场作用下电荷的运动。电荷的质量为 m_q,核电量为 q,用弹簧系数 K 表示电荷与原子核的相互作用力,外加电场驱动的无阻尼受迫振荡模型为

$$m_q \frac{d^2 x}{dt^2} = -Kx(t) - qE_x(t)$$

$$\frac{d^2 x}{dt^2} + \omega_a^2 x(t) = \left(\frac{q}{m_q}\right) E_x(t)$$

其中 $\omega_a^2 = \frac{K}{m_q}$，是原子的固有频率，$E_x(t) = E_0 \cos\omega t$ 是外加电场。

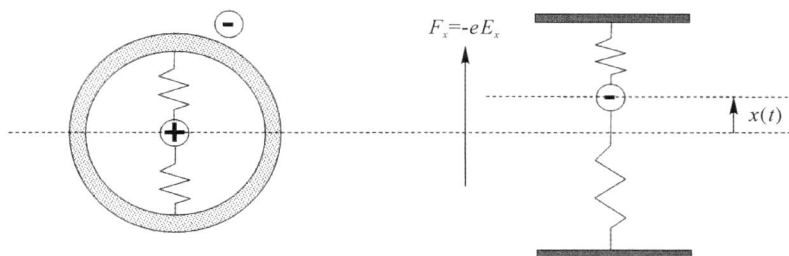

图 2.20　外部电场诱导产生偶极矩的弹簧振子模型

该方程稳态解的形式为

$$x = A\cos\omega t$$

其中振幅 $A = \frac{q}{m_q} E_0 / (\omega_a^2 - \omega^2)$。

运动的加速度为

$$a = x = -\frac{q}{m_q} \frac{E_0 \omega^2}{\omega_a^2 - \omega^2} \cos\omega t =$$
$$-A\omega^2 \cos\omega t$$

从上式可以看出,在外加电场驱动下振荡偶极子的加速度和电场频率的二次方相关,因此,振荡偶极子辐射产生的通过单位面积的平均能流,亦即辐射照度为

$$E(\theta) = \frac{(qA)^2 \omega^4}{32\pi^2 c^3 \varepsilon_0} \frac{\sin^2\theta}{r^2} = \frac{\mu^2 \omega^4}{32\pi^2 c^3 \varepsilon_0} \cdot \frac{\sin^2\theta}{r^2} \tag{2.98}$$

式中,μ 为偶极距,θ 是矢径 r 与偶极轴的夹角,该轴即为两电荷连线;ω 是振动频率。在后面的章节中,将知道除了辐照度外,还有振荡偶极子的辐射强度 I^Ω,它是单位立体角辐射能量,$dP/d\Omega$。由 $d\Omega = dA/r^2$,则辐射强度与辐照度的关系式为

$$I_e^\Omega \equiv \frac{dP}{d\Omega} = E \frac{dA}{d\Omega} = r^2 E \tag{2.99}$$

于是对于一个振荡偶极子,有

$$I_e^\Omega(\theta) = \frac{\mu^2 \omega^4 \sin^2\theta}{32\pi^2 \widetilde{\varepsilon}_0 c^3} \tag{2.100}$$

可以看出一个很重要的地方就是,偶极辐射与频率的四次方成正比。瑞利散射和拉曼散射的强度呈现出正比于频率四次方,这直接证明了散射来自于偶极辐射。如图 2.21 所示为由振荡电偶极子产生的辐射图,这里的电偶极子是由入射光波诱导产生。图案呈螺旋管形,为简单起见,只显示出了一半图样。注意,并没有沿着偶极轴的辐射。这是一个很重要现象,它解

释了散射过程中显示出的极化行为很小,这就是所谓的去极化(消偏振)。

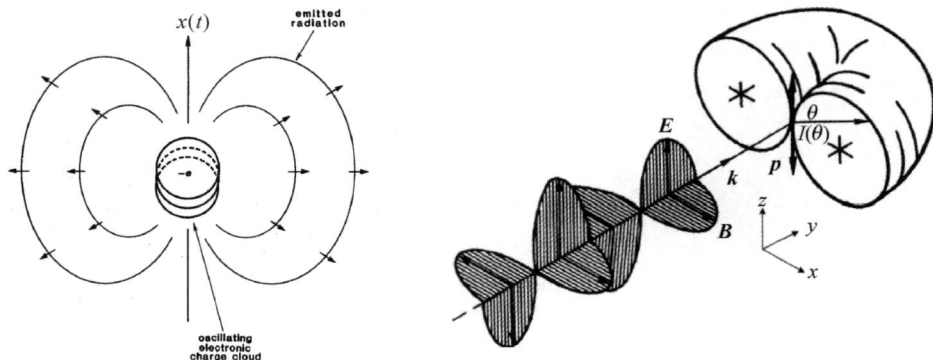

图 2.21　电偶极矩的辐射

2.5.2　自发辐射

处于高能级的原子或分子,在无外界干预的条件下跃迁到较低能级而辐射出一个光子,这就是自发辐射,如图 2.22 所示。

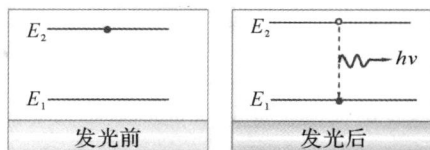

图 2.22　自发辐射

自发辐射过程用自发跃迁概率 A_{21} 来描述,定义单位时间内处于高能态原子中发生自发跃迁的原子数 dN_{21} 与高能态原子数之比。A_{21} 也称为自发辐射的爱因斯坦系数。自发过程与原子性质有关,与外加辐射场无关。

$$\frac{dN_{21}}{dt} = A_{21} N_2(t)$$

自发跃迁的原子数等于处于高能级的原子减少的数量,即

$$dN_{21} = - dN_2(t)$$

$$\frac{dN_2(t)}{dt} = - A_{21} N_2(t)$$

$$N_2(t) = N_{20} e^{-A_{21}t}$$

其中,N_{20} 为初始时刻处于高能级的原子数。单个粒子的运动是随机的,大量粒子表现出统计规律。高能态总粒子处在高能态的总时间是该能态的平均寿命,即

$$\tau = \frac{1}{N_{20}} \int_{N_{20}}^{0} t(- dN_2) = A_{21} \int_{0}^{\infty} t e^{-A_{21}t} dt = \frac{1}{A_{21}}$$

$$N_2(t = \tau) = N_{20}/e$$

由方程(2.100)可知,振荡偶极子的辐射与偶极矩的平方成比例。在所有方向对辐照度取

积分,得到振荡偶极子的总辐射功率为

$$P = \frac{\mu^2 \omega^4}{12\pi c^3 \varepsilon_0} \tag{2.101}$$

跃迁的辐射功率也可以写为单位时间内跃迁数和光子能量的乘积

$$P_{21} = N_2 h\nu A_{21} \tag{2.102}$$

式中,N_2 是初始能级的原子数。借用适当的几何因子,方程(2.102)也可以等价的表示成辐照度的形式。A_{21} 是跃迁概率,其更为熟知的名称是爱因斯坦自发辐射跃迁系数。联立方程(2.101)和方程(2.102),我们可以得到爱因斯坦系数的经典表达式为

$$A_{21} = \frac{\omega^3}{6hc^3 \varepsilon_0} \mu^2 \tag{2.103}$$

这与由量子力学推导出的广义表示结果非常相似,如下式所示

$$A_{nm} = \frac{2\omega^3}{3hc^3 \varepsilon_0 g_n} |R_{nm}|^2 \tag{2.104}$$

式中,$|R_{nm}|^2$ 是偶极子矩阵元的二次方,称为电子跃迁概率,g_n 是高能级 n 的简并度。简并度决定着一个"状态"的量子数组合量。

2.5.3　受激吸收

处于低能级的原子或分子吸收外来光子,会跃迁到较高能级,这就是受激吸收,如图 2.23 所示。

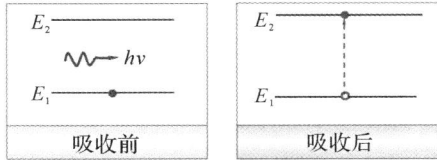

图 2.23　受激吸收

受激吸收跃迁概率用 W_{12} 表示,不仅与原子性质有关,还与辐射场 ρ_ν 有关。

$$W_{12} = \frac{\mathrm{d}N_{12}}{\mathrm{d}t} \frac{1}{N_1}, W_{12} = B_{12}\rho_\nu$$

式中,B_{12} 称为受激吸收跃迁的爱因斯坦系数,只与原子性质相关。由普朗克辐射定律,可以得到

$$\rho_\nu = \frac{8\pi\nu^2}{c^3} \frac{h\nu}{\mathrm{e}^{h\nu/kT} - 1}$$

吸收强度,也就是由能量吸收而造成的辐照度的损失,可写为

$$\Delta E_{nm} = E_{nm}^v (0) N_m \widetilde{B}_{nm} h\nu_{nm} \Delta x/c \tag{2.105}$$

式中,ΔE_{nm} 为光谱辐照度,也就是单位频率间隔内,入射在宽为 Δx 的吸收介质上的辐照度;N_m 为低能级的原子数密度;$\widetilde{B}_{nm}$ 为爱因斯坦吸收跃迁概率。这里假设在吸收特征的光谱宽度内光谱辐照度不变。

2.5.4　受激辐射

处于高能级的原子或分子,在外来光子的诱发下,跃迁到较低能级,并且辐射出相同特征

的光子,这就是受激辐射,如图 2.24 所示。

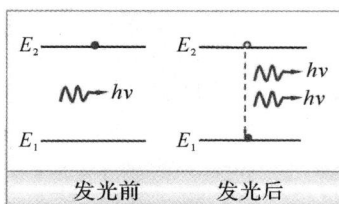

图 2.24　受激辐射

受激辐射跃迁概率用 W_{21} 表示,同样不仅与原子性质有关,还与辐射场 ρ_ν 有关。

$$W_{21} = \frac{\mathrm{d}N_{21}}{\mathrm{d}t} \frac{1}{N_2}, W_{21} = B_{21}\rho_\nu$$

其中,B_{21} 称为受激辐射跃迁的爱因斯坦系数,只与原子性质相关。

现在让我们来看一下处于热平衡状态下,这些跃迁概率之间的关系。考虑如图 2.25 所示的两能级系统,处于热平衡时,有

$$N_2 A_{21} + N_2 B_{21}\rho_\nu = N_1 B_{12}\rho_\nu$$

原子在不同能级上的布局满足玻尔兹曼分布,即

$$N_i = N \frac{g_i}{Z} \exp\left(-\frac{E_i}{kT}\right)$$

因此

$$\frac{N_2}{N_1} = \frac{g_2}{g_1} \exp\left(-\frac{E_2 - E_1}{kT}\right) = \frac{g_2}{g_1} \exp\left(-\frac{h\nu}{kT}\right)$$

$$\rho_\nu = \frac{A_{21}/B_{21}}{\dfrac{g_1 B_{12}}{g_2 B_{21}} e^{h\nu/kT} - 1}$$

如果考虑有一个处于热平衡状态的原子系统,辐射场在黑体腔中,将有

$$B_{12} = \frac{g_2}{g_1} B_{21}$$

$$A_{21} = \frac{8\pi h\nu^3}{c^3} B_{21}$$

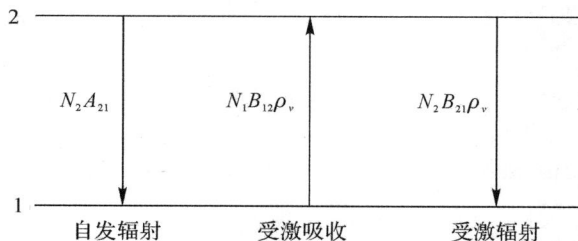

图 2.25　不同的跃迁形式

2.6　双原子分子的转动与振动

前面已经介绍分子的振动和转动能量是量子化的,这里开展进一步的分析,揭示其与光谱的关系。

当我们把在红外区域观察到的分子光谱跟原子光谱（例如氢原子的光谱）比较一下，便可立即看出，它们甚至在定性方面也有基本的差别。的确，在这两种情况下都存在着有规则的线系或带系。但是，在原子的情况下，一个线系中的谱线间距减小得很快（里德伯系），而在红外分子光谱中，间距却近似地保持恒定。因此，我们不能指望用解释原子光谱时所用的模型来解释这些红外分子光谱，而必须寻找其他的模型。

事实上，双原子分子可能有两种附加的运动方式，它们是原子所没有的，我们必须把这两种运动方式看作是产生红外光谱的可能的原因：第一，分子作为一个整体，可以绕着通过重心与两个原子核的连线（核间轴）相垂直的轴转动；第二，两个原子可以沿着核间轴彼此相对地振动。现在我们必须研究一下，根据这种转动系统或振动系统的量子理论，可以期望得到什么类型的光谱；并且把它同观察到的红外光谱进行比较，以求找出后者产生的方式。反过来说，这种研究将帮助我们得出关于双原子分子结构的结论。

2.6.1　振-转红外光谱的理论与实测比较

基于前述理论方法可以对刚性转子与谐振子的光谱进行计算，如果将卤素氢化物的吸收光谱的理论计算结果与实验测量结果进行对比分析，我们就得出如下结论和解释：

分子绕着垂直于两个原子核连线并通过质心的轴转动，各转动能级之间的跃迁产生光谱，从而导致远红外区中的光谱是由一系列近于等距离的转动光谱谱线组成的。两个原子核在核间轴上近似地作简谐振动，导致近红外区的光谱主要是由单独一条很强的振动光谱谱线构成，此外，由于分子与谐振子的差异，会导致一些频率约大两三倍的很弱的谱线。

关于红外光谱的这个解释，已为大量的实验数据所证实，此处只列举一个简单的例子。在 HCl 的情形中，远红外区的谱线间距是 20.68 cm^{-1}。如果这个光谱是转动光谱，则 20.68 cm^{-1} 这个数必定等于 $2B$；这就是说 $B=10.34$ cm^{-1}[见公式(2.121)]。按照式（2.115），由此可以得出 HCl 的转动惯量是 $I_r=2.71\times10^{-40}$ g · cm^2。再利用 $\tilde{m}=1.63\times10^{-24}$ g，又可由此得出核间距 $r=1.29\times10^{-8}$ cm。这个数值的数量级，恰好是根据从气体黏滞性与晶体结构测得的原子半径值与分子半径值所预期的数量级。因此可以认为，远红外光谱是转动光谱这一点已经得到证明。按照式（2.122），从已求出的转动常数 B 的数值可求得，在 $J=1,2,3,4$ 的各量子态中，转动的频率是 8.7×10^{11} Hz、15.2×10^{11} Hz、21.5×10^{11} Hz 和 27.8×10^{11} Hz。转动周期为这些数值的倒数，即分别为 1.15×10^{-12} s、0.66×10^{-12} s、0.46×10^{-12} s 和 0.36×10^{-12} s。

在近红外光谱中，HCl 有一个单独的强带出现在 2 885.9 cm^{-1} 处。如果这代表着振动光谱，则按照式(2.136)可以得到 $\omega=2$ 885.9。因此，振动频率为 8.65×10^{13} Hz（大约比转动频率大 100 倍），振动周期为 1.17×10^{-14} s。从 ν_v 和公式[2.127(b)]可得出力常数 $k=4.806\times10^5$ dyn/cm。如果用公式(2.18)来计算使核间距增大 1 Å（10^{-10} m）所需的能量，则得到的值约为 15eV（$1eV=1.9\times10^{-19}$ J），它与化学反应中放出的能量同一数量级。因此，把近红外光谱解释为振动光谱是很合理的。

在解释红外吸收光谱时，也可试着把远红外光谱解释为振动光谱，而把近红外光谱解释为转动光谱。各位读者可以根据该假设，尝试参照上面的步骤进行计算分析。最终会发现，根据这个假设不仅很难解释光谱的结构，得到的核间距将为原子半径与分子半径的十分之一，并且力常数和观察到的化学键联的强度也不符。

上面的考虑也已用于解释其他分子的红外光谱,并导出了类似的结果。对于拉曼光谱的讨论,也证实了把远红外光谱与近红处光谱分别解释为转动光谱与振动光谱是正确的。

一旦承认关于红外光谱的这个解释是正确的,我们就能够从观察到的分子的红外光谱很精确地定出转动能级与振动能级的位置。从转动能级可得到分子的转动惯量、核间距和转动频率,而从振动能级则可得到振动频率和力常数。从分子光谱可以比用任何其他方法更精确地求得所有这些物理量。实际上,转动能级的位置(以及核间距)也可从近红外区、可见区与紫外区中的精细谱带结构求出。

2.6.2 刚性转子与谐振子的拉曼光谱

我们已经知道,拉曼效应是指气体(或液体和固体)所散射的光的光谱中有(弱的)位移谱线出现,这种位移的大小反映所研究物质的特点。

(1)光的散射与拉曼效应的经典理论。如果有一频率为 ν' 的光波投射在原子或分子上,就有一个变化着的电场

$$E = E_0 \sin 2\pi \nu' t \tag{2.106}$$

式中,t 是时间。根据 2.4.2 节中偶极矩概念可知,这个电场感生出一个变化着的偶极矩,而此偶极矩又反过来引起光的发射,发射光的频率和入射光的相同。这样,就产生了所谓瑞利散射,它是折射现象和丁德尔效应等现象的起因。当入射光为可见光和紫外光时,实质上只有电子在此交变电场的影响下运动并产生出偶极矩,因为原子核跟不上这样迅速的振动。

如果核间距改变,则极化率显然也必定改变,尽管改变很小。此外,极化率是与分子相对于外场的取向有关的。因此,极化率的改变(即感生偶极距振幅的改变)是和分子的振动与转动相关联的。对于振动,在很好的一级近似下,可以令

$$\alpha = \alpha_{0v} + \alpha_{1v} \sin 2\pi \nu_v t \tag{2.107}$$

式中,α_{0v} 是分子在平衡位置的极化率;α_{1v} 是振动时极化率改变量的振幅($\alpha_{0v} \ll \alpha_{1r}$)。相应地,对于转动,

$$\alpha = \alpha_{0r} + \alpha_{1r} \sin 2\pi 2\nu_r t \tag{2.108}$$

式中,α_{0r} 是平均极化率;α_{1r} 是分子绕着所考虑的转动轴转动时极化率改变量的振幅。因为极化率对于外场的两个相反的方向是相同的,所以在分子转动时极化率改变的频率是转动频率的两倍。

在振动分子的情形中,感生偶极矩是

$$\mu_v = \alpha_{0v} E_0 \sin 2\pi \nu' t + \alpha_{1v} E_0 \sin 2\pi \nu' t \sin 2\pi 2\nu_v t \tag{2.109}$$

类似地,在转动分子的情形中,有

$$\mu_r = \alpha_{0r} E_0 \sin 2\pi \nu' t + \alpha_{1r} E_0 \sin 2\pi \nu' t \sin 2\pi 2\nu_r t \tag{2.110}$$

由此利用熟知的三角公式得到

$$\mu_v = \alpha_{0v} E_0 \sin 2\pi \nu' t + \frac{1}{2}\alpha_{1v} E_\sigma \left[\cos 2\pi (\nu' - \nu_v) t - \cos 2\pi (\nu' + \nu_v) t\right] \tag{2.111}$$

和

$$\mu_r = \alpha_{0r} E_o \sin 2\pi \nu' t + \frac{1}{2}\alpha_{1r} E_0 \left[\cos 2\pi (\nu' - 2v_r) t - \cos 2\pi (\nu' + 2\nu_r) t\right] \tag{2.112}$$

这样,我们看到,由于 α 在分子振动或转动时有很小的改变,感生偶极矩不仅以入射光的频率 v' 改变着,而且以 $(v'-v_v)$ 与 $(v'+v_v)$ 或者 $(v'-2v_r)$ 与 $(v'+2v_r)$ 的频率改变着。因此,按照经典理论可预料到,在散射光的光谱中没有发生位移的谱线两边有两条位移线:在振子情形中移动的距离是 v_v;在转子情形中移动的距离是 $2v_r$,其中,v_v 为一固定值,而根据经典理论 v_r 可以取任何值。因此,在转子的情形中,我们可以预料到,在没有位移的谱线的两边都有一连续谱。按照式(2.111)与式(2.112),位移谱线的强度(振幅的平方)比没有位移的谱线的强度小很多。但向长波方向与向短波方向移动的两个组元,其强度应该是相同的。在振动的情形中,强度也应该与振动的振幅有关,因为 a_{1v} 是与振幅相关的。

基于上述方法可以对拉曼效应-散射光谱中的位移频率进行定性分析。但是在定量方面,这一理论却与实验不符。在实验上,双原子分子并没有连续的拉曼光谱,并且除此之外,当位移较大时(振动效应),一般只能找到长波组元,而找不到相应的短波组元。

(2)拉曼效应的量子理论。当入射光量子 hv' 与分子碰撞时,可能发生两种情形:一种是入射光量子发生弹性散射,此时光量子的能量以及频率保持不变(瑞利散射);另一种是入射光量子发生非弹性散射,此时入射光量子或者把它的一部分能量交给散射系统,或者从散射系统取得能量。光量子交给散射系统或从散射系统取得的能量,只能等于散射系统的各定态之间的能量差。设 $\Delta\varepsilon = \varepsilon' - \varepsilon''$ 是这样的能量差,此时,如果散射系统最初处于较低态 ε'',则由于光量子的散射,它可被激发到较高的态 ε',这时所需的能量 $\Delta\varepsilon$ 是从光量子取得的。因此,在散射之后,光量子的能量就仅为 $(hv'-\Delta\varepsilon)$。但是,如果散射系统最初处于 ε' 态,且由于散射而跃迁到 ε'' 态,则在散射后光量子的能量就等于 $(hv'+\Delta\varepsilon)$,散射光量子的频率等于这个能量除以 h 后所得的商。这就是说,在散射光中,既出现未发生位移的频率 v',又出现 $[v'-(\Delta\varepsilon/h)]$ 与 $[v'+(\Delta\varepsilon/h)]$ 这些频率,即得到了拉曼效应。向长波方向移动的拉曼线又称为斯托克斯线,向短波方向移动的拉曼线则称为反斯托克斯线。

拉曼效应所依赖的元过程与荧光过程有明显的不同。在荧光过程中,入射光量子完全被吸收了,此时系统跃迁到某一激发态,并且要经过一定时间(平均寿命)之后,才能跃迁到各个较低态。这两种现象的结果基本上是相同的:产生了一个新的光量子,其频率不同于入射光量子;同时分子跃迁到较高的或较低的能级。但这两种现象有一个主要区别,即对于任何频率的入射光,都可以发生拉曼效应(它是一种光散射现象),而荧光却仅仅对于吸收频率才能发生。也正是因为这个缘故,拉曼光谱的结构与荧光光谱的结构很不相同。

要得到拉曼效应的波动力学理论的数学表达式,必须考察散射矩的各个矩阵元

$$[\mu]^{nm} = \int \Psi_n^* \mu \Psi_m \mathrm{d}\tau \qquad (2.113)$$

式中,Ψ_n^* 和 Ψ_m 是所考察系统的两个态的波函数。因为 Ψ_n^*,Ψ_m 和 μ 分别有时间因子 $e^{2\pi i(\varepsilon_n/h)t}$,$e^{-2\pi i(\varepsilon_m/h)t}$ 和 $e^{2\pi i v't}$,所以 $[\mu]^{nm}$ 是以 $[v'+(\varepsilon_n-\varepsilon_m)h]$ 的频率改变的。我们得到振幅

$$[\mu^0]^{nm} = |\vec{E}| \int \varphi_n^* \alpha \varphi_m \mathrm{d}\tau \qquad (2.114)$$

如果积分式(2.145)对于 ε_n 与 ε_m 这两个态不等于零,则在入射光的影响下,能够发生从 n 到 m 的跃迁,同时,散射光量子的频率将为 $[v'+(\varepsilon_n-\varepsilon_m)h]$,这就是说,将出现频率移动了 $[(\varepsilon_n-\varepsilon_m)h]$ 的拉曼线。积分式(2.114)的二次方,正比于决定该拉曼线强度的跃迁概率。当 $n=m$ 时,得到的是未发生移动的频率 v',此时式(2.145)决定瑞利散射的强度。

如果散射系统(例如振子或转子)的极化率 α 是常数(与振动或转动无关),则可以把 α 提到式(2.114)的积分号的外边。由于本征函数的正交性,除了 $n=m$ 的情形外,所有的积分都等于零。即当 α 是常数时,只出现瑞利散射而不出现拉曼效应,这是与经典理论的结果相符的。只有在所考察的过程中(即在分子振动或转动时)极化率发生改变时,才可能发生从一个态到另一个态的跃迁,从而发生拉曼位移。

(3)振动拉曼光谱。通过研究极化率的矩阵元可以求出,在谐振子的情形中拉曼效应的选择定则和红外光谱的相同,即

$$\Delta v = \pm 1 \tag{2.115}$$

跃迁只能在相邻的振动态间发生。因此,拉曼光谱包括一条斯托克斯线和一条反斯托克斯线,这两条谱线从原来的入射谱线向两边移动了

$$|\Delta v| = G(v+1) - G(v) = \omega \tag{2.116}$$

但是,在通常的温度下,大多数分子都处于最低态($v=0$),只有极少部分分子处于 $v=1$ 的态中。结果,相当于 $0\rightarrow1$ 跃迁的斯托克斯拉曼线的强度,比相当于 $1\rightarrow0$ 跃迁的反斯托克斯线的强度大得多。如果把大位移拉曼线解释为振动拉曼线,这一点是完全与观察结果相符的。在迄今研究过的所有双原子分子情形中,向短波方向移动的相应谱线都非常之弱。但是在许多多原子分子情形中,却已经观察到了反斯托克斯振动线,因为多原子分子的振动频率较小,所以斯托克斯线与反托克斯线的强度比率较便于观察。

前面我们已经看到,在近红外吸收光谱中观察到的那些强带,是由 $v=0\rightarrow v=1$ 跃迁引起的,这就是说,是由振动拉曼效应中发生的相同跃迁引起的。我们之所以观察到大拉曼位移的量值与近红外强带的频率相符,其原因就在于此。

注意:在这两种情形中,产生这些跃迁的机制是完全不同的。拉曼光谱是否出现,取决于分子的极化率,而与分子是否有永久偶极矩毫无关系。因此,对于那些没有红外光谱的分子,也会出现拉曼光谱。

我们已经看到,拉曼线的强度正比于式(2.114)所给出的矩阵元 $[\mu^0]^{nm}$ 的二次方。在谐振子的情况下,要计算出这些矩阵元的值,就必须把振动本征函数和极化率 α 的表达式代入。在一级近似下,可假设 α 随着谐振子偏离平衡位置的位移 $x(=r-r_e)$ 而线性地变化,即

$$\alpha = \alpha_{0v} + \alpha_v^1 x \tag{2.117}$$

式中,$\alpha_v^1 = \left(\frac{\partial \alpha}{\partial x}\right)_0$ 是极化率随 x 的改变率。这里所假设的 α 的表达式是与经典理论公式(2.107)等效的(注意:$\alpha_v^1 = \alpha_{1v}/x_0$),把它代入式(2.114)中,得

$$[\mu^0]^{v'v''} = |\vec{E}|\alpha_{0v}\int \varphi' * \varphi'' dx + |\vec{E}|\alpha_v^1 \int x\varphi' * \varphi'' dx \tag{2.118}$$

由于本征函数的正交性,除了 $v'=v''$ 的情形外,第一个积分为零,这就是说,它给出的是未发生位移的频率(瑞利散射)。第二项中的积分与振子的红外光谱中出现的积分相同。正如我们已看到过的,此积分仅在 $v'=v''\pm1$ 时才不等于零。这样,我们就得到了振动拉曼光谱的选择定则,即式(2.115)。

方程(2.108)表明,正像在经典处理中那样,仅在 α_v^1 不等于零,亦即极化率在分子振动时

不断改变的情形中,才会出现拉曼线。α_v^1 越大,即极化率对于核间距的改变越敏感,则振动拉曼线的强度也越大。在同核双原子分子中,偶极矩 μ_0 及其改变量 μ_1 精确地等于零,但在任何双原子分子中,极化率及其改变量却并不精确地等于零。不过,在由两个几乎没有形变的离子组成的分子中,α_v^1 是很小的,而在具有同极键联的分子中(这种分子的键联是由两个原子核之间的电子产生的),极化率对于核间距的依赖程度很大。这就是说,α_v^1 很大,因此拉曼线较强。这些分子正是偶极矩的改变量很小或精确地等于零的那些分子。

(4)转动拉曼光谱。在振子的情况下,拉曼效应的选择定则与红外光谱相同,但在转子的情况下,得到的却是另一选择定则,即

$$\Delta J = 0, \pm 2 \tag{2.119}$$

正像在经典理论中那样,已发现转动跃迁的强度取决于分子转动时极化率在某一固定方向上的改变量,而与分子是否有永久偶极矩无关。

当存在着 J 值不同的分子时(通常情形就是这样的),转动拉曼光谱是由若干谱线组成的,$\Delta J = 0$ 给出未发生位移的谱线。既然 ΔJ 定义为 $(J' - J'')$(这里 J' 属于较高态,J'' 属于较低态),所以对于转子的各个实际跃迁,ΔJ 只能是正的。因此,我们只需要考虑 $\Delta J = +2$。但是,我们仍然得到两组谱线,因为在散射过程中,较低态和较高态都可以是初态。第一种情形($J \to J+2$ 跃迁)的结果是向长波方向移动(斯托克斯线);第二种情形($J+2 \to J$ 跃迁)的结果是向短波方向移动(反斯托克斯线)。频率移动的量值为

$$|\Delta\nu| = F(J+2) - F(J) = B(J+2)(J+3) - BJ(J+1) = 4BJ + 6B = 4B\left(J + \frac{3}{2}\right) \tag{2.120}$$

按照式(2.120),在未发生位移的谱线两边各有一组等距离的拉曼线,实际上观察到的情形也正是如此。因此我们可以把小拉曼位移认为是转动拉曼光谱,$\Delta J = \pm 2$ 的两组转动拉曼线也称为 S 支。

从式(2.120)中可以看出,谱线间距恒为 $4B$,第一条谱线和未位移谱线的距离为恒定的谱线间距的 3/2 倍(即 $6B$)。

实验上观察到的强度也与理论预期的强度相符。由于转动能很小,许多转动态在室温下就已因热运动而激发了,这和振动拉曼光谱相反。斯托克斯线和反斯托克斯线以大致相同的强度出现。在对称分子的转动拉曼光谱中观察到的强度更迭现象,则留在后面再进行讨论。

(5)小结。我们已经看到,跟研究分子的红外光谱一样,研究分子的拉曼光谱,能够在许多方面提供有关分子相同的知识,即振动量子的量值(亦即常数 ω)和转动量子的量值(亦即常数 B)。前面已经讨论过,从这两个常数出发,一方面可以导出振动频率与力常数,另一方面又可以导出转动惯量、核间距与转动频率。根据观察,从拉曼光谱与红外光谱得到的值是相符的,这就表明了用转子和振子模型来解释这两种光谱是一种很好的近似。

即使是没有红外光谱的同核双原子分子,其转动常数和振动常数也可以利用拉曼光谱导出。但是,一般说来,从电子带光谱来决定这些常数,在实验上是比较简单易行的。

2.7 小 结

本章从基础物理学角度出发，对燃烧诊断所涉及的光谱理论进行了介绍。结合量子力学基础理论介绍了分子能级、能级跃迁、跃迁对应的光谱等，尤其是针对燃烧诊断中涉及较多的双原子分子介绍了转动与振动能级跃迁对应的光谱。本章内容是后续各章内容的理论基础。

第3章 激光器与信号探测

本章旨在使读者对激光燃烧诊断实验所用设备以及它们所涉及的应用背景有所认识。首先介绍激光的产生原理,以及燃烧诊断技术常用的激光器;接着介绍产生新的频率光的方法,以及激光束的聚焦和操纵技术;最后介绍信号的采集、分离、检测和处理等技术和装置。

3.1 激光的产生

对于任何的激光诊断系统来说,产生激光的光源都是其核心部分。对于进行燃烧诊断研究的人来说,可以把激光简单地当作是一个发射一定的频率、频率宽度、功率、持续时间和重复频率等准直光束的"黑盒子"。因此,这里只介绍与燃烧诊断相关的背景知识,而不会过多介绍激光的物理知识。

激光产生的基本理论是爱因斯坦在1917年首次提出的受激辐射。爱因斯坦在普朗克利用辐射量子化假设成功解释黑体辐射分布规律以及玻尔提出的原子中电子运动状态量子化假设的基础上,从光量子的概念出发,重新推导了黑体辐射的普朗克公式,并提出两个极为重要的概念:受激辐射和自发辐射。其中受激辐射在激光技术中获得了广泛的应用。

"Laser"一词是受激辐射的光放大(Light Amplification by Stimulated Emission of Radiation)的缩写。由于激光组合了光谱纯度、相干性和功率等特点,因此它是独特的光源。激光可以认为是由激励源、活性介质(或者称为增益介质)和光学谐振腔共同产生的。想要把处于低能态的粒子送至高能态,需要借助"外力",该过程类似于用水泵将低水位的水抽送至高水位,因此形象地将低能态粒子送至高能态的激励装置称为"光泵"。这种过程在激光理论中称之为"泵浦或激励"。结合工作介质合适的能级结构以及光学谐振腔对光的放大作用而产生激光。激光的产生原理如图3.1所示。

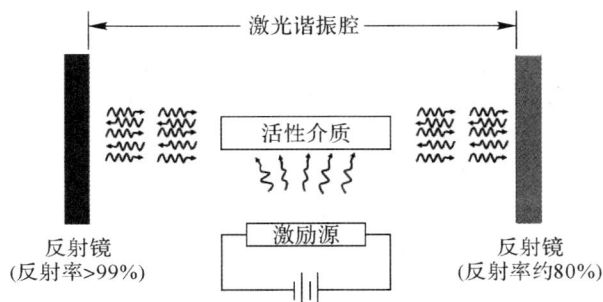

图 3.1 激光产生原理图

3.1.1 活性介质

活性介质实际上是已经被激发的原子或分子组分与其他组分混合而成的混合物,这些混合物可能是气态、液态或固态的。产生激光的基础是创造一个非平衡环境,这种非平衡状态是非稳态的。如果没有这个非平衡状态,将不会产生放大作用。在平衡环境中,由玻尔兹曼分布可知,处于高能级的分子和原子数量相当少。在不考虑某一时刻能级简并的情况下,粒子数与能级呈负指数形式衰减。考虑热平衡状态物质与辐射相互作用时,由于不同能级粒子的分布特性,吸收作用要比受激辐射作用大,因此辐射在介质中传播时将衰减。为了使放大作用出现,就要使受激辐射超过吸收,需要高能级的粒子数大于低能级的粒子数,即所谓"粒子数反转"。通过受激辐射而产生的光增强,即激光作用,粒子数反转必须在活性介质中产生。这种非平衡状态可以通过放电、化学反应和可见光泵浦产生或激发,以及其他一些效果更好的方法达到。

3.1.2 光学谐振腔

受激辐射的一个重要特性是其发出的光与入射光(激发辐射源)同方向、同相位,因此激光具有相干性。受激辐射的定向性和能量来自于置于激发态的活性介质周围的光学谐振腔(简称"光腔"),光腔的作用是对活性介质中被激发的分子所发出的辐射进行选择性的反馈。基本的光腔包含两个共轴的镜片,面对面放置,沿轴向提供反射。激光作用起初是通过自发辐射建立的,例如噪声。在单一通道内,噪声可以得到大大的增强,但是介质的增益达不到饱和时所能提取出的能量将会很小。由于谐振腔能够提供反馈,光波沿轴向传播将建立高的能量水平,在合适的设计下使增益达到饱和,并提取出粒子反转中所储存的一大部分能量。光能是通过终端镜片之一的部分透射、在腔里加入一个部分反光的光束分离器,或者是通过镜片中或镜片边缘的光圈产生的耦合衍射而从光腔中被提取出来。

1.谐振腔模式

光腔仅仅允许某些特定的离散频率建立或谐振。谐振频率属于允许的电磁场的空间分布,因此,光腔中的能量形式就叫做光腔的模式。这些模式可描述为在三维空间中变化的形式,一般分为纵向模式和横向模式。其中纵向模式也被叫做轴向模式,描述的情况是沿谐振轴方向上场的变化,横向模式描述的是在与平面垂直或者沿谐振轴的横向上的场的变化情况,这些模式在数学上源自于麦克斯韦方程的解,其边界条件由光腔或谐振腔结构描述。横向模式本质上是不明显的,轴向模式的存在如图3.2所示。这些场的建立必须要使腔中每个回路完全重合,否则每一个回路产生一个相移将导致这些波动产生破坏性干涉而抵消。

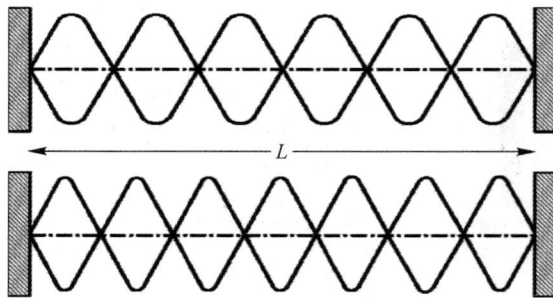

图3.2 均匀平面波在平行平面腔中的传播

因此轴向模式腔的光学长度 L 需满足谐振条件,即 L 为半波长的整数倍,描述为

$$\frac{n\lambda_n}{2} = L \tag{3.1}$$

式中：n 表示的是模数；变换成频率的形式，轴向模式被描述为

$$\nu_n = \frac{nc}{2L} \tag{3.2}$$

不同模式间频率间隔$(\nu_{n+1}-\nu_n)$表示为

$$\Delta\nu = \frac{c}{2L} \tag{3.3}$$

一般来说，光腔中会有很多模式的振荡同时发生，并在增益曲线下竞争粒子数反转。如果构成增益曲线的分子之间有某种联系，比如碰撞加宽跃迁，则谱线是均匀加宽的。在这种情况下，牺牲很少的效率，产生激光的频率宽度小于增益曲线宽度。非均匀加宽时，如多普勒加宽，产生激光的频率在增益曲线可能产生烧孔效应（兰姆凹陷），导致低效率。

由于许多实际原因，模式是很重要的。其中之一就是横向模式决定了激光的聚焦效果以及激光能在被接受的传播范围内传播多远。出于这方面的考虑，在腔中往往只激发最低阶的本征模式。在由于振幅和相位分布产生的高位衍射传播的高阶模式，许多能量偏离光轴并且被光圈所抑制。即使对于一个单一的横向模式，可能出现许多轴向模式。因此，大多数激光不是完美单色的，而是同时拥有几个振荡、相隔很近且有不同的频率。可以通过在激光谐振腔中加入法布里-珀罗标准具选择出一个单独的轴向模式。法布里-珀罗标准具本质上是法布里-珀罗干涉仪，由两个共轴的、部分透射的光学面组成，可以是平面的也可以是凹面的。标准具通常是平面，由表面很光滑的底面构成，通过表面涂层获得想要的透射能力。同光腔一样，标准具的透射峰值在每一个单独的 $c/2L$。同激光光腔不同的是，标准具两个镜面之间的距离通常很小，一般小于 1 mm，因此透射峰值能够在频率上很好地分离。这种方法只允许仅仅一个激光轴向模式通过，使激光具有单一频率。

2.谐振腔稳定性

光学谐振腔通常被分为稳定型和不稳定型。在稳定的谐振腔中，传播的光线多次往返并自行闭合。稳定的谐振腔通常具有较小体积，允许低阶振荡。除谐振腔中允许多种模式一起存在外，不能与大体积、高能量的激发介质相匹配。这通常因为高阶的模式下衍射变强，聚焦特性变差从而影响光线质量。而在不稳定的谐振腔中拥有大的、低阶模体积，因此也能够与大模体积的高能激发介质相配合。表 3.1 中给出一些典型的稳定和不稳定的光学谐振腔，其中两个稳定型是我们通常所用的。

表 3.1　典型稳定型和不稳定型激光谐振腔

稳定型		不稳定型	
平面型 共振腔（$R\approx 0$）	 d	对称双凸型 共振腔	 F_2 M_2 M_1 F_1 d
对称共焦型 共振腔（$R=L$）	 $d=R$	不对称共焦型 共振腔	 F_1 d

3. 光腔调 Q 技术

对于不加其他装置的普通脉冲激光器,在一次激光输出过程中,激光脉冲的宽度大约是微秒数量级,峰值功率也只能达到几十千瓦。为了满足激光在某些特定领域的应用,减小脉冲宽度,提高峰值功率成为了迫切需要解决的问题。因此早在 1961 年就有人提出了调 Q 的概念。这里仅对调 Q 的基本原理做一简要介绍,不涉及具体的技术细节。

在无线电电子学 LC 振荡回路中,通常用品质因数 Q 来衡量微波谐振腔的损耗大小。同样地,光学谐振腔中,也用 Q 值来表征腔或系统的损失。Q 值定义为

$$Q = \omega \frac{存储的能量}{每秒损失的能量} \tag{3.4}$$

由其定义可得

$$Q = \frac{2\pi L}{\alpha \lambda} \tag{3.5}$$

式中,α 为辐射在光腔运行一次的总损失;L 为光腔的长度。

脉冲激光器单次输出的脉冲并不是平滑的,而是包含着很多宽度更窄的短脉冲序列,称之为尖峰结构。其中每一个短脉冲宽度只在微秒量级,而且随着激励的增强,短脉冲的时间间隔变小,这种现象被称作尖峰振荡效应。由于这些尖峰结构的存在,脉冲输出激光存在输出水平不高、脉冲宽度过大、脉冲不平滑等不足。调 Q 的目的在于改善激光器存在的这些问题,来获得高输出峰值、窄脉宽的激光。

通俗来讲,调 Q 技术就是使脉冲激光器产生激光的阈值可以改变,开始时令谐振腔的损耗大、Q 值低,泵浦源令大量发光粒子抽运到激光上能级,形成反转粒子数。但是由于产生激光的阈值很高,这些反转粒子无法发生受激辐射形成激光,相当于将它们积攒起来。一旦将 Q 开关打开,产生激光的阈值突然降低,此时粒子密度反转大大越过阈值,受激辐射迅速地增强。在极短时间内,上能级储存的大部分粒子的能量转变为激光能量形成一个很强的激光脉冲输出。采用调 Q 技术很容易获得峰值功率达千兆瓦级,脉宽为纳秒级的激光脉冲。

3.2　典型激光器

激光器种类众多,用于诊断的激光器,可以缩小到一个很小范围。对于发出可见光和紫外线的激光器,有些需要做频率转换。之所以对这些频率感兴趣,是由于拉曼和瑞利散射截面的信号(强度强烈地依赖于频率),荧光和 DFWM 电子共振的光谱位置(一般处于紫光或紫外),以及大多数光学探测器的灵敏度峰值。感兴趣的最重要的三种激光是 Nd:YAG 激光器,有机染料激光器和准分子激光器。接下来介绍这几种激光器,并介绍其他几个与诊断相关的激光器。

3.2.1　Nd:YAG 激光器

YAG 激光器是一种以钇铝石榴石($Y_3Al_5O_{12}$,简称 YAG)晶体为主体材料的激光器,此种激光晶体中,掺入激活离子 Nd^{3+} 则称为 Nd:YAG。20 世纪 80 年代以来,半导体激光器技术和制作工艺趋于成熟,为 YAG 激光器提供了一种理想的泵浦源。与传统的闪光灯泵浦相比,激光二极管泵浦更加高效。二极管激光器的光电转换效率明显大于闪光灯,可以达到约

40％～50％。并且几乎所有的激光输出都被 Nd^{3+} 吸收,大部分能量用来泵浦高能级。随着二极管激光器阵列价格的下降,Nd:YAG 激光器的性能获得较大提升,激光器呈现出更加紧凑的尺寸、对环境不敏感等特性。因此,对测试环境具有更大的适应能力。

Nd^{3+} 也可以被玻璃主体激发激光,但是 YAG 的热属性支持比玻璃主体更高重复率的连续操作和脉冲操作。因此 YAG 晶体主体材料的激光器性能更佳。YAG 晶体棒有多种尺寸,标准是直径 1 cm、长 10 cm。在 YAG 晶体主体内,激光产生于 Nd^{3+}。Nd:YAG 属于四能级系统,简化能级图如图 3.3 所示,从 ${}^4F_{3/2}$ 高能级跃迁至 ${}^4I_{11/2}$ 低能级占支配地位,产生 1 064 nm 波长的近红外辐射。同时,通过频率加倍,可输出波长为 532 nm 的可见绿光。通过再次加倍或者混频可以获得三次、四次等高次谐波。

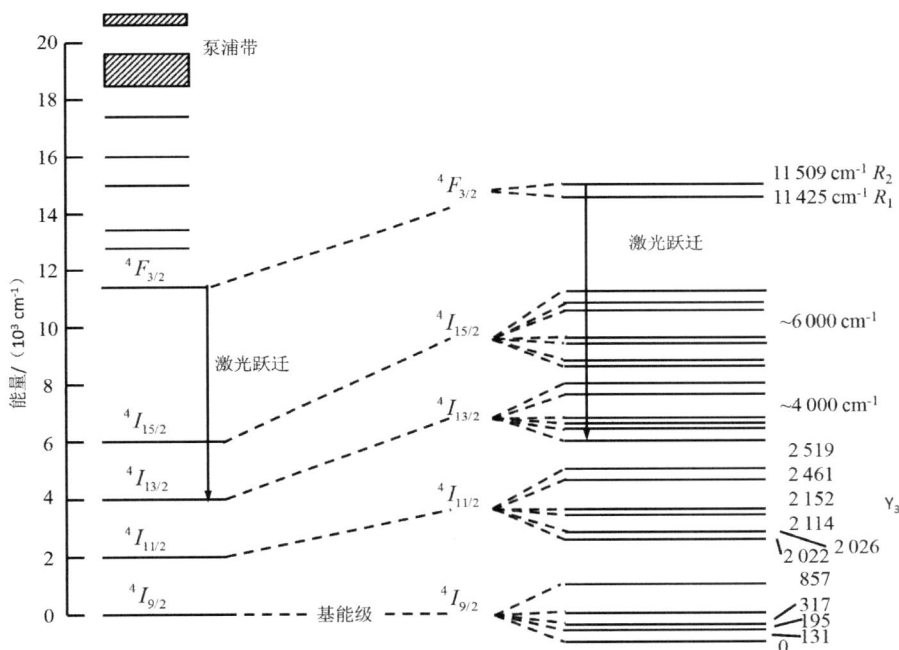

图 3.3　Nd:YAG 能级图

此外,闪光灯泵浦频率加倍的 Nd:YAG 激光,简写为 2xNd:YAG,含调 Q 技术,在 10^{-8} 脉冲时间内激光能量为 500 mJ,重复频率 30 pps 已经实现商业化。2xNd:YAG 激光可以直接用于拉曼和瑞利散射,结合染料激光泵浦可用于荧光/吸收,或者 DFWM 和染料激光组合用于混合波诊断 CARS 技术。

3.2.2　染料激光器

自 1966 年染料激光器发明以来,在可见光和紫外区,各种类型的燃料激光器已成为应用最广泛的可调谐激光器。大多数的激光器,如前面提到的 Nd:YAG 激光器以及将要介绍的其他激光器,都是基于活性介质的离散原子能级,以固定的频率发射。而分子系统由于振动转动能级的复杂性,可以发射更多的频率。

溶液中的复杂有机分子拥有大量的振动转动能级。例如,在一个拥有 50 个原子的染料分子里,将会有接近 150 个振动正则模。这些能级通过碰撞和周围分子的相互作用而加宽,从而合成一个连续的能态。当产生激光时,有机染料可以在宽波长范围连续调节频率。严格地讲,染料是有机分子,所有染料对可见光部分拥有高吸收。有很多种类的染料激光,可以在不同的连续波区域发射,这样的从 200~1 500 nm 范围变化的连续波就可以通过选择合适的染料来获得。

如图 3.4 所示是一个典型有机染料分子的能级表。染料分子的激发通过光学泵浦将 S_0 基态染料分子抽运到第一激发态 S_1 的高振动能级,通过与溶剂分子的碰撞到达 S_1 的最低能级 B 上。接下来,该能级上的粒子通过自发辐射跃迁至 S_0 的不同能级上。或者通过无辐射跃迁至三重态 T_1 上,因为禁止自旋的缘故,这个过程进行得很缓慢。这本质上的四能级激光系统或者可以称之为准四能级激光系统。S_0 态的最低能级 A 相当于四能级激光系统的基态能级;S_1 态的最低能级 B 相当于四能级激光系统的上能级;基态 S_0 宽带能级的某个振动能级相当于四能级激光系统的下能级。

大多数染料激光用于光谱分析是通过 Nd:YAG 或者 N_2,C_u,准分子或者 Ar^+ 激光进行激光泵浦。激光泵浦染料激光器通常在低功率下操作,但相比于其他发光管泵浦具有更好的光束质量和光学特性,例如更窄的线宽,更好的频率稳定性。激光泵浦染料激光器通常用于 LIF 和 DFWM 诊断。

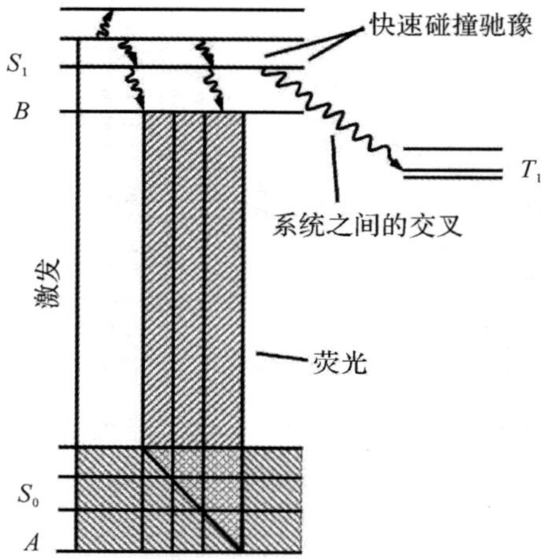

图 3.4 典型有机染料分子能级图

3.2.3 准分子激光器

准分子是这样的一种分析:其激发态是束缚态,但是其电子基态并不稳定。准分子的激发态是稳定的双原子分子,如 Ar_2,Xe_2 或者气体卤化物,如 KrF,XeCl。准分子激光具有高量子效率而且在较低的激光水平就发生离解,在较低的激光水平不存在"瓶颈效应"。常用的激光泵浦源是高电压、高电流电子束或电子高速横向放电。XeCl 激光器典型的气体混合物是:Xe,40 mbar[①];HCl,5 mbar;He,2 000~4 000 mbar,为了实现高气压下再增益区形成均匀的放电,需要用快电子或紫外光进行预电离,以获得均匀的高密度的准分子。大多数商用部件偶尔

---

① 1 mbar=100 Pa

在预电离状态下使用电子放电泵浦。商用准分子激光器的一些特征数据如表 3.2 所示。

表 3.2 一些准分子激光器数据

激光介质	ArF	KrCl	KrF	XeCl	XeF
波长/nm	193	222	248	308	357
脉冲能量/mJ	≤500	≤60	≤1 000	≤600	500
脉冲重复频率/Hz	20	20	≤300	≤300	≤300

准分子激光脉冲能量在 1 J 左右,此时重复率在一般是几赫兹。高平均功率模式在几百万焦耳量级,重复率可达数百赫兹。由于低能态相斥,准分子激光器有宽范围的光谱输出,这不同于大多数的分子气体激光。通过锁相,准分子激光可以超过限制的频率范围。准分子激光器体积大、笨重、价格昂贵而且保养要求高限制了其应用。但是由于它们的高脉冲能量,高重复率以及合适的波长,准分子激光器广泛地应用于 2D 瑞利/荧光成像和紫外线拉曼技术。

其他已经应用或有潜力应用于诊断的激光器会简要回顾一下。我们将从红宝石开始,红宝石是第一个被证实有激光作用的材料。

3.2.4 红宝石激光器

世界上第一台激光器就是红宝石激光器,激光器中的红宝石晶体用的是三氧化二铝(Al_2O_3)基底的晶体材料棒,晶体中掺入了氧化铬(Cr_2O_3)。激光出现在铬离子(Cr^{3+})中,由发光管激发。相比于 Nd:YAG,红宝石棒的直径达到 1 cm 的量级,长度则大于 10 cm。Cr^{3+}在未填满的外电子层中有 3 个 d 电子。其光谱特性主要由强电场下晶体中出现的能级分裂决定。室温下最强的红宝石激光器辐射能达到 694.3 nm。全系统的效率较 YAG 激光器低。红宝石激光器可以是调 Q 的,也可以是自由运转的。对于后者,激光器辐射在数百毫秒的时间上就可以被激发。单一脉冲的能量为数百焦,重复率最好为数个脉冲/每分钟至一个脉冲/每秒。这受两方面的限制,一方面是三能级系统中固有的大量热量负荷,另一方面是红宝石棒的热属性。考虑到其高能特性和商用可行性,初期 Raman 和 CARS 实验均采用了红宝石发射器。红宝石激光器发射出的激光的波长并不适合用于探伤,从染料激光器和对光谱进行探测的角度出发,红宝石的重复率偏低。红宝石激光器逐渐被泵浦染料激光器或准分子激光器取代,如 Raman 和 CARS 中的 2xND:YAG 激光器以及荧光应用。

3.2.5 氮分子激光器

氮分子激光器是气体激光器中较为常见的一种,以脉冲快速放电的形式工作,发射谱在紫外区,波长为 337.1 nm,脉冲宽度小于 10 ns,峰值功率可达数十兆瓦,重复频率在数十赫兹至数千赫兹。此类激光器具有制作工艺简单、使用方便、使用环境要求低等特点。因为可用性和合适的造价,氮分子激光器是最早被用于拉曼散射技术。由于氮分子激光是十分理想的紫外相干光源,因此成为了染料激光器的理想泵浦源之一。

3.2.6 铜蒸气激光器

激光振荡发生在 510.6 nm(绿光)和 578.2 nm(黄光),通过^{2}p 到^{2}d 多种自旋分裂轨道状态放电激跃铜离子。系统必须有 4 个能级,较低的激光能量高于基态 1.5 eV 左右。铜蒸气激光器在可见光谱内是最有效率的气体激光器。在重复率几千赫兹下激光能量从几百毫焦到一千万焦变化,脉冲宽度为几十纳秒。因为平均功率可达几十瓦特,这些激光器作为时间稳定介质被用于时间稳定介质的 Raman 和 CARS 研究,在这种介质中时间平均是允许的。

3.2.7　离子激光器

离子激光器一般分为气体离子激光器和金属蒸气离子激光器,主要气体离子激光器主要有氩离子激光器、氪离子激光器等,金属蒸气离子激光器主要有氦-镉激光器。其中氩离子激光器是最为常见的一种,利用气体放电使 Ar 原子电离并激发。输出波长主要在 514.5 nm 和 488.0 nm。它是目前可见光波段输出功率最高的激光器,连续功率可达几瓦到几十瓦。如图 3.5 所示氩离子能级跃迁图以及主要的发射谱线。

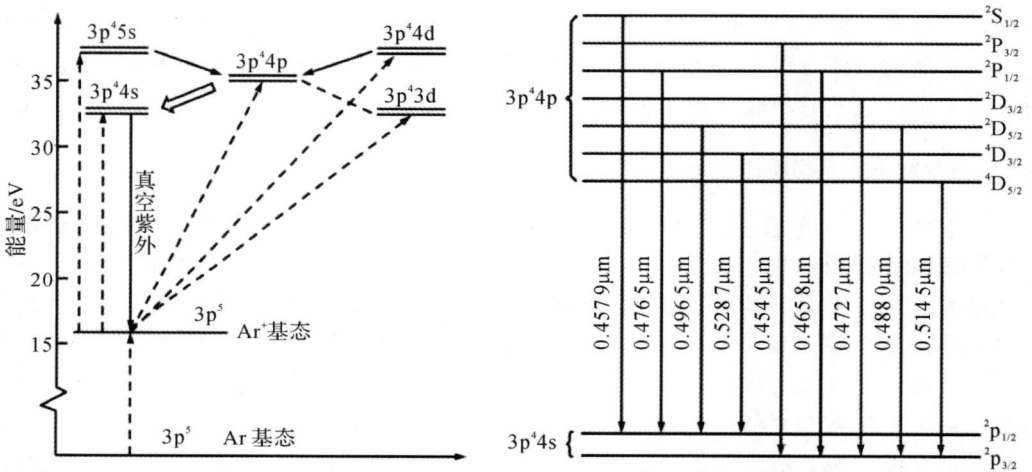

图 3.5　氩离子能级跃迁图(左)和主要发射谱线(右)

电子组态 $3p^44p \rightarrow 3p^44s$ 发射可见光,这两个电子组态均由多个能级组成,与之相关的能级如图 3.5 右图所示,共跃迁产生 9 条谱线。Ar^+ 激光器已经应用于连续波和不定常燃烧。此外,其他离子激光器,如氪离子激光器,因其在蓝-紫外线光谱区域过渡更远,比氩离子更适合抽取紫外线-蓝激光染料。但是将其用于诊断应用的优势较少。紫外线激发在应用中存在荧光干扰加强的问题。

3.2.8　氦-氖激光器

氦-氖激光器最早研制成功的气体激光器,也是第一个连续发光的激光器,发射激光在可见光及红外波段均有谱线,主要波长为 632.8 nm,1 150 nm,3 390 nm。在 632.8 nm 红光下功率范围从零点几毫瓦到几十毫瓦。较低功率的氦氖激光器价格并不昂贵,红外区域的 He-Ne 激光器大多数用于光学校准。它们广泛地用于测量设备,也用于粒子尺寸判断和监测应用。因为氦氖激光器功率偏低,因此并不用于温度测量和种类的判断,在这些方面已经被固体二极管激光器所取代。

3.2.9　可调谐二极管激光器

半导体二极管激光器是通过向 P - N 结注入电流,电流沿着正方向通过 P - N 半导体二极管并超过某个阈值,实现粒子数反转分布,发生受激辐射,产生激光。目前半导体激光器的主要材料是镓砷化合物及其衍生物如 GaAs 和 $Ga_{1-x}Al_xAs$(x 表示 GaAs 中被 Al 原子取代的 Ga 原子的百分数)。这种激光器可以以堆叠阵列的形式,用于固态激光器的泵浦源,如 Nd：YAG 激光器。作为单个激光器,与其他激光器相比具有体积小、重量轻、调制方便等优点。此外,二极管激光器应用已经扩大到可视范围,在红光 670~680 nm 范围已经可以商业应用,逐步代替了氦氖激光器的应用。在实验室内,可调谐分布反馈激光器已经应用于实际的诊断测量中。

3.3　频率转换技术

大多数染料激光器通常工作在一个非常狭窄的频率区间上抑或是一系列不连续的频率段上。然而某些染料激光器却是例外,这些激光器广泛地应用于调谐给定波长或一系列不连续频率的激光。在许多应用中,激光器的输出频率不是特定分光镜的最佳使用频率。这个问题对于像 Nd：YAG 激光器这样的激光器尤为明显。Nd：YAG 激光器的波长大约是 $1.06\ \mu m$,这个波长对于大多数基于分光镜的分析技术都是不适用的。然而,倍频和三倍频技术可以将输出波长转换为 532 nm 和 355 nm。这就使 Nd：YAG 激光器成为了使用最为广泛的激光器之一。这一节将介绍各种各样的关于频率转换和线性现象的应用。

3.3.1　频率倍增

一种最常见的频率变换方法是频率倍增。这种现象源于二阶非线性极化率导致诱导极化和入射光的电场振幅的平方成正比。非线性极化的形式是

$$P^{NL} = \varepsilon_0 \left[\chi^{(2)} E^{(2)}(\omega) + \chi^{(3)} E^{(3)}(\omega) + \cdots \right] \tag{3.6}$$

暂时关注二阶项,忽略高阶项,并令 $E(\omega) = E_0 \sin\omega t$,则

$$P^{(2)} = \varepsilon_0 \chi^{(2)} E_0^2 \sin^2 \omega t = \frac{\varepsilon_0 \chi^{(2)} E_0^2}{2}(1 - \cos 2\omega t) \tag{3.7}$$

这样非线性诱导极化就可以激发出频率为入射频率二倍的辐射。同时,极化也将产生一个可以测量的直流极化分量。与发生在无线电波频率中的现象类似,这种现象被称作光学校正。在中心对称的介质中是没有二阶项影响的,也就是说那些拥有反演对称性项中的 $\chi^{(2)} = 0$。

在描述线性和非线性晶体的图 3.6 中可以看到这种情况。在第一幅图中,诱导极化与电场强度线性成正比,并且极化震动的频率与入射频率相同。在反应非线性晶体激发极化的图中,对激发极化波进行傅里叶分解的结果表明,激发极化波中除基频以外还有一个垂直分量和一个二阶谐波分量。这样,在非中心对称晶体中,入射光的二阶谐波部分就可以产生频率加倍的光。

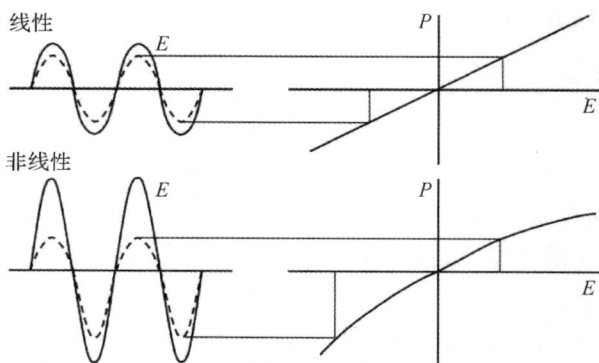

图 3.6 光波产生电场在线性和非线性介质中引起极化行为

3.3.2 相位匹配

为了使倍频过程进行地更有效率,二阶谐波必须与基频波进行相位匹配。由于晶体色散特性的存在,频率为 ω 和 2ω 光的折射率是不同的。因此,基频波和二阶谐波的传播速度不同,故而不能保证一个确定的相位关系。由于诱导极化波的相位与基频波相同,这意味着经过一个确定的距离,新产生的二阶谐波将会与之前产生的波的相位产生偏移并且会在两者间产生破坏性干扰。随着传播长度的增加,这种干扰变得越来越具有破坏性,而这种使破坏性体现出来的长度被称作一致长度。一致长度在大多数晶体中的长度仅仅在 $10~\mu m$ 的数量级上。由于倍频效率的阶与相互作用的长度的平方成正比,所以谐波和基频波的相位如果不能在一个相对长的距离上保证相同就会导致倍频的效率非常低。

在相对较长的作用距离(约为厘米级别)上实现相位匹配,最常用的方法是使用双折射晶体。在双折射晶体中,折射率的大小取决于入射电磁波中的电场在极化过程中的方向。如果电场矢量垂直于晶体的光学轴,这束波就被称作折射率为 n_O 的普通波。如果电场介质有一个平行于晶体光学轴的分量,这束波就被称作异常波,其折射率 n_e 则为光学轴和极化方向的一个功能角。为了匹配相位,基频波和二阶谐波的折射指数必须相同。像在图 3.7 中反映的一样,在负单轴晶体中,即关于光学轴中心对称,且 $n_e < n_O$ 的晶体,通过发射基频波并将其作为普通波,调整光学轴和传播方向的夹角直到 $n_e(2\omega) = n_O(\omega)$。通过这种方式,在倍频过程中可以在光路上使用几厘米大的倍频晶体,同时可以使倍频效率达到 $20\% \sim 50\%$。这些特殊的变频晶体主要有磷酸二氘钾、磷酸二氢钾、铌酸锂和磷酸二氢铵等。

同样地,暂时关注三阶项而忽略其他的,三阶非线性极化的公式为

$$P^{(3)} = \varepsilon_0 \chi^{(3)} E_0^3 \sin^3 \omega t = \frac{\varepsilon_0}{4} \chi^{(3)} E_0^{(3)} (3\sin\omega t - \sin 3\omega t) \tag{3.8}$$

由公式看出,三倍频是可以实现的。由于 $\chi^{(3)}$ 在各向同性介质中非零,三倍频可以在各种气体中显现出来,但其效率很低。由于非线性磁化系数的变化,三阶过程比二阶过程的强度要弱得多。所以,为了获得三阶谐波,通常不是进行三倍频换而是进行波的混合这样一个二阶过程。二阶非线性极化的形式为

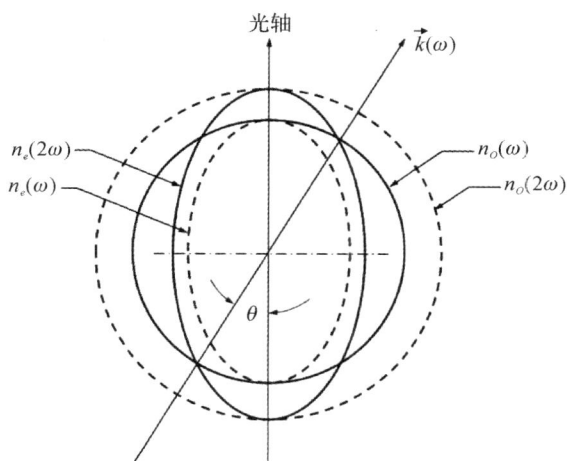

图 3.7   负单轴、双折射晶体的倍频相位匹配过程

$$E = E_1 \sin\omega_1 t + E_2 \sin\omega_2 t \tag{3.9}$$

可以表达为

$$P^{(2)} = \varepsilon_0 \chi^{(2)} \left[E_1^2 \sin^2\omega_1 t + E_2^2 \sin\omega_2 t + 2E_1 E_2 \sin\omega_1 t \sin\omega_2 t \right] \tag{3.10}$$

式(3.10)中的交叉项引起在($\omega_1 + \omega_2$)和($\omega_1 - \omega_2$)频率下产生激励波,以 Nd:YAG 激光器为例,它的三阶谐波就是通过将 1.06 μm 的基频波和 532 nm 的二阶谐波相加得到,这一过程也叫做上变换。这种方法可以非常方便的通过在倍频晶体后面加上一个求和晶体来实现。由于光线经过倍频变换后,频率为 ω 的波和频率为 2ω 的波同时存在,经过求和即可获得 3 倍频的辐射波。通过这种方法可以实现基频到三倍频的变换,同时能够保证大约 20% 的效率。式(3.10)显示且值得注意的是,在不同频率的波的产生过程中,相位配合通常选择最大倍的变换而使其他变换的强度受到削弱。

3.3.3   光学参量振荡器

在参数生成的相关过程中,一种强泵浦场以 ω_3 的频率输入适当的晶体中,并产生频率为"信号"频率 ω_2 和"惰性"频率 ω_1 的两种辐射,其关系为 $\omega_3 = \omega_2 + \omega_1$。假如没有输入信号和惰性场,输入的 ω_3 泵浦场在晶体中就会产生宽频的荧光噪声信号。参数放大过程中,输入信号场被一个强泵浦场放大,在此过程中产生了一个惰性信号光。通过详细分析参数生成和增长产生得到的指数型解法就是为了解决这样的问题而出现的。这种方法从质量上讲与激光很相像。通过在光共振腔中放置可以提供反馈和提高增益通道长度的晶体,信号和惰性波极大地增强。这样一个光学参数振荡器就构造出来了。这种振荡器可以设计成只对信号波进行振荡或者同时对信号波和惰性波进行振荡。由于信号波和惰性波的频率是由晶体的方向决定的,所以通过旋转晶体来调谐两种波在几千种波数上都是可行的。晶体温度的适应性允许调谐区间有一定程度的变动。铌酸锂光学振荡器的泵浦波长为 1.06 μm 或 532 nm(Nd:YAG 激光器)。这种振荡器已经在一段时间内引起了相当的重视。人们希望把它作为可调谐红外光的来源。许多其他的晶体材料可以应用于不同的波长区间。在燃烧诊断学中,光学参数振荡器从 20 世纪 90 年代早期开始受到关注。人们希望它可以成为一种方便的可调谐的四波混频红外简并光源。在此之前,人们仅仅看到了在空间精确技术的应用。然而,Ewing(1993)想到,通过应用新型晶体,近红外光学参数振荡器与 Nd:YAG 激光的二阶或三阶谐波结合会产生一种的可调谐紫外线。当输入能量超过 100 MJ,这种紫外光的输出波长通常在 200～450 nm 之间。这种技术由于其在高能量、可调谐性、全固体激光系统中的潜力,在近些年非常受关注。

3.4　激光束的传播和聚焦

激光束不能以恒定的光束直径长距离传播,也不能聚焦成一个无限小的点,这是由光衍射特性导致的。激光束从激光器发出时光强横截面并非均匀分布,在传播过程中,需要根据具体的要求进行聚焦或扩束。

3.4.1　高斯光束

通常由稳定激光谐振腔或者连续耦合的非稳定共焦谐振腔中产生的基模,其横向模场具有近似高斯函数的振幅分布,它的辐射度 $I(r)$ 与半径的函数关系如下:

$$I(r) = \frac{2P}{\pi\omega^2 e^{-2r^2/\omega^2}} = \frac{2P}{\pi\omega^2} e^{2r^2/\omega^2} \tag{3.11}$$

式中,P 指的是总光强;ω 是光强下降至它中心值的 $1/e^2$(或者 0.135)处的光斑半径。约 86% 的光强是包含在半径 ω 内的。在数学上高斯强度分布可以延伸至无穷远。因此,尽管习惯使用 $1/e^2$ 的定义,但这种定义有一定的随意性。对于激光,只要腔镜直径大于三倍的 $1/e^2$ 光束半径,高斯基模就适用。光阑直径为三倍的光束半径时,就可以通过 99% 的总光强并且只发生很小的衍射。高斯光束的另一个性质是在远场保持高斯分布。远场是指发生 Fraunhoffer 衍射的区域。这包括发生在离光圈很远同时在透镜焦距的行为。经典光学中,Fraunhoffer 衍射模型是对整个高斯光场的分布进行 Fourier 变换。其变换后的光场仍为高斯分布,因此在传播过程中在形式上保持不变。假设聚焦透镜的直径至少是 $1/e^2$ 半径的三倍,高斯光束的焦斑直径如下:

$$d = \frac{\lambda f}{\pi\omega_0} \approx \frac{2\lambda f}{D} \tag{3.12}$$

式中,λ 是聚焦光束的波长;f 是透镜的焦距;D 是透镜的有效通光孔径。如果透镜的直径足够小于 D,光束作为同一振幅的平面波将更加聚焦。对于 $F(F=f/D)$ 较小的透镜,焦斑的尺寸是很小的,仅仅是光波波长的几倍宽。

符合高斯振幅分布的平面波和束腰半径 ω_0 在有限的距离内将保持准直。此后将发生偏离,以远场发散角(半角)$\theta=\lambda/\pi\omega_0$ 的球形波传播。瑞利长度指的是激光光束在发生衍射前保持准直的距离,也就是,光束截面积变为两倍之前的光束腰两边的距离,给出公式如下:

$$L_R = \frac{\pi\omega_0^2}{\lambda} \tag{3.13}$$

这个定义稍显不够严谨,由径向波的增长所决定。看待这的另一种方法是搞清多大焦距的透镜的使焦斑直径等于透镜的入射直径。在式(3.12)中,我们指定 $d=D$,求出 f,得到

$$L_R = \frac{D^2}{2\lambda} \tag{3.14}$$

对于 1 cm 直径 500 nm 波长的光束,高斯光束的准直范围大约为 100 m;对于 1 mm 直径的光束,准直范围大约为 1 m。

3.4.2　均匀光强分布

大多数具有稳定谐振腔的高能激光器不仅仅工作在最低阶的横向模式,而是在高阶横向模式下工作。在粗糙近似的情况下,这种场可以被当做有直径为 D 的均匀强度分布。这种场分布是由平面光波通过圆孔产生的。在远场,这个场焦点区域的分布并不是保持不变的,而是变成一个被明暗交替的环所包围的一个高亮度中央斑,如图 3.8 所示。以第一暗环为界限的中央亮斑称作艾里斑,是以英国皇家天文学家乔治·比德尔·艾里的名字命名的。这个中央斑包含了 84% 的通过圆孔传播的能量,当被焦距为 F 的透镜聚焦时,直径可表示为

$$d = 2.44\frac{f\lambda}{D} \tag{3.15}$$

式中,D 是透镜直径,或者等价地均匀发光的光场的直径,也可以写成 $d=f\theta$,其中 θ 指的是衍射极限的光束角或者简单地认为是衍射角,因此

$$\theta = 2.44\frac{\lambda}{D} \tag{3.16}$$

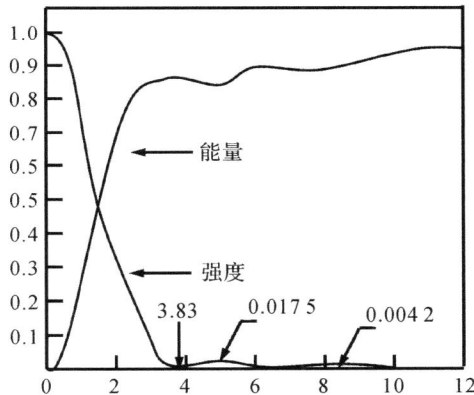

图 3.8　均匀强度分布的入射光束在焦点处强度和综合能量分布

如果一束激光束以 θ 角传播,它被称为"衍射极限"。如果它是以 n 倍的衍射角传播,它被称为"n 倍衍射极限"。对于一束直径为 1 cm 波长为 500 nm 的绿色光束,衍射限制的传播角是 0.122 mrad。用一个焦距为 100 cm 的透镜使它能聚焦成一个大约 112 μm 的点(艾里斑)。高能钕:YAG 激光器一般是三倍到四倍的衍射限制,在 1 cm 的光束直径会产生 0.5 mrad 的光束发散角。染料激光器由于高热负荷和介质中的动荡通常比这要差几倍。从式(3.12)和式(3.15)中我们注意到 F 是聚焦区域大小的决定性因素,F 越小,聚焦点越小。对于给定焦距的透镜,较小的焦斑直径可以通过聚焦透镜之前光束的扩散得到。

3.4.3　环形光强分布

非稳定谐振腔经常被用来产生环形模场输出模式。当聚焦时,这种分布不再是环形而是转换成被一系列明暗相间的环形所包围的中心艾里斑。艾里斑内的能量由环的外内径比决定,通常被称为放大率。随着外内径比的增长,艾里斑内的能量越大。同时外内径比变大,焦点处的中心斑的角度也会有轻微增长。表 3.3 列出了不同外内径比的环形中心斑

能量和角度。

表 3.3　不同外内径比下的艾里斑能量及角度

外内径比	艾里斑能量占比	艾里斑角半径/(°)
1.5	0.33	0.91
2	0.52	1.01
3	0.68	1.10
4	0.77	1.14
5	0.80	1.17
∞	0.84	1.22

很显然,如果外内径比足够大,即大于 3 的情况下,非稳定谐振腔和均匀强度的光环(外内径比无限大)焦点区域的分布几乎相同。艾里斑的角半径决定光学系统的分辨率,就像望远镜,用来分辨两个靠得很近的物体。通过减小衍射角,分辨率会得到提高,同时两个不同的光源能在更近的距离被分辨出来。通过刻意地淡化接收光的中间部分来产生环形接收来提高望远镜的分辨率。不过这种方法会伴随总光强的减少。

3.4.4　扩束

对于一个给定焦距的透镜,入射光束直径越大,焦点尺寸就会越小。激光束的光束直径可以很容易地通过可伸缩透镜对来调整。将两种这样的系统在图 3.9 中列举了出来。放大倍数和缩小倍数与光束的方向有关,大小由使用的透镜焦距比值决定。

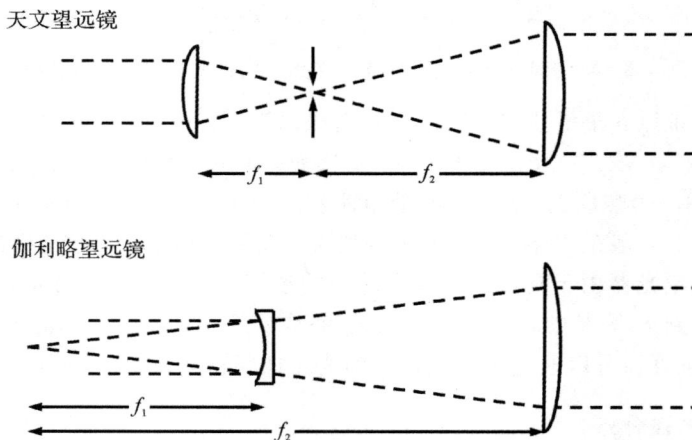

图 3.9　天文望远镜和伽利略望远镜扩束示意图

如图 3.9 中的从左向右方向的光束,光束的尺寸以下式给定的放大倍数扩大:

$$M = \frac{f_2}{f_1} > 1 \tag{3.17}$$

对于从右到左的光束,将会以如下的缩小倍数缩小,即

$$M = \frac{f_1}{f_2} < 1 \qquad (3.18)$$

对于高能激光束,因为激光诱导击穿通常会发生在内部透镜的焦点处,天文望远镜中很少使用到。通过在天文望远镜焦点处放置一个光阑,就可以当作“空间滤波器”来清除低能激光束或者排除不相干的伪辐射,即相干的信号光束发生干涉。伽利略望远镜一般用来进行激光束的放大。望远镜很方便地用来调整或者消除激光束的收敛或者发散。这就允许光束准直到瑞利范围,同时对于通过透镜来改变焦点位置也很方便,即只有平行光束才能在透镜的焦点处聚焦。

3.5　光谱仪器

本节介绍常用的光谱仪器,恰当地选择仪器或者采用新技术,对于实验研究的成功具有决定性作用。了解当前主要的仪器的灵敏度、光谱分辨能力和信噪比,对于燃烧研究者来说是非常重要的。

3.5.1　光谱仪

光谱仪是进行光谱研究和物质光谱分析的装置。它的基本作用是测定被研究的光(研究物质所发射的、吸收的、散射的或受激发射的荧光等)的光谱组成,包括波长、强度、轮廓等。为此,光谱仪应具有的功能是:把被研究的光按波长或波数分解开来;测定各波长的光所具有的能量,得到能量按波长的分布;把分解开的光波及其强度按波长或波数的分布显示、记录下来,得到光谱图。

要具备上述功能,一般光谱仪的基本组成有光源和照明系统、准直系统、色散系统、成像系统以及接收、检测显示系统,如图 3.10 所示。

光源可以是研究的对象,也可以作为研究的工具照射被研究的物质。在研究物质的发射光谱时,光源是被研究对象。在研究物质的吸收光谱时,光源则作为研究的工具。

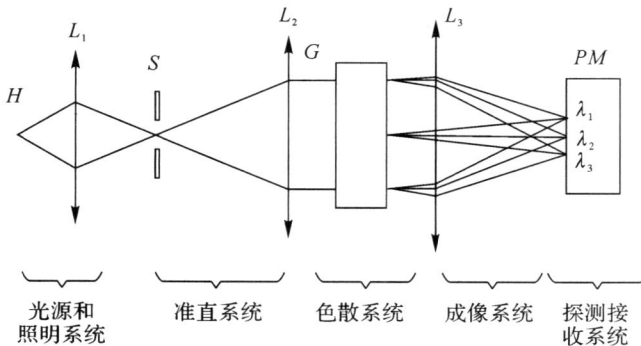

图 3.10　光谱仪基本组成

光源按其光谱特性来分,有连续分布光源和线分布光源两种,其用途也不相同。根据两种光源的产生机理及特点,线分布光源通常用来对特定物质进行检测,而连续分布光源发射出的辐射强度随波长的变化十分缓慢,该类光源常用在多通道光谱分析中。

照明系统是用来尽可能多地聚集光源射出的光能量,传递给仪器的准直系统。不同的光谱分析和监测系统有着不同的要求。但是,光能利用率高,与仪器的相对孔径匹配度好,保证能充满色散系统的通光口径,则是共同的要求。

光谱仪的准直系统一般由入射狭缝和准直物镜组成,入射狭缝处于准直物镜的焦面上。经狭缝进入经准直物镜后变成平行光束,平行的光束进入光谱仪的色散系统。色散系统的将平行入射的复合光分解为不同波长的单色光。

色散系统是光谱仪器整个系统的核心,根据其工作原理主要分成两类,一类是基于棱镜或光栅来完成色散,而另一类是基于干涉调制来完成色散。

成像系统是将光谱仪器中被分光元件分解出的不同波长的光束聚焦在成像镜的焦面上,产生按不同波长分布的狭缝单色像。根据所研究物质的不同,这种成像可以分为三种情况:线光谱、带光谱、连续光谱。

探测接收系统的作用是将成像系统焦平面上的光谱能量接收,并检测光谱的强度、波长位置,并且显示成为光谱图或其他形式的数据输出。一般情况下可以分为三类:目视接收系统、感光摄影接收系统和光电接收系统。前两种系统已经逐步被淘汰,目前绝大多数光谱仪器都采用光电接收系统。光电接收系统不仅能扩大检测的光谱范围,而且大大提高了检测的精度、灵敏度和速度,便于实现数字化和自动化。

3.5.2 干涉仪

光干涉仪利用光波的叠加性获取波的相位信息来获得实验所关心的物理量,广泛用于各种光学测量实验中。

1. 迈克尔逊干涉仪

迈克尔逊干涉仪是 1881 年美国物理学家迈克尔逊和莫雷合作,为研究"以太"漂移而设计制造出来的精密光学仪器。它是利用分振幅法产生双光束以实现干涉。通过调整该干涉仪,可以产生等厚干涉条纹,也可以产生等倾干涉条纹。

迈克耳逊干涉仪的原理是一束入射光经过分光镜分为两束后各自被对应的平面镜反射回来,因为这两束光频率相同、振动方向相同且相位差恒定(即满足干涉条件),所以能够发生干涉。干涉中两束光的不同光程可以通过调节干涉臂长度以及改变介质的折射率来实现,从而能够形成不同的干涉图样。干涉条纹是等光程差的轨迹,因此,要分析某种干涉产生的图样,必需求出相干光的光程差位置分布的函数。迈克尔逊干涉仪的基本组成如图 3.11 所示,M1、M2 为两个镀银或镀铝的平面反射镜,其中 M2 固定在仪器基座上,M1 可借助于精密丝杆螺母沿导轨前后移动,G1、G2 为两块相同的平行平板,由同一块平行平板玻璃切制而得,因而有相同的厚度和折射率。G1 的分光面涂以半透半反膜,G2 不镀膜,作为补偿板使用,G1 和 G2 与 M1 和 M2 都成 45°。扩展光源 S 上的一点发出的光在 G1 的分光面上有一部分反射,转向 M1 镜,再由 M1 反射,穿过 G1 后进入观察系统。入射光的另一部分转过 G1 和 G2 后再由 M2 反射,回穿过 G2 后由 G1 反射也进入观察系统,如图中 1′和 2′光线,它们都由 S 发出的一支光分解出来,所以是相干光,进入观察系统后形成干涉。迈克尔逊干涉仪主要用于长度和折射率的测量,若观察到干涉条纹移动一条,便是 M2 的动臂移动量为 $\lambda/2$,等效于 M1 与 M2 之间的空气膜厚度改变 $\lambda/2$。在近代物理和近代计量技术中,如在光谱线精细结构的研究和用光波标定标准米尺等实验中都有着重要的应用。

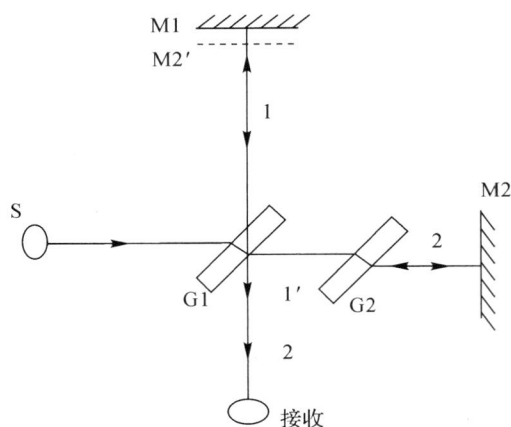

图 3.11　迈克尔逊干涉仪

2.法布里-珀罗干涉仪

法布里-珀罗干涉仪是一种由两块平行的玻璃板组成的多光束干涉仪,其中两块玻璃板相对的内表面都具有高反射率。法布里-珀罗干涉仪也经常称作法布里-珀罗谐振腔,并且当两块玻璃板间用固定长度的空心间隔物来间隔固定时,它也被称作法布里-珀罗标准具或直接简称为标准具。

法布里-珀罗干涉仪是光谱分辨率极高的多光束干涉仪,其结构如图 3.12 所示,M 和 M′ 是两块具有很小楔角的平板玻璃,相对两面互相平行,并涂有高反射率涂层,两板间隔离并固定。这种间距固定不变的干涉仪常称作标准具。入射光在相对两面上反复反射和折射后产生多束相干反射光和透射光,透射光束在透镜 L′ 的焦面上叠加,形成等倾圆环状干涉条纹。法布里-珀罗干涉仪的反射率在 90% 以上。不同波长成分的光形成各自的圆环条纹,由于亮条纹极锐,波长差极小的光谱也能分离,故有极高的光谱分辨率,常用来研究光谱的精细结构和超精细结构。

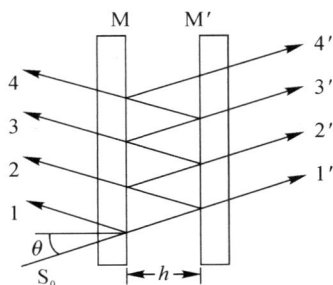

图 3.12　法布里-珀罗干涉仪

3.5.3　波长计

对于固定频率的激光器,例如 $Nd:YAG$,CO_2 和氦氖激光器等,我们可以由环境中的振荡分子的光谱特性得到精确的激光频率。对于可调谐激光器,例如染料激光器和受激准分子激光器,我们只能知道激光频率的大致范围。精确测量过的单色光源可以作为一种直接或者间接的决定激光波长的一种手段。常用的间接手段有瑞利散射法和激光诱导荧光激发法,而直接法则包括直接反射法。对于后一种方法，通常需要将激光的强度减弱，以免强光割裂或磨损设备。然而，单色光源波长的绝对精确度通常只能达到 10^{-2} nm 的数量级，大约是 1 cm^{-1} 的几十分之一，匹配精度从 $10^4 \sim 10^5$。当需要更高的精度时，我们就需要用到波长计了。这些仪器的测量精度通常可以达到 $10^6 \sim 10^8$，市场上出售的还有主要种类的衍生产品。

波长计是基于干涉仪制造的，而且可以分为两种类型，既动态型和静态型。动态型波长计使用可移动部件，仅限应用于连续激光和高重复频率的脉冲激光。这类波长计往往是通过使用迈克尔逊干涉仪测量未知波长的激光与一种已知波长的激光进行比较，已知波长的激光通常选取一种频率稳定的氦氖激光器。在迈克尔逊干涉仪中，入射光线被一个分光镜分为两束，随后两束光又在同一分光器上会合，两束光所经过的不同的传播距离后直接射入一个探测器。通过调节分光器的一个支架，改变两束光抵达分光器的时间，造成出相重新会合或入相重新会合，于是探测器的信号可以从零到最大值变化。这些最大点和最小点被称作干涉条纹。它们是由于传播支架恰好改变一个波长而产生的。通过比较一次扫描中未知和对比光干涉条纹的数量，便可确定未知光的波长或频率。这个过程可以通过对干涉条纹的数量进行统计或对由于传播导致的干涉条纹的频率进行测量。

当脉冲激光的脉冲频率较低时，静态波长计取代动态波长计。静态波长计同样也适用于连续激光器。在动态波长计中，未知波长的激光在一段时间内照射在一系列干涉仪阵列上。在静态波长计中，未知波长的激光要在特定的时间段照射到一系列干涉阵列上。这可以通过在 4 个探测器上分别附加一个迈克尔逊干涉仪，附加 4 个带变换缝隙和一个二极管阵列的法布里-珀罗干涉仪或者附加 4 个斐洛楔形干涉仪以及一个二极管阵列。斐洛楔形干涉仪本质上是一个排列不在同一直线上的法布里-珀罗干涉仪。这种干涉仪的部分反射表面不是完全对齐的，但被几个毫弧度遮盖了起来。本质上，斐洛楔形干涉仪通过分离变量组成了一系列法布里-珀罗干涉仪。斐洛楔可以是由两个独立的反射部件构成的楔形空气间隔，也可以是由固体楔子上下涂上反射涂料构成。在精确转换条纹和部分条纹时，仪器的复杂程度也提高了。静态波长计通常不会吸收参考激光，但校准时需要它们。其实，参考激光校准干涉仪的长度时，与未知的波长进行了比较。

3.6 光的采集与探测

本书之前已经简单给出了在相干信号和不相干信号的收集过程。本节将详细地对背景光亮度的抑制和可获得的空间解析度进行说明。

3.6.1 不相干信号的采集

首先，我们考虑一个不相干过程中的信号采集。图 3.13 描述了一个典型的散射光收集系统。激光在照射样品后可能会产生平行于收集系统轴线（后向散射）或与轴线成一定夹角的光束，这里以夹角为直角为例。假定两个大型扫描采集透镜 L 具有相等的焦距 F，这样就使得样品的体积和它的图像大小相等，是单位放大投影。简单将其推广到其他放大投影。这一对透镜如果被放置的很近，那么就可以用一个焦距为 $F/2$ 的采集透镜来代替。但是，从减少畸变的角度上来说，通常最优选择是使用两个透镜，采用所谓的无穷共轭系统，即一个点是焦点，另一个点则位于无穷远处。同时，采用双透镜还具有增加实验稳定性的优点。由于透镜的分离域并不苛刻，因此它可以按照需要进行调整。光阑 A，可以是一个可调的可变光圈，一个单色光镜或光谱仪的狭缝,还可以是一个光纤连接的入口。此外,可以在光阑后装置一个准直透镜,这样可以使通过多层介电干涉滤光片或者图像旋转装置的光线准直,从而使通过通路的光线聚焦进入单色仪。A 的精确度和加装在 A 之后的装置将不会影响目前的讨论。

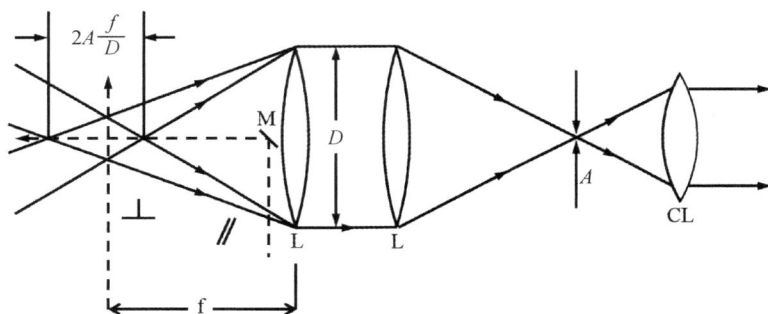

图 3.13　不相干散射光采集系统示意图

不相干信号的功率 S 可表示为

$$S = P_i n \sigma q \Omega l \varepsilon \tag{3.19}$$

式中,P_i 为入射激光功率;n 为在适当的初始量子态下散射或吸收光谱的数量密度;σ 为散射或吸收横截面;q 为猝熄效率;Ω 为接收固体角度;l 为采样范围,取决于空间分辨率;ε 为收集效率,取决于光损失,带宽效应等。在拉曼散射和瑞利散射中,猝熄现象并不明显,因此在这些过程中取 $q=1$。对于直角散射和单位放大投影,$l_\perp$ 的值由图 3.13 中 A 的孔径确定。对于同轴观察和后向散射,$l_\parallel$ 约等于景深 $2f_\# A$,其中 $f_\#$ 是透镜的相对孔径,f/D。设收集到的背景光亮度为 I,在干涉过程中,I 可表示为

$$I = R \Delta \lambda \Omega \varepsilon V \tag{3.20}$$

式中,R 为辐射能量密度;$\Delta \lambda$ 为光纤带宽;V 为光学系统观察到的体积。为简单起见,假设 R 被限制在一个有限的光谱范围内。光容量 V 近似于一个以孔径 A 为直径,以景深为高的圆柱体的体积,即

$$V = \frac{\pi}{4} A^2 2 f_\# A \tag{3.21}$$

以取样范围代替 A,可得

$$V_\perp = \frac{\pi}{2} f_\# l_\perp^3 \quad V_\parallel = \frac{\pi}{16} \frac{1}{f_\#^2} l_\parallel^3 \tag{3.22}$$

所以得到

$$\frac{V_\perp}{V_\parallel} = 8 f_\#^3 l_\perp^3 / l_\parallel^3 \tag{3.23}$$

因此,对于一个给定的空间分辨率,$l = l_\perp = l_\parallel$,在直角方向上观察到的入射光采样体积超过了所"看到"的后向散射。当 $f_\# = 5$ 时,这个比值为 10^3。所以,直角散射系统会比同等的同轴散射和后向散射方法多收集到 3 个数量级强度的背景光。由于采样范围是与光学系统的景深相匹配的,所以同轴和后向方法采集到的背景光会减小。但是,这种优势实际上会被同轴收集方法所带来的伪激光散射的识别问题所抵消。为此,必须要在系统中加入抑制带通的设计。

另外一个需要注意的问题是,对于任意几何形状,信号/背景干扰比,即 S/I,其大小为

$$\frac{S}{I} \sim \frac{1}{l^2} \tag{3.24}$$

在任何几何形状中,此式对于最大化空间分辨率都适用。例如,采样范围从 1 cm 减小到 1 mm 将使 S/I 的值增加两个数量级。当然,系统必须具有足够大的采样范围,以保证所收集到的光子数量具有统计意义。

3.6.2 光学拓展量

不相干光信号的处理是受一定的光学原理支配的。其中最重要的一些原理就涉及了光通量。光通量随光圈(或光源)的面积和光束所成的立体角而改变。在无损光学系统中,光通量是不变的,如果系统是无源的,也就是说,没有光学增益,光通量就不会改变。所有的这些都遵守能量守恒定律和系统的成像特性。例如,图 3.13 中的直角散射的光学拓展量为 $dl\Omega$,其中 d 为激光束的直径,l 为由孔径所决定的采样范围,Ω 为收集像场透镜的立体角。一般而言 $d \ll 1$,成直角的散射图像通常与单色仪的狭缝相对齐,这是通过采用适当的照明激光束和单色仪方向或通过图像旋转实现的。如果像场透镜的 $f_{\#}$ 值为 3.6 且摄谱仪的 $f_{\#}$ 值为 8,那么狭缝的宽和高的乘积必须近似等于激光束直径和采样范围乘积的 5 倍,以保证获取第一个像场透镜收集到的散射光被全部获取。然而这同时也会导致光学分辨率的降低和背景光干扰的增加。在这种情况下,不应使用一对相匹配的透镜,应使第二块透镜与摄谱仪相匹配来达到所需要的放大率。如果为了实现要求达到的光学分辨率或减小背景光干扰而关闭狭缝,那么一些信号就会被截断,从而使信号功率减小。当狭缝参数给定时,像场透镜的 $f_{\#}$ 值也是确定的。如果使用感光更快的透镜,即采用 $f_{\#}$ 值较小的透镜,就会使摄谱仪被"过渡填充"。这意味着摄谱仪内被照射的立体角会超过物理上由光栅狭缝间隔和面积规定的值,导致信号功率再次减小。因此,应采取和整个光学系统相匹配的光学拓展。

对于相干光,类似的概念也适用于瑞利范围。即激光束的焦点直径正比于聚焦透镜的焦距且和透镜上光束直径成反比,即

$$d \sim \frac{f\lambda}{D} \tag{3.25}$$

由于焦点面积的大小用 d^2 来衡量切聚焦立体角为 D^2/F^2,所以光学拓展量或光通量 ΩA 是一个常数。

3.6.3 光导纤维

在许多实际应用情况中,由于当地环境的不利因素或一些特定仪器的使用要求需要将激光源和光谱仪器相隔一段距离放置。对于高强度光源,可以使用一些传统的光学仪器如反射镜,透镜等。但是,在许多情况下光导纤维(简称为光纤)使用起来更为方便,尤其是光导纤维可以允许研究人员更加灵活地设计光路。基于光的全反射原则,光纤具有在长距离光输送中实现很低能量损耗的优点,例如<10 dB/km(90%/km)。当一束光在介质中传播撞击在一个具有更低折射率的介质上时,存在一个临界角,当入射角大于临界角时,光束会被全反射。现代通信纤维采用瑞利散射,损耗非常小,小于 3dB/km,光信号不会被杂质吸收,是主流的限制损耗装置。

临界角的大小取决于两介质折射率,折射率相差越多,临界角就越小。临界角的大小可以根据折射定律很容易地计算出来,即

$$n_f \sin\theta_f = n_c \sin\theta_c \tag{3.26}$$

此处光线入射角是根据表面法线测量得来的。临界入射角 θ_f^* 的值就是使 $\sin\theta_c$ 的 θ_f 值。

由于当入射角大小超过临界入射角时,将有 $\sin\theta_c > 1$,所以不会有光进入包层。全反射是一束光在直角棱镜的斜面上反射的基础。

如图 3.11 所示光纤的最大接收角 θ_{max} 与根据折射定律得来的临界角度有关。

$$\sin\theta_{max} = n_f\sin(90 - \theta_f^*) \tag{3.27}$$

将式(3.26)带入式(3.27)中并令 $\sin\theta_c = 1$,可得

$$\sin\theta_{max} = (n_f^2 - n_c^2)^{\frac{1}{2}} \tag{3.28}$$

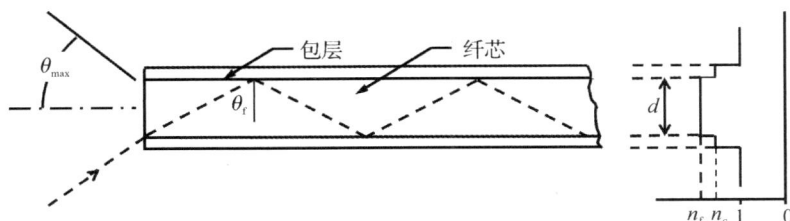

图 3.14　阶跃折射率光纤侧面原理图

在设计光导光纤时,可以通过改变 n_f,n_c 的值来调整 $\sin\theta_{max}$。$\sin\theta_{max}$ 被称为数值孔径或 NA(Namerical Aperture)。因为光纤一般按照数值孔径来分类而非接收角,因此数值孔径是非常重要的。数值孔径与接收立体角 $f_\#$ 有关,关系如下:

$$f_\# = \frac{1}{2NA} \tag{3.29}$$

从信号传输的角度来说,只需要关注芯的直径和数值孔径。光从光纤的另一端射出所形成的锥形由 θ_{max} 决定。光的后续处理则有光学拓展量来控制。

关于于光导纤维,其他几点也应作说明。我们已经已经对“阶跃”折射率光纤作过讨论,其光纤芯的折射率是不变的。然而光纤在以通信为目的的应用当中,由于信号的频率决定了折射率的大小,所以这种光纤可以使采用不同频率脉冲编码的信息在传输过程中暂时分离。为了减少由于信号频率不同而带来的传输路径长度上的差别,大多数高质量的光纤都是“渐变”折射率型。在这些光纤中,芯的折射率在中心线处最大,并近似以抛物线的形式向包层递减。在这种情况下,光纤中的光线轨迹是一个弧形。在光谱应用中,离散频率带来的影响并不重要,这是因为关于时间积分的信号通常都被记录在一个单一脉冲当中。因此,可根据所需的光纤特性来选择使用阶跃折射率光纤或渐变折射率光纤。

当光纤芯的直径远大于所传输光的波长时,本书所给出的纯粹几何分析是适用的。在这种情况之外,类似于微波波导的情况,那么模式的影响就变得重要了。事实上,当光纤的直径足够小,只有几个微米的情况下,只能用一种模式进行传导。这就是单模光纤的基础。光纤传输模式的一个重要应用关注的是其在相干光传输中的作用。如果一束相干光以一个较高 $f_\#$ 的值导入光纤,这束光实际上并没有充满光纤的立体接收角,光束也就不会在光纤出口处以全立体角被发射出去。如果在光纤中没有促进模式耦合的急弯,相干光在光纤中只会耦合进入低阶模式并最终以可与输入时相比的立体角输出出去。这一点在向光谱仪耦合的过程中非常重要,和那些典型的光谱仪相比,光纤一般都具有较小的 $f_\#$。尽管表面上看,$f_\#$ 的值并不相匹配,但还是可以通过在输入端,采用使光纤不被充满的方法,限制光在输入过程中进入低模态,从而使来自于光纤的光信号可以被有效地耦合到光谱仪。

3.7 信 号 分 离

普遍来说,信号分离包含两类任务,即隔离与分散。隔离涉及将光信号与不同波长、更高能级的其他来源的辐射分离出来。如果干扰辐射与光信号有相同的波长,那么问题会更加麻烦,甚至可能无法解决。虽然分散和隔离可以在一台仪器上实现,例如单色仪,但实际上往往需要一定量的预过滤以防止过高能量的辐射损伤单色仪的狭缝、光纤、光栅或探测器。

3.7.1 预过滤

预过滤通过色散棱镜可以很容易地实现。对于非单色光信号,棱镜将引入依赖于频率的扩展角度并将其传入信号光束中,这是当光束集中于光谱仪的狭缝时需考虑的。光束与镜头轴向的微小偏移角 θ 会导致焦点与镜头轴向产生如下偏转 δ:

$$\delta(\omega) = f\theta(\omega) \tag{3.30}$$

不同频率的光束将聚焦于焦平面的不同横向位置。对位于色散平面垂直方向的狭缝需小心,以避免空间滤波的某些特定频率的影响。一种解决方案是使狭缝沿色散平面对称分布。在过滤掉无关频率后,另一种解决方案是将信号光束通过一个与之相等的负色散来消除频率扩散。通过棱镜系统空间滤波器的作用可以较好地过滤掉干扰频率,然而这会产生紧密性的损失,尤其是对紧密间隔频率而言。而更为紧凑的方案涉及多层介质涂层分色镜单独或组合使用。针对高强度光分色镜可设计为短光路或长光路镜,但通常仅可以滤去两到三个数量级的干扰辐射。更进一步的是,它们通常要求增加到或从传输的波长减小到几万纳米。

当存在高能光束时棱镜和分色镜通常用于第一阶段的过滤。对高功率的应用,也就是大于 10^6 W/cm²,必须使用电子束沉积介质或"硬"涂料。多层软介质涂层可以达到更好的过滤性能,但无法承受高能级。窄带干涉滤光片、低能分色镜、吸收式滤光镜可以提供额外的过滤效果。吸收式滤光镜对过滤短波长而言极为有效,因为在通频带它具有很高的内部透光率并且有极好的过滤性。一系列滤波镜,可以实现从紫外光到近红外光的转换。

在激光诊断中,光谱分辨率的实验一般是由激光探测系统参与的,该系统不需要特别窄的带宽。事实上,激光光谱出现在 20 世纪 70 年代,这是因为激光线宽可以变得比最好的光谱仪分辨率更窄。对于高分辨率的商用光谱仪,难以实现光谱分辨率低于 0.05~0.1 cm 的范围。然而连续染料激光器通常运行在 0.001 cm,甚至更低,脉冲染料激光器在 0.001 cm。可能以脉冲放大连续波染料激光器获得最小线宽。最小线宽可以由最小频率广度,$\Delta\nu$,激光脉冲持续时间 τ_p 获得。它们是一对傅里叶变换对。存在如下关系:

$$\Delta\nu\tau_p \leqslant k \tag{3.31}$$

其中,常数 k 取决于脉冲形状。对于高斯型脉冲,$k=0.44$。一个持续时间 10^{-8} s 的脉冲极限线宽大概为 0.001 5 cm。因此,迄今为止色散仪器仍未解决激光光谱特征研究的问题。在试验中,如激发荧光光谱,激光通过电子吸收或窄带 CARS,检测系统的分辨率会非常低且通常由一个合适的宽带干扰滤波器来对光电倍增管进行一定程度的宽带预滤波。

3.7.2　衍射光栅

如自发拉曼散射,宽带 CARS 或激光诱导荧光,即检测到的发射光谱是由单一的吸收过程引起的,光谱分辨率受到激光源线宽或检测分辨率的限制。大多数情况下,检测分辨率是有限的。棱镜最先被用做光谱仪,但实现的分散效果过于庞大。因此,现阶段多以光栅作为仪器。因此注意力会被转移到此类光谱仪上。衍射光栅是由重复的元素阵列,如孔、障碍、阶梯,其对入射在阵列的光波的相位或振幅产生周期性交替。由于制作简单早期的光栅属于传输类型。而几乎所有在今天使用的光栅是如图 3.15 所示的反射相位光栅。光栅产生的原理是基于干扰。如图 3.15 右半部分所示,只有一个方向发射的光将干涉而产生光栅。不同方向路径长度的差异是入射光波长的多重积分,即

$$d(\sin\theta_m - \sin\theta_i) = m\lambda \tag{3.32}$$

式中,θ_i 是入射光与表面法线方向的夹角;d 是槽间距;m 是衍射级。由于零衍射级没有波长的差异,因此在这种光谱学的观点下该级的能量被浪费掉了。因为光栅在 β 角度才被激发,镜面反射来自独立的光栅槽,因此相比于第零衍射级,大多数能量被集中于第 n 衍射级。光栅被设计为低阶有效,通常是第一阶,光栅槽面角为 $15°\sim30°$,有时又被称为小阶梯光栅。中阶梯光栅具有 $60°\sim75°$ 的光栅槽面角,设计用于高衍射阶。

到 20 世纪 60 年代后期,大多数设备的光栅是刻在光栅制作机器上的模板复制而来。由于沟槽并非笔直,常规的光栅会产生一定量的干扰杂散光。此外还产生虚假的图像,这是由于刻画过程产生的周期性的错误导致的虚假衍射。常规的光栅可以用来制作全息光栅。通过曝光光刻胶材料来记录两个交叉相干光束产生得干涉图样。全息光栅与常规光栅不同,并不具有闪耀槽,但槽型结构可以通过变换实现高衍射效率。由于槽是光学对齐的,全息光栅的杂散光相比于常规光栅低一到两个量级。更进一步的是,全息光栅没有产生虚假图像。光栅的角色散如下给出:

$$\frac{d\theta_m}{d\lambda} = \frac{m}{d\cos\theta_m} \tag{3.33}$$

我们可以清楚地看到某些波长间的角间距随着衍射级 m 增加而增加,由于角色散连同光谱仪采用的焦点尺寸决定了空间色散与光谱仪器分辨率而显得较为重要。

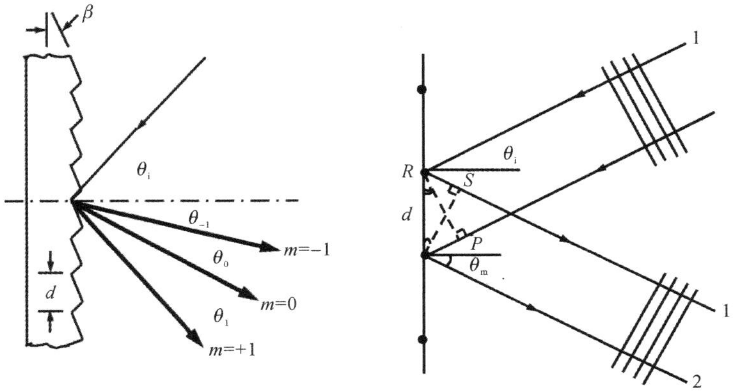

图 3.15　反射相位光栅原理图

3.7.3 光栅仪

图 3.16 显示了两种最常使用的光谱仪装置,(Czerny-Turner)装置和艾波特(Ebert)装置。

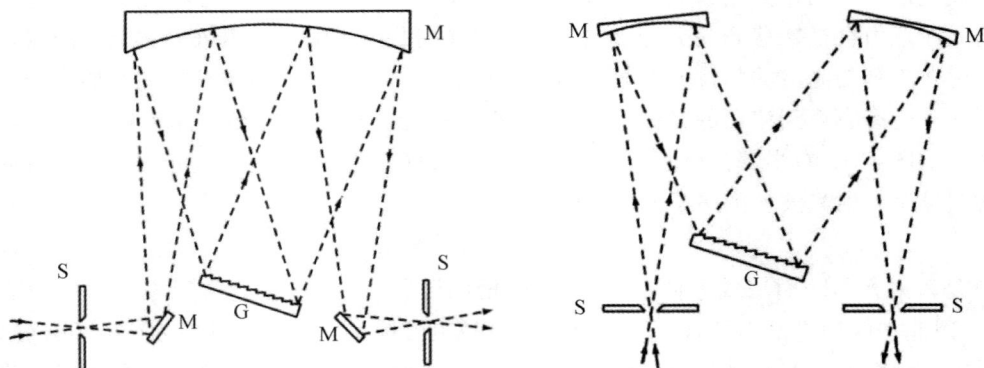

图 3.16 常见的两种光谱仪装置原理图

艾波特装置常用于小型、低分辨率的仪器,且其使用单一准直镜较为合适,由单一准直镜引入的球面像差无关紧要。大型、高分辨率的仪器通常采用捷尔尼-特尔纳型装置。单色仪的光谱分辨率取决于进口处与出口处狭缝的宽度、光栅使用的仪器及仪器的焦距长度。焦平面出口处狭缝的空间色散如下:

$$\frac{\mathrm{d}\lambda}{\mathrm{d}s} = (f\frac{\mathrm{d}\theta}{\mathrm{d}\lambda})^{-1} \tag{3.34}$$

其单位为 nm/mm。假设入口处狭缝与出口处狭缝相同,光谱分辨率近似等于狭缝宽度和空间色散的乘积。若狭缝变窄可以提高分辨率,但这由于光束扩展而会产生信号损失。

利用全息加工技术,可以简单地制造出价格低廉的凹面光栅。这就减少了分离准直镜的使用,并使从入口狭缝的光直接映射在出口狭缝上。由于减少了反射镜,产生于镜面反射的杂散光被大量减少了。聚集效率同样因为减少了反射镜而得到提高。因此几个单色仪串联起来依然能达到很高通量。尤其是组合双联或三联单色仪运用于拉曼技术来更好地辨别强激励激光与杂散辐射。

通过移动出口狭缝,单色仪可被转化为光谱仪。用摄影底片或当今最为常见的多通道光学检测器,可以在很宽的波带进行光谱记录。由于单色仪的出口焦平面上,并不是所有波长都会聚焦,从而导致底片或多通道检测器的光谱分辨率分布不均匀。由于目前朝着宽频带多通道光学检测器发展的趋势,光栅和仪器被设计成在平场内具有均匀色散的光谱仪。光谱仪并不一定需要入口狭缝。在许多诊断应用中,光导纤维被用于信号传输。光纤内径的选择是高捕获效率与良好的光谱分辨率的折中。如图 3.17 所示,光谱仪可被特别地设计为直接接收光纤输出。在这些设计中,光谱分辨率由光纤内径或多通道检测器像素或这两者联合决定。这种设计常用于拉曼散射或 CARS 技术。当然,光纤也可与装备有入口狭缝的光谱仪一起使用。在这些情况下,狭缝被打开且光纤被置于狭缝入口平面。选择光纤的数值孔径需使光纤发射的固定角度与光谱仪相匹配。

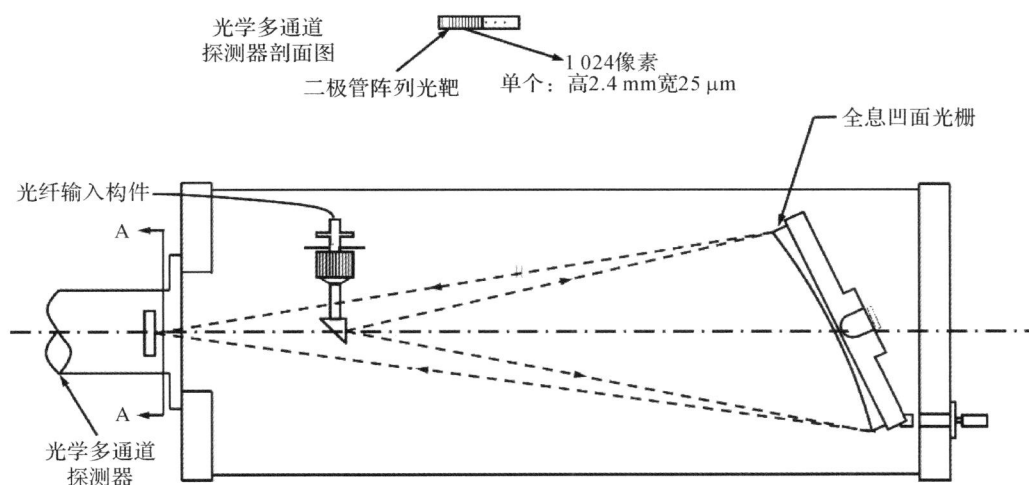

图 3.17 直接接收光纤输出的凹面光栅光谱仪示意图

3.8 信号检测

感应电磁辐射的光电探测器可分为三个主要类别:光电发射型,半导体型和热型。光电发射装置包括光电倍增管和真空光电二极管。光电发射装置基于当表面暴露在光线下,电子从表面逃逸后产生的光电效应。半导体探测器基于产生的移动电荷载体,使带电子在固态半导体中从核移动到导带。热检测基于遥感,而且温度的变化总是伴随着辐射的吸收。热原理设备通常具有缓慢的响应时间,通常以秒计算。热原理设备一般不用于各种光谱辐射信号的检测,因为它们不够敏感。它们被用来监测激光功率或能量,本节不会进一步讨论。本节的重点将放在光电倍增管、半导体光电二极管和多通道光电二极管阵列探测器。

3.8.1 光电倍增管

光电倍增管是极为敏感的探测器,在适当的情况下,能够探测到单光子光。正因为其如此敏感,光电倍增管是所有光谱技术对在拉曼和瑞利散射、LIF、DFWM 和 CARS 产生的新信号进行光谱信号检测的主要手段。光电倍增管一般不用于强探测光束的调制技术。因为在这种情况下,有更便宜和更坚固的探测器可供使用。光电倍增管的工作原理如图 3.18 所示。如果光子的能量 $h\nu$ 超过了材料的功函数,入射光照在光电阴极,就会造成表面的电子发射。功函数是电子脱离金属所需的能量,是由基本的费米能级定义的。发射出来的光电子,经过加速通过一个由一系列二次电子发射电极组成的电子倍频链,称为倍增电级。在倍增电极,每个撞击电子释放几个二次电子。高灵敏度管中,可能有多达 $11\sim13$ 个倍增电级电子,根据整个链条上施加的电压的不同可以得到总电流(电子)在 $10^6\sim10^7$ 之间。最后的电极是阳极,通过一个大约为 $50\ \Omega$ 的低阻抗连接到地面。随着管的不同,光电阴极可在 $-800\sim-2\ 500\ \mathrm{V}$ 之间。高速光电倍增管上只有几十分之一秒到几纳秒的时间响应。真空光电二极管是只由阴极和阳极组成的。因由于没有倍增电极链,这些管子比光电倍增管的响应时间更短。由于真空光电二极管灵敏度非常低,因此真空光电二极管在很大程度上已经被更加紧凑的、速度更快的、不需要高压电源的固态光电二极管所替代。

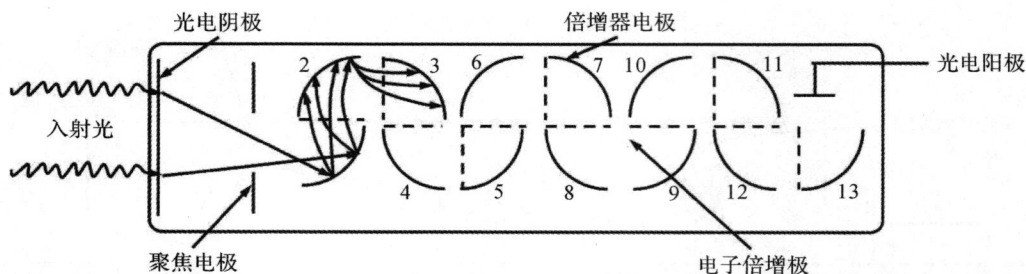

图 3.18　光电倍增管工作原理图

　　灵敏度作为光电倍增管重要的参数之一,是我们所关注的。光电阴级由低功函数的金属合金组成,如,Ag−O−Cs,Sb−Cs,Na−K−Sb−Cs,Rb−Cs−Sb 等。阴级的光谱响应决定了整体管道的光谱灵敏度。常用阴极的光谱响应曲线如图 3.19 所示。可见,大部分阴极具有优异的紫外线和可见光的灵敏度,尤其是蓝光。红光的敏感性大幅滑落,即使是用特殊材料,红外光灵敏度通常很弱是因为在这个光谱区域光子能量较低。光子的能量(单位为电子伏特)与光波长 λ 的关系:

$$\varepsilon_p(eV) = \frac{1\ 240}{\lambda(nm)} \tag{3.35}$$

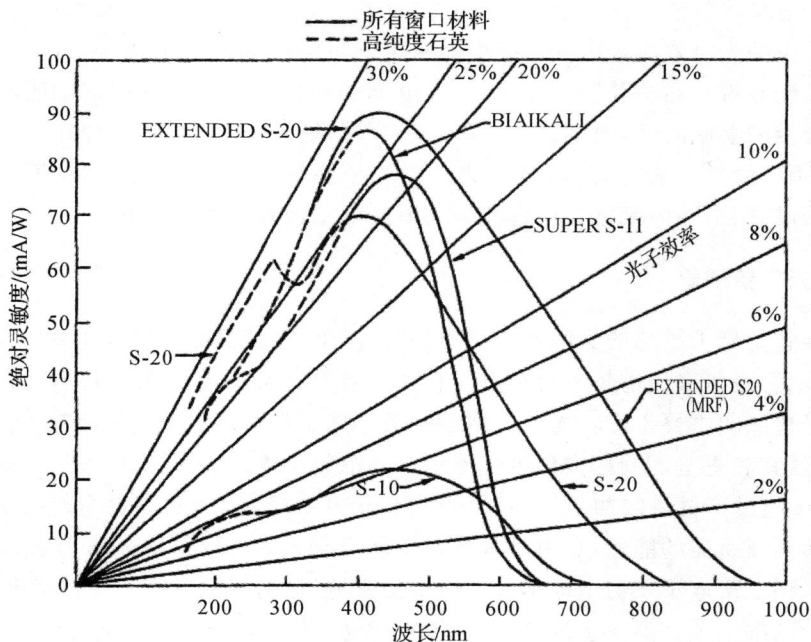

图 3.19　光电阴极的光谱响应曲线

　　量子效率是光电灵敏度的量度,指的是光电子从光阴发射出来的概率。光阴的行为是统计的,并最终决定整个光电倍增管的限制灵敏度。管的绝对灵敏度是量子效率 η 与光电转换增益 G 的乘积,即光电子倍增,因此有

$$S(\lambda,V) = \eta(\lambda)G(V) \tag{3.36}$$

管的整体灵敏度依赖于光电特性研究的波长,也取决于量子效率和管电压,因为整体的电压决定倍增电极链的增益。

3.8.2　半导体光电二极管

尽管半导体光感应装置可用单一元素半导体材料制成,但是大部分是基于一个或多个 P－N 结组成。在这里我们将以单一 P－N 结二极管为例进行介绍。在形成 P－N 结时,N 材料和 P 型孔中的多数载流子-电子,将弥漫整个 P－N 边界并进行重组。N 将带正电荷,P 带负电荷,则在它们之间形成电场。当在这一区域内没有净载流子时,被称为耗尽区。光电二极管可以工作在两种模式之一。在光伏模式,结处于开路,光子通过它们产生的电压变化来进行检测。在光导模式,结反向偏置,光子将会引起载流子流动,通过负载电阻的压降来进行检测。

我们关注半导体光电二极管的信号噪声,光电二极管的信噪比(SNR)计算公式由下式给出:

$$\mathrm{SNR} = \frac{2\,(Pe\eta/h\nu)^2}{3e^2 P\eta\Delta\nu/h\nu + 2ei_d\Delta\nu + 4kT\Delta\nu/R_L} \tag{3.37}$$

式中:P 为入射光功率;$\Delta\nu$ 是检测带宽;i_d 是暗电流;R_L 是负载电阻;T 是噪声温度。式(3.37)分母中的第一噪声项是散粒噪声,第二噪声项是暗电流。第三项是约翰逊或热噪声,由于电荷载体的热运动引起电压波动跨越了一个耗散电路元素。在大多数的光电二极管中,暗电流并不重要。

在雪崩模式下的光电二极管,信噪比大大提高。实际上,二极管的设计专门为此而得到改变。雪崩光电二极管,反向偏压的增加大大提高了耗尽区电场。在这种情况下,载流子获得足够的动能,与晶格原子碰撞,以创造新的电子-空穴对,新产生的二次电子再与原子碰撞,如此多次碰撞使载流子雪崩式的倍增。雪崩光电二极管有诸多优势。雪崩光电二极管具有灵敏度高,频率响应快等优点,是目前响应最快的一种光敏二极管。它在微弱辐射信号的探测、光子计数方面有着广泛地应用。由于雪崩光电二极耐用性强,带宽和敏感性都接近的光电倍增管的雪崩光电二极管更具有吸引力。随着时间的推移,探测器规模在不断扩大,在某些应用中,雪崩光电二极管可能是首选的检测方法。

3.8.3　光学多道探测器

单色仪和光电倍增管,只能同时对一个波长范围进行监测。对于单通道检测时,采样范围以外的光谱信息将被丢弃而造成浪费。对于诊断来说,温度和浓度的测量取决于光谱分辨率。对于快速的时间分辨的测量方法,整个光谱获得时间必须小于或等于测量介质波动的特征时间尺度。时间分辨一般利用短持续时间的脉冲来实现,光谱必须在下一个脉冲到来之前完全获得并记录下来。采用多个出射狭缝,合适的光学元件和单独的光电倍增管,宽带多通道光学探测器可以以简单和廉价的方式实现。这种方法通常用于拉曼光谱自发脉冲。然而,由于几何约束,光谱分辨率是有限的,并且考虑到实用性,通道数一般限制少于 10。

考虑到宽带多通道探测器和绘图技术应用于微光摄像机和卫星成像的诸多优势,商业光学多通道探测器已经广泛使用,光学多通道探测器也主要使用于上述两种用途。对于光谱仪,线性阵列或二维阵列得到运用。二维阵列本质上与一维相同,一维用于光谱分辨,另一维用于空间分辨。在成像时,二维阵列用来记录一个二维的空间分辨信号。燃烧诊断最常用的多通道探测器主要包括摄像机,自动扫描光电二极管阵列和电荷耦合器件(简称 CCDs)。

为了同时进行光谱信号检测与成像,探测器必须具备高灵敏度。考虑到实际应用,探测器的尺寸必须要足够小。在摄像机和自动扫描二极管阵列中,单个探测器元素通常是反向偏置P-N结,通常排成一维或二维阵列,称为目标元素。根据制造商的不同,单一元素的尺寸大小在 $10\sim50~\mu m$ 之间。光子或电子入射至 P-N 结,将产生载流子,产生的载流子在该领域的漂移将减少电压差,或者说产生的载流子使 P 和 N 之间区域的电荷不平衡。有两种主要方法运用在这两种主要的探测器中来测量由于光子引起的电荷变化。在摄像机中,目标元素的充电采用扫描电子束。在自动扫描阵列中,则是每个元素依次连接到外部电路并充电,并对测量的充电电流进行积分。在低光条件下,暗电流是主要的噪声源。因此,单个二极管不发射或量子噪声受限,致使其敏感性差。为了提高灵敏度,多通道探测器改进了一个增强器。然而不同于光电倍增管的是,其光电子放大阶段,必须保持图像质量或入射在探测器表面上的空间光分布。这里有两种比较好的方法,即静电增强和微通道板(MCP)增强。在一般情况下,静电增强器用于摄像机和自动扫描阵列上的 MCPs。在 CCD 探测器中,入射光子产生存储电荷,并以一种方式快速地被检测。CCDs 非常敏感,一般具有动态范围大和噪声低的特性。CCDs 需要很高的时间分辨率时,需要 MCPs 做快门。否则,机械快门就足够了。在这种背景下,我们可以比较目前使用的光学多道探测器的主要类型,硅强化了目标和 SIT 管(摄像机),也强化了自动扫描光电二极管阵列和电荷耦合器件(CCDs)。CCDs 显然是技术的发展方向,甚至取代感光胶片。

3.9　信　号　处　理

在许多情况下,单脉冲信噪比(SNR)过低或者脉冲信号过于多变不易于有效采集,必须使用信号的平均法来提高特征光谱的整体质量。本节介绍脉冲平均和连续数据的主要处理方法。

3.9.1　方脉冲平均

当一脉冲序列具有持续时间 $\tau_p\rho$ 和重复率 F_r,并且占空比较低,即 $\tau_p F_r\leqslant1$,一般使用方脉冲平均法(Boxcar Averager)进行处理。而"方脉冲"一词源自一系列周期性的矩形脉冲如同铁路上的车厢(Boxcar)。尽管光电探测器获得的脉冲信号可以直接在示波器上显示出来,但是对于微秒级别或更短持续时间,以及重复扫描频率小于几千赫兹的时均信号,由于信号太弱难以探测。方脉冲平均器基本上由一个门控积分器和一个门控扫描发生器组成。门控积分器仅是由一个含有可触发开关的 $R-C$ 积分器驱动,如图 3.20 所示。门由实验系统中产生的同步外触发驱动。大多数脉冲器具有可与激光脉冲很好同步的触发输入,假定电容很完美,泄漏电流为零,n 个脉冲后累计在电容上的电压可以很容易地表示为

$$V_n = (1-\mathrm{e}^{\frac{-\tau}{RC}})\left[v_n + v_{n-1}\mathrm{e}^{\frac{-\tau}{RC}} + v_{n-2}\mathrm{e}^{\frac{-2\tau}{RC}} + \cdots + v_1\mathrm{e}^{\frac{-(n-1)\tau}{RC}}\right] \tag{3.38}$$

式中,τ 是门的打开持续时间。

门控制积分器有三种工作范围。如果 $\tau\ll RC$,则采用线性平均模式。由式(3.38),当 $\tau/RC\ll1$ 时累计电压为

$$V_n = \frac{\tau}{RC}\left[v_n + v_{n-1} + v_{n-2} + \cdots + v_1\right] \tag{3.39}$$

信号电压是所有采样脉冲的线性加权。如果对约为 RC/τ 系列脉冲做平均,则信号电压

将近似于所有输入脉冲的平均值。在这种模式下,信号电压将随着时间而不断增加,所以,通常将电压记录为一个固定的平均时间。当 $\tau \approx RC$ 时,以指数形式平均,最近的脉冲权值更大,早期的脉冲逐渐被忽略,从式(3.38)中我们便可以发现这一点。电容器电压将达到某个稳态值,该值将会随着输入脉冲序列的改变而改变,且存在响应滞后。在信号平均时,通常在使用单色仪扫描光谱的情况下,使用这种模式的方脉冲平均器。不管采用何种平均方式,随机噪声(例如光子统计噪声、电噪声等)都会被平均化至接近零值,从而导致 SNR 的数值大幅度提高。真实的寄生信号,如背景信号,不会被消除,但是会被平均至时均值。总体上,干扰信号必须在进行平均化之前被消除。如果 $\tau > RC, V_n = v_n$,积分器以采样保持方式工作,即对每个脉冲单独采样。在这种模式下,形成每个脉冲的电压可先通过 A/D 转换成为数字信号,然后被发送到计算机中进行存储和处理。档案化的数据存储增加了后续处理的灵活性,这种平均模式被越来越广泛的应用。对于模拟量平均,由于不对每个单独的脉冲采样,不能保留完整数据。

在这一点上,已默许了门持续时间与输入脉冲宽度相当。在某些实验中,信号脉冲的时间演化过程是占主导地位的,但其噪声很大,甚至使得示波器或瞬态数字化仪上显示的数据令人难以接受。在这些情况下,门的宽度调节至比脉冲宽度明显较小,开闸时间相对于脉冲开始时间轻微提前,如图 3.20 所示,这就是门扫描发生器的存在目的。所选择的扫描速度必须足够慢,使得 SNR 的值沿着脉冲的长度方向能够达到一个期望的水平。这种模式常用于荧光衰减实验中,信号的时间演化过程才是重要信息。当光谱扫描时,方脉冲做为门控积分器使用。

方脉冲平均器通常有两种商业化的仪器形式。在集成模式下,主要部件,如门发生器,门持续时间和扫描发生器等集成在具有不同特性门控积分器中。在模块模式下,所有组件是分离的,根据实际的应用使用各个组件。

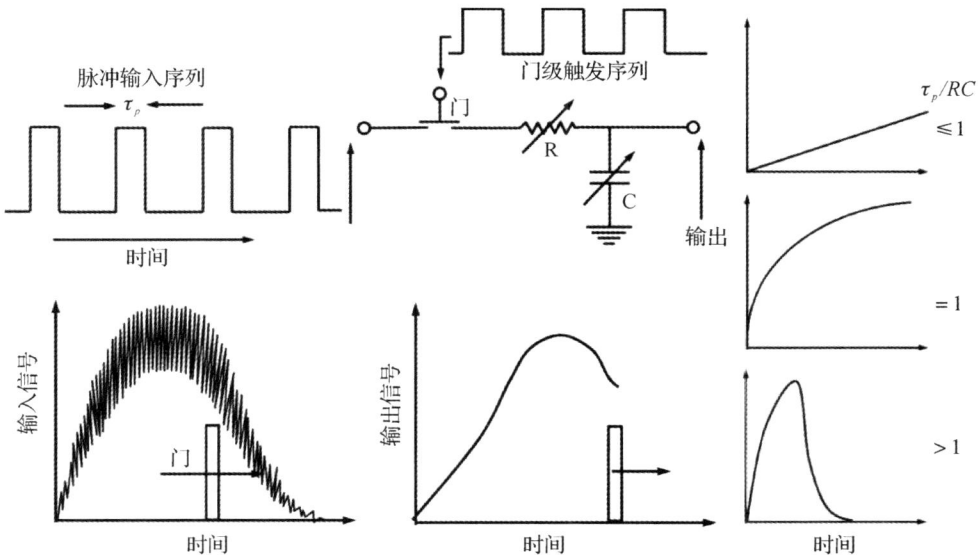

图 3.20　方脉冲平均示意图

3.9.2　锁相放大器

在大部分 CW(连续波)实验中,通常通过使用"锁相放大器",来大幅度提高信噪比。在其最基本的形式下,锁相包括混频器和低通频率滤波器两大部分,如图 3.21 所示。在激光光谱学中,信号诱导的激光束由斩光器调制至一定的频率(f_s),由此产生频率为 f_s 的调制信号。斩光器是由一个旋转的轮子组成的,它可以交替选择输入激光的阻塞和通过。频率混合器通过两个输入端口对输入信号进行叠加,如果被调制的信号频率为 f_s,则混合信号为

$$V_{\text{out}} = v_s \sin(2\pi f_s t + \varphi_s) v_r \sin(2\pi f_r t + \varphi_r) = v_s v_r \cos[2\pi(f_s - f)t + (\varphi_s - \varphi)] + \text{总频率项}$$

$$(3.40)$$

混合器后设置低通滤波器的目的是滤除总频率项,如式(3.40)所示,忽略了总频率项。如果使得参考信号频率 f_r 等于 f_s,那么锁相的输出信号将是与信号电平成正比的相敏直流输出信号。参考频率一般是从斩光器中得到,而锁相信号为了最大化直流输出,采用同相位,使信号与参考信号的相差最小化。在平均过程中,所有与低通滤波器不同步的噪声频率分量都被滤除,来增加信噪比,但是会降低时间响应能力。实际的锁相操作比刚才所描述的更为复杂和精细。输入信号通常作为参考电流触发信号,产生一个相位可调的方波,这种方法是"开关混合器"。开关混合器具有更好的线性度和动态特性,可消除更大范围的噪声。另外,前端输入包含了放大器和滤波器,因此被称为"锁相放大器"。

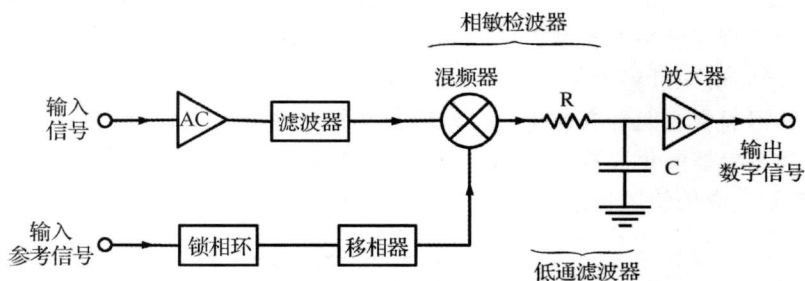

图 3.21 锁相放大器工作原理图

3.10 应用中的问题

在大多数燃烧应用研究中,干扰会将可探测灵敏度限制在量子极限之下。在某些情况下,干扰和其他现象在实际应用中可能会使特定的或所有的激光诊断方法不可行,尤其是在火箭发动机的工作环境下。从测量仪器的角度来看,实际燃烧装置中的火焰与实验室里的研究对象有明显的不同。基于条件相对理想的火焰发展的燃烧诊断方法在实际应用中可能并不合适。因此,在准确评估一种燃烧诊断技术时,必须考虑最终应用环境。

在火箭发动机燃烧室或燃气轮机燃烧室等实际或模拟的燃烧室中的火焰发光强度很大,采用碳氢燃料时还会通常存在粒子。高亮度会使连续波激光诊断技术不可行。另外,利用脉冲激光会引入或加剧各种激光与微粒的相互作用,从而使想要探测的信号被掩盖。此外,实际火焰是高度湍流的,导致介质特性在空间和时间上变化。此时为了获得好的空间分辨率,应避免梯度平均,限制了信号强度。反过来,又需要信号平均来增强信噪比。不过,大多数基于光谱的诊断技术与温度变化呈线性关系,有些与密度变化呈线性关系。随时间变化信号的平均可能导致光谱信号失真,从而在数据处理和分析时引入不确定度甚至错误。其他的因素,由于受到抑制的信号水平、与光强相关的过程导致信号减弱、窗口荧光等附加干扰的存在等因素的

影响,引起 S/I 值的减小。还有有些其它的因素会同时影响实验室和实际的火焰,比如气体离解和 Stark 效应(光通过电场时谱线分裂),限制了激光光源的强度。在这一节中,将会简要描述这些影响因素。在后续的章节中,在介绍不同激光诊断方法的实际应用时,也将考虑这些重要的因素。

3.10.1　干扰源

1. 背景亮度

在激光诊断技术中的光信号一般位于可见或接近紫外谱段,因为偶极子辐射或电子共振位置在此区域。基于此,我们所关心的就集中在该谱段的火焰辐射,测量其发光特征。这个光谱波段的亮度主要是包括化学发光辐射和烟尘及其他粒子灰体/黑体连续辐射。前者产生于电子能态,在化学反应中中被激发。这些辐射一般是窄带的,但在一些光谱区域中,连续辐射也会发生。窄带辐射包含原子的线状辐射和分子的带状辐射,不同组分辐射的谱段不同。对于一个特定的诊断过程,可通过选择适当的激光波长避免干扰。在接近化学恰当比的预混火焰中,窄带辐射是主要的发光源。在有碳氢燃料的扩散火焰中,相对于烟尘的连续黑体辐射,窄带辐射对总发光强度的贡献相对较小。在某些情况下,精细结构的辐射在特定的光谱区域可能超过烟尘的辐射量。

有时会发现,如果存在燃烧不稳定性、漩涡或湍流脉动等空气动力学效应的调制,背景亮度可以抑制。在这种情况下,电子滤波技术可以用来抑制进入信号处理设备的总偏移,只要偏移不会使光电探测器进入一个非线性操作区域,这是可以实现的。最后一点值得注意,光散射过程产生偏振信号,使用偏振滤波器可以减少一半背景信号。

2. 激光诱导荧光

激光诱导荧光可能对激光散射诊断产生严重的干扰问题。通常荧光的波长范围较大,在入射光的斯托克斯一侧,即波长较长,而且并不易避免。幸运的是,空气和碳氢燃料燃烧系统的大多数主要成分,如氮气、氧气、一氧化碳、二氧化碳、氢气和水蒸汽,不具有较强的电子吸收能力,除非在低于 200 nm 的真空紫外区域。热的氧气、水蒸气和一氧化碳在 $200 \sim 250$ nm 范围内具有离散的跃迁能力,这种能力可通过适当的激光选择或激光调谐避免。因此这些组分不会面临严重的荧光干扰威胁。所关心的各种自由基组分具有可区分的电子共振能力,可以利用此特性,采用荧光技术探测这些组分。同理,通过选择适当的激光波长可避免干扰。碳氢化合物组分的碎片和烟尘微粒有宽广的吸收和发射光谱,光谱范围在紫外到紫色之间。因为其含量较大,会产生严重的荧光干扰。事实上,PAHs(多环芳香烃)中的荧光是其探测过程中的最大障碍。

在利用拉曼光谱探测的燃气轮机排放时,发现强烈的碳氢化合物荧光,妨碍了使用 337.1 nm 的氮气脉冲激光对 NO 的检测。事实上,这一现象最终被利用作为碳氢化合物总含量的诊断。主要组分的拉曼光谱通常是可观测的,然而当碳氢化合物的质量分数达到 $1\,000 \times 10^{-6}$ 时,氮气的拉曼信号干扰比比率下降到 1。对喷油的荧光激发研究表明,在波长大于 375 nm 时,荧光可被大幅减弱。然而在利用 514.5 nm 的激光检测的燃烧室尾气中,当排气温度低于 1 100 K 时,强烈的荧光还是淹没了拉曼光谱信号。该荧光被认为是由不完全燃烧和大分子量的热解产物导致的。当碳氢化合物的浓度达 $5\,000 \times 10^{-6}$(例如 CH_4),对应质量密度为 10^{-6} g/cm^3 量级时,在层流丙烷扩散火焰的 OH 荧光成像实验中,发现了 PAH/粒子的荧光干扰,这些干扰在最坏的情况下,其强度是 OH 荧光信号的 2~3 倍。在这种情况下,通过调制激光波长,使其偏离 OH 的吸收跃迁,干扰可以被成功排除。在甲醇作为燃料时,燃料荧光也是一个重大问题。

3. 微粒

在碳氢化合物的火焰中,含碳微粒的直径范围会从几纳米到几十微米。直径从数十到数百纳米的微粒通常出现在低分子量的碳氢燃料扩散火焰中。采用高分子量的液体燃料时,粒径分布在更大的范围之内。例如,对采用 JP-4 燃料的燃气轮机燃烧室的测量结果表明,颗粒粒径在 5 nm~5 μm 之间。在一些情况下,这些微粒会发生团聚现象,产生更大尺度的团聚物。

碳氢燃料扩散火焰中形成的微粒是形成高背景光的主要原因,在激光散射诊断中是干扰的主要来源。不幸的是,亮度仅仅是粒子引起的潜在干扰问题的一部分。激光与粒子相互作用可以发射出荧光、产生拉曼散射和白炽光,粒子能够对入射光产生弹性散射,其散射截面会远远大于荧光或拉曼散射截面,影响信号的探测。

4. 窗口荧光

同轴采样方法,即 180°或后向散射,是合适的采集角度,这样可以使背景亮度的干扰最小化。在实际情况下,在同轴采样时,采用高激光通量,窗口玻璃杂质带来的荧光将会是一个问题。窗口荧光可能干扰自发拉曼光谱或荧光测量。然而,它对 CARS 来说不应该是一个问题,这是由于 CARS 信号是反斯托克斯蓝移的。

解决这个问题的一个方法包括使用不透明隔板的复合窗口,防止荧光进入窗口观测区域。这样的窗口尚未被证实能在高温燃烧室中使用,也可能不切实际或太贵。

3.10.2 对介质的扰动

虽然激光诊断名义上是非接触式的,但并不是所有的情况都是这样,除非采取了适当措施。因为这个原因,各种对于介质潜在的扰动应该予以考虑,测量需要避免这些影响。

1. 介质的加热

在没有颗粒存在的情况下,大部分燃烧中的介质对入射激光是透明的。但是,也有一些例外,特别是在实际燃料燃烧的富燃的火焰区域,烟尘颗粒可以在很宽的光谱范围内,以很大的量吸收相当多的入射辐射。这可能会导致热量从颗粒向气体传递的过程发生所谓的热扰动。

对于短的激光脉冲,即脉冲时间约为 10^{-8} s,任何尺寸的颗粒均不会发生介质的热扰动。对于脉冲时间为 10^{-8}~10^{-6} s 的激光脉冲,大的颗粒(大于 1 μm)不会产生这种扰动。对于中等长度的几百纳秒的脉冲激光,如典型的闪光灯泵浦的染料激光器,介质的扰动可能由直径 0.2 mm 或更小的小颗粒造成。介质是否真正受到扰动还取决于颗粒从激光束的能量吸收量。

2. 光学击穿

由高强度的激光辐射所产生的强电场的情况,实验中的介质可能"击穿",即产生火花和高度离子化。如果产生了等离子体,介质的性能发生本质的改变,从而影响实验结果。

实际燃烧装置中击穿阈值的估计,必须考虑粒子、液滴和气相数密度的影响,直径大于几微米的大颗粒,可大约减少空气的击穿阈值两个量级。对于小的颗粒由于导致非常高的电子扩散损失而对于击穿阈值不会产生影响。液滴的存在可以看做为微小的透镜,将聚焦激光将导致击穿阈值减少。对于直径为 $60~\mu m$ 的液滴,类似与燃料喷雾中较大的液滴尺寸,发现 $532~nm$ 的击穿阈值比纯净的空气情况下减少了超过两个数量级。在针对 $50~\mu m$ 级别的液滴的进一步研究中,发现液滴的击穿阈值随着液滴的实折射率下降而增加。对于更高的折射率,例如大约 1.6,击穿阈值会下降将近三个数量级。类似于纯净空气的情况,存在液滴时的阈值随着波长从近红外到紫外的减小而逐渐降低。对于碳氢燃料的喷雾过程,击穿的阈值可能至少低于纯净空气两个数量级(我们假设燃料纯在形式只有液滴)。气体组分导致击穿阈值进一步大幅降低。

击穿的阈值和压力是成反比的,同时与密度也成反比。在一个标准大气压力下,温度在 $1~500\sim2~000~K$ 之间的火焰,其击穿阈值会 $5\sim7$ 倍高于标准压力下纯净空气的击穿阈值。但是,实验研究发现,使用脉冲、纯净的红宝石激光的照射的情况下,火焰击穿阈值大概仅为两倍。这个击穿阈值较预测的低的原因被推测为,由于在火焰中混合物的组分的剧烈变化或者混合物电离的程度高于在标准大气中。由于宇宙射线背景的原因,环境大气中每立方厘米大约有 10^6 个电子,然而,在火焰中,电子密度可能高出几个数量级。碳氢类燃料组分也比空气击穿阈值更低。在火焰的其余区域不足以产生击穿的激光强度,在碳氢燃料扩散火焰的富燃区域发生击穿的情况并不鲜见。

在纯净的火焰中,我们可以预见,对于工作在可见光区域的激光产生击穿临界值为 10^{12} W/cm^2。在一个标准大气压力下运行的实际装置,其击穿的最低临界值约在 $10^{10}~W/cm^2$ 附近,该数值会由于可能存在微米级别的大颗粒或者可能受到在激光焦点区域液滴的影响而降低。在层流扩散火焰中,烟尘颗粒的尺度一般都远低于微米级别,而且过高的临界值导致燃料富燃区域必然要发生燃烧的明显减弱。气体的击穿有一个问题,就是它会在取决于强度的过程例如 CARS,DFWM 以及饱和 LIF 的使用中限制激光的可用强度。

3. 光学斯塔克(Stark)效应

在强激光的辐射中的高能电场,其强度可以与分子内部的情况相比,可以扰乱分子的能量水平,并导致跃迁过程中的偏移和分裂。这导致分子光谱的改变,并使得基于这些光谱参数测量的实验的不准确性增加。这些影响,特别是在纯净介质中,既限制了可用的激光的强度,又限制了特定的诊断可能达到的精度水平。到目前为止,对两方面的影响进行了研究。第一个影响,时间平均电场作用于通过分子极化率的导出项,产生自发拉曼散射。分子核间距的改变将改变分子的转动频率和振动频率。可以看到转动和振动频率的变化,会导致转动和振动跃迁的频移。因为光电场在空间上不均匀,不同的光场产生不同的偏移,表现为谱线增宽。第二个影响,光场通过极化率的各向异性相互作用,导致振-转跃迁分裂。这种效应不会影响纯振动跃迁。

谱线偏移与激光辐射照度成线性关系,并且对于纯转动和振-转拉曼跃迁是更加明显的。振-转跃迁在 $10^{12}~W/cm^2$ 辐照度下的谱线偏移波数约为 $0.1~cm^{-1}$。对于纯振动,Q 分支跃迁,这个偏移将较上述小一个量级,因此通常是不重要的。对于使用高强度激光的非线性光谱,必须先行测试以避免干扰光谱,特别是那些涉及某种形式的转动跃迁的时候。也应该指出,激光脉冲的空间变化和时间结构可能会导致峰强度相当大,也许比空间和时间平均估计的数值要大一个量级。

3.10.3　激光/信号传输

为了实现某一空间点的测量(火焰或燃烧室中某个给定点),激光束必须以一种可重复的形式并且高效率地传输到所期望达到的位置。在特定情况下,激光能量、光束强度甚至实际测量位置都会受到一系列因素的影响。本小节将会研究其中一些因素。

1.光学元件损伤

实验室里的实验通常是在火焰毫无附加保护和光学器件的情况下进行的,实际情况下往往需要通过一个观察窗口进行的(一种特定尺寸的小孔)。通过这种途径观测时,观察窗在一段时间后就可能会附着一层微粒。石英因其耐高温的性能而被作为一种常用的窗口材料,采用 694.3 nm 单模激光器的照射,对石英造成破坏的阈值约为 $(28\pm5)\times10^9$ W/cm²。

石英能在几吉瓦每平方厘米的条件下可以无损伤地传输激光。如果光学器件表面被污垢或烟尘污染,激光强度阈值会降低一些。应当注意的是,由于激光强度分布的空间和时间不均匀性,实际能够承受的阈值会更低一些。

为了降低光学器件损伤的可能性,通过窗口的激光强度愈小愈好。实现这个可能性的一种方法是将透镜放置的距离窗口足够近。这就要求将激光的焦点(能流最大区域)与观察窗口之间的距离最大化。另一种方法就是在激光穿过光学窗口之前将光束展开以降低它的强度。为了避免窗口表面颗粒物污染,可以采用气体吹除的方法。

2.烟尘消光

当激光束穿过燃烧室时,颗粒物等烟尘将会通过吸收和散射的方式使得激光束的能量减弱。消光满足吸收定律,其程度与烟尘的数密度、横截面消光系数和路径长度相关。富燃的燃烧室中会出现过消光现象。在一些实验装置与实验区域,如燃料喷雾实验,消光现象会限制探测灵敏度,并有可能使测量无法开展。

3.分子消光

除了烟尘之外,激光和辐射信号也会因为分子的吸收作用而减弱。分子可以通过瑞利散射来减弱辐射,但这种消光很弱,分子的吸收主导消光过程。在可见光波段,燃烧气体中 NO_2 和 C_2 的吸收最为强烈。一般情况下 NO_2 和 C_2 的浓度很低,消光效应较弱,但当激光诱导产生 C_2 微粒时消光会强烈一些。在紫外光波段,火焰的中间产物一般会产生较强的吸收,比如燃烧动力学研究关心的双原子自由基,以及多环芳烃(PAHs)。原子数少的自由基具有特定的吸收光谱范围,实验中消光可以被排除,PAHs 的吸收范围很宽,特征不明显,在紫外段的消光很难避免。

4.光束转向与离焦

燃烧介质中湍流和温度梯度导致产生折射率梯度,引起入射激光束离焦或者光束转向。光波的传播方向垂直于线性密度梯度(折射率梯度)会引起光束转向。二次或者高次的密度梯度会导致离焦和聚焦。在大气压下或者接近大气压的情况下,对小型燃烧设备而言这种影响可以忽略,但在高压下可能存在潜在的问题。当激光的传播方向与折射率梯度方向垂直时,更容易遇到这样的问题。如果可能的话,在设计光路时应将光束传播方向与密度梯度方向平行线。可以通过简单的测试来检查光束的离焦、分散和转向程度。

3.11　小　　结

本章介绍了燃烧诊断技术中涉及的激光的产生原理、常用的激光器、光的传播和聚焦、信号的采集、分离、检测和处理等技术和装置等,作为认识和搭建燃烧诊断实验系统的基础。在后续章节中,针对具体的燃烧诊断实验技术,也会有激光器、探测器和干扰排除技术等方面的专门介绍。

第4章 可调谐二极管激光器吸收光谱技术

目前碳氢燃料是应用最为广泛的燃料,对于使用碳氢燃料发动机来说,常用的激光光谱诊断技术有可调谐二极管激光器吸收光谱技术(Tunable Diode Laser Absorption Spectroscopy,TDLAS)、自发拉曼散射光谱技术(Spontaneous Raman Spectroscopy,SRS)、相干反斯托克斯拉曼光谱技术(Coherent Anti-stokes Raman Spectroscopy,CARS)、平面激光诱导荧光光谱技术(Plannar Laser Induced Fluorescence,PLIF)和激光诱导击穿(Laser Induces Breakdown Spectroscopy,LIBS)等,这些技术可用于开展回流区、边界层、火焰前锋和超声速流等复杂问题研究,从而推动人们认识复杂燃烧现象的进程,同时也促进燃烧往高效和清洁的趋势发展。各种激光光谱技术各具优势,为燃烧的定量和微观研究提供有效的定量工具,同时也促进了发动机燃烧组织和结构的优化。研究人员通常根据测量对象的特点、燃烧诊断的需求等选择相应的燃烧诊断技术。因此,从本章开始将对各种技术的原理、系统组成及适应情况进行详细介绍。

本章介绍的 TDLAS 技术是一种对于碳氢燃料燃烧环境下的气体参数测量极具优势的燃烧诊断技术,可实现诸如温度、组分浓度、速度和流量等多参数在线测量,并且具有高灵敏度、高光谱分辨率、快时间响应、高可靠性和非接触等特点,目前广泛应用于微重力火焰、涡轮发动机、内燃机、火箭发动机、高速来流、脉冲爆震发动机、等离子场、燃烧控制、超燃冲压发动机等。本章将系统介绍 TDLAS 技术的基本理论、燃烧场参数测量原理、系统搭建方法和实际应用实例。

4.1 TDLAS 技术的发展与应用现状

自 1802 年太阳光谱现象发现以来,吸收光谱技术对于鉴定原子、分子和离子起到了重要作用。20 世纪 70 年代,激光引入后,吸收光谱技术发生根本性变革,在激光器飞速发展的促进下,TDLAS 技术得到迅速发展。

4.1.1 近红外激光器的发展

纵观 TDLAS 技术的发展历程,激光器是其发展的基础,也是测量精度提高的主要因素。半个多世纪以来,TDLAS 技术激光光源主要历经铅盐激光器、可调谐环形染料激光器和 GaAs 系列半导体激光器。

1. 铅盐激光器

20 世纪 60 年代,以大气污染气体探测为目标的红外吸收光谱技术形成,但是由于红外源的限制,测量精度和灵敏度较低。进入 20 世纪 70 年代,铅盐激光器快速发展,工作波长大大拓宽,这使得激光吸收光谱技术探测分子的种类(SO_2,O_3,N_2O,NO_x,H_2O,CO_x 等)增多,并且分辨率和功率均提高了数个量级。

铅盐激光器时期占据整个七八十年代,该时期中,以大气污染气体为对象的 TDLAS 技术不断发展成熟,而更为重要的,在大气污染气体监测研究的影响下,TDLAS 技术开始应用于燃烧气体吸收光谱在线测量,而根据双线技术(Two-line Laser Technique)理论,一旦分子吸收光谱参数已知,便又可利用实验获得吸收光谱开展燃烧环境参数测量,由此形成 TDLAS 燃烧诊断技术。

之后,TDLAS 燃烧诊断技术在实验室条件下完成大量的探索验证,实现了温度和组分浓度等燃烧参数测量,并发展了以提高测量精度和灵敏度的长吸收光程技术与调制光谱技术,为后期发展奠定了坚实的技术基础。

但是 TDLAS 技术在该时期并未得到大范围应用,这主要受激光器的限制。因为当时铅盐激光器工作波长范围 $5 \sim 15~\mu m$,多模,需要色散分光计才能进行光谱分析,并且铅盐激光器工作温度极低(几十开尔文),需要复杂的闭环低温冷藏设备,而产生激光功率又仅为数十微瓦。此外,当时的中红外探测器也需要液氮冷却。这些设备十分复杂、可靠性和功率都较低,因此难于广泛应用。在可见和紫外波段的高功率可调谐环形染料激光器出现后,很快就被取代。

2.可调谐环形染料激光器(Tunable Ring-Dye Laser)

20 世纪 70 年代后期,与利用铅盐激光器开展 TDLAS 研究的同时,也有利用染料激光器的尝试,但当时由于染料激光器调谐性能差而未推广。到 20 世纪 80 年代后期,环形染料激光器加入新的调谐单元,使得该类激光器可产生连续可调谐的紫外和可见波段激光,并且系统较铅盐激光器简单,这些特点迅速使其成为吸收光谱技术的光源,并且由于燃烧的中间产物 OH 基和 NO 分子在其输出激光波段又有较强吸收,因此,以 OH 基和 NO 分子为示踪对象的 TD-LAS 技术一度成为研究热点。但是 TDLAS 技术对光源的需求也并未停滞,仍然极力寻找分辨率更高、造价更为低廉、操作更为简便的激光器,以实现 TDLAS 技术的广泛应用。

3.GaAs 系列半导体激光器

20 世纪 90 年代初,国际几大光电公司经过不懈努力,研制出了室温操作(利用热电冷却器冷却,工作温度 $250 \sim 350$ K)的 GaAs 系列半导体激光器,并且具有体积小、价格低、单模输出和可高频调制的特点。目前工作波长已扩展到 630 nm(可见光)$\sim 2.7~\mu m$(中红外)范围,激光器材料及典型用途如图 4.1 所示。较小波长 InGaAlP 激光器,产生可见激光,常替代 He-Ne 激光器用作激光指示或者条形码扫描。工作波长 $780 \sim 900$ nmAlGaAs 激光器体积稍大,价格较低,商业用途广泛,常用作 CD 存储和激光打印。InGaAs/GaAs 激光器,常用作掺铒光纤放大器(Erbium Doped Fibre Amplifier, EDFA)泵浦源,应用于长距离通信转发。InGaAsP/InP 激光器工作波长 $1~100 \sim 1~650$ nm,光纤通信用途,功率为 $3 \sim 20$ mW。工作波长 $1.6~\mu m$ 以上的激光器商业用途较少,但对于测量系统和仪器来说十分重要,InGaAsP/InGaAs 或 InGaAsP/InAsP 激光器波长可达 $2.1~\mu m$,而 $2~\mu m$ 以上波长激光器采用锑化物作为材料,波长可达 $2.3~\mu m$ 以上。

GaAs 系列半导体激光器有两种,即分布反馈式(Distributed FeedBack, DFB)与垂直腔表面发射激光器(Vertical Cavity Surface Emitting Laser, VCSEL)。两种激光器的主要性能指标如表 4.1 所示。DFB 半导体激光器激光器常采用 InGaAsP 材料,工作波长为近红外波段($1~200 \sim 2~000$ nm),该波段分布着大量诸如 H_2O、CO_2、O_2 等与燃烧息息相关分子的吸收谱线,并且制造工艺成熟,可利用光纤技术实现远程操作控制。此外,DFB 激光器电流调制范围满足谱线扫描范围,高频快速可调的特点还可实现燃烧参数的动态测量。VCSEL 激光器常采用 GaAlAs 材料,工作波长为近可见光波段(760～940 nm),电流调制波长范围较宽,可包含特定气体分子的多个吸收谱线。

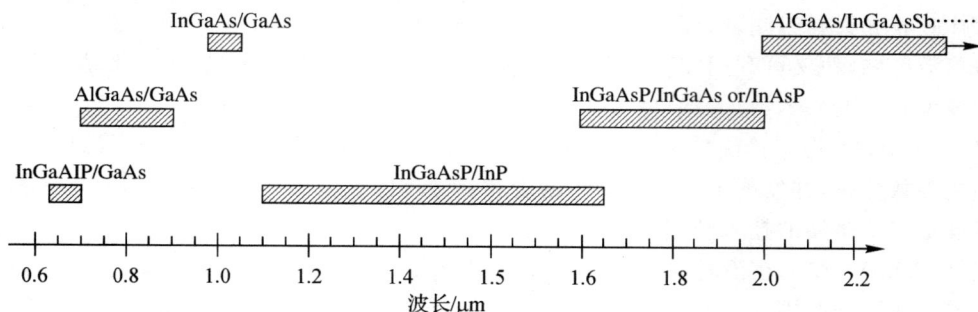

图 4.1　室温操作半导体激光器的波长范围和商业用途

表 4.1　VCSEL 与 DFB 半导体激光器主要性能指标

主要性能指标	VCSEL	DFB
可选波长范围/nm	760～940	680～2000
温度调制率/(cm^{-1}℃$^{-1}$)	−1	−0.4
电流调制率/(cm^{-1}mA^{-1})	～2	～0.025
电流调制限流/(mA)	15	150～200
电流调制波长范围/cm^{-1}	5～15	0.5～2
激光束形状	圆形	散光
典型探测器	Si	InGaAs

可以说,GaAS 系列激光器的上述这些特点将 TDLAS 技术带入黄金发展期。TDLAS 技术呈现全面发展,斯坦福大学等多家研究机构对此开展了长期的应用研究与技术改进,最终将其广泛应用于燃烧环境参数测量,推动燃烧学的发展和推进系统的优化。

由此可见,激光器的更新和变革都将引起吸收光谱技术的进步,激光器的发展是 TDLAS 技术发展的源动力。

4.1.2　TDLAS 技术的发展

在长期的发展中,以高精度和高灵敏度测量为目标,随着激光器的发展以及应用范围的拓宽,TDLAS 技术经历众多技术的改进与创新。

1. 直接吸收光谱技术(Direct Absorption Spectroscopy, DAS)

长期以来,由于系统组成和数据处理过程简单的特点,DAS 技术被广泛采用,它利用波长固定在吸收中心处或在吸收中心附近进行波长扫描获取气体的吸收光谱,其中前者称为固定波长直接吸收光谱技术(Fix-wavelength Direct Absorption Spectroscopy, FDAS),后者称为扫描波长直接吸收光谱技术(Scanned-wavelength Direct Absorption Spectroscopy, SDAS)。SDAS 易于开展吸收率积分计算,并且可消除压强和 Doppler 加宽影响,而 FDAS 则需要考虑各种因素导致线型函数的变化。对于较弱吸收，DAS 测量精度将受到零吸收基线的影响。对于时间分辨率，FDAS 受探测器和数据采集系统采样频率影响，而 SDAS 受激光器调制频率影响。由于 DAS 技术是激光光程的积分效应，对于较均匀的流场，利用平面镜多次反射的长吸收光程技术可有效提高测量精度与灵敏度。

2. 高灵敏度调制光谱技术(Modulation Spectroscopy，MS)

由于很多分子在近红外波段吸收较弱，采用 DAS 技术吸收衰减量很小，难于探测分子浓度小于 1% 情况。为实现高灵敏度探测，MS 技术通过高速调制激光器控制电流振幅或频率，以实现对输出激光的波长或频率的调制，通过高频探测转换以降低噪声，其中前者称为波长调制光谱技术（Wavelength Modulation Spectroscopy，WMS），后者称为频率调制光谱技术（Frequency Modulation Spectroscopy，FMS）。

FMS 技术调制频率远远大于谱线半宽，信号保存着相位信息和残余幅度调制效应，通常使用数百兆调制频率，这远高于激光器噪声频率，因此能够有效抑制激光器的低频噪声，可以实现极低浓度的探测极限。但实现数百兆赫兹调制频率的锁相放大器硬件和数据分析复杂，因此难于广泛应用。而相较于 FMS，WMS 技术利用锁相放大器开展吸收信号的谐波探测，可有效提高信噪比。通过选择合适的调制指数，二次谐波($2f$)信号高度比可有效简化数据处理过程。随着计算机技术和软件的发展，WMS 技术仅利用数字函数发生器以及十万赫兹级数字锁相放大器便可实现，因此应用较为广泛。

此外，对于燃烧环境，SDAS 技术为获得高精度吸收线型，需要对基线进行拟合，对于较弱吸收，基线拟合很难确定吸收曲线的零吸收翼，而对于较高压强，谱线叠加加宽，确定拟合基线的范围需更加宽，此外，拟合基线上较小的改变，将很大地影响吸收强度和线型，这将引起较大不确定度和误差。而 WMS-$2f$ 技术将有效避免这些问题，可有效提高信噪比，消除基线拟合误差，这对于噪声信号强而吸收较又弱的问题，优势明显。

由于 WMS-$2f$ 技术采用双线 $2f$ 信号高度比来确定温度，测量前必须知道标准化 $2f$ 峰值比与温度的对应关系。为克服这一缺点，WMS-$2f/1f$ 免标定方法被提出。由于电流调制激光器同时受幅度和频率调制，可用透射光强的 WMS-$1f$ 信号标准化 WMS-$2f$ 信号，并且考虑了 WMS-$2f$ 信号对于激光光强的独立性。对于动力系统和大尺寸燃烧系统参数测量，这种标准化方法还考虑到了光学窗口污染或者散射等导致的非吸收衰减，有效提高了 TDLAS 技术对复杂特殊环境的适用性。

3. TDLAS 技术参数测量的实验验证

随着激光器的持续发展和 TDLAS 技术的不断创新，TDLAS 技术实验验证工作历经时间漫长，内容繁复，但却是 TDLAS 技术形成的基础，也是首要面临的工作。在此时期，作为实验流体力学领域最为重要的两个标准工具——平面预混火焰炉和激波管，不仅为高温分子吸收光谱研究提供标准燃烧环境，同时也是验证 TDLAS 参数测量的重要工具。

平面火焰炉是产生标准高温燃气最为简便的工具，可近似认为在平行于炉面的平面上，燃烧流场参数均匀一致。因此，可利用热电偶测量燃气温度，而根据该修正值，通过化学平衡方程，又可确定组分浓度。平面火焰炉验证实验典型系统如图 4.2 所示，实验主要验证 TDLAS技术对于燃气温度和目标组分浓度的测量，以及开展测量精度影响因素的研究。激波管是另一个重要标准燃气研究工具，它不仅能够产生更高温度的标准燃气，还可以模拟不同压强下的高速流场。通过已知初始工况，可计算激波前后流场参数。激波管验证实验典型系统如图 4.3

所示,激波管实验主要验证 TDLAS 技术对于高速流场参数(温度、组分浓度和速度)的测量,以及速度测量精度影响因素的研究。

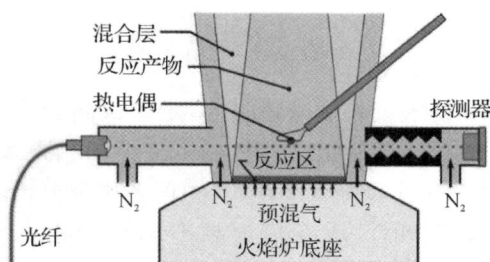

图 4.2 平面火焰炉验证实验典型系统

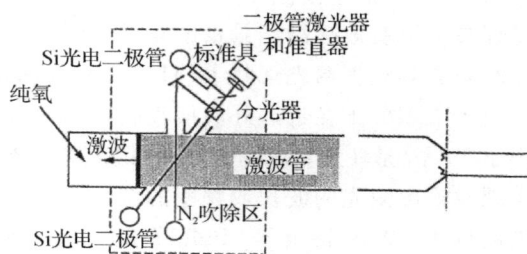

图 4.3 激波管验证实验典型系统

在长期 TDLAS 技术实验验证研究中,TDLAS 燃烧参数测量的认识不断提高,测量精度影响因素的研究也不断细化、深入,这为 TDLAS 的广泛应用奠定了坚实的技术基础。

4. 多目标组分、多参数同时测量技术

由于 TDLAS 通过双线技术来推断温度,目标组分与双线谱线对的选择对于测量精度有重要影响。随着复用技术的发展与激光器精度的提高,TDLAS 系统可对多激光器多谱线对进行信号分离,目标组分数量及谱线的选择不再受局限,因此,可实现流场多目标组分、多参数的同时在线测量,从而使 TDLAS 应用的广度得到大大加强。

目前常用的复用技术有三种:时分复用技术(Time Division Multiplexing,TDM)、波分复用技术(Wavelength Division Multiplexing,WDM)和频分复用技术(Frequency Division Multiplexing,FDM)。其中,TDM 技术利用交错的调制电流交替调制激光器产生激光,仅需要单个探测器;WDM 技术将激光器输出激光通过耦合器耦合,经待测对象后,由光栅或棱镜进行激光分离,由各自探测器接收;FDM 技术采用不同的频率对激光器进行调制,利用锁相放大器以相应的参考频率对探测器进行信号分离。

此外,随着激光器调制范围的逐步扩大,利用单激光器 TDLAS 系统也可实现双线技术开展参数测量,这有利于简化系统与降低成本。

5. 空间分辨 TDLAS 技术

断层扫描技术常用于 X 射线扫描以获得二维图像,按照这一思路,1976 年,J. Y. Wang 针对非均匀气体探测提出多向扫描技术(Multidirection Scanning Technique),利用多向激光束,将参数不均匀的的二维平面分割成均匀小单元,通过网络拓扑使问题转化为均匀流场问题,该技术后来称为 TDLAS 断层扫描技术(Tunable Diode Laser Absorption Tomography,TDLAT)。理论上,激光束越多,空间分辨能力越高。TDLAT 技术是目前解决 TDLAS 技术测量值为光程平均这一缺陷的有效途径,目前,已逐步应用于复杂燃烧流场参数二维分辨,成为目前 TDLAS 技术研究的热点问题。此外,由于不同谱线具有不同的低能级能量,测温灵敏度也不同,Liu Xiang 等人提出若已知待测参数沿光程的近似分布,便可根据多线积分吸收率矩阵求解每一区域的平均温度和浓度,从而实现 TDLAS 技术一定的空间分辨能力。可以说,空间分辨 TDLAS 技术的发展使 TDLAS 技术应用的广度和深度都大大提高。

4.1.3　TDLAS 技术应用现状

经过四十年的发展,TDLAS 技术日趋成熟,典型光纤多波长 TDLAS 系统如图 4.4 所示。激光器温度控制利用热电稳定装置和闭环控制器实现,电流控制利用高稳定性电流源实现,将温度和电流控制单元综合封装于适用计算机和电子设备的标准板卡中,形成激光控制器。半导体激光器采用最为方便的通信光纤输出方案,激光器芯片采用 14 针脚设计,可安装在热电冷却装置上。TDLAS 通常采用工作波长 760 nm～1.8 μm 的 InGaAsP 激光器,将 N 个激光器输出激光利用 $N \times 2$ 的光纤耦合器耦合,输出一束为无衰减参考激光,亦可利用 Fabry-Perot 干涉仪记录激光波长变化;另一束通过准直光路进入待测区域,之后,采用多路复用技术,由激光探测器接收。激光探测器采用较大面积($\Phi 1 \sim 5$ mm)的 Si 或 InGaAs 材料,其中 Si 适用于 $700 \sim 1\,000$ nm 范围激光,感光度为 0.5 A/W,InGaAs 适用于 $1.2 \sim 1.6$ μm 范围激光,感光度为 1 A/W。

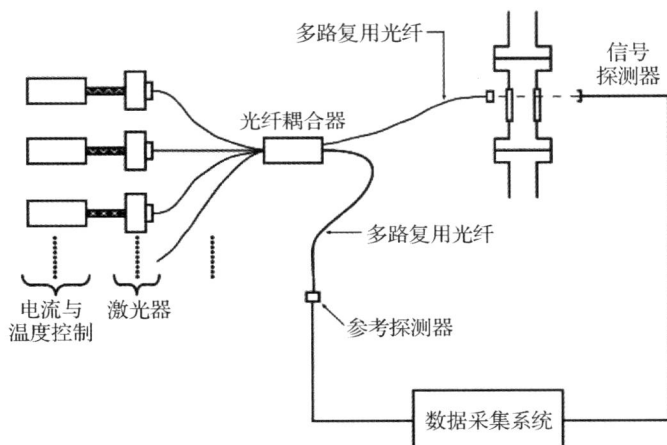

图 4.4　典型多波长 TDLAS 系统示意图

针对温度、目标组分浓度、速度、密度、流量和推力参数测量,TDLAS 技术在完成技术验证后迅速成为研究燃烧的重要工具,伴随着 TDLAS 各种技术的发展,目前主要应用于微重力火焰、涡轮发动机、内燃机、火箭发动机、高速来流、脉冲爆震发动机、等离子场、燃烧控制、超燃冲压发动机等研究,各项应用研究的对象、对象特点及应用意义、主要研究机构、采用技术、目标组分及其研究特色如表 4.2 所示。从应用对象来看,各种燃烧问题复杂,参数测量是了解复杂燃烧过程、评估燃烧情况的关键,燃烧环境的恶劣性要求测量手段非接触、简单可靠、可远程操作控制,而这也正是 TDLAS 技术的优势。从研究机构上看,斯坦福大学对于 TDLAS 的广泛应用贡献极大,在 AFRL 长期的资金支持下,针对不同的燃烧环境,验证了 TDLAS 技术的可行性,并基于 TDLAS 技术测量的结果更加深入地认识应用对象的燃烧规律。从技术上说,目前 TDLAS 技术主要采用 SDAS 和 WMS-2f 技术,SDAS 系统简单,数据处理过程方便,在大气压环境下可有效开展燃气温度和组分浓度测量,而对于较高压强或组分低浓度探测,SDAS 技术不再适用,此时采用 WMS-2f 技术更为合适。TDLAS 用于燃烧参数测量目标组分主要有：H_2O,CO_2和O_2,在碳氢燃料燃烧中,H_2O和CO_2是主要生成物,O_2是主要反应物,基于这些组分的浓度分布可以很好地表征燃烧发生的位置、时间和程度。正是这些研究机构二十余年的大量极富成果的工作,将 TDLAS 技术扩展到各个燃烧领域,不断解决面临的新问题,才最终实现 TDLAS 技术的工程应用。

表 4.2　TDLAS 技术应用现状总结

应用对象及意义	机构及其技术	研究特色
微重力环境:由于微重力主要存在降塔(drop towers)、探空火箭、飞机和航天飞机等,此时测量技术需要重点考虑系统尺寸、重量、安全性、功率、配套设备等问题,TDLAS 技术正好满足这些需求	SSI+NASA LRC WMS-2f; H_2O—1345,1393; CH_4—1659;O_2—760;	SSI 为国际空间站微重力燃烧研究开发气体传感器,该系统在 LRC 2.2 s 降塔中验证
涡轮发动机:涡轮发动机燃烧效率可通过测量燃气温度获得,传统上利用热电偶针对单点接触式测量,时间响应较慢(赫兹级),需要快时间响应测量技术	Stanford+P&W+AFRL WMS-2f; H_2O—1343,1392;	相对于 DAS,验证了 WMS-2f 提高信号信噪比,解决由于高压下基线拟合引起的误差问题
	Stanford+GEGRC DAS; H_2O—1345,1342;	设计及验证了用于涡轮发动机燃气温度测量的 DAS 系统,总结了设计准则,研究了高温 H_2O 吸收光谱参数,讨论了不同谱线对测量灵敏度
内燃机:内燃机是应用最为广泛的汽车动力,减少污染物排放、提高燃料经济性等性能有助于节约能源与环境保护。对温度和组分浓度监控有助于设计、优化和控制内燃机燃烧策略	Stanford WMS-2f; H_2O—1250～1650 区域	总结了用于内燃机燃气温度测量的 WMS-2f 系统设计准则,讨论了不同谱线的测温灵敏度
	Stanford+PSI+NMCL WMS-2f;H_2O	压强范围 1～50 atm[①],温度范围 500～1 050 K
火箭发动机:火箭发动机高温高压使得燃料掺混和燃烧过程难于观察	PSU SDAS,FDAS;O_2—760; H_2O—1357,1468,1310	
PDE:PDE 系统简单、高比冲,极具发展潜力。对于这种新型推进系统,参数测量用来精确性能评估、CFD 计算模型验证,以期望获得最优的燃烧控制策略	Stanford DAS;O_2—760 H_2O—1343,1799,1391	设计了多激光器 TDLAS 系统,测量结果验证了数值计算方法
	Stanford+NPS DAS; H_2O—1469,1391,1353,1343	利用多激光器系统开展 PDE 地面试验参数测量

①　1 atm=1.013 25×10⁵ Pa

应用对象及意义	机构及其技术	研究特色
等离子场:等离子体研究不仅是研究等离子场特征,也是一项基础研究。等离子化学动力学研究需要对等离子场主要参数进行测量	Stanford DAS; O−7772A;Ar−8425A	应用于 Ar−O 等离子场,确定电子数密度、动力学温度等参数
	INP DAS;16.49μm	研究 CH_4/H_2 燃烧等离子场的化学动力学过程
高速来流:高速来流研究需要测量温度、压强和速度等参数,在推进系统地面试验及风洞试验中,这些参数与流量、推力等性能参数有重要关系。在飞行试验中,又要求测量系统简单可靠	Stanford WMS−2f;O_2−760; DAS;H_2O−1400,1395	证了高速来流参数测量的可行性,分析了 WMS−2f 技术的优点
	Stanford+P&W WMS−2f;O_2−760	
	Stanford+JAXA DAS;H_2O−1391	
	Uva+NASA LRC WMS−2f;O_2−760	利用 WMS−2f 技术开展了温度和密度的实时测量
	PSI DAS;H_2O−1313,1314,1315;O_2−760	
	ONERA+UTA DAS;NO−533	
	AFRL+ZTI DAS;O_2−760; H_2O−1343,1348,1391,1397	
	AFRL+TI+ISSI DAS;H_2O−1391,1397	
	JAXA WMS−2f;O_2−763	
	Stanford DAS;O_2−760 H_2O−1343,1799,1391	设计了多激光器 TDLAS 系统,测量结果验证了数值计算方法
	Stanford+NPS DAS; H_2O−1469,1391,1353,1343	利用多激光器系统开展 PDE 地面试验参数测量

续表

应用对象及意义	机构及其技术	研究特色
超燃冲压发动机：对于超燃冲压发动机，非接触式测量手段对于了解复杂燃烧现象和发动机性能评估有重要意义。对于超燃冲压发动机的激光测量技术，需克服流场污染导致散射而使测量精度降低。对于飞行试验，又要求诊断系统结构简单可靠	NASA ARC DAS；$H_2O-1391$； WMS$-2f$；O_2-760	
	PSI+AFRL DAS；$H_2O-1.31\mu m$	
	Stanford+P&W+AFRL DAS $H_2O-1335,1343,1392$	利用 DAS 技术开展 WPAFB 超燃试验装置燃气的温度和 H_2O 组分浓度时间及空间分辨测量
	AFRL+ISSI+TI $H_2O-1391,1397$	
	AFRL+Stanford+TI WMS$-2f$；$1392,1469$	
燃烧控制：随着对清洁环境友好型动力系统关注增大，期望燃烧在富氧当量比下，降低燃烧温度以减少 NO_x 排放。而富氧下，燃烧易受不稳定影响，需要对燃烧参数进行监控，并实现主动控制	Stanford DAS；$H_2O-1391$，1343 WMS$-2f$；$H_2O-1800,1397$	开展平面火焰炉燃烧参数监控实现燃烧控制，基于单激光器 WMS$-2f$ 系统开展燃烧参数监控，实现旋流燃烧器燃烧主动控制

* 研究机构简称：

SSI：Southwest Sciences，Inc.

NASA LRC：NASA Langley Reasearch Center

Stanford：Stanford University

P&W：Pratt and Whitney

AFRL：Air Force Research Laboratory

GEGRC：General Electric Global Research Center

PSI：Physical Sciences，Inc.

NMCL：Nissan Motor Co.，Ltd.（Japan）

PSU：The Pennsylvania State University

UVa：University of Virginia

ONERA：Office National d′tudes et de Recherches Aérospatiales

UTA：University of Texas at Austin

ZTI：Zolo Technologies，Inc.

TI：Taitech，Inc.

ISSI：Innovative Scientific Solutions，Inc.

NPS：Naval Postgraduate School

INP：Instiut fur Niedertemperatur Plasmaphysik

NASA ARC：NASA Ames Research Center

WPAFB：Wright-Patterson Air Force Base

国内在动力系统和燃烧研究的需求下，TDLAS 参数测量技术已成为中国科学院力学所高温气体动力学实验室、安徽光学精密机械研究所环境光学与技术重点实验室、西北核技术研究所激光与物质相互作用国家重点实验室、装备学院激光推进及其应用国家重点实验室等多个研究机构的研究重点方向，在 TDLAS 技术方法与实验验证、高温吸收光谱特征参数、超燃冲压发动机等燃烧环境应用研究方面取得了诸多富有成效的工作。

另外，值得一提的是，近年来在超燃发动机应用领域，美国 NASA 为解决未来飞行器宽马赫数(亚燃、超燃、高超)范围飞行工作能力,公布的《航空基础研究计划》,该计划将 TDLAS 技术列入高超声速飞行器研究项目地面和飞行试验研究的重点发展方向。在 FAP 计划的支持下,为实现 TDLAS 系统的工程化,AFRL,NASA LRC,NASA GRC,NASA ARC 与斯坦福大学、ZTI 公司、UVa 大学等机构合作,通过大量的地面实验验证,最终研制出用于国际高超声速飞行研究与实验项目(HIFiRE)飞行试验 HIFiRE-1 和 HIFiRE-2 的 TDLAS 系统,如图 4.5 所示,前者利用 760 nmVCSEL 激光器监测进气道空气捕获流量,后者利用 1.4 μmDFB 激光器测量发动机燃烧室出口燃烧参数。这一成果极大地带动了各国开展 TDLAS 技术研究的热潮。

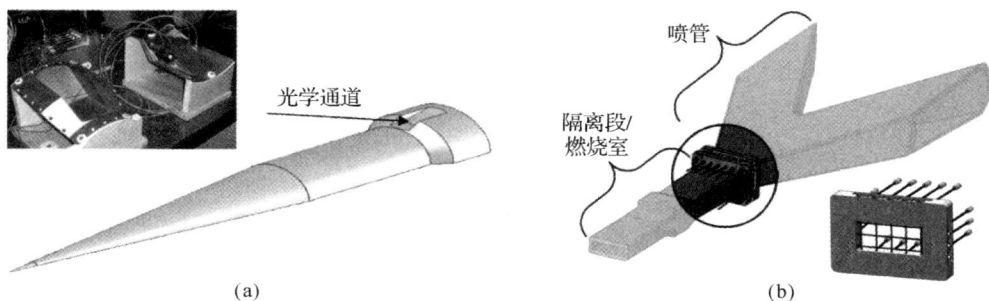

图 4.5　HIFiRE 飞行试验 TDLAS 系统
(a)HIFiRE-1 TDLAS 系统;(b)HIFiRE-2 TDLAS 系统

4.1.4　TDLAS 技术的优势和挑战

对于以碳氢化合物为燃料的发动机来说,TDLAS 技术拥有众多优势:

(1)TDLAS 技术以半导体激光器作为光源,该激光器结构简单,可靠性高,室温操作,经济性好。

(2)半导体激光器带宽窄,适合开展分子高分辨光谱研究。

(3)通过改变控制温度与电流,易于实现半导体激光器输出激光波长的快速调谐,更加方便地获取目标组分分子光谱。

(4)在半导体激光器工作波长内,分布着丰富的 H_2O,CO_2,O_2 等分子的吸收谱线,适合开展高灵敏度定量监控。与此同时,H_2O,CO_2 和 O_2 作为碳氢燃料燃烧过程重要的生成物和反应物,其组分浓度不仅可以表征燃烧发生的位置、时间和程度,还可评价诸如燃烧程度、燃烧效率和热释放量等性能参数。

(5)TDLAS 技术信号强度通常与目标分子的浓度成正比,而在燃烧过程中,H_2O,CO_2,O_2 等分子组分浓度较高,可以更有效地反映出燃烧情况。

(6)通过 TDLAS 技术获得目标分子的吸收光谱的特征,可同时测量多个参数,如温度、组分浓度、流场速度等。

(7)可利用光纤技术实现系统远程操作控制,仪器设备可远离实验现场,有效降低实验危险性,避免实验突发情况造成仪器设备损坏。

(8)可利用高频控制电流快速调制半导体激光器,实现对吸收光谱进行快速扫描,时间响应快,可有效测量出参数极短时间内的变化。

实际环境也给 TDLAS 技术的应用带来诸多困难,如:

(1)TDLAS 光程平均特点对复杂流场测量的适用性。由于 TDLAS 技术测量结果是参数在光程上的积分平均值,而在发动机内流场中,参数分布完全均匀的情况几乎不存在。对于分布不均的内流场,应具体分析测量区域流场的不均匀性对 TDLAS 技术测量结果的影响,从而探讨 TDLAS 技术对流场的适用性。

(2)高温高压环境对 TDLAS 测量结果的影响。发动机内的燃气温度一般较高(达 2 000 K 以上),不同类型的发动机压强差别显著,但一般远高于大气环境压强。而 TDLAS 技术测温主要基于目前已有的分子光谱数据,而这些数据大都在常温条件下进行测量得到,再通过理论计算预估高温光谱参数。因此,TDLAS 技术对高温流场的温度测量本身就具有一定的不确定度。此外,如图 4.6 所示,压强的增大将引起吸收光谱的叠加和漂移,并且随着压强的增大越来越严重。在这样的情况下,如何有效获得吸收光谱是准确测量参数的关键。

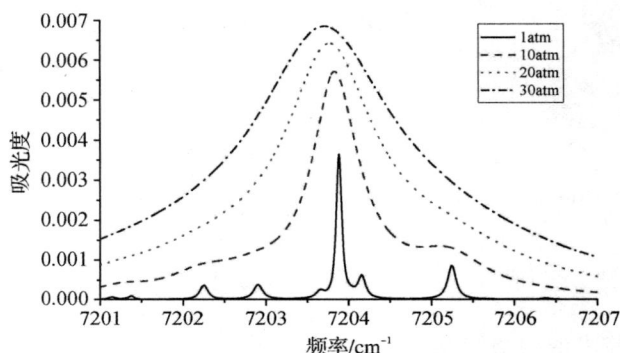

图 4.6　高压对吸收光谱的影响

(3)高湍流特性与流场边界层对 TDLAS 测量结果的影响。对于高湍流度的发动机流场来说,任何平面上参数都具有不均匀性,并且为了更有效地实现燃料与空气掺混,期望在特定区域内产生旋流区,此外,流场边界层客观存在,这些问题可以说是光程积分平均 TDLAS 技术的硬伤。虽然空间分辨 TDLAS 技术在不断发展,但就对发动机来说,目前应尽可能避免不均匀性影响,让光程平均的测量结果更具代表性。

(4)实验恶劣环境对光路的影响。在极端恶劣的环境下,光学系统的设计需重点考虑:实验振动、湍流和激波造成的光路偏离;颗粒与液滴造成的光强无规律衰减;灵敏光学元件的封装和固定等。这些问题广泛存在于 TDLAS 技术的燃烧诊断应用,问题不断产生,经验也在不断积累。而对于发动机实验来说,这些因素更为凸显,光路的校准一旦出现问题,将引起测量结果产生很大偏差,需引起足够的重视。

4.2　TDLAS 技术理论基础

吸收光谱的基本原理是 Beer-Lambert,光谱线型在不同的条件下表现不同的机制。而 TDLAS 技术正是根据参数与吸收光谱的定量关系来开展参数测量。

4.2.1　Beer-Lambert 定律

TDLAS 技术是将激光波长调制到特定组分吸收频域,通过测量激光束经待测区域的衰减程度,实现气态流场参数测量的一种燃烧诊断技术。如图 4.7 所示,半导体激光器产生激光,光强为 I_i,激光通过待测气体后由光电探测器接收,透射光强为 I_t。当激光频率 $\nu[\text{cm}^{-1}]$ 与气体吸收组分跃迁频率相同时,激光能量被吸收。定义传播分数 T_ν,入射光强与透射光强满足 Beer-Lambert 定律:

$$T_\nu = \left(\frac{I_t}{I_0}\right)_\nu = \exp(-k_\nu L) = \exp[-P \cdot X_{\text{abs}} \cdot S_i(T)\phi L] \tag{4.1}$$

式中,I_0 为零吸收基线强度,由于光束散射等因素影响,其值一般小于 I_i;$k_\nu[\text{cm}^{-1}]$ 为光谱吸收系数,$L[\text{cm}]$ 为激光光程;将 $(k_\nu L)$ 称为光谱吸收率 α_ν;$P[\text{atm}]$ 为总压;X_{abs} 为吸收组分摩尔浓度;$\phi[\text{cm}]$ 为线型函数,满足 $\int \phi \mathrm{d}\nu = 1$,在后文中将详细介绍,$S(T)[\text{cm}^{-2}\,\text{atm}^{-1}]$ 为谱线强度,是温度 $T[\text{K}]$ 的函数,即

$$S(T) = S(T_0)\frac{Q(T_0)}{Q(T)}\left(\frac{T_0}{T}\right)\exp\left[\frac{hcE''}{k}\left(\frac{1}{T}-\frac{1}{T_0}\right)\right]\left[1-\exp\left(\frac{-hc\nu_0}{kT}\right)\right]\left[1-\exp\left(\frac{-hc\nu_0}{kT_0}\right)\right]^{-1} \tag{4.2}$$

式中,$h[\text{J}\cdot\text{s}]$ 为普朗克常量;$c[\text{cm/s}]$ 为真空中光速;$k[\text{J/K}]$ 为玻尔兹曼常数;$E''[\text{cm}^{-1}]$ 为低能级能量;$T_0[\text{K}]$ 为参考温度,通常取 296 K;$\nu_0[\text{cm}^{-1}]$ 为谱线中心频率;$Q(T)$ 为吸收组分配分函数,是温度的分段函数,可表示为

$$Q(T) = a + bT + cT^2 + dT^3 \tag{4.3}$$

以 $H_2^{16}O$ 为例,其分子配分函数多项式系数如表 4.3 所示。

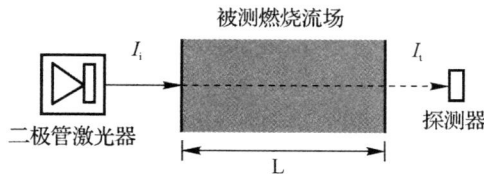

图 4.7 TDLAS 技术示意图

表 4.3 $H_2^{16}O$ 配分函数多项式系数

温度 /K	a	b	c	d
L:70<T<500	$-0.444\,05\times10^1$	$0.276\,78$	$0.125\,36\times10^{-2}$	$-0.489\,38\times10^{-6}$
M:500<T<1 500	$-0.943\,27\times10^2$	$0.819\,03$	$0.740\,05\times10^{-4}$	$0.424\,37\times10^{-6}$
H:1 500<T<3 005	$-0.117\,27\times10^4$	$0.292\,61\times10^1$	$-0.132\,99\times10^{-2}$	$0.743\,56\times10^{-6}$

为了下文便于叙述,定义积分吸收率 $A[\text{cm}^{-1}]$:

$$A = \int \alpha_\nu \mathrm{d}\nu = PX_{\text{abs}}S(T)L \tag{4.4}$$

4.2.2 谱线线型

处于激发态 E_2 的分子,可以自发地跃迁至低能态 E_1,同时辐射频率为 $\nu_0\left(\nu_0 = \frac{E_2-E_1}{h}\right)$的

光子。由于各种原因,辐射光子的频率不是唯一的,分布在 ν_0 附近很小的频率范围内,此现象称为谱线加宽。$\nu_0 = (E_1 - E_2)/h$ 为中心的光强分布 $I(\nu)$,称为线型,如图 4.8 所示,若 $I(\nu_1) = I(\nu_2) = I(\nu_0)/2$,将 $\Delta\nu = |\nu_1 - \nu_2|$ 称为谱线半高宽(The FullWidth at Half - Maximum of the line,FWHM),又称线宽。线宽区域内的谱线称为线核,线宽区域外的谱线称为线翼。本节将详细介绍几种重要的线型机制及其线型函数,这对定量光谱测量十分重要。

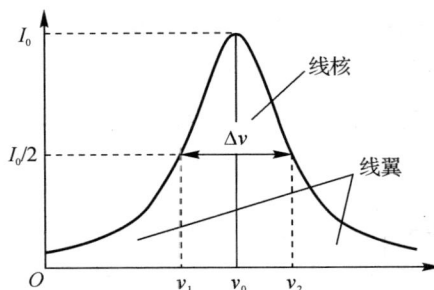

图 4.8 谱线的线型、线宽、线核及线翼

1. 自然加宽(Natural Broadening)

经典理论把一个原子看作一个振荡的电偶极子。电偶极子的振荡向其周围空间自发发射电磁场,而电磁场的发射将使振子的能量衰减,因此频率对应一定的宽度,称为自然加宽,利用 Lorenzian 线型函数描述:

$$\phi_N(\nu) = \frac{1}{\pi} \frac{\dfrac{\Delta\nu_N}{2}}{(\nu - \nu_0)^2 + \left(\dfrac{\Delta\nu_N}{2}\right)^2} \tag{4.5}$$

式中,$\Delta\nu_N[\mathrm{cm}^{-1}]$ 为自然线宽。在多数情况,由于能级相对来说一般具有长寿命,因此可忽略自然加宽。

2. 多普勒加宽(Doppler Broadening)

由于分子热运动产生多普勒非均匀加宽,多普勒线型可表述为经典 Gaussian 曲线:

$$\phi_D(\nu) = \frac{2}{\Delta\nu_D}\sqrt{\frac{\ln 2}{\pi}}\exp - \left[-4\ln 2\left(\frac{\nu - \nu_0}{\Delta\nu_D}\right)^2\right] \tag{4.6}$$

式中,$\Delta\nu_D[\mathrm{cm}^{-1}]$ 为多普勒线宽,按下式计算:

$$\Delta\nu_D = \nu_0\sqrt{\frac{8kT\ln 2}{mc^2}} = 7.162\ 3 \times 10^{-7}\nu_0\sqrt{\frac{T}{M}} \tag{4.7}$$

式中,$M[\mathrm{a.m.u}]$ 为吸收组分分子量。由式(4.7)可知,温度越高,多普勒线宽越大,当多普勒加宽机制占主导因素时,多普勒线宽是温度的单值函数,可据此开展气体温度测量,这便是单线测温法原理。

Gaussian 线型函数峰值为

$$\phi_D(\nu_0) = \frac{2}{\Delta\nu_D}\sqrt{\frac{\ln 2}{\pi}} \tag{4.8}$$

3. 碰撞加宽与漂移(Pressure Broadening and Shifting)

分子间相互碰撞会导致能级扰动,从而导致碰撞(压力)加宽和漂移。假设碰撞为双分子碰撞,忽略碰撞持续时间,碰撞加宽可用 Lorentzian 线型函数描述,其对称中心为 $(\nu_0 +$

$\Delta\nu_S$),则

$$\phi_C(\nu) = \frac{1}{\pi}\frac{\frac{\Delta\nu_C}{2}}{(\nu - \nu_0 - \Delta\nu_S) + \left(\frac{\Delta\nu_C}{2}\right)^2} \tag{4.9}$$

式中,$\Delta\nu_C[\text{cm}^{-1}]$为碰撞线宽,$\Delta\nu_S[\text{cm}^{-1}]$为碰撞导致的谱线中心漂移量。当碰撞发生在不同组分之间,称为外界气体加宽;当碰撞发生在同种组分间,称为自加宽。在双分子碰撞中,碰撞线宽 $\Delta\nu_C$ 与谱线中心漂移量 $\Delta\nu_S$ 在一定温度下与压强成正比:

$$\Delta\nu_C = p\sum_j X_j \cdot 2\gamma_j \tag{4.10}$$

$$\Delta\nu_S = p\sum_j X_j \cdot 2\delta_j \tag{4.11}$$

式中,X_j 为 j 组分浓度;$\gamma_j[\text{cm}^{-1}\text{atm}^{-1}]$为 j 组元碰撞加宽系数,通常为正数;$\delta_j[\text{cm}^{-1}\text{atm}^{-1}]$为 j 组元碰撞漂移系数,可正可负,并随温度升高,可改变符号,计算公式如下:

$$\gamma_j(T) = \gamma_j(T_0)\left(\frac{T_0}{T}\right)^{n_j} \tag{4.12}$$

$$\delta_j(T) = \delta_j(T_0)\left(\frac{T_0}{T}\right)^{m_j} \tag{4.13}$$

式中,n_j,m_j 为相应的温度系数。

Lorentzian 线型函数峰值为

$$\phi_C(\nu_0) = \frac{2}{\Delta\nu_C\pi} \tag{4.14}$$

4. Voigt 线型函数

低压环境下,多普勒加宽占主导;高压环境下,碰撞加宽占主导。通常加宽应综合考虑自然加宽、碰撞加宽和多普勒加宽。若各种加宽方式独立,可利用 Voigt 曲线描述,即

$$\phi_V(\nu) = \int\phi_D(u)\phi_C(\nu - u)\mathrm{d}u = \frac{2}{\Delta\nu_D}\sqrt{\frac{ln^2}{\pi}}V(a,w) \tag{4.15}$$

式中,$V(a,w)$ 为标准化 Voigt 函数,参数 a 表示碰撞加宽与多普勒加宽的程度,即

$$a = \frac{\sqrt{\ln 2}\Delta\nu_C}{\Delta\nu_D} \tag{4.16}$$

无量纲化参数 w 表示谱线中心压强漂移量,即

$$w = \frac{\sqrt{\ln 2}}{\Delta\nu_D}(\nu - \nu_0 - \Delta\nu_S) \tag{4.17}$$

Voigt 线型对于吸收光谱定量分析有重要作用,由于其积分形式复杂,通常采用 Whiting 近似公式计算:

$$\frac{\phi_V}{\phi_V(\nu_0)} = \left(1 - \frac{\Delta\nu_L}{\Delta\nu_V}\right)\times\exp\left(-2.772\times\left(\frac{\nu - \nu_0}{\Delta\nu_V}\right)^2\right) + \frac{\Delta\nu_L}{\Delta\nu_V}\times\frac{1}{4\times\left(\frac{\nu - \nu_0}{\Delta\nu_V}\right)^2 + 1} +$$

$$0.016\left(1 - \frac{\Delta\nu_L}{\Delta\nu_V}\right)\times\frac{\Delta\nu_L}{\Delta\nu_V}\times\frac{\Delta\nu_L}{\Delta\nu_V}\times\left[\exp\left(-0.4\times\left(\frac{\nu - \nu_0}{\Delta\nu_V}\right)^{2.25}\right) - \frac{10}{\left(\frac{\nu - \nu_0}{\Delta\nu_V}\right)^{2.25} + 10}\right]$$

$$\tag{4.18}$$

式中，Voigt 线宽按下式近似计算：

$$\Delta\nu_V = 0.5346\Delta\nu_C + \sqrt{0.2166\Delta\nu_C^2 + \Delta\nu_D^2} \qquad (4.19)$$

Voigt 函数峰值为

$$\phi_V(\nu_0) = \frac{2\beta}{\Delta\nu_{ED}\sqrt{\pi}} + 2\frac{1-\beta}{\pi\Delta\nu_C} \qquad (4.20)$$

式中，$\beta = \dfrac{\Delta\nu_{ED}}{\Delta\nu_C + \Delta\nu_{ED}}$，$\Delta\nu_{ED} = \dfrac{\Delta\nu_D}{\sqrt{\ln 2}}$。

根据三种线型函数表达式，绘出频率-谱线强度曲线，如图 4.9 所示。

可以看出，Voigt 曲线线翼类似 Lorentzian 曲线，谱线中心类似 Gaussian 曲线。当 $a \to 0$，Voigt 曲线趋近 Gaussian 曲线；当 $a \to \infty$，Voigt 曲线趋近 Lorentzian 曲线。

如图 4.10 所示，为孤立 H_2O 吸收线 $7\,202.909\,21$ cm^{-1} 在 H_2O 分压相同的情况下，$100\%H_2O$ 与 $2\%H_2O$-98% 空气混合物吸收光谱，可以看出，碰撞加宽 $\Delta\nu_C$ 与多普勒加宽 $\Delta\nu_D$ 共同作用下的谱线加宽，以及碰撞引起谱线中心漂移量 $\Delta\nu_S$。

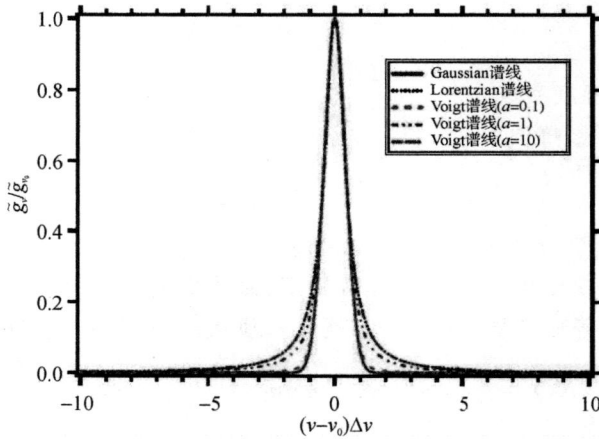

图 4.9　Lorentzian、Gaussian、Voigt($a=0.1$；$a=1$；$a=10$)曲线

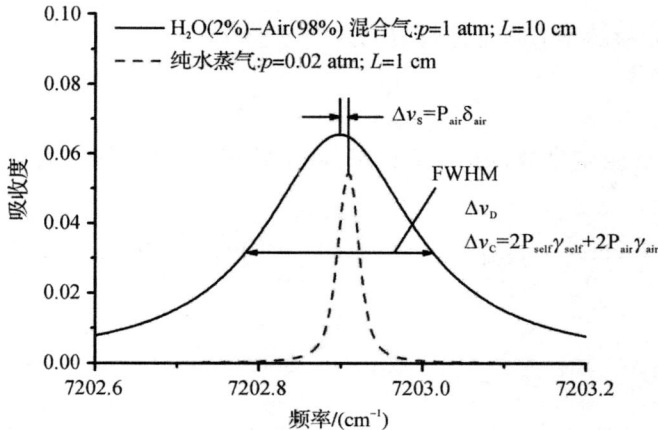

图 4.10　碰撞加宽和碰撞引起谱线中心漂移例图($T=296$ K)

4.3　TDLAS 技术参数测量原理

TDLAS 技术有两类：直接吸收光谱技术（DAS）和调制光谱技术（MS），按照实验实现方法不同，DAS 技术又分为扫描波长直接吸收光谱技术和固定波长直接吸收光谱技术；MS 技术又分为波长调制光谱技术和频率调制光谱技术。以下将详细介绍各技术的系统组成和原理。

4.3.1　直接吸收光谱技术

1. 扫描波长 DAS 技术（SDAS）

扫描波长直接吸收光谱技术是 TDLAS 最为简单、常用的实验方法，激光波长调制到选择的吸收谱线附近，扫描记录吸收光谱，可分析得到诸如谱线强度、加宽系数等吸收光谱参数。

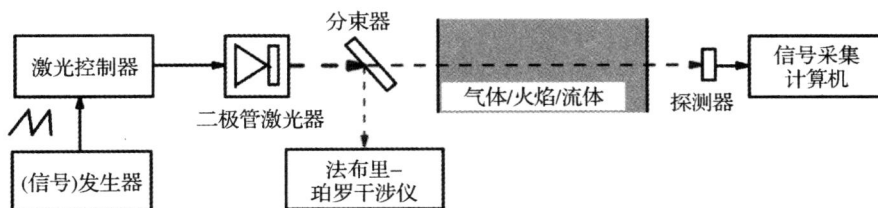

图 4.11　典型 SDAS 实验系统

典型实验系统如图 4.11 所示，激光控制器通过温度和电流调节控制激光器输出波长。信号发生器产生锯齿波控制激光器产生锯齿电流，从而实现激光器波长在一定范围内扫描。激光经分束镜分为两束，一束经待测气体后，由光电探测器接收；另一束由法布里-珀罗（F-P）干涉仪接收，法布里-珀罗干涉仪采用平行平面板产生多光束条纹，是研究谱线精细结构最为重要的工具之一，同时也能用来比较波长，在 SDAS 系统中，其作用是监测激光波长变化，将实验数据时间轴转变为频率轴。

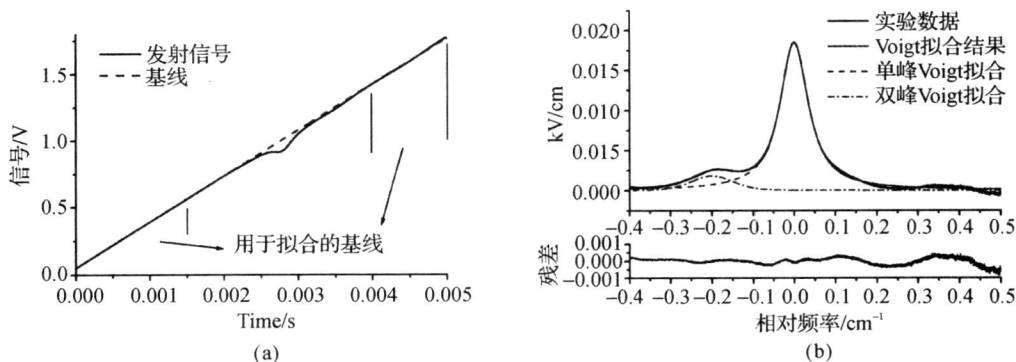

图 4.12　SDAS 技术典型实验数据曲线

（a）实验数据；（b）实验处理结果

SDAS 技术数据处理过程较为简单，如图 4.12(a) 所示，为典型实验数据。根据 Beer-Lambert 定律可知

$$k_v = -\frac{\ln(I_t/I_0)}{L} \tag{4.21}$$

式中，I_t 为探测器接收信号；I_0 为零吸收基线强度，通过吸收谱线零吸收翼数据拟合得到。由此便可得到气体吸收组分吸收光谱，即吸收系数 k_v 分布曲线。为了提高实验测量精度，已知该情况下吸收光谱符合 Voigt 线型，因此可对实验数据开展多峰 Voigt 拟合，如图 4.12(b)所示。

2. 固定波长 DAS 技术(FDAS)

典型固定波长直接吸收光谱技术实验系统如图 4.13 所示。与扫描波长方法相比，激光器工作波长固定在吸收谱线中心处，并且增加一束参考激光来获取零吸收基线，这种方法考虑了激光散射和光学窗口污染导致的损失，并且可以解决高压环境下吸收谱线加宽和混合叠加使得扫描波长方法无法对零吸收基线进行准确拟合的问题，适用于高压情况。FDAS 需要利用耦合器将两束激光耦合，经同一待测气体后，利用复用技术将两束激光分离。

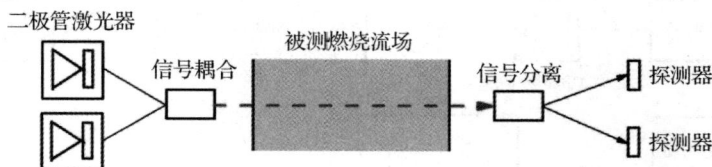

图 4.13 典型固定波长 DAS 实验系统

4.3.2 波长调制光谱技术

调制光谱技术通过高频探测转换，可降低噪声，实现高灵敏度探测。调制光谱技术也可分为两类：波长调制光谱技术和频率调制光谱技术。其中，二次谐波探测波长调制光谱技术(Wavelength Modulation Spetroscopy with $2f$ detection，WMS-$2f$)应用最为广泛。而对于频率调制光谱技术，由于商业通信用可调谐半导体激光器无法满足频率调制光谱技术所需的吉赫兹调制频率，这里不做详细介绍。

典型 WMS-$2f$ 实验系统如图 4.14 所示，利用低频锯齿波与频率为 f 的高频正弦波联合控制二极管激光器，输出激光经待测区域后由探测器接收，并利用锁相放大器分离探测信号中的谐波信号。

WMS-$2f$ 技术将探测带宽转为高频，可消除实际测量中的低频噪声，因此相对于 DAS 技术来说，具有极高的信噪比，其原理如下：

二极管激光器输出激光频率变化规律为

$$\nu(t) = \bar{\nu} + a\cos(\omega t) \tag{4.22}$$

式中，$\bar{\nu}[\mathrm{cm}^{-1}]$ 为激光中心波长；$A[\mathrm{cm}^{-1}]$ 为调制振幅，ω 为调制角频率，$\omega = 2\pi f_m$；$f_m[\mathrm{Hz}]$ 为调制频率。相应的光强调制可表示为

$$I_0(t) = \overline{I_0}[1 + i_0\cos(\omega t + \psi_1) + i_2\cos(2\omega t + \psi_2)] \tag{4.23}$$

式中，$I_0(t)$ 为瞬时激光光强；$\overline{I_0}$ 为激光频率为 $\bar{\nu}$ 时的光强；i_0,i_2 分别为激光线性和非线性调制振幅。ψ_1,ψ_2 分别为频率调制和光强调制间的线性和非线性相位差。

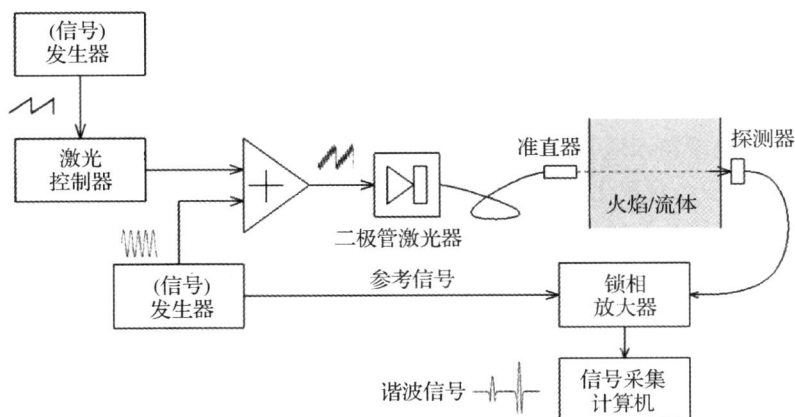

图 4.14　典型 WMS - 2f 实验系统

由于 $\alpha(\nu)L \ll 1$，传播分数可化简为

$$\tau(\nu) = e^{-\alpha(\nu)L} \approx 1 - \alpha(\nu)L = 1 - SPX\phi(\nu)L \tag{4.24}$$

同时，传播分数 $\tau(\nu) = \tau[\bar{\nu} + a\cos(\omega t)]$ 按傅里叶余弦级数扩展可得

$$\tau[(\bar{\nu} + a\cos(\omega_m t)] = -\sum_{k=0}^{+\infty} H_k(\bar{\nu}, a)\cos k\omega t \tag{4.25}$$

式中，$H_k(\bar{\nu})$ 为传播分数的第 k 级傅里叶谐波系数，因此其表达式为

$$H_0(\bar{\nu}, a) = -\frac{S(T)PX_{abs}L}{2\pi} \int_{-\pi}^{+\pi} \phi(\bar{\nu}, a\cos\theta)\,\mathrm{d}\theta \tag{4.26}$$

$$H_k(\bar{\nu}, a) = -\frac{S(T)PX_{abs}L}{\pi} \int_{-\pi}^{+\pi} \phi(\bar{\nu}, a\cos\theta)\cos k\theta\,\mathrm{d}\theta \tag{4.27}$$

式中，$\theta = \omega t$。高压情况下，由于碰撞加宽和谱线叠加，临近谱线影响不能忽略。对于低吸收组分浓度，由于临近谱线线型函数 ϕ 取决于 X_{abs}，傅里叶系数可认为正比于 X_{abs}。

根据式(4.27)，采用 Voigt 线型函数，以孤立 H_2O 吸收线 7 185.597 cm^{-1} 为例，可计算出压强 $p = 1$ atm、温度 $T = 1\ 000$ K 下波长调制光谱 $1f$，$2f$，$3f$ 谐波信号，其中，$X_{H_2O} = 10\%$，$L = 1$ cm，$a = \Delta\nu/2$，如图 4.15 所示。

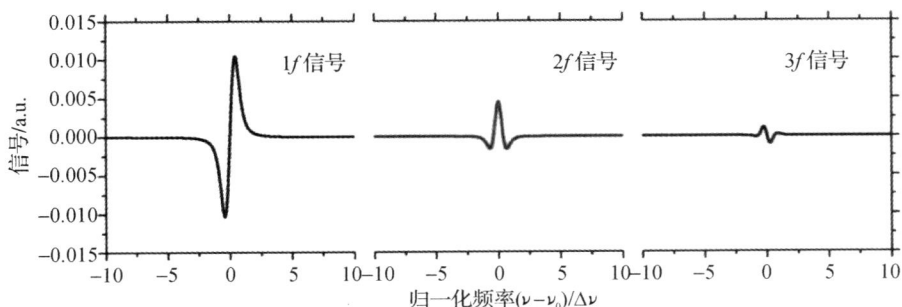

图 4.15　波长调制光谱 $1f$，$2f$，$3f$ 谐波信号例图（$T = 1\ 000$ K，$p = 1$ atm）

由图 4.15 可以看出：

(1) N 次谐波信号有 $(N+1)$ 个极点，$(N+1)$ 个以上极点说明在扫描光谱区域有多个

跃迁；

（2）（$N+1$）次谐波信号强度比 N 次谐波信号小，因此低次谐波信号因其强度高通常被采用；

（3）偶数次谐波信号关于中心频率对称，而奇数次谐波信号不对称。

通常波长调制光谱技术通常采用二次谐波探测。这是因为：$2f$ 谐波信号为偶函数，关于中心频率对称，并且中心频率上达到峰值；$2f$ 谐波信号强度在偶数级谐波中最大。

二次谐波信号不仅与谱线强度等谱线参数有关，还受调制振幅 a 影响，为方便论述，引入 WMS 技术重要参数——调制深度 m，即

$$m = \frac{a}{\Delta\nu/2} \tag{4.28}$$

式中，$\Delta\nu[\text{cm}^{-1}]$ 为线宽。对于 Voigt 线型按图 4.15 所示条件开展 $2f$ 峰值随 m 变化曲线计算，结果如图 4.16 所示，可知，$m=2.2$ 时，$2f$ 峰值最大，此结论同样也适用于 Gaussian、Lorentzian 线型函数。此时，实验信噪比最优，并且 $2f$ 谐波信号随 m 变化较小，适合选择作为波长调制光谱技术调制深度。

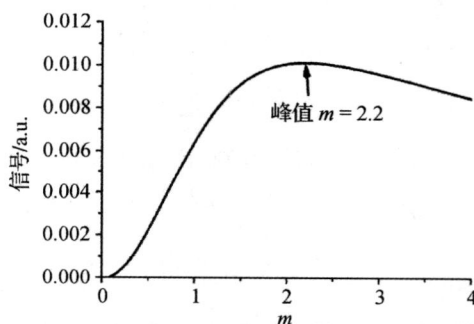

图 4.16　对 Voigt 线型，$2f$ 峰值随 m 变化曲线

若利用锁相放大器分离透射光强中的 $2f$ 信号，$2f$ 信号可表示为 X 与 Y 两项组成：

$$X_{2f} = \frac{G\overline{I_0}}{2}\left[H_2 + \frac{i_0}{2}(H_1 + H_3)\cos\psi_1 + i_2\left(1 + H_0 + \frac{H_4}{2}\right)\cos\psi_2 \right] \tag{4.29}$$

$$Y_{2f} = \frac{G\overline{I_0}}{2}\left[\frac{i_0}{2}(H_1 - H_3)\sin\psi_1 + i_2\left(1 + H_0 + \frac{H_4}{2}\right)\sin\psi_2 \right] \tag{4.30}$$

式中，G 为探测系统的光电增益，并假设探测相移（如探测器与参考信号相移）为零。数字锁相放大器最终输出 WMS-$2f$ 信号的大小为

$$R_{2f} = \sqrt{X_{2f}^2 + Y_{2f}^2} \tag{4.31}$$

由于 R_{2f} 非正比于吸收组分浓度，当无吸收时，X 和 Y 两项简化为

$$X_{2f} = \frac{G\overline{I_0}}{2}i_2\cos\psi_2 \tag{4.32}$$

$$Y_{2f} = \frac{G\overline{I_0}}{2}i_2\sin\psi_2 \tag{4.33}$$

由于非线性光强调制振幅 i_2 与调制深度 a 二次相关，对于较大的调制深度 a，以上两项不可忽略。因此，零吸收 WMS-$2f$ 背景信号振幅为

$$R_{2f}^0 \frac{G \overline{I_0}}{2} i_2 \qquad (4.34)$$

称为残余调幅（Residual Amplitude Modulation，RAM）。

WMS - $2f$ 背景信号的两项 X_{2f}^0 和 X_{2f}^0 可通过纯的非吸收气体采样测量得到，吸收的 WMS - $2f$ 信号可通过 X_{2f} 和 X_{2f} 减去背景信号的 X_{2f}^0 和 X_{2f}^0 得到

$$S_{2f} = \sqrt{(X_{2f} - X_{2f}^0)^2 + (Y_{2f} - Y_{2f}^0)^2} =$$

$$\frac{G \overline{I_0}}{2} \left\{ \left[H_2 + \frac{i_0}{2}(H_1 + H_3)\cos\psi_1 + i_2\left(H_0 + \frac{H_4}{2}\right)\cos\psi_2 \right]^2 + \right.$$

$$\left. \left[\frac{i_0}{2}(H_1 - H_3)\sin\psi_1 + i_2\left(H_0 - \frac{H_4}{2}\right)\sin\psi_2 \right]^2 \right\}^{1/2} \qquad (4.35)$$

由此可知，尽管减去背景信号的 WMS - $2f$ 信号，S_{2f} 在一定条件下正比于吸收组分的摩尔组分 X_{abs}，但仍然不能通过 WMS - $2f$ 信号不需标定直接确定 X_{abs}，这是因为 WMS - $2f$ 信号与探测增益 G 和平均激光光强 $\overline{I_0}$ 相关。

而对于小调制深度的大气压应用，非线性光强调制可忽略（$i_2 \approx 0$），并且由于线性光强调制振幅 i_0 较小，频率/光强调制相移通常近似为 π，即 $\psi_1 \approx \pi$。由式（4.35）可知，WMS - $2f$ 信号大小可近似为

$$S_{2f} \approx \frac{G \overline{I_0}}{2}\left[H_2 - \frac{i_0}{2}(H_1 + H_3) \right] \qquad (4.36)$$

有无光强调制情况下的 $2f$ 谐波信号如图 4.17 所示，计算条件与图 4.15 所示相同。

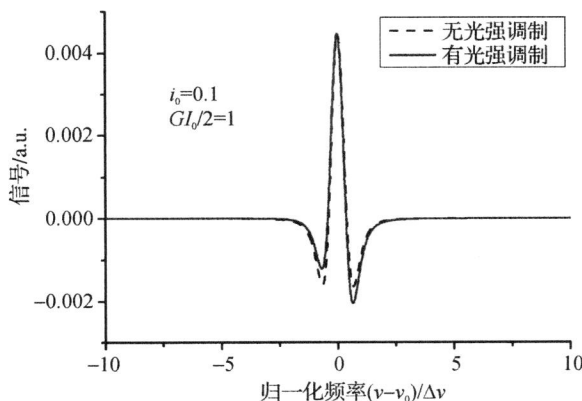

图 4.17 有无光强调制情况下 $2f$ 信号对比

对于孤立吸收谱线，傅里叶系数的奇数项在谱线中心处为零，因此，谱线中心处 WMS - $2f$ 信号大小可简化为

$$S_{2f}(v_0) \approx \frac{G \overline{I_0}}{2} H_2(v_0) =$$

$$-\frac{G \overline{I_0}}{2} \cdot \frac{PS(T)X_{abs}L}{\pi} \int_{-\pi}^{\pi} \phi(v_0 + a\cos\theta)\cos2\theta \, \mathrm{d}\theta \qquad (4.37)$$

WMS 技术同样存在两种实验方法：扫描波长和固定波长。扫描波长的 WMS 技术中，可获得整个 WMS - $2f$ 线型，WMS - $2f$ 信号锋高度通过 WMS - $2f$ 峰值信号减去零吸收翼的背景信号计算得到。固定波长的 WMS 技术中，仅测量吸收谱线中心处的 WMS - $2f$ 信号，

WMS – 2f 峰值高度由 WMS – 2f 信号减去纯的非吸收组分气体采样测量背景信号得到。

4.3.3 温度与组分浓度测量原理

温度测量是 TDLAS 技术燃烧诊断应用最为核心的内容,一旦温度已知,便可通过吸收光谱得到组分浓度值。TDLAS 测温法通常有两种:单线测温法(One-line Thermometry)与双线测温法(Two-line Thermometry)。在单线/双线测温法中,认为温度分布是均匀的,因此其测温结果是光程平均效应。

1. 单线测温法

单线测温法利用 SDAS 技术,根据多普勒加宽随温度的变化关系式可知,一旦测量得到分子直接吸收光谱的多普勒线宽,温度可按下式计算:

$$T = M\left(\frac{\Delta \nu_D}{7.1623 \times 10^{-7} \nu_0}\right) \tag{4.38}$$

但是,单线测温法只适用于压强较低情况,此时多普勒加宽占主导地位,如图 4.18 所示,为 1 000 K 温度下,7 185.597 cm^{-1} 上 H_2O 的多普勒线宽、碰撞线宽与 Voigt 线宽随压强变化曲线,由此可知,当压强为 0.127 atm 时,多普勒线宽方为碰撞线宽的 5 倍。而对于大气压(1 atm)及更高压强,碰撞加宽不可忽略,此时难以通过实验精确测量多普勒线宽,因此,温度也就无法精确测量。

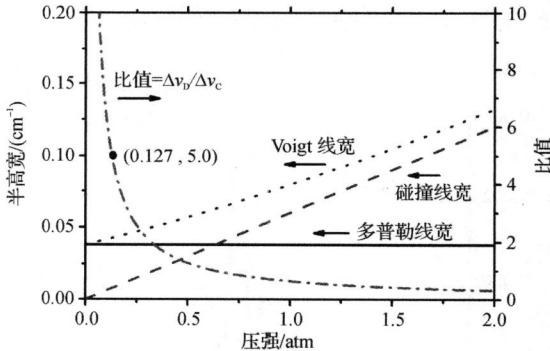

图 4.18　多普勒线宽、碰撞线宽与 Voigt 线宽随压强变化曲线

2. 双线 DAS 技术

DAS 双线测温法原理如图 4.19 所示,对于扫描波长策略,双线经过同一光程,在相同压强和组分浓度下,测量双线积分吸收率(即图中吸收光谱面积)。双线积分吸收率比值可化简为谱线强度比值,为温度的单值函数,即

$$R = \frac{A_1}{A_2} = \frac{S_1(T)}{S_2(T)} = f(T) \tag{4.39}$$

因此,气体温度由测量的双线积分吸收率比值推断得到

$$T = \frac{\dfrac{hc}{k}(E_2'' - E_1'')}{\ln\dfrac{A_1}{A_2} + \ln\dfrac{S_2(T_0)}{S_1(T_0)} + \dfrac{hc}{k}\dfrac{E_2'' - E_1''}{T_0}} \tag{4.40}$$

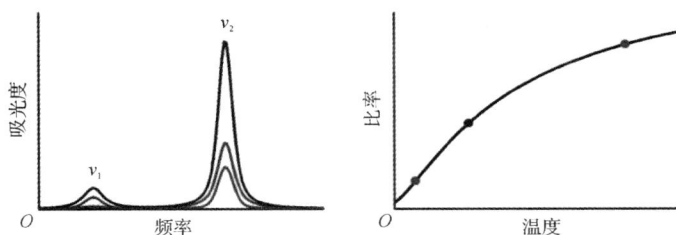

图 4.19　双线 DAS 技术测温原理

由此可得双线 DAS 技术测温灵敏度为

$$\left| \frac{\mathrm{d}R/R}{\mathrm{d}T/T} \right| = \frac{hc}{k} \frac{|E_2'' - E_1''|}{T} \tag{4.41}$$

因此,双线低能级能量差越大,双线测温灵敏度越高。

一旦温度确定,便由式(4.4)计算得到该温度下谱线强度,从而根据积分吸收率计算吸收组分摩尔浓度:

$$X_{\mathrm{abs}} = \frac{A}{PS(T)L} \tag{4.42}$$

扫描波长策略可得到整个吸收光谱。考虑激光强度变化、探测损失和非共振损失等因素,零吸收基线强度由不吸收的线翼拟合得到。附近谱线干扰可利用合适的线型(通常采用 Voigt 线型函数)拟合区分。但由于激光器扫描速度和范围有限,扫描波长策略受传感器带宽限制,并且为了获取精确的积分吸收率,还需要进行 Voig 拟合,因此,当需要更高分辨的传感器带宽,或者由于压强提高导致光谱加宽和混合以至于激光器扫描范围无法覆盖零吸收线翼区域时,DAS 技术必须利用固定波长策略。

固定波长双线测温法通常测量双线峰值吸收率,由于需要考虑线型函数,双线峰值吸收率比值是温度、压强和组分浓度的函数:

$$R = \frac{\alpha_1(\nu_{01})}{\alpha_2(\nu_{02})} = \frac{S_1(T)\phi_1(\nu_{01})}{S_2(T)\phi_2(\nu_{02})} \approx f(T,P) \tag{4.43}$$

由于双线谱线选择要求具有相似的线型,因此双线峰值吸收率对组分浓度 X_{abs} 不敏感。在这种情况下,峰值吸收率比值与温度和压强的变化可根据典型的组分浓度计算得到,当压强已知时,通过测量吸收率比值与标准数据库比较即可得到温度。对于更高的压强,由于光谱加宽和混合,固定波长的光谱吸收率计算需要考虑邻近吸收线影响:

$$R = \frac{\alpha_1(\nu_1)}{\alpha_2(\nu_2)} = \frac{\sum\limits_{i=1}^{n} S_i(T)\phi_i(\nu_1)}{\sum\limits_{j=1}^{m} S_j(T)\phi_j(\nu_2)} \tag{4.44}$$

3. 双线 WMS-2f 技术

WMS-2f 双线测温法原理如图 4.20 所示,无论利用扫描波长策略,还是固定波长策略,WMS-2f 都根据测量的峰高度比来推断温度值。

双线技术中,压强、摩尔浓度和光程相同,对于较小调制深度的大气压下应用,由式(4.37),WMS-2f 峰高度之比可简化为

$$R_{2f} = \frac{S_{2f}(\nu_{01})}{S_{2f}(\nu_{02})} \propto$$

$$\frac{S_1(T)}{S_2(T)} \cdot \frac{\int_{-\pi}^{\pi} \phi(v_{01} + a_1 \cos\theta_1) \cos 2\theta_1 \, d\theta_1}{\int_{-\pi}^{\pi} \phi(v_{02} + a_2 \cos\theta_2) \cos 2\theta_2 \, d\theta_2} \approx \frac{S_1(T)}{S_2(T)} \qquad (4.45)$$

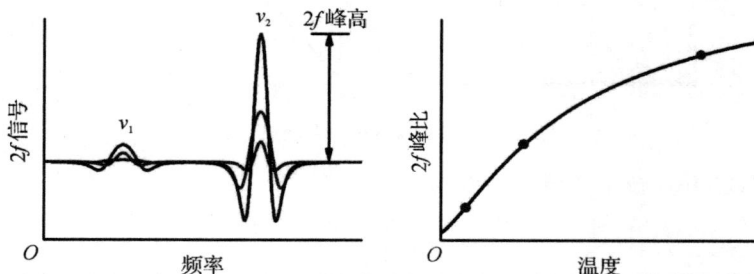

图 4.20　双线 WMS-$2f$ 技术测温原理

上文论述中,当双线选择优化调制深度 $m \approx 2.2$ 时,WMS-$2f$ 信号高度比在较大的温度范围内可简化为正比于谱线强度比。因此,谱线强度比可以预先根据温度函数计算,而 WMS-$2f$ 信号高度比随温度的变化标准曲线可以假设为谱线强度比趋势,仅需要单点标定。

若被测组分浓度足够小,线型函数对组分浓度不灵敏,此时,可以直接利用 WMS-$2f$ 峰值比得到

$$X = -\frac{\pi H_2(\bar{v}, a)}{SPL \int_{-\pi}^{+\pi} \Phi(\bar{v} + a\cos\theta) \cos(2\theta) \, d\theta} \qquad (4.46)$$

若标定和测量均在相同温度下进行,被测组分和标定组分浓度关系如下:

$$X_{\text{measure}} = X_{\text{calib}} \frac{H_2(\bar{v}, a)_{\text{measure}}}{H_2(\bar{v}, a)_{\text{calib}}} \qquad (4.47)$$

若标定和测量在不相同温度下进行,利用数值积分来校正此差距

$$X_{\text{measure}} = X_{\text{calib}} \frac{H_2(\bar{v}, a)_{\text{measure}}}{H_2(\bar{v}, a)_{\text{calib}} \dfrac{S(T_{\text{calib}}) \left[\int_{-\pi}^{+\pi} \Phi(\bar{v} + a\cos\theta) \cos(2\theta) \, d\theta \right]}{S(T_{\text{measure}}) \left[\int_{-\pi}^{+\pi} \Phi(\bar{v} + a\cos\theta) \cos(2\theta) \, d\theta \right]}} \qquad (4.48)$$

与 DAS 技术一样,WMS-$2f$ 技术也能利用固定波长技术。固定波长 WMS-$2f$ 技术可以获得比扫描波长 WMS-$2f$ 技术更快的时间响应。

4.3.4　速度测量原理

TDLAS 技术测速原理为多普勒效应,实验利用双交叉光束通过待测区域开展流场速度测量。

多普勒效应由奥地利物理学家多普勒首先发现,当波源或接收波的观察者相对于波传播的媒质而运动时,观察者所测得的波频率发生变化,并不等于波源所发送的频率,这个频率差称为多普勒频移。若一列火车正对于远处的雷达站以速度 u 驶向雷达站,此时雷达向列车发出某一固定频率 ν_0 的光波,随后雷达站接收到回波频率会有一个变化 $\Delta\nu$,该频率变化可表示为

$$\Delta \nu = \frac{2u}{c}\nu_0 \tag{4.49}$$

式中，c 为真空中光速；ν_0 为雷达站发射光波的频率。因此，若能够测量出多普勒频移量 $\Delta\upsilon$，便可确定火车速度 u，这便是多普勒测速原理。多普勒测速适用领域广泛，TDLAS 技术测速正是利用多普勒效应开展流场速度测量的应用。

对于速度测量，TDLAS 技术利用两束激光交叉通过流场，由多普勒现象可知，吸收谱线中心将发生频移，通过实验可测得的多普勒频移量 $\Delta\nu[\mathrm{cm}^{-1}]$，从而计算出流场速度。其系统组成如图 4.21(a) 所示，对于该 TDLAS 系统来说，同样可采用 DAS 技术和 WMS-$2f$ 技术，各自的典型测量结果如图 4.21(b) 所示。其中，速度参数按下式开展计算：

$$\Delta \nu = \nu_0 (2\sin\theta)\frac{u}{c} \tag{4.50}$$

式中，$\nu_0[\mathrm{cm}^{-1}]$ 为吸收谱线中心；θ 为两激光束夹角的一半；$u[\mathrm{m/s}]$ 为流场速度。

根据理想气体状态方程 $P=\rho RT$，可知吸收光谱积分吸收率 A 满足下式：

$$A = PX_{\mathrm{abs}}LS(T) = \frac{P}{RT}RTX_{\mathrm{abs}}LS(T) \propto \rho \tag{4.51}$$

式中，R 为气体常数。

因此，流量按下式计算：

$$G = \rho u A_{\mathrm{flow}} \tag{4.52}$$

式中，A_{flow} 为流场截面积。

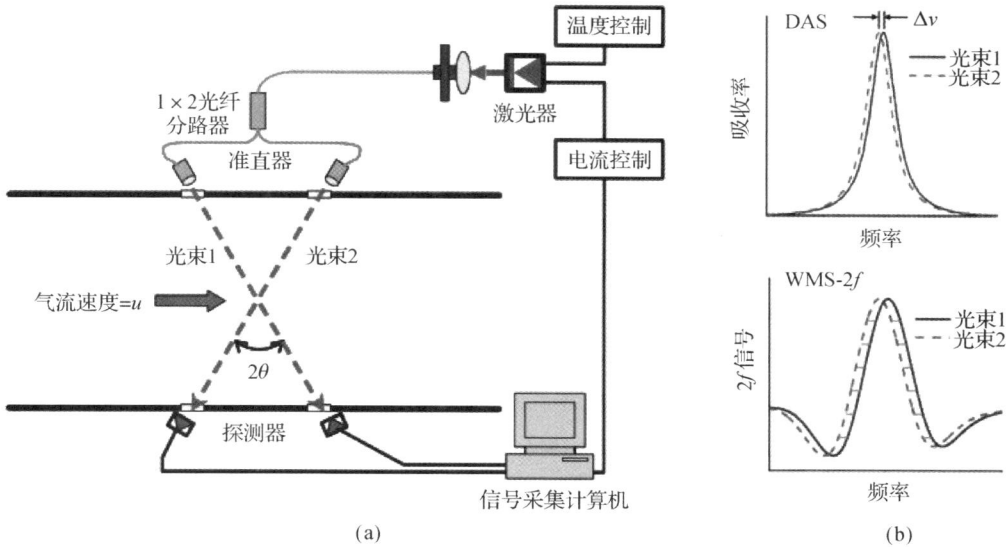

图 4.21　气流速度/流量测量 TDLAS 系统及其典型数据
(a)TDLAS 系统气流速度和流量测量示意图；(b)典型测量结果

4.3.5　双线/多线实现策略

为实现双线技术/多目标组分跟踪技术，可利用多激光束进行耦合（即多路技术），当耦合激光束通过待测气体区域后，再利用分路技术获得各个激光束的光强信号。双线/多线实现策略通常有时分复用策略、波分复用策略、频分复用策略与单激光器策略。以下将介绍这四种实现策略的系统组成。

1. 时分复用策略（TDM）

在时分复用策略中,利用三角波交替调制两个或多个激光器,输出激光多路耦合(通常利用标准单模光纤耦合器)后,通过待测气体,并利用单个探测器接收透射激光,通过时间进行双线/多线分辨。如图 4.22(a)所示,为交替调制两个激光器的输出激光光强时间曲线。当对一个激光器调制时,另一个非扫描激光器保持在工作阈值以下以保证测量信号无偏置,探测器信号如图 4.22(b)所示。

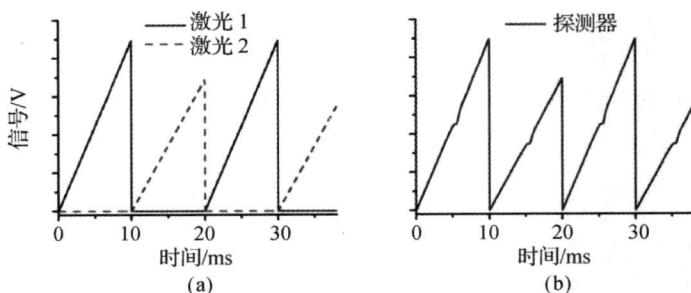

图 4.22　时分复用策略示意图

(a) 激光器调制信号;(b) 探测器信号

2. 波分复用策略（WDM）

如图 4.23 所示为波分复用策略示意图。工作波长不同的两个或多个激光器输出激光多路耦合后,通过待测气体。透射激光束经分路器分成多个不同波长的激光束,并由各自的探测器接收。分路器通常有:薄膜滤光片、阵列波导和衍射光栅等,大多数波分复用系统采用自由空间标准光栅。

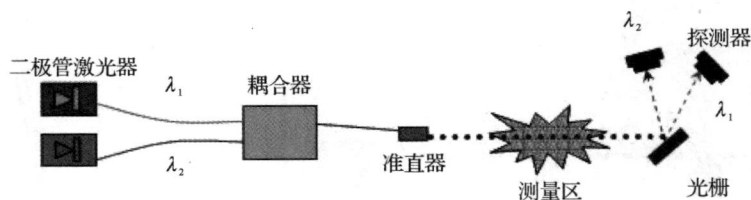

图 4.23　波分复用策略示意图

3. 频分复用策略（FDM）

频分复用策略(Frequency Division Multiplexing,FDM)系统示意图如图 4.24 所示,该策略采用 WMS-$2f$ 技术,激光器由不同频率的叠加正弦函数调制,频率的选择以谐波信号不相干扰为适,探测器信号由不同的频率的锁相放大器分离有效的二次谐波信号。FDM 策略利用单探测器实现双线的信号分离,并可保证多束激光同时经过待测区域,但系统组成与数据处理较为复杂。

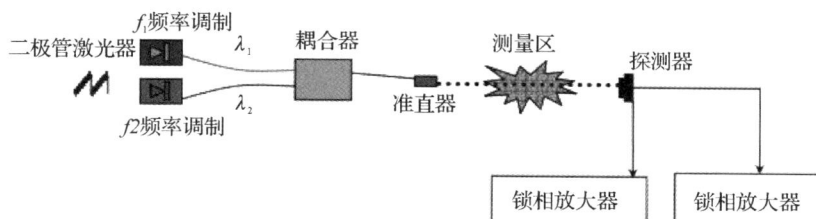

图 4.24　频分复用策略示意图

4. 单激光器策略

随着分子吸收光谱研究的深入和二极管激光器的发展,利用单激光器实现双线技术成为可能,并且随着激光器光谱分辨率的提高和调制范围的拓展,单激光器策略测量精度不断提高,谱线选择范围更加宽松。单激光器策略对于简化系统、降低成本来说意义重大,目前已成为 TDLAS 技术发展的热点。

TDLAS 通过双线技术开展温度测量,系统实现策略的选择主要有 TDM,WDM,FDM 与单激光器策略,各种实现策略的适用情况及优缺点如表 4.4 所示,可根据实际情况进行选择。

表 4.4　各种双线实现策略的适用情况及优缺点

策略	优势	不足与适用要求
TDM	使用探测器数量少	时间分辨率降低,双线并非测量同一时刻参数
WDM	双线测量同一时刻参数	使用探测器数量多;双线间隔应保证光栅分离光束要求
FDM	同时具有 TDM 和 WDM 优点	使用两个锁相放大器,系统组成与数据处理复杂
单激光器	激光器数量减少,降低系统成本	谱线可选择的范围减小,谱线优化受到限制

4.4　分子吸收光谱计算及影响参数分析

4.4.1　分子吸收光谱计算

为了深入理解分子吸收光谱与温度、压强等参数的关系,有必要对分子吸收光谱开展系统的理论分析,且分子吸收光谱仿真计算必可不少。基于 HITRAN2009 数据库,可计算出分子的吸收光谱并开展分子吸收光谱影响参数分析。

HITRAN 光谱数据库是由空军剑桥研究实验室(Air Force Cambridge Research Laboratories,AFCRL)在 20 世纪 60 年代针对大气分子跃迁而创建的,历经五十余年的发展,目前已成为可见光区域和红外区域大气分子光谱定量的重要工具。数据库汇编了众多小分子光谱参数的实验测量、理论计算和预估结果,包括谱线中心、谱线强度、低能级能量、空气加宽系统、自加宽系数、温度指数等重要光谱参数,数据库结构如表 4.5 所示。由于 HITRAN 包含 39 种分子近 200 万条谱线的参数,数据量极大,根据需求,可利用 JavaHAWKS 软件进行筛选,其中 Select 功能包括光谱范围、分子、同位素、温度、吸收支、截断等设置,软件主界面与 Select 功能如图 4.25 所示。

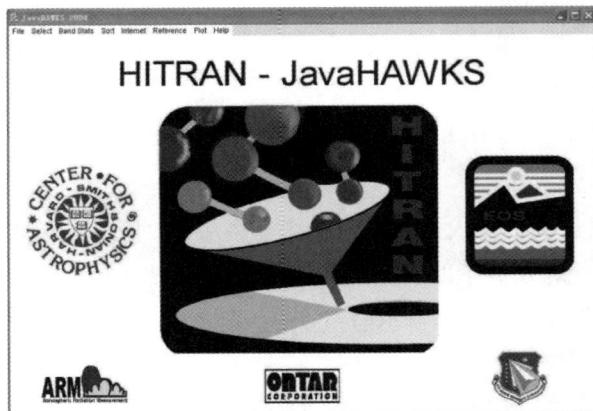

图 4.25　JavaHAWKS 主界面与 Select 功能

表 4.5　HITRAN 数据库数据结构

参数	M	I	v	S	A	γ_{air}	γ_{self}	E''	n
格式	$I2$	$I1$	$F12.6$	$E10.3$	$E10.3$	$F5.4$	$F5.4$	$F10.4$	$F4.2$
δ	v'	v''	Q'	Q''	i_{err}	i_{ref}	$* flag$	g'	g''
$F8.6$	$A15$	$A15$	$A15$	$A15$	$6I1$	$6I2$	$A1$	$F7.1$	$F7.1$

由 Beer-Lambert 定律[见式(4.1)]可知,吸收光谱与光程、组分浓度成正比,而受温度 T 和压强 p 影响较为复杂,以下将以 H_2O 分子 7 185.597 cm^{-1} 谱线为例,开展详细的分子吸收光谱参数影响分析,其中 H_2O 组分浓度取 10%。

4.4.2　介质温度的影响

温度对分子吸收光谱的影响可分解为对谱线强度与线型函数的影响,压强 $p=1$ atm 情况下,开展不同温度下(296 K,600 K,1 000 K,1 500 K,2 000 K)H_2O 分子吸收光谱计算,如图 4.26 所示,为谱线强度、线型函数与吸收光谱随温度的变化情况。由此可知,随着温度的升高,谱线强度先增大,在 580 K 左右达到最大值后降低。而对于线型函数来说,温度的变化对其影响不大。由于吸收光谱是谱线强度与线型函数等的乘积,其他参数相同,线型函数变化不大,因此吸收光谱吸收率峰值随温度的变化趋势与谱线强度一致,吸收率峰值随温度的升高先增大,在 580 K 左右达到最大值后降低。此外,由图 4.26(c)可以看出,吸收光谱的线宽随温度变化不大,这便是实现 SDAS 技术的先决条件。

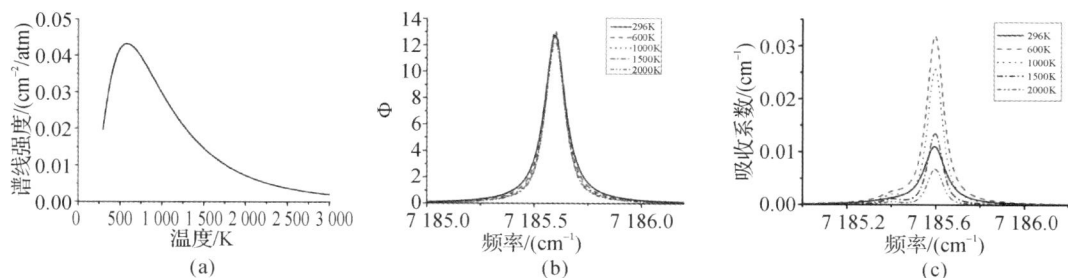

图 4.26　线强度、线型函数与吸收光谱随温度的变化情况

（a）谱线强度；（b）Voigt 线型函数；（c）吸收光谱

4.4.3　压强的影响

压强对分子吸收光谱的影响主要是对线型函数的影响，温度 $T=1\,000$ K 情况下，开展不同压强（0.5 atm，1 atm，2 atm，5 atm，10 atm）下 H_2O 分子吸收光谱计算，如图 4.27 所示为线型函数与吸收光谱随压强的变化情况。由此可知，随着压强的升高，线型函数的峰值减小，线宽增大，这是因为压强增大造成碰撞加宽增大，线型函数宽度、增大，而面积积分不变，因此峰值随之降低。对于吸收光谱来说，压强升高导致线宽增大的同时，还会造成碰撞漂移，并且漂移量与压强成正比，因此在图 4.27（b）中可以看出，吸收光谱随压强的升高变化十分剧烈，当 $p=1$ atm 时，吸收光谱频率跨度 1 cm^{-1} 左右，当 $p=5$ atm 时，吸收光谱两翼已无法达到零值，即无零吸收翼，因此无法再通过 SDAS 技术获得该谱线完整的吸收光谱。

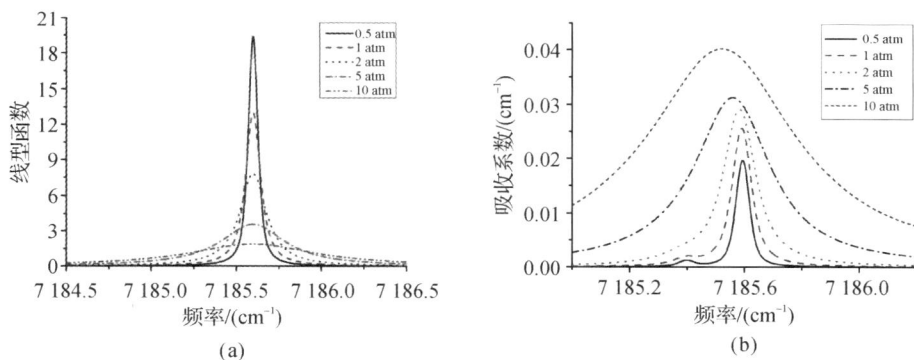

图 4.27　线型函数与吸收光谱随压强的变化情况

（a）Voigt 线型函数；（b）吸收光谱

4.4.4　不同压强条件下 TDLAS 技术的适用性

由上述可知，是否能够有效获得吸收光谱是 SDAS 技术的关键。温度对吸收光谱影响主要体现在峰值的变化上，而压强对吸收光谱的影响非常大。由于目前半导体激光器调制范围在 2 cm^{-1} 左右以内，因此，SDAS 技术就有一定的适用范围，但是 WMS-$2f$ 技术不需扫描获取整个吸收光谱范围，因此不受压强影响，这便是本小节讨论技术适用情况的核心问题。本小节继续以 7 185.597 cm^{-1} 谱线为例，将压强分为几个范围进行技术讨论：

1. 低压($p \leqslant 1$ atm)

如图 4.28 所示,在压强 $p \leqslant 1$ atm 情况下,零吸收翼间距小于 1.1 cm^{-1},而二极管激光器通常都能通过电流调制进行该范围吸收光谱的扫描,此时 SDAS 技术完全适用,即使有邻近谱线的干扰,只要谱线强度大小差别较大,SDAS 技术仍然能够通过多峰函数拟合实现有效分辨,从而准确获得确定谱线的吸收光谱。

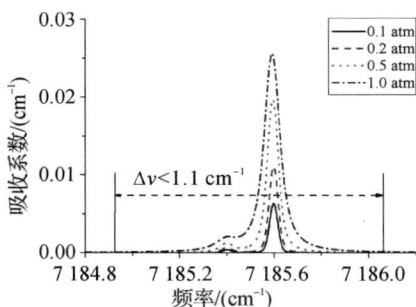

图 4.28　较低压强下吸收光谱

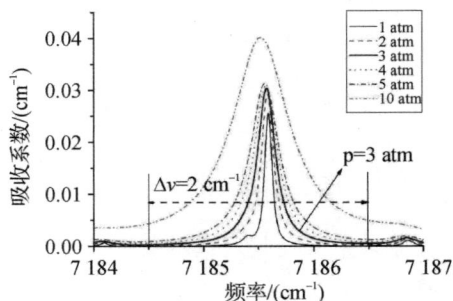

图 4.29　较高压强下吸收光谱

2. 较高压强(1 atm$< p \leqslant 3$ atm)

如图 4.29 所示,在压强 $p > 1$ atm 情况下,谱线由于压强的增大使得碰撞加宽增大,光谱整体上移,零吸收翼逐渐消失。以 $p = 3$ atm 为例,零吸收翼间隔为 2 cm^{-1},正好为二极管激光器调制范围,因此认为当 1 atm$< p \leqslant 3$ atm 时,SDAS 技术仍然适用。但压强越大,对激光器调制范围的要求越高,并且由于邻近谱线光谱叠加,零吸收翼的范围越来越小,此时,利用 SDAS 技术获取吸收光谱的准确度会降低,此时,应对吸收光谱进行一定的修正。

3. 高压($p > 3$ atm)

如图 4.29 所示,当压强 $p > 3$ atm 时,吸收光谱线宽继续增大,零吸收翼间距大于 2 cm^{-1},超出二极管激光器通常的调制范围,并且由于邻近谱线的叠加,吸收光谱甚至不存在有效的零吸收翼,此时,SDAS 技术不再适用。此时,必须利用 FDAS 或 WMS $-2f$ 技术。如图 4.30 所示为不同压强下 $2f$ 信号。由于 WMS $-2f$ 技术利用 $2f$ 高度开展参数测量,并不需要获得整个光谱,$2f$ 高度仅与激光谱线中心处衰减程度有关,而 FDAS 技术也只同样需获得固定波长点处激光衰减程度,这为 TDLAS 技术对高压流场参数的测量提供可能。

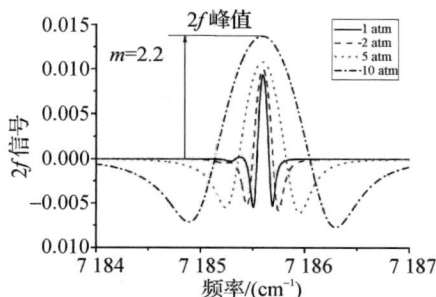

图 4.30　不同压强下 $2f$ 信号

4.5　用于燃烧流场诊断的 TDLAS 系统设计

确定好燃烧场的诊断目标后,需要开展 TDLAS 系统详细设计,设计流程包括目标分子选择、技术方法选择、实现策略选择、谱线选择优化等。此外,基于标准参数环境,开展 TDLAS 系统的实验验证,通过独立接触式测量手段和理论计算,验证设计的 TDLAS 系统对于燃烧环境参数测量的准确性和有效性。

不同的测量环境下,TDLAS 技术的适用情况不同。因此,TDLAS 系统设计必需结合测量环境特点,依据 TDLAS 系统设计的步骤,确定目标组分、技术方法和实现策略,并且开展谱线的优化选择,以保证 TDLAS 测量结果的准确性和有效性。

4.5.1　目标组分的选择

对于燃气参数的测量,TDLAS 技术目标组分的选择需考虑的主要因素有:①近红外波段中,吸收明显,且不受其他组分的吸收所影响;②对于评价燃烧效率更有代表性。

对于碳氢燃料的燃烧产物来说,H_2O 和 CO_2 是碳氢燃料燃烧后燃气的主要成分,如图4.31所示,由 1 500 K 下 H_2O 和 CO_2 分子吸收谱线强度分布可知,对通信用半导体激光器工作波段 (1.25～1.65 μm)来说,H_2O 分子吸收光谱强度为 10^{-2} 量级,CO_2 光谱强度量级为 10^{-5} 量级,并且根据第二节的分析,H_2O 组分浓度高于 CO_2 浓度。由于分子吸收光谱与谱线强度与组分浓度成正比,因此,H_2O 分子吸收光谱更易于测量。此外,利用燃气典型组成成分计算该波段 H_2O,CO_2 和 CO 分子吸收光谱发现,H_2O 分子吸收光谱较强,且不受其他分子所影响。

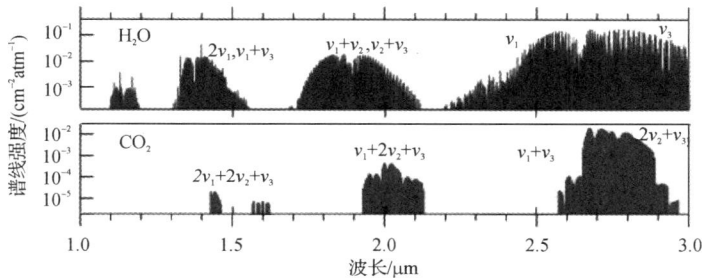

图 4.31　近红外波段(1.0～3.0 μm)1 500 K 下 H_2O,CO_2 分子吸收谱线强度

H_2O 分子为非线性三原子分子,虽然分子结构较为简单,但吸收光谱十分复杂。H_2O 分子三种基本振动形式包括对称拉伸 ν_1、对称弯曲 ν_2 与非对称拉伸 ν_3,如图 4.32 所示,三种振动形式频率及类型如表 4.6 所示。在 1.25～1.65 $\mu m H_2O$ 分子吸收光谱谱线分布如图 4.33 所示,可见在该波段中,H_2O 分子吸收光谱分布丰富,这为 TDLAS 技术的应用奠定基础。

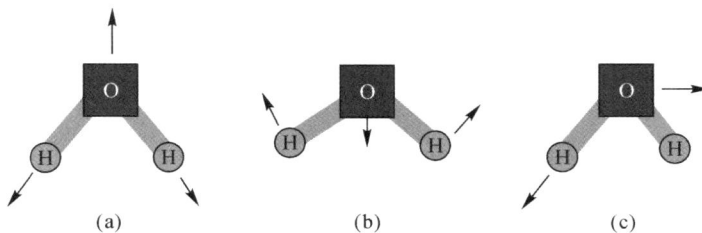

图 4.32　H_2O 分子结构及其三种基本振动形式

(a)对称伸缩;(b)对称弯曲;(c)非对称拉伸

表 4.6　H_2O 分子三种振动形式及其频率

振动形式	频率/cm^{-1}	类型	描述
ν_1	3 651.7	||	对称伸缩
ν_2	1 595.0	||	对称弯曲
ν_3	3 755.8	⊥	非对称伸缩

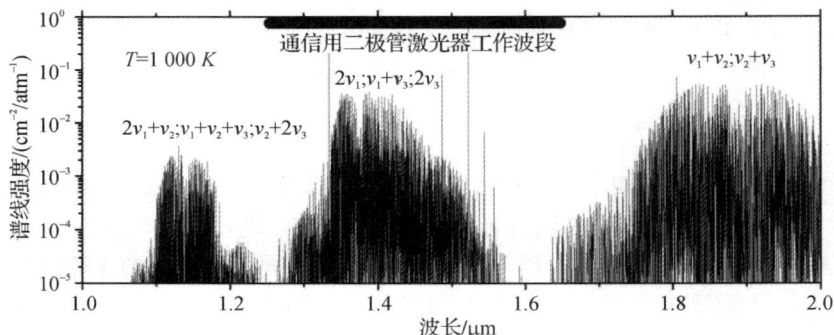

图 4.33　1 000 K 下 1.0～2.0 μm 波段 H_2O 吸收谱线分布

此外,由于 H_2O 是碳氢燃料最为重要的燃烧产物之一,采用 H_2O 作为目标组分开展温度测量,可确定燃料热释放率,开展 H_2O 组分浓度的测量可有效表征燃料燃烧效率。以下以 H_2O 为例,详细介绍 TDLAS 技术。

4.5.2　技术方法的选择

由于压强造成光谱叠加和漂移严重,TDLAS 技术的应用必须考虑技术对压强的适用情况。根据具体的压强环境,可选择不同的实现技术,如图 4.34 所示。压强在 1 atm 以内,均可利用 SDAS 技术,而对于较高压强,只能采用 FDAS 或 WMS-2f 技术,低压条件下(如发动机的羽流)的燃气参数测量可采用 SDAS 技术,高压条件下(压强较高的燃烧室和隔离段等)参数测量采用 WMS-2f 技术。

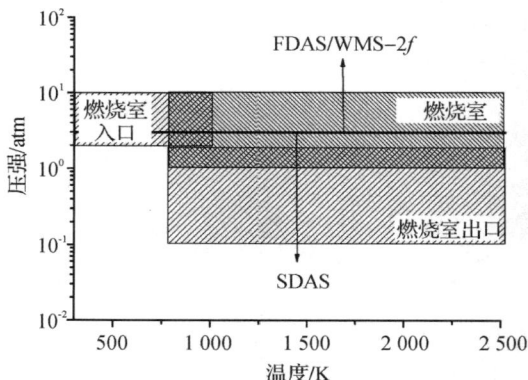

图 4.34　燃烧环境与技术方法的选择

4.5.3　谱线优化选择

谱线优化选择是 TDLAS 系统设计的核心问题,不同的谱线选择对于 TDLAS 系统测量精度有重要影响,因此,谱线优化选择必需充分考虑吸收光谱测量的各种因素,以下将详细讨论谱线优化选择的过程。

1.谱线优化选择的原则

针对 $800\sim2\,000$ K 测温范围,TDLAS 系统设计谱线优化选择的原则有:

(1)谱线范围应在通信用半导体激光器工作波段($1.25\sim1.65\ \mu m$)内:由于 TDLAS 技术能够广泛可靠应用的最大优势在于采用简单可靠的通信用半导体激光器,虽然随着激光器技术的进步,半导体激光器工作波段不断拓展,但通常标准工作波段为 $1.25\sim1.65\ \mu m$,因此,谱线的选择应该在这一范围内,即

$$1.25\ \mu m \leqslant \lambda \leqslant 1.65\ \mu m \tag{4.53}$$

(2)谱线在测量温度范围内具有足够的吸收率以保证较高的信噪比:假设吸收率最小探测极限为 10^{-3},期望信噪比为 10,因此谱线吸收率在测量温度范围内不应小于信噪比要求值 10^{-2},并且吸收率不应大于探测器测量衰减信号的能力,即

$$0.01 \leqslant \alpha_v = PX_{abs}S_i(T)\phi L \leqslant 1 \tag{4.54}$$

(3)谱线应保证足够的低能级能量差以实现较高测温灵敏度:由式(4.41)可知,双线低能级能量差 $\Delta E''$ 越大,测温灵敏度越高,因此,谱线优化选择必需保证足够的低能级能量差,以实现较高的测量灵敏度,即

$$\Delta E'' \geqslant E_{const} \tag{4.55}$$

然而实际上,$\Delta E''$ 不可能无限大,这主要受两方面因素制约:①温度是由测量的双线吸收光谱积分吸收率确定,需要保证双线测量具有相似的信噪比,而谱线低能级能量较大,吸收率较低而影响测量,较大低能级能量受到限制;②谱线低能级能量较小时,流场低温边界层或环境中吸收率较大而影响测量,较低低能级能量也受到限制。因此,在考虑低能级能量差的同时,也需同时考虑谱线低能级能量的数值大小。

(4)谱线强度应在测温范围内尽可能地大,以避免环境中 H_2O 的干扰:由于大气环境中有 H_2O 的存在,会使 TDLAS 测量不确定度增大,结果误差增大。特别是对于低温范围谱线强度较大的谱线,吸收光谱很大程度由环境中 H_2O 决定,从而减弱测温范围内 H_2O 的影响。虽然可以通过氮气或干燥空气吹除的方式将环境中 H_2O 影响消除,但是在谱线选择时,也应考虑这一因素,尽可能选择谱线强度在室温区域较小,而在测温范围内较大的谱线,由此消除这一不利影响。

由于 TDLAS 技术通过双线谱线强度比确定温度,谱线强度与参考温度下谱线强度之比为

$$\frac{S(T)}{S(T_0)} = \frac{Q(T_0)}{Q(T)}\left(\frac{T_0}{T}\right)\exp\left[-\frac{hcE''}{k}\left(\frac{1}{T}-\frac{1}{T_0}\right)\right]\left[1-\exp\left(\frac{-hcv_0}{kT}\right)\right]\left[1-\exp\left(\frac{-hcv_0}{kT_0}\right)\right]^{-1} \tag{4.56}$$

由式(4.56)可计算不同低能级能量 E'' 情况下,谱线强度与参考温度下谱线强度的比值随温度的变化关系,如图 4.35 所示。由此可知,当 E'' 升高时,测温范围内谱线强度比值提高,这有利于温度测量精度的提高,因此,E'' 应尽可能大,以避免环境中 H_2O 的干扰,即

$$E'' \geqslant E_1'' \tag{4.57}$$

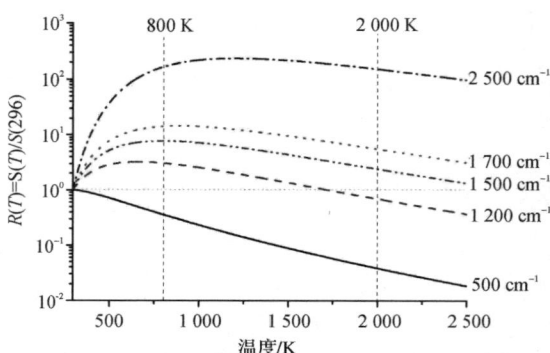

图 4.35 谱线强度与参考温度谱线强度的比值随温度变化曲线

(5)谱线选择应尽可能减小温度边界层的影响:流场边界层及低温区域将对 TDLAS 测温产生不利影响,谱线优化选择需考虑谱线强度与温度的相关性,即

$$\frac{1}{S}\frac{\mathrm{d}S}{\mathrm{d}T} = \frac{hcE''}{kT^2} - \frac{1}{TQ}\frac{\mathrm{d}(TQ)}{\mathrm{d}T} \tag{4.58}$$

由于边界层中谱线强度受谱线低能级能量与温度影响,令 $\mathrm{d}S/\mathrm{d}T=0$,定义能量函数 $E(T)$:

$$E(T) = \frac{k}{hc}\frac{T}{Q}\frac{\mathrm{d}(TQ)}{\mathrm{d}T} \tag{4.59}$$

代入 H_2O 分子配分函数,可计算出能量函数 $E(T)$ 随温度的变化关系,如图 4.36 所示。

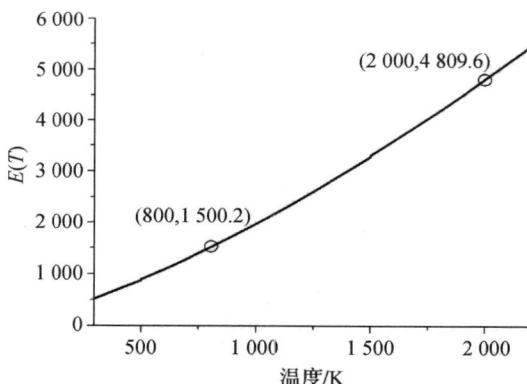

图 4.36 H_2O 分子能量函数 $E(T)$ 随温度变化曲线

边界层引起的积分吸收率变化量可表示为

$$\Delta A = A_c - A = pX_{\mathrm{abs}}S(T_c)\delta - \int_{S_b}^{S_c}\xi\mathrm{d}S \tag{4.60}$$

式中:A 为边界层中 H_2O 的积分吸收率;δ 为边界层厚度;ξ 为光程积分变量;下标 c 表示与流场核心区一致的参数;下标 b 表示边界层参数。

将式(4.58)、式(4.59)代入式(4.60)中可得

$$\Delta A = A_c - A = pX_{\mathrm{abs}}\frac{hc}{k}\int_{T_b}^{T_c}\xi S(T)\frac{E'' - E(T)}{T^2}\mathrm{d}T \tag{4.61}$$

由可知,ΔA 受参数 T^2 影响大,在高温范围内,ΔA 较小,边界层影响不大;而在低温范围内,ΔA 较大,此时,就应重点考虑 E'' 对 ΔA 的影响。由图 4.36 可知,在温度范围 800~2 000 K

中，$1\,500.2 \leqslant E(T) \leqslant 4\,809.6$，因此，低能级能量 E'' 应尽量接近 $E(T)$，对于低能级能量较低的谱线应排除，即

$$E'' \geqslant E''_2 \tag{4.62}$$

（6）谱线选择应避免邻近谱线的干扰：只有谱线的吸收光谱不受邻近谱线的干扰，才能准确获得该谱线吸收光谱，才能准确计算温度等参数。因此，谱线优化选择中，应对谱线进行邻近区域吸收光谱计算，分析邻近谱线的干扰。一般说来，选择的谱线在 $0.5\ \mathrm{cm}^{-1}$ 范围内不存在谱线强度相当的其他谱线。

（7）在测温范围内双线谱线强度数值相差不大：TDLAS 技术通过测量双线积分吸收率之比确定温度，为了保证测量精度，期望双线积分吸收率的测量不确定度大小相当，因此，要求在测温范围内，双线谱线强度数值相当。一般说来，需保证双线谱线强度之比在一定范围内，即

$$0.2 \leqslant R(T) = \frac{S_1(T)}{S_2(T)} \leqslant 5 \tag{4.63}$$

依据上述原则对 HITRAN 光谱数据库谱线进行优化选择，可得到 TDLAS 技术以 H_2O 分子为目标组分适用于温度测量的吸收谱线，谱线及其参数如表 4.7 所示。

表 4.7　TDLAS 常用的吸收谱线

序号	频率 $\dfrac{}{\mathrm{cm}^{-1}}$	$S(296\ \mathrm{K})$ $\dfrac{}{(\mathrm{cm}^{-2}/\mathrm{atm})}$	$E''/(\mathrm{cm}^{-1})$	谱线对
1	7 185.597	0.019 704	1 045.057 9	1＋2
2	7 424.694	0.001 16	1 477.297 4	1＋13
3	7 153.748	5.5E−06	2 552.857 2	3＋4
4	7 154.354	0.000 385	1 789.042 8	1＋4
5	7 181.156	0.373 148	136.761 7	5＋6
6	7 179.752	0.005 7	1 216.194 5	
7	7 173.781	0.002 401	1 411.611 5	5＋7
8	7 444.352 7 444.371	0.000 54 0.000 576	1 774.751 1 1 806.670 0	1＋8
9	7 168.437	0.290 089	173.365 8	1＋9
10	7 429.720	0.004 542	982.911 7	10＋11；10＋12
11	7 450.932	0.000 538	1 690.664 4	
12	7 454.445	0.000 183	1 962.507 0	
13	6 807.834	1.02E−06	3 319.447 8	8＋13
14	7 139.089	0.245 063	325.347 9	14＋15
15	7 164.901	0.003 65	1 394.814 2	
16	7 413.677	0.012 804	1 006.115 9	12＋16

2.谱线选择分析

针对上述 16 条谱线,开展邻近区域吸收光谱分析,结果如图 4.37 所示,对各谱线逐一分析,将受邻近谱线干扰影响较严重的谱线筛除,如 line - 5,line - 6,line - 7,line - 14,line - 15,line - 16。此外,参考国际上常用的 TDLAS 通用谱线对,结合实验室现有激光器的条件,最终确定优选后的谱线对组,谱线对及其参数如表 4.8 所示。

表 4.8　谱线对优化选择结果

谱线对	序号	频率/(cm^{-1})	$\dfrac{S(296\ \mathrm{K})}{(\mathrm{cm}^{-2} \cdot \mathrm{atm}^{-1})}$	$E''/(\mathrm{cm}^{-1})$	$\Delta E''/(\mathrm{cm}^{-1})$
1	1	7 153.748	5.5E−06	2 552.857 2	763.814 4
	2	7 154.354	0.000 385	1 789.042 8	
2	1	7 444.352 +7 444.371	0.000 54 −0.000 576	1 774.751 1 +1 806.670 0	
	2	7 185.597	0.019 704	1 045.057 9	
3	1	7 185.597	0.019 704	1 045.057 9	871.692 1
	2	7 168.437	0.290 089	173.365 8	
4	1	7 154.354	0.000 385	1 789.042 8	743.984 9
	2	7 185.597	0.019 704	1 045.057 9	

针对这四对谱线对,开展谱线强度、强度比和测温灵敏度随温度的变化计算,结果如图 4.38～图 4.40 所示。依据这些参数随温度变化曲线,可对这四对谱线对开展详细讨论,为实验研究提供理论依据。

针对这些计算结果,结合前文关于谱线选择原则的讨论,可得出以下结论:

(1)根据表 4.8 所示,四对谱线对中应特别注意 Pair - 3 中 7 168.437 cm^{-1} 谱线,该谱线低能级能量较低,对低温较为敏感,由图 4.38(b)所示,该谱线谱线强度随温度的增大减小,高温时,测量信噪比较低。因此,若采用该谱线对,必须对激光光程中环境(无效测量区域)进行氮气或干燥空气吹除,否则将带来较大测量误差。

(2)TDLAS 技术要求该谱线处吸收较为明显,而吸收的强弱主要通过谱线强度参数表征,所以期望在测温范围内,谱线强度不能太低。由图 4.38 可知,7 153.748 cm^{-1} 谱线强度较低。因此,采用该谱线时,吸收较弱,测量信噪比较低。

(3)由于温度测量通过双线谱线强度比确定,因此在测温范围内,应保证双线谱线强度比较大,并且随温度的变化较大,因此,如图 4.39 所示,相比较之下,Pair - 3、Pair - 2 较为理想。

(4)由于测温灵敏度受低能级能量差影响,而在这四对谱线对中,低能级能量差相差不大,因此,如图 4.40 所示,四对谱线对的测温灵敏度相差不大。

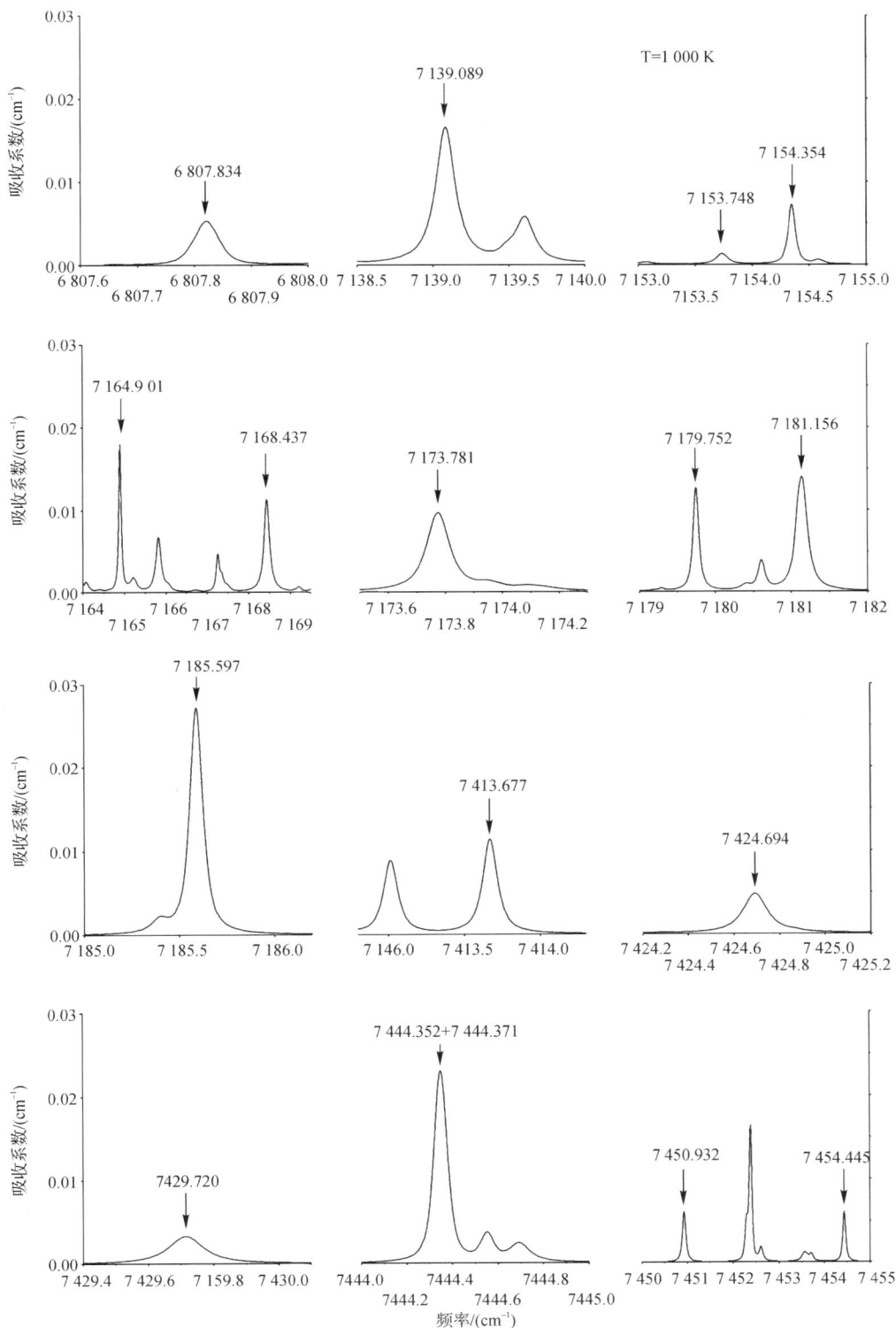

图 4.37　候选谱线邻近区域吸收光谱

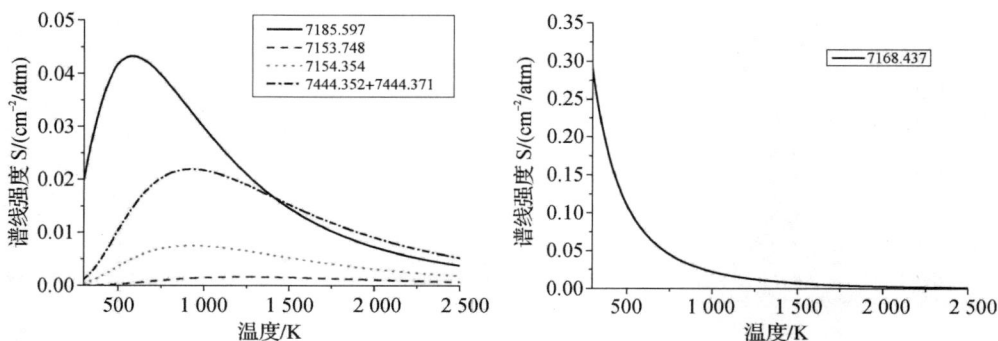

图 4.38 谱线强度随温度变化

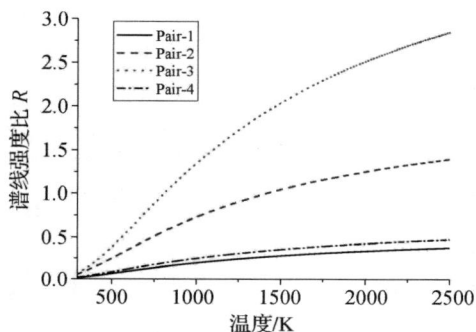

图 4.39 谱线强度比随温度变化

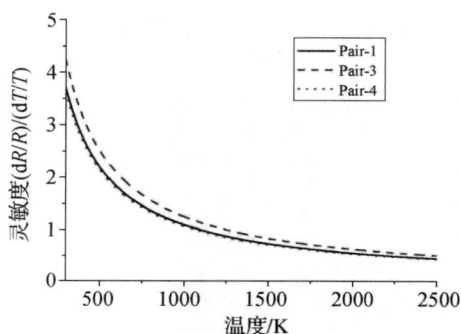

图 4.40 测温灵敏度随温度变化

4.6 TDLAS 技术燃烧温度测量验证

平面火焰炉是产生标准均匀高温燃气的重要实验工具,其温度和组分浓度等值面平行于炉面,并且可以十分简便地通过调节当量比和气体流量来实现燃气温度和组分浓度的改变,因此常用作测量技术验证的工具。

4.6.1 平面火焰炉实验系统

验证实验可采用 LaVision－1108903 型 McKenna 平面火焰炉,系统组成如图 4.41 所示,气体燃料和空气流量由高精度流量控制器控制,通过软管预混后,通入平面炉。平面炉由蜂窝铜燃烧炉面和屏蔽气外环组成,并附有水冷结构以保护蜂窝铜材料,中间燃烧炉面直径为60 mm,火焰炉工作时屏蔽气外环通常通入 N_2 以稳定火焰并隔绝空气。平面炉通过冷却管路与冷却泵连接。

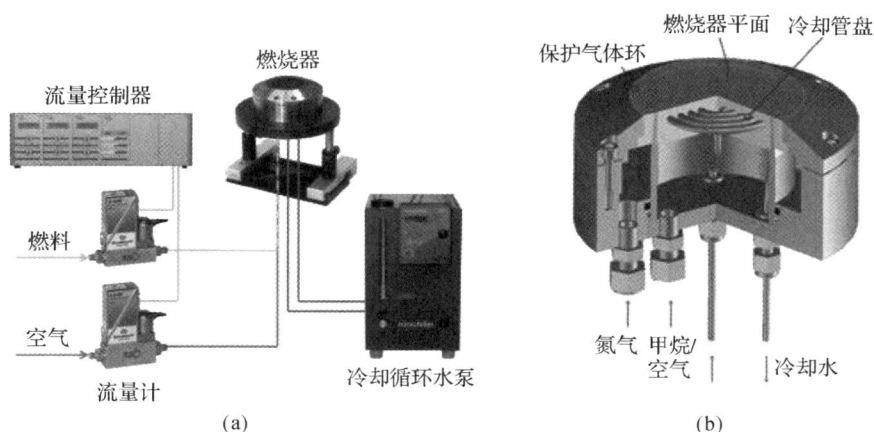

图 4.41　平面火焰炉实验系统及平面炉结构

(a)平面炉实验系统；(b)平面炉结构

平面上燃气温度可由热电偶独立测量，而燃气的组分浓度可根据当量比与测量的温度值通过化学平衡方程计算得到。最小吉布斯自由能法是给定温度和压强条件下计算燃气平衡组分最为常用的方法之一。它利用系统在等温、等压条件下达到平衡状态时，其自由能 G 必具有最小值这一条件，即

$$G = G_{\min} \tag{4.64}$$

推导出形式上独特的控制方程组。通过计算系统的最小自由能具有最小值时系统各组分的物质的量来确定化学平衡组分浓度。

4.6.2　单激光器 SDAS 系统测温实验验证

通过上文论述，为简化系统，可利用涵盖 7 153.748～7 154.354 cm^{-1} 谱线对的 1 397 nm 单激光器组成 SDAS 系统，开展平面火焰炉测温实验验证。

1. 实验系统

如图 4.42 所示，本书采用直接吸收光谱技术，利用信号发生器（Tektonix AFG3022B）产生锯齿波（幅值:3 V，频率:100 Hz）控制激光控制器（ILXLightwave Inc LDC - 3724B，控制温度:37.1℃，控制电流:50.00 mA）输出电流，从而调制 DFB 半导体激光器（NTT Electronics Corporation 1 397 nm）。激光器输出激光经过 1×2[(10%)/(90%)]光纤分路器分为两束光，一束（10%）由自由光谱范围为 1.5 GHz 的标准具（ThorsLab SA2000 - 12A）接收，用来监控激光相对波长变化；另一束（90%）由准直器发射，经直径 60 mm 的 Mckenna 平面火焰炉（LaVisionUK Ltd）15 mm 高度火焰，由探测器（InGaAs，Φ2 mm）接收，探测器电压信号由数据采集系统（NI PXI - 1042，采样频率:1 000 kHz）记录。平面火焰炉 15 mm 高度处火焰温度通过 B 型热电偶（铂铑 30 -铂铑 6）测量。此外，为消除环境 H_2O 的影响，激光光程利用 N_2 进行吹除。

通过调节平面火焰炉当量比和气体流量值，可产生不同温度燃气，利用单激光器吸收光谱系统开展 8 个工况下平面火焰炉燃气温度测量，甲烷流量调节范围为 1.0～4.5 L/min，空气流量调节范围为 10～45 L/min，平面火焰炉 15 mm 高度处燃气温度在 1 000～1 800 K 范围

内变化。

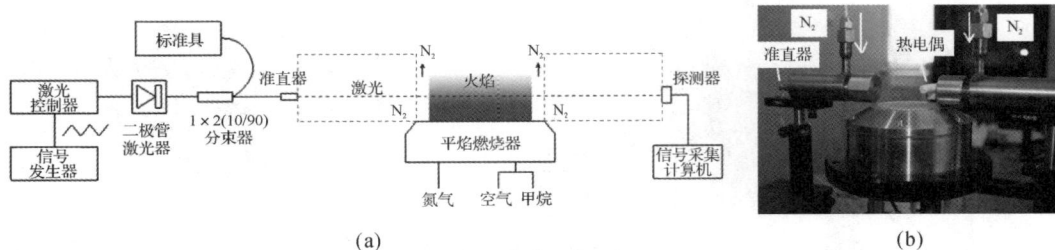

图 4.42　用于平面火焰炉温度测量的单激光器吸收光谱系统
(a)实验系统;(b)平面炉

2. 实验结果与分析

(1)标准具数据处理。标准具为典型的 Fabry - Perot 干涉仪,是一种多光束干涉器件,它通常由两块平行放置的平板玻璃(平面镜)、激光器、光检测器和换能器等部分组成,在两板相对的平面上镀有薄银膜或其他具有高反射系数的薄膜,两镀银平板作为谐振腔,其间隔可以改变。光源发出的光在两镀银平面间进行多次反射,形成多个平行透射光和多个平行反射光。激光进入干涉仪干涉,光检测器上检测到的干涉条纹差距即为自由光谱范围(Free Spectral Range,FSR),FSR 是干涉仪的固有属性,可用作监控激光波长变化:

$$\text{FSR}(\text{cm}^{-1}) = \frac{1}{2nd} \tag{4.65}$$

实验标准具数据如图 4.43 所示,一个周期内记录条纹峰值时间,根据条纹间距(FSR)为确定值 1.5 GHz(即 0.05 cm^{-1}),可获得条纹峰值时间与条纹相对波长的数据。如图 4.43 中探测器信号可知,当调制电流超过阈值时,激光器才能产生激光,调制周期的开始时间难以确定,此外,由于随着电流的增加,激光波长的波数将减小,因此通常选取调制电流最大值时刻为时间零点,距离该时刻的时间为时间轴 t,以时间轴零点处波长为零点,调制周期内各时刻波长与波长零点的距离为相对波长变化轴 ν,可建立时间轴 t 与相对波长变化轴 ν 的散点图,利用这些数据点开展四阶多项式拟合,可得到时间与激光相对频率的对应关系,如图 4.44 所示。

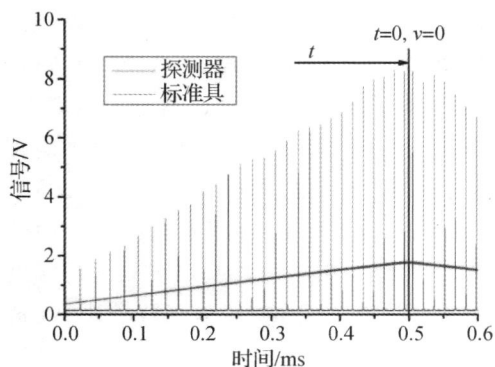

图 4.43　探测器和标准具实验数据

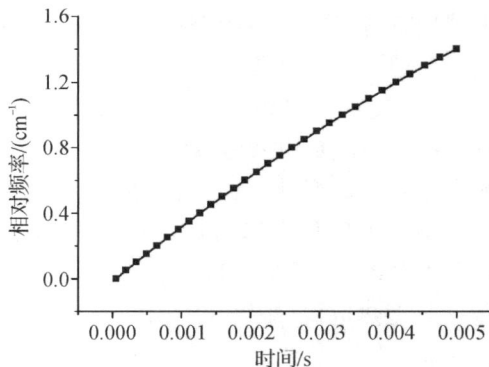

图 4.44　标准具干涉条纹拟合曲线

(2)吸收光谱数据处理过程。典型工况下实验数据 1 s 时间内时均处理曲线如图 4.45 所示,其中,入射光强 I 可由 Ⅰ,Ⅱ,Ⅲ区域数据拟合基线获得,由 Beer-Lambert 定律,根据调制时间与激光相对频率的对应关系,可计算出该工况下 H_2O 吸收光谱。由于燃烧环境下,分子吸收光谱符合伏依特线型函数,因此,可通过多峰 Voigt 线型函数拟合,结果如图 4.46 所示,据此,可计算双线积分吸收率,并通过双线谱线强度之比与温度的对应关系确定燃气温度。

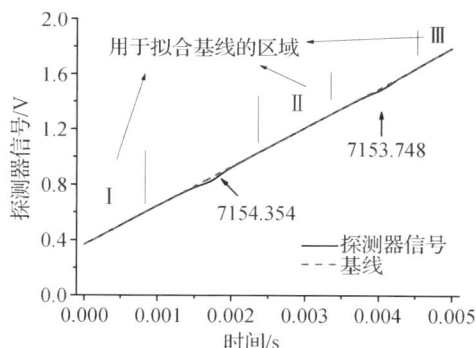

图 4.45　典型工况探测器信号曲线

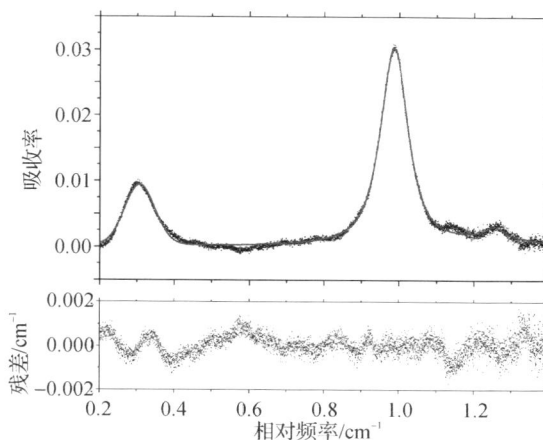

图 4.46　测量吸收光谱与伏依特拟合

(3)热电偶测量结果热损失修正。热电偶是工业上最常用的一种测温元件,具有结构简单、性能稳定,测温范围宽、上限高,动态特性响应较好等特点。热电偶测温原理基于热电效应:将两种不同材料的金属连成闭合回路,当连接点处温度不同时,回路将产生电动势,这种现象被称为热电效应。对于火焰温度的测量,通常选用铂铑10-铂 S 型电热偶(正极:90% 铂-10% 铑合金,负极:铂),有效测温范围为 −40～1 600 ℃,稳定性在 1 400 ℃ 以下优,1 400 ℃ 以上良好。

本书热电偶毫伏级电压信号利用成都纵横测控技术有限公司研制的 JV58115 数据采集模块采集,数据采集模块精度较高,但对于火焰测量,热电偶由于热量损失等问题,其测量值并不是真实燃气温度,需要对热电偶测量值进行热损失修正。

如图 4.47 所示,热电偶测量火焰温度,主要是依靠火焰燃气与热电偶结合点对流换热引起温度变化而产生电动势,对流换热密度表示为

$$q_c = h(T_g - T_{tc}) \tag{4.66}$$

式中,h 为对流换热系数;T_g 为火焰燃气温度;T_{tc} 为热电偶测量值。对于稳态过程中,$q_c = 0$,即 $T_g = T_{tc}$,则要求结合点无热量损失。但是在真实情况下,热电偶热量损失是客观存在的。通过热电偶金属的热传导导致的热量损失,这部分热量较小,并且可以通过将热电偶金属置于火焰等温面(火焰平行面)的方式使热损失最小。

对于高温火焰测量,热电偶最主要的热量损失是与环境的辐射换热造成,其热流密度表示为

$$q_r = \sigma(\varepsilon T_{tc}^4 - \alpha T_s^4) \tag{4.67}$$

式中,σ 为 Stefan – Boltzmann 常数;ε 为热电偶辐射系数;T_s 为环境温度,由于火焰层薄,通常取外围空气温度,$T_s \approx 300$ K;α 为热电偶吸收系数。

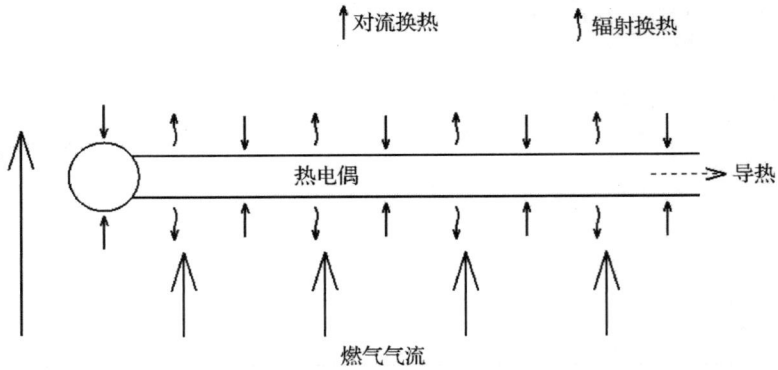

图 4.47　火焰中热电偶传热模型

热电偶达到稳态后,辐射换热导致热量损失是通过对流换热来获取的,即

$$q_r = q_c \qquad (4.68)$$

由此可见,高温火焰中,热电偶辐射换热导致热损失较大,这必然要求$(T_g - T_{tc})$值较大来弥补热损失,因此,热电偶测量高温火焰温度结果较真实值偏低。根据典型工况下火焰燃气传热计算,可估算热损失修正值$(T_g - T_{tc}) = 28.2$ K。本书采用热电偶测量结果热损失修正值与TD-LAS 系统测温结果对比分析。

(4)测量结果分析。本书开展的单激光器系统设计时,为了能使单激光器实现双线策略,放宽了对谱线强度的要求,7 153.748~7 154.354 cm^{-1}谱线对谱线强度较低,同时平面火焰炉直径较小,导致吸收光谱较弱。在实验处理过程中,基线的拟合准确性降低,获得的吸收光谱数据误差较大,对于单激光器 SDAS 测温来说,数据处理过程对实验结果的影响较大。

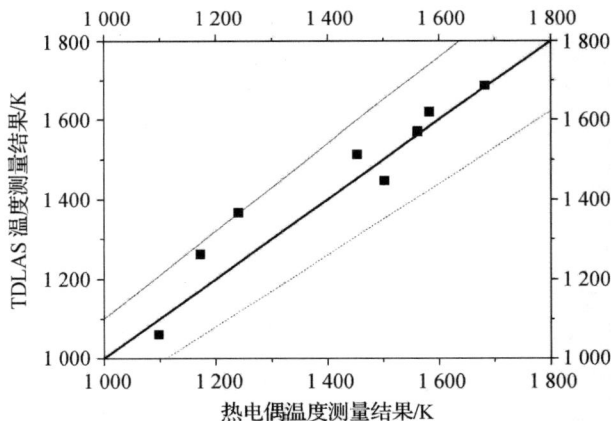

图 4.48　TDLAS 与热电偶测温结果比较

将 8 个工况下 TDLAS 系统和热电偶测量热损失修正值进行对比,如图 4.48 所示,最大误差为 125 K(9.2%),图中虚线内为热电偶测量值±10%温度范围,可知,该实验条件下,利用单激光器 SDAS 系统可对高温燃气开展温度测量,但是,由于光程较低,且吸收较弱,SDAS 技术获取H_2O吸收光谱误差较大,由此造成测量结果与热电偶测量热损失修正值相对偏差较大。

4.6.3　双激光器 SDAS – TDM 系统测温实验验证

利用 1 392＋1 343 nm 双激光器搭建 SDAS – TDM 系统,双线谱线对为 7 185.597～(7 444.352＋7 444.371) cm^{-1},利用平面火焰炉开展双激光器 SDAS – TDM 系统测温实验验证。

1. TDLAS 系统

如图 4.49 所示,为双激光器 SDAS – TDM 系统平面火焰炉测温实验系统示意图,利用双通道信号发生器(Tektonix AFG3022B)产生交错锯齿波(CH1:0～1.5 V;CH2:0～2.0 V;F＝1 kHz)控制激光控制器(ILXLightwave Inc LDC – 3900;CH1:30.4℃,0 mA;CH2:26.1℃,0 mA)输出电流,从而调制 DFB 半导体激光器(NTT Electronics Corporation;CH1:1 343 nm;CH2:1 392 nm)。激光器输出激光利用 2×1 耦合器耦合,通过光纤传输至平面火焰炉实验系统后,利用 1×2[(10%)/(90%)]光纤分路器分为两束光:一束(10%)由自由光谱范围为 1.5GHz 的标准具(ThorsLab SA2000 – 12A)接收,用来监控激光相对波长变化;另一束(90%)由准直器发射,经直径 60 mm 的 Mckenna 平面火焰炉(LaVisionUK Ltd)15 mm 高度火焰,由探测器(ThorLab PDA50B – EC)接收。探测器电压信号由数据采集系统(NI PXI – 1042,1 000 kHz)记录。平面火焰炉 15 mm 高度处火焰温度通过 S 型热电偶(北京航天鼎盛 DSRP – 3309)测量。实验中,通过调节平面火焰炉当量比与气体流量获得不同的标准燃气工况,燃气温度仍由热电偶测量结果热损失修正得到。

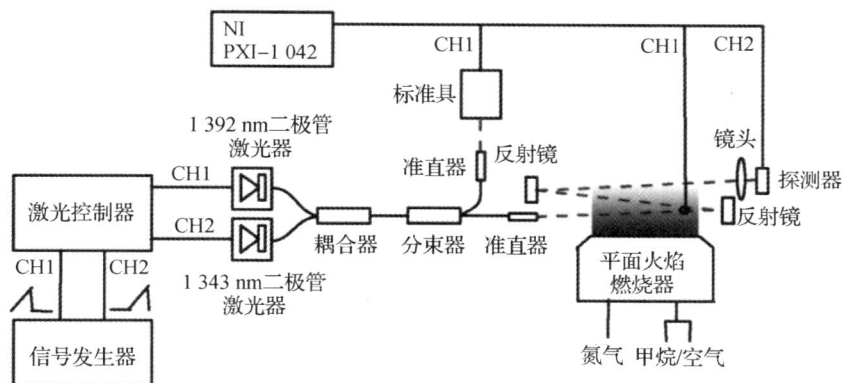

图 4.49　双激光器 SDAS – TDM 系统平面火焰炉测温实验系统

2. 平面火焰炉实验系统

平面火焰炉实验光学系统如图 4.50 和图 4.51 所示,激光通过光纤传输至平面炉,利用准直器准直后进入待测平面炉燃气区域,经平面镜多次反射后,由凸透镜汇聚于探测器接收。为消除环境中 H_2O 对测量结果的影响,将光学实验系统置于有机玻璃罩空间内,并将空间内通入 N_2。有机玻璃罩平面火焰炉上方开圆孔,放置石英玻璃管排出燃气,并在石英玻璃管上设置 S 型热电偶对距离火焰 15 mm 平面燃气开展温度测量。实验中,由于利用四个平面镜反射,有效光程增加到原来的三倍。

图 4.50　平面炉实验系统实物图

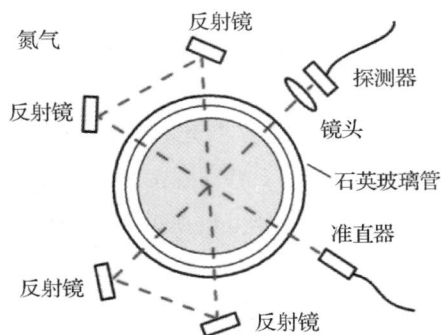

(a)　　　　　　　　　　　(b)

图 4.51 平面火焰炉实验光学系统

(a)光学系统示意图；(b)实物图

3. 实验结果与分析

(1)标准具数据处理。标准具信号如图 4.52 所示,读取干涉条纹峰值时间,以调制电压最大点处对应的时间和相对波长零点,并对其开展五阶多项式拟合,获得如图 4.53 所示调制时间与激光相对频率的对应关系。

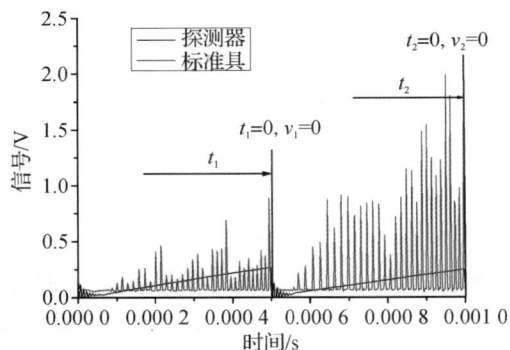

图 4.52　标准具信号

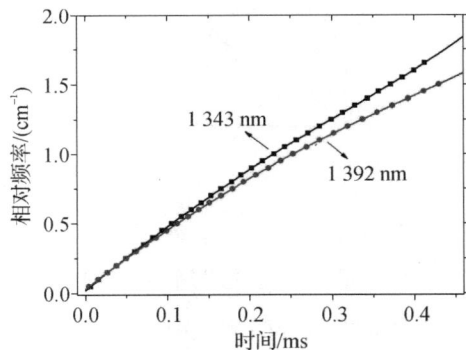

图 4.53　波长相对变化拟合曲线

(2)平面火焰炉实验工况。实验通过调节平面火焰炉 CH_4、空气流量和当量比,实现对燃气状态的调节。平面火焰炉实验工况如表 4.9 所示,其中,15 mm 高度火焰燃气温度通过热电偶测量热损失修正得到。

（3）吸收光谱数据处理。如图 4.54 所示为工况 3 探测器 1 s 内时均数据，根据调制时间与相对波长变化的关系，通过零吸收基线拟合可计算出双线谱线中心附近吸收光谱如图 4.55 所示。由于燃烧环境下，分子吸收光谱符合 Voigt 线型函数，因此，可通过 Voigt 线型函数拟合得到双线的积分吸收率，由谱线强度之比与温度的对应关系，便可推断燃气温度。

表 4.9　平面火焰炉实验工况与标准燃气参数

No.	CH_4 流量/($L \cdot min^{-1}$)	空气流量/($L \cdot min^{-1}$)	热电偶测温修正值/K
1	1.30	14.0	1 011.5
2	1.50	15.0	1 148.6
3	1.60	17.0	1 319.1
4	2.10	22.0	1 332.9
5	2.60	28.0	1 396.8
6	3.00	32.0	1 538.4
7	4.00	42.0	1 598.3
8	5.00	50.0	1 633.0

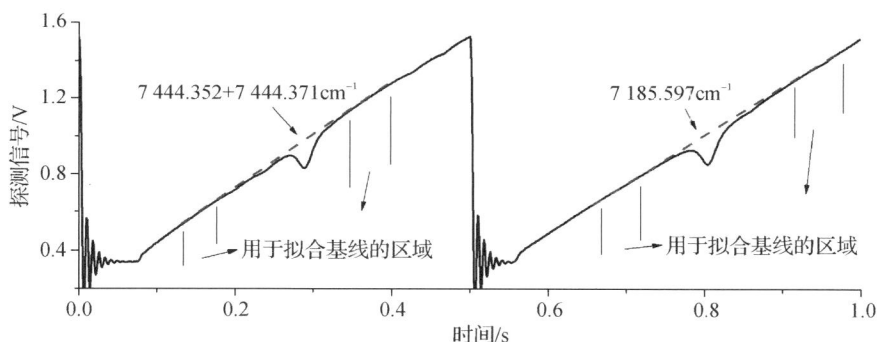

图 4.54　探测器信号及其处理

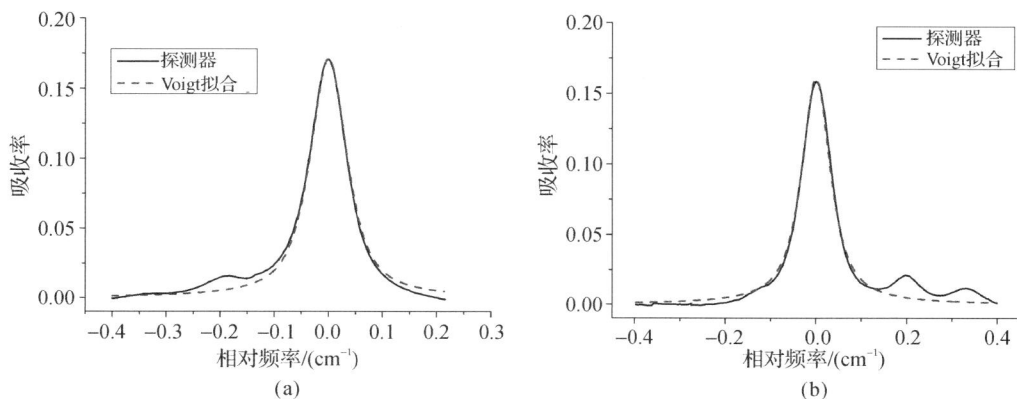

图 4.55　实验获得吸收光谱及其伏依特拟合

(a)7 185.597 cm^{-1};(b)(7 444.352＋7 444.371) cm^{-1}

(4)测量结果对比分析。将 8 个工况下 TDLAS 系统和热电偶测量热损失修正值进行对比,结果如图 4.56 所示,最大误差为 77.8 K(4.86%),图中虚线内为热电偶测量值±5%温度范围,可知,该实验条件下,利用双激光器 SDAS－TDM 系统可对高温燃气开展温度测量,测温结果与热电偶测量热损失修正值对比,相对偏差不超过 5%。

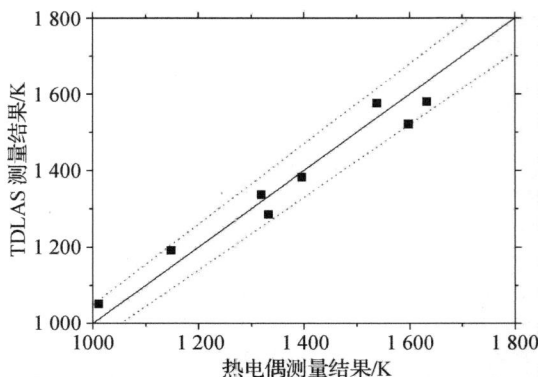

图 4.56　TDLAS 与热电偶测温结果比较

4.7　TDLAS 技术典型应用实例

4.7.1　组合冲压发动机来流参数测量

由于组合冲压发动机直连式地面实验系统较为复杂,在开展 TDLAS 技术参数测量应用前,应对 TDLAS 系统与组合冲压发动机实验系统的协同工作开展实验验证。来流热试实验是组合冲压发动机系统调试的基础实验,仅加热火箭工作,发动机内流场仅存在流动现象,流场较为简单均匀,通常用作实验发动机系统、供给系统和测试系统的联调,以验证各系统工作正常,因此,采用来流热试实验作为利用 TDLAS 技术开展组合冲压发动机来流参数测量的验证实验。

1. TDLAS 系统

如图 4.57 所示,为了开展发动机出口参数测量,本书使用(1 392＋1 395)nm 双激光器双交叉光束 SDAS－TDM 系统。利用双通道信号发生器(Tektonix AFG3022B)产生相位差180°的三角波(CH1:高电平 4 V,低电平 0 V,频率 1 kHz;CH2:高电平 1.4 V,低电平 0 V,频率 1 kHz),交替调制两个激光控制器(CH1:ILXLightwave Inc LDC－3724B,控制温度:25.43℃,控制电流:0 mA;CH2:ILXLightwave Inc LDC－3900,控制温度:26.75℃,控制电流:0 mA)输出电流,从而实现调制两个 DFB 半导体激光器(CH1:1 395 nm;CH2:1 392 nm,NTT Electronics Corporation)。两个激光器输出激光经过 2×1 光纤耦合器耦合,经光纤传输至发动机实验现场,再经 1×2 光纤分路器,由准直器输出成 70°夹角的交叉激光束,经待测流场由探测器(InGaAs,ϕ2mm)接收,激光光强信号转换为电信号,经电缆传输,由数据采集系统(NI PXI－1042,采样频率:1 000 kHz)记录并存储。调制激光相对频率随时间变化关系可在实验前由自由光谱范围为 1.5 GHz 的标准具(ThorsLab SA2000－12A)分析得到。此外,

为消除环境中 H_2O 的影响,利用 N_2 进行吹除。

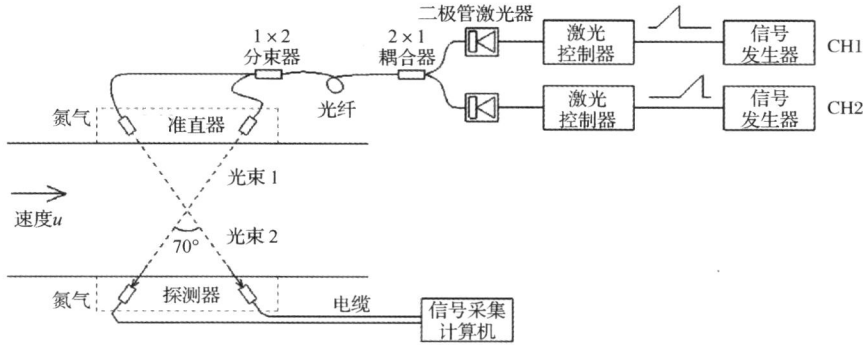

图 4.57　扫描波长方法交叉光束 TDM 系统示意图

2. 实验系统与工况

为了验证 TDLAS 系统对压发动机参数测量的可行性,开展了来流热试实验参数测量。如图 4.58 所示,为了测量组合冲压发动机出口气流参数,在发动机出口处加工安装测量段以固定 TDLAS 交叉光束系统中的准直器和探测器。

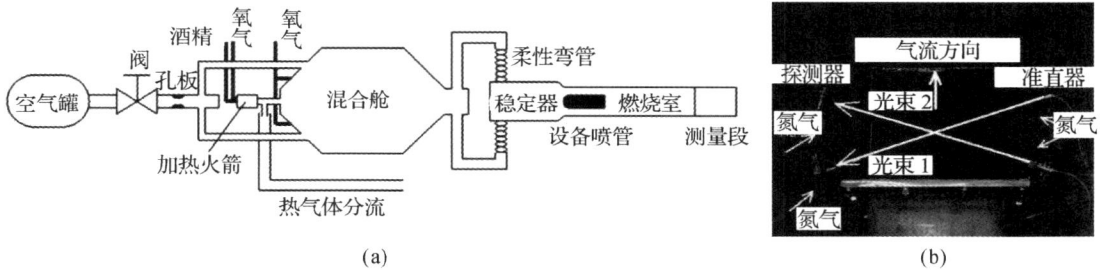

(a)　　　　　　　　　　　　　(b)

图 4.58 组合冲压发动机地面实验系统

(a)系统示意图;(b)测量段实物图

在来流热试实验中,加热火箭燃气通过溢流喷管按一定比例进入混合器与干燥空气混合,并补足一定量 O_2,混合气通过悬臂软管,经设备喷管,进入发动机燃烧室内流场,以模拟发动机真实飞行状态下来流状态参数。实验时序及工况参数如图 4.59 所示,其中,以打开空气阀时间为 0 s 时刻,空气质量流量为 3 766.7 g/s,2.5 s 时刻加热火箭开始工作,酒精燃料流量为 222.3 g/s,O_2 质量流量为 185.0 g/s,经溢流喷管,燃气以 141.8 g/s 质量流量进入混合器,并补足 202.8 g/s 质量流量的 O_2。

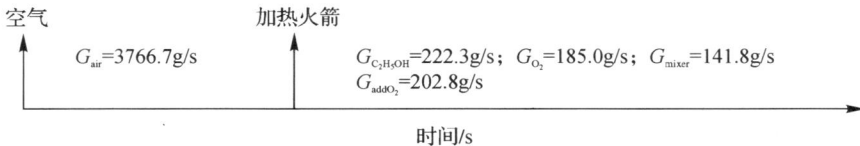

图 4.59　实验工况参数及时序图

3. 实验结果分析

(1)激光相对频率随时间变化关系。实验前,利用标准具研究调制激光相对频率随时间变化关系,标准具信号如图 4.60 所示,按四次多项式拟合便可确定激光相对频率变化随时间的变化关系。如图 4.61 所示,其中时间零点为各调制周期内,三角波调制该激光器的开始时间。

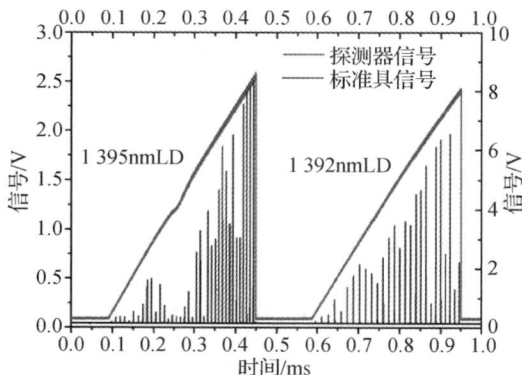

图 4.60 标准具信号

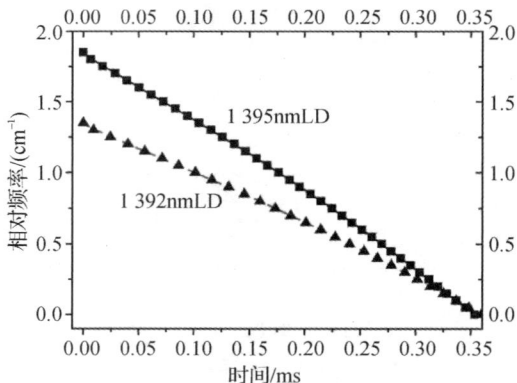

图 4.61 标准具信号峰值位置拟合结果

(2)典型时刻实验曲线。根据实验时序可知,实验开始 0~2.5 s 时间内,干燥空气进入发动机流道,此时,流道中无 H_2O 存在,因此探测器信号无吸收,如图 4.62(a)所示。当加热火箭工作时,酒精燃料燃烧产生 H_2O,可见探测器信号出现吸收,如图 4.62(b)所示。此外,在图 4.62(b)中除可见吸收外,曲线还存在抖动,这是由于发动机实验剧烈震动导致的激光校准偏移以及流场密度变化导致的光折射变化引起。在数据处理过程中,可通过对一定时间内取时均的方法消除此类干扰。

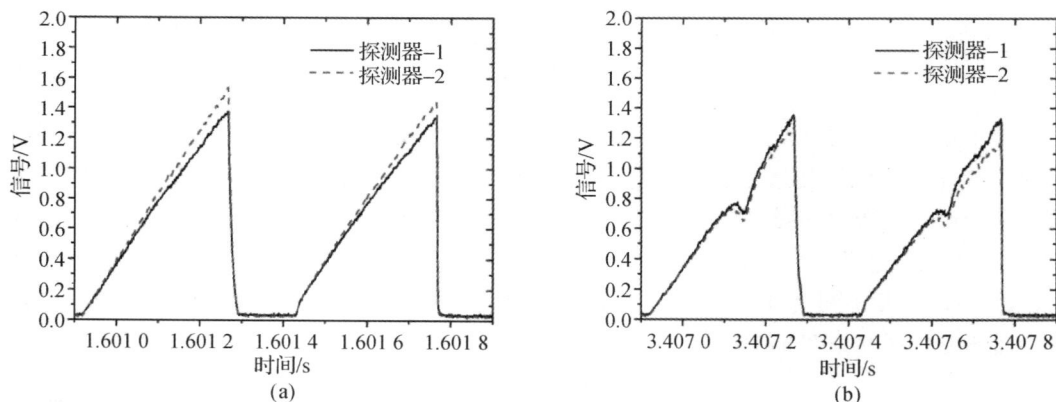

(a)

(b)

图 4.62 典型时刻探测器信号曲线

(a)干燥空气;(b)加热火箭工作

(3)燃气参数测量结果。对加热火箭稳定工作 100 ms(100 个调制周期)时间内,探测器信号时均处理,如图 4.63 所示。通过零吸收基线拟合的方法获得双谱线中心附近吸收光谱,由于发动机实验环境下,吸收光谱符合 Voigt 线型函数分布,因此,对实验获得的吸收光谱开展 Voigt 函数拟合,如图 4.64 所示为双激光束双谱线吸收光谱伏依特函数拟合结果曲线。由此便可得到各光束各谱线吸收光谱参数,如表 4.10 所示。

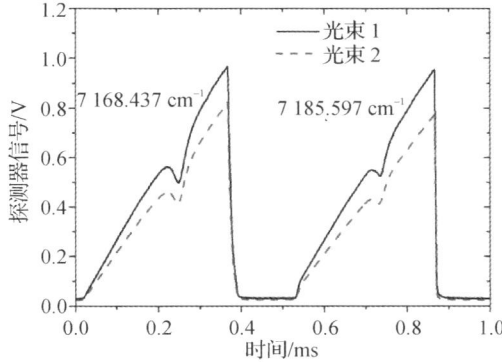

图 4.63　加热火箭稳定工作 100 ms 内时均处理曲线

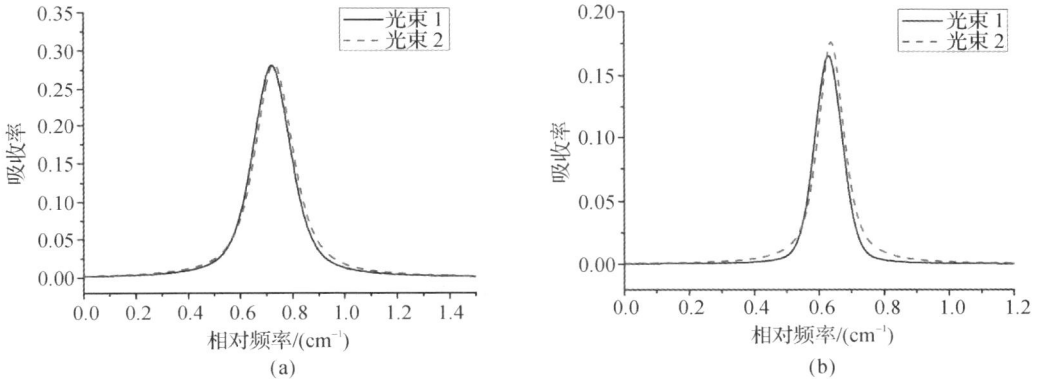

图 4.64　双激光束吸收光谱伏依特函数拟合结果

(a)7 168.437cm^{-1};(b)7 185.597cm^{-1}

表 4.10　实验测量吸收光谱参数

激光频率 cm^{-1}	激光光束	吸收率	谱线中心 cm^{-1}	多普勒频移量 cm^{-1}
7 168.437	1	6.257×10^{-2}	0.720 69	8.80×10^{-3}
	2	6.631×10^{-2}	0.729 49	
7 185.597	1	1.933×10^{-2}	0.630 09	7.82×10^{-3}
	2	2.298×10^{-2}	0.637 91	

根据这些吸收光谱参数,便可分析出燃气静温、H_2O 组分浓度和气流速度参数,如表 4.11 所示,分析如下:

(1)温度。根据表 4.10 实验测量吸收光谱参数,由双线积分吸收率比值与温度的单值函数关系可得,激光束 1 双线测量温度值为 460.7 K,激光束 2 测量温度值为 481.0 K。根据实验工况下的来流热试实验数值模拟计算,温度计算结果为510.0K,可知,激光束1和2相对于参考值510.0 K的相对偏差分别为9.67%和5.69%。

(2)H_2O组分浓度。激光束1中,根据7 168.437 cm^{-1}和7 185.597 cm^{-1}双谱线积分吸收率可计算H_2O组分浓度,分别为2.654%和2.650%;激光束2中,根据7 168.437 cm^{-1}和7 185.597 cm^{-1}双谱线积分吸收率可计算H_2O组分浓度,分别为3.060%和3.060%。

利用最小吉布斯自由能法开展本书实验工况下的热力计算结果,可得H_2O组分浓度参考值为2.495%。因此,四组测量值相对参考值的相对偏差分别为:6.37%,6.21%,22.65%和22.65%。由于H_2O组分浓度本身较小,且利用单线分析无法消除系统引起的误差,因此测量值相对参考值的相对偏差较大。

(3)气流速度。根据多普勒频移量可得,7 168.437 cm^{-1}和7 185.597 cm^{-1}双谱线气流速度测量值分别为321.0 m/s和284.6 m/s。相对于CFD计算结果298.1 m/s的相对差值为7.68%和4.53%。

表4.11 实验参数测量结果与理论计算对比分析

参数	激光频率	激光光束	测量结果	参考值	相对偏差
温度 T		1	460.7 K	510.0 K	9.67%
		2	481.0 K		5.69%
H_2O分子浓度 X_{H2O}	7 168.437	1	2.654%	2.495%	6.37%
		2	3.060%		22.65%
	7 168.437	1	2.650%		6.21%
		2	3.060%		22.65%
速度 u	7 168.437		321.0 m/s	298.1 m/s	7.65%
	7 168.437		284.6 m/s		4.53%

4.7.2 组合冲压发动机出口燃气参数测量

组合冲压发动机出口燃气参数可有效表征发动机内部燃烧情况,是评估燃烧效率的关键参数。本节主要介绍应用双交叉光束1 343 nm与1 392 nm双激光器SDAS-TDM系统开展组合冲压发动机出口燃气温度、H_2O组分浓度和速度参数同时在线测量实验。

1. TDLAS测量系统

采用扫描波长-时分复用策略设计了双交叉双线TDLAS系统,如图4.65所示。利用双通道信号发生器(Tektonix AFG3022B)产生交错锯齿波(CH1:0~1.5 V;CH2:0~2.0 V;$f=1$ kHz)控制激光控制器(ILXLightwave Inc LDC-3900;CH1:30.2℃,0 mA;CH2:26.1℃,0 mA)输出电流,从而调制二极管激光器(NTT Electronics Corporation;CH1:1 343 nm;CH2:1 392 nm)。激光器输出激光经2×1耦合器耦合后,通过光纤传输至实验现场后,再由1×2分路器形成两束激光,经准直器准直后交叉通过待测流场,再经凸透镜后由探测器接收,其中光束 1 垂直于流场方向,光束 2 与光束 1 成 30°夹角。探测器电压信号由数据采集系统(NI PXI - 1042, 1 000 kHz)记录。

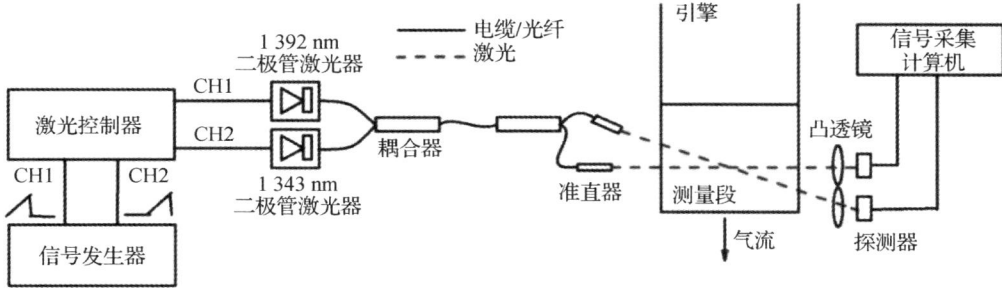

图 4.65　交叉光束扫描波长-时分复用 TDLAS 系统

2. 实验结果与分析

(1)典型工况发动机燃气温度测量结果与分析。交叉光速扫描波长 TDLAS 系统测量实验的发动机实验控制时序如图 4.66 所示。以空气阀打开时刻为时间零点,5.0 s 时刻加热火箭点火工作,二次燃料 6.5 s 时刻喷入,7.0 s 时刻一次火箭点火工作,实验发动机稳定工作3.0 s 后,于 10.0 s 时刻关机,于 12.0 s 时刻关闭空气阀,完成实验。

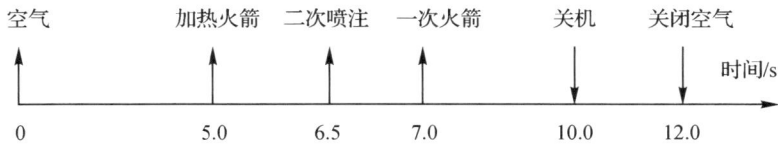

图 4.66　典型实验工况时序控制图

对实验数据进行时均处理,不同时间段探测器信号如图 4.67 所示。由此可见,地面实验系统空气阀打开,干燥空气进入流道中,因为无 H_2O 存在,未出现吸收信号;而当加热火箭工作时,燃料燃烧加热空气,流道中出现 H_2O,出现吸收信号,但较弱;在实验发动机正常工作后,大量燃料燃烧转化为发动机动力,流道中 H_2O 浓度急剧增高,吸收信号明显加强。

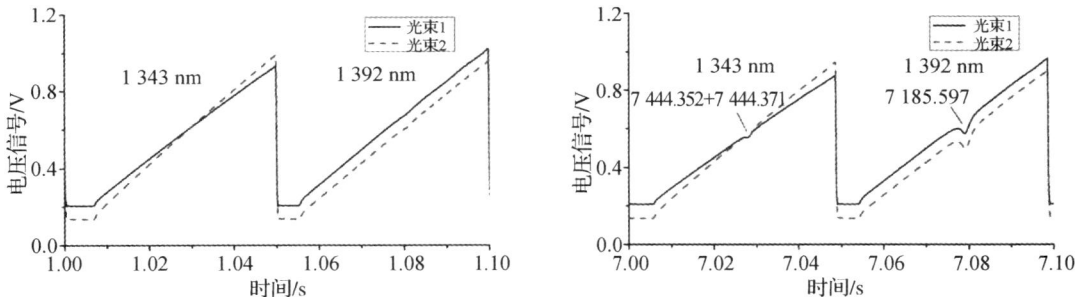

图 4.67　发动机典型工作状态探测器数据

(a)空气阶段;(b)加热火箭工作阶段

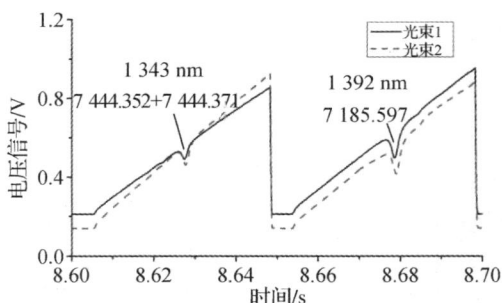

续图 4.67　发动机典型工作状态探测器数据

(c)发动机工作阶段

对光束 1 探测器数据进行处理,根据双线积分吸收率之比与温度的对应关系,得到温度随时间的变化曲线,如图 4.68 所示。对于复杂的发动机燃烧流场,燃烧参数测量结果常用 CFD 计算结果校验其准确性。在实验工况下,开展组合冲压发动机 CFD 计算,将 TDLAS 测量温度与 CFD 计算值对比,如表 4.12 所示。TDLAS 技术测量值比 CFD 计算值低,这是因为 CFD 计算采用较多理想条件假设,并且壁面采用绝热边界,计算结果会比真实值偏高。此外对于 TDLAS 技术,由于测量结果为光程上的积分平均值,且由于边界层与环境光路的影响,测量结果将比真实值偏低。虽然 TDLAS 测量结果比 CFD 计算结果偏低,但是对于燃烧组织与发动机结构优化仍然具有参考价值。

表 4.12　参数测量结果与数值模拟计算结果对比

TDLAS 测量	CFD 计算	相对差值	相对偏差
892.8 K	1 002.1 K	109.3 K	10.91%

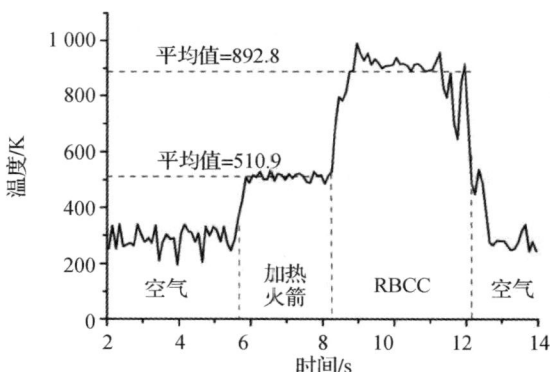

图 4.68　发动机出口燃气温度测量结果

(2)典型工况不同二次燃料喷注方式燃气温度测量结果分析。利用交叉光速扫描波长 TDLAS 系统垂直流动光路开展不同喷注方式羽流温度测量实验,实验控制时序如图 4.69 所示。以空气阀打开时刻为时间零点,空气阀打开后稳定 3 s 之后加热火箭点火,加热火箭点火成功后稳定 1.5 s 左右一次火箭工作,同时二次燃料喷注。二次燃料喷注时序工况为:首先燃料支板以 220 g/s 流量喷注 1.5 s,然后以 190 g/s 流量喷注 1.5 s,后变为 160 g/s 流量喷注 1.5 s,之后保持燃料支板喷注流量不变,增加 60g/s 总流量的上下壁面喷注 0.52s。

主火箭关闭后二次燃料自持燃烧 1.5 s,之后加热火箭停止工作,同时二次燃料停止喷注,完成实验。

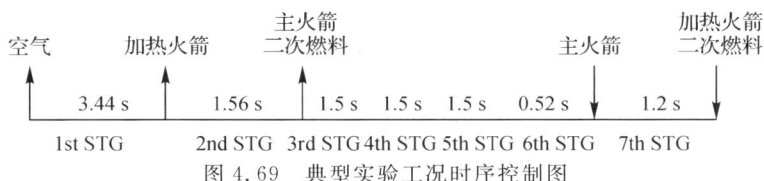

图 4.69　典型实验工况时序控制图

上述实验温度测量结果如图 4.70 所示,在加热火箭工作阶段,TDLAS 温度测量值约为 890 K。主火箭及燃料支板喷注二次燃料工作后,TDLAS 探测信号受到较大影响,随着喷注流量的降低,温度波动减小,第五阶段燃料支板喷注流量 160 g/s 时,TDLAS 温度测量值约为 1 390 K。主火箭关闭后,燃料支板喷注流量 160 g/s,上下壁面流量 60 g/s 二次燃料形成较为稳定的自持燃烧,从测量得到的温度曲线可以看出,该阶段出口温度较为稳定,仅有小幅震荡,均值约为 1 200 K。

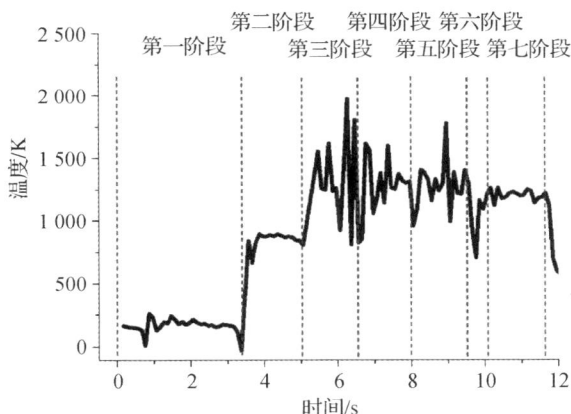

图 4.70　发动机出口燃气温度测量结果

4.8　小　　结

碳氢燃料燃烧是航空发动机、冲压发动机、火箭发动机等动力装置的主要能量来源,通常高速来流情况下极短时间内完成燃料的喷射、掺混、雾化、点火以及稳定燃烧,最大限度地将化学能转化为动能。发动机高速燃烧流场的特征通常利用温度、压强和流场速度参数来描述,以此表征发动机的工作状态;而燃气组分浓度分布则是了解发动机内部燃烧过程、评价燃烧效率的重要依据。可调谐半导体激光器吸收光谱技术(Tunable Diode Laser Absorption Spectroscopy,TDLAS)以其对于碳氢燃料燃烧参数测量具有系统简单可靠和多参数实时在线测量的优势而成为燃烧诊断研究热点之一。针对温度、目标组分浓度、速度、密度、流量和推力参数测量,TDLAS 技术迅速发展,并广泛应用于微重力火焰、涡轮发动机、内燃机、火箭发动机、脉冲爆震发动机、等离子发动机与超燃冲压发动机燃烧参数测量,为了解发动机复杂燃烧过程、燃烧诊断等提供重要实验数据参考,并且具有非接触、简单可靠、可远程操作控制、环境适应性好等优势,特别是还可与层析技术实现燃烧场的空间分辨测量。

第 5 章　拉曼和瑞利散射

自发拉曼散射方法是燃烧温度和组分测量的一种激光诊断方法,具有的准确空间分辨能力,在 20 世纪 60 年代末和 70 年代初已经受到关注。本章主要介绍自发拉曼散射方法,同时也介绍瑞利散射方法。本章将首先关注拉曼散射和瑞利散射的理论,从理论的角度说明其产生根源;介绍选择定则(哪些跃迁是允许的)是如何产生的,跃迁的谱线在何处,强度如何,这些内容是燃烧诊断的基础,将解释与温度和浓度有函数关系的拉曼光谱是如何预示的。然后介绍拉曼测量的实验方法、可能出现的干扰及干扰的排除方法,研究其在燃烧中的实际应用。

5.1　拉曼散射的基本概念

5.1.1　拉曼效应

散射是自然界的普遍现象。当入射粒子沿某一方向击中靶物质后,由于粒子和靶物质之间的相互作用,若入射粒子的运动方向甚至是能量发生了变化,说明发生了散射。利用散射实验来研究物质的内部结构和运动,是揭示宏观和微观特性和运动规律的一种重要手段。

当一束入射光与靶物质发生碰撞时,光子改变运动方向,产生散射光。大部分散射光频率不变,即为弹性散射。根据靶物质(散射微粒)的几何尺度不同,日常观测到的主要弹射散射是米散射(Mie Scattering)和瑞利散射(Rayleigh Scattering)。当散射微粒的直径与入射光的波长接近甚至更大时,产生米散射。散射光强度及其分布与入射光强度和颗粒的粒度有关,因此米散射是颗粒粒度测量和 PIV 等技术的物理学基础。当散射微粒的直径远小于光波波长时,会产生瑞利散射,瑞利散射的强度与入射光的波长的四次方成反比,同时与微粒的数密度相关,可用于介质的密度测量。

除了弹性散射之外,当激光照射到物质上时会发生非弹性散射,散射光中除有与入射激光波长相同的弹性成分(瑞利散射)外,还有比入射激光波长长的和短的成分,后一现象统称为拉曼效应(Raman effect)。由分子振动、固体中的光学声子等元激发与激发光相互作用产生的非弹性散射称为拉曼散射,一般把由瑞利散射和拉曼散射合起来所形成的光谱称为拉曼光谱。

由于拉曼散射信号非常弱,所以一直到 1928 年才被印度加尔各答大学的物理学家拉曼(C. V. Raman)等人所发现。他们在用汞灯的单色光来照射某些液体时,在液体的散射光中观测到频率低于入射光频率的新谱线。在拉曼等人宣布了他们的发现的几个月后,苏联物理学家兰德斯别尔格(Landsberg)等也独立地报道了晶体中的这种效应的存在。为了表彰拉曼对物理学发展的光线,拉曼获得了 1930 年诺贝尔物理学奖。

频率为 ν_0 的单色光入射到几何尺度远小于波长的分子后,分子会产生频率为 $\nu_r = \nu_0 \pm \Delta\nu$ 的非弹性散射,此即拉曼散射($\Delta\nu$ 称为拉曼频移)。这种过程是在 10^{-12} s(或更短)的时间内瞬时发生的,通常用可见波段激光器。在拍得的散射光谱中,激发线处频率为 ν_0 的弹性散射谱线称为瑞利线,它的强度最强。激发线低频一侧,频率为($\nu_0 - \Delta\nu$)的线叫斯托克斯线(红伴线),其强度约为瑞利线的几万分之一至上万分之一。而高频一侧,频率为($\nu_0 + \Delta\nu$)的线叫反斯托克斯线(紫伴线),它的强度又要比斯托克斯线弱得多。瑞利散射信号强,但因来自所有气体组分的瑞利散射落到与入射光束同样的光谱区,故不能用来区分单个的气体组分。

拉曼频率及强度、偏振等标志着散射物质的性质。从这些资料可以导出物质结构及物质组成成分的知识。这就是拉曼光谱具有广泛应用的原因。拉曼效应起源于分子振动(和点阵振动)与转动,因此从拉曼光谱中可以得到分子振动能级(点阵振动能级)与转动能级结构的知识。

拉曼散射强度是十分微弱的,大约为瑞利散射的千分之一。在激光器出现之前,为了得到一幅完善的光谱,往往很费时间。激光器的出现使拉曼光谱学技术发生了很大的变革。

5.1.2　拉曼效应的物理学解释

拉曼效应的机制和荧光现象不同,并不吸收激发光,因此不能用实际的上能级来解释,玻恩和黄昆用虚的上能级概念说明了拉曼效应。图 5.1 说明拉曼效应的一个简化的能级图。

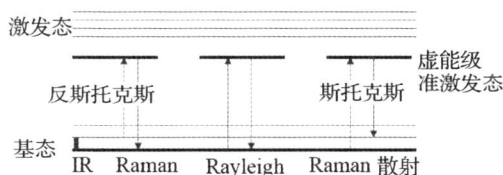

图 5.1　拉曼光谱形成原理图

以振动能级的变化为例,电子基态具有多个振动能级。当受到入射光照射时,激光与分子的作用引起的极化可以看作为虚的吸收,表述为电子跃迁到虚态(Virtual State),虚能级上的电子立即跃迁到下能级而发光,即为散射光。如果仍回到初始的电子态,则有如图 5.1 所示的三种情况。因而散射光中既有与入射光频率相同的谱线,也有与入射光频率不同的谱线,前者称为瑞利线,后者称为拉曼线。在拉曼线中,又把频率小于入射光频率的谱线称为斯托克斯线,而把频率大于入射光频率的谱线称为反斯托克斯线。瑞利线与拉曼线的波数差称为拉曼位移,因此拉曼位移是分子振动能级的直接量度。

需注意的是:

(1)斯托克斯线和反斯托克斯线对称地分布于瑞利线的两侧,这是由于在上述两种情况下分别相应于得到或失去了一个振动量子的能量;

(2)反斯托克斯线的强度远小于斯托克斯的强度,这是由于玻尔兹曼分布,处于振动基态上的粒子数远大于处于振动激发态上的粒子数。

5.1.3　拉曼活性和红外活性

第 4 章介绍了近红外吸收光谱技术,拉曼光谱和红外吸收光谱是两种互补的技术。它们是研究振动光谱的重要手段,而又隶属于不同的机制。拉曼散射是通过分子的极化率的变化(称作拉曼活性)研究分子对称振动、非极性基团的振动,红外吸收则是通过偶极矩的变化(称为红外活性)研究分子不对称针对、极性基团的振动,如图 5.2 所示。一些材料是拉曼活性而红外不活性,则可以通过拉曼光谱测量研究;另一些材料拉曼不活性而红外活性,则可以通过红外光谱测量研究;还有一些材料拉曼光谱和红外吸收两者均活性,则可以同时用这两种方法进行测量比较,获得较全面的信息。

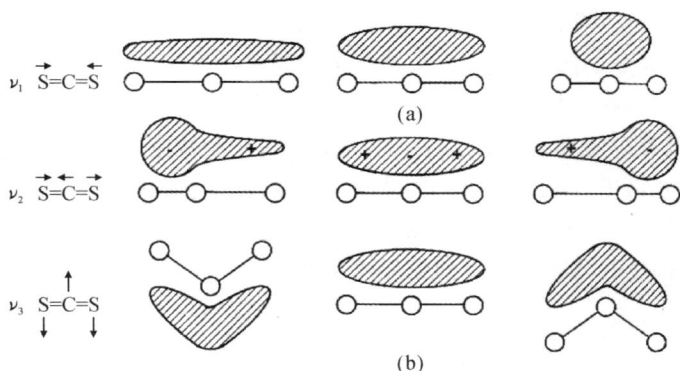

图 5.2　偶极距与极化率的变化
(a)极化率变化而偶极距不变;(b)偶极距变化而极化率不变

5.1.4　拉曼光谱的应用

由于可以通过拉曼光谱分辨分子的振动和转动特征,因此该技术除了可用于测量燃烧过程中的组份浓度和温度之外,还有其他的用途,例如:

(1)材料的确定:无机和有机成分、应力;

(2)腐蚀性产物:不同氧化物的鉴定;

(3)对碳的鉴定:如钻石——CDV 和自然的、无定形碳、碳纤维;

(4)在催化剂和电极表面上的吸附物的鉴定;

(5)用于法庭鉴定:毒品、爆炸物等的探测及鉴定;

(6)对矿物和宝石的鉴定:包括其的特性、包含物、纯度等;

(7)对艺术品的鉴定:油画和材料的鉴定。

本章主要介绍拉曼光谱技术在燃烧诊断中的应用。

5.2　理　　论

5.2.1　散射截面

在介绍散射理论之前,首先介绍散射截面(Scattering Cross Section)的概念。

光散射截面是一个与光散射强度相关的重要物理量。光散射强度与光散射截面的平方成正比关系,因而要了解光散射强度,首先必须研究光散射截面。如图 5.3 所示,一束角频率为 ω_i,功率为 P_i 的激光照射在体积为 V 的透明材料上,垂直于入射光的通光面积为 A,则光散射截面为

$$\sigma = A \frac{P_s}{P_i} \tag{5.1}$$

式中,P_s 是散射光的功率,式(5.1)说明光散射截面是单位入射功率下,在垂直于通光面上接受到的散射光功率,具有面积的量纲。散射截面是由散射介质本身的性质决定的,实际上表示的是入射光与面积 A 内粒子相互作用产生散射的概率。

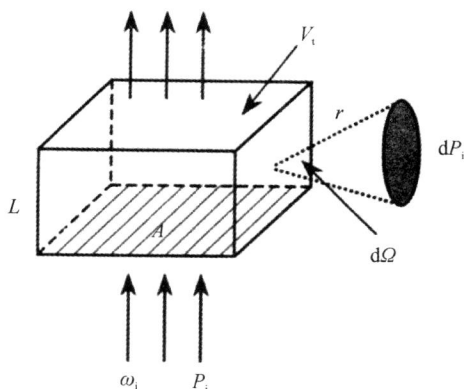

图 5.3　光散射截面示意图

在实验中很少测量散射截面,而往往是测量微分散射截面,对应的是被散射到某个单位立体角内的概率,因此微分散射截面定义为单位立体角的散射截面,即

$$\frac{d\sigma}{d\Omega} = \frac{A}{P_i} \frac{d P_s}{d\Omega} \tag{5.2}$$

式中,$d\Omega$ 为微分立体角;A,P_i 和 $d P_s$ 分别为如图 5.1 所示的通光截面、入射光功率和微分散射功率。总的散射截面是微分散射截面对整个空间的积分,即

$$\sigma = \int \frac{d\sigma}{d\Omega} d\Omega \tag{5.3}$$

以上是考虑体积为 V 的单个散射中心得到的结果。如果考虑 N 个独立的散射中心,则有

$$N = \frac{V_t}{V} = \frac{LA}{V} \tag{5.4}$$

式中,V_t 是总的散射体积;L 是总的散射体积内沿入射光方向的长度,则

$$N \frac{d\sigma}{d\Omega} = N \frac{A}{P_i} \frac{d P_s}{d\Omega} \tag{5.5}$$

$$\frac{LA}{V} \frac{d\sigma}{d\Omega} = N \frac{A}{P_i} \frac{d P_s}{d\Omega} \tag{5.6}$$

因而拉曼散射截面为

$$\sigma_R = \frac{1}{V} \frac{d\sigma}{d\Omega} = \frac{1}{LP_i} \frac{Nd P_s}{d\Omega} \tag{5.7}$$

式(5.7)是具有 N 个独立散射中心的微分散射截面公式,称为拉曼散射截面,其量纲是长度量纲的倒数。

微分散射截面还有其他形式的定义,比如考虑某一能量范围(频率范围)的光的散射,这里不再列出。微分散射截面与感应偶极矩相关,通常通过拉曼微分散射截面反演一些其他的重要参数。

5.2.2　经典方程

在光散射的宏观理论中,主要使用经典电动力学中的电偶极辐射理论作为理论基础,散射体都被模拟成经典的偶极子来进行光散射问题的出题。本章主要关注分子的散射,分子的光散射源于分子中原子(或离子)在其平衡位置的振动。

在第 2 章中介绍过，瑞利和拉曼散射起源于介质被入射光的电场极化而诱导产生的振荡偶极矩 $\tilde{p}$（感应偶极矩），当入射光不算太强时，感应偶极矩与入射光电场呈线性关系：

$$\boldsymbol{p} = \alpha \varepsilon_0 \boldsymbol{E} \tag{5.8}$$

式中，极化率 α 反映了介质本身的性质，可近似表述为原子核处于平衡位置的静态值，以及在平衡位置单位核位移引起的极化率的变化，如下：

$$\alpha = \alpha_0 + \left(\frac{\partial \alpha}{\partial Q}\right)_0 Q \tag{5.9}$$

式中，$Q = Q_0 \cos(\omega_v t)$。

将式(5.9)代入式(5.8)中，可得

$$\boldsymbol{p} = \left[\alpha_0 + \left(\frac{\partial \alpha}{\partial Q}\right)_0 Q_0 \cos(\omega_v t)\right] \varepsilon_0 \boldsymbol{E}_0 \cos(\omega_0 t) =$$

$$\alpha_0 \boldsymbol{E}_0 \cos(\omega_0 t) + \frac{\boldsymbol{E}_0 Q_0}{2} \left(\frac{\partial \alpha}{\partial Q}\right)_0 \{\cos[(\omega_0 + \omega_v)t] + \cos[(\omega_0 - \omega_v)t]\} \tag{5.10}$$

式中：ω_0 和 ω_v 分别为入射光角频率和分子的振动角频率；Q_0 为分子振动的振幅。

从式(5.10)可以看出，发生光散射时会同时分别产生频率为 ω_0，$(\omega_0 + \omega_v)$ 和 $(\omega_0 + \omega_v)$ 的三种辐射，它们分别就是瑞利散射、斯托克斯和反斯托克斯拉曼散射。

由于 $\boldsymbol{p}$ 和 $\boldsymbol{E}$ 是矢量，通常不在同一个方向上，因此式(5.9)中极化率 α 通常为张量。对于各向同性的分子，例如气体分子，α 将是一个标量。感应偶极矩在三维坐标中的分量写成

$$\left.\begin{array}{l} p_x = \varepsilon_0(\alpha_{xx}E_x + \alpha_{xy}E_y + \alpha_{xz}E_z) \\ p_y = \varepsilon_0(\alpha_{yx}E_x + \alpha_{yy}E_y + \alpha_{yz}E_z) \\ p_z = \varepsilon_0(\alpha_{zx}E_x + \alpha_{zy}E_y + \alpha_{zz}E_z) \end{array}\right\} \tag{5.11}$$

在大多数情况下，张量是对称的，因此

$$\alpha_{yx} = \alpha_{xy}, \alpha_{zx} = \alpha_{xz}, \alpha_{zy} = \alpha_{yz} \tag{5.12}$$

这样剩下 6 个独立的张量分量，每一个分量中包含两项，与式(5.9)一致。极化率张量可以分为两个独立的张量，一个是时间无关的极化率，即原子核处于平衡位置的极化率；另外一个是随时间变化的极化率，包括相对于核坐标的极化率张量导出量。后一个张量称为导出极化率张量（或称为微商极化率张量），一般表示为 α'，决定了振动拉曼散射。瑞利和纯转动拉曼散射产生于静态或平衡极化率。为了统一起见，张量不分开表述。应该注意，当提到瑞利或转动拉曼散射时，我们将使用时间恒定的极化率项构成的张量。

$$\begin{bmatrix} \alpha_{xx} & \alpha_{xy} & \alpha_{xz} \\ \alpha_{yx} & \alpha_{yy} & \alpha_{yz} \\ \alpha_{zx} & \alpha_{zy} & \alpha_{zz} \end{bmatrix} = \begin{bmatrix} \alpha_{0xx} & \alpha_{0xy} & \alpha_{0xz} \\ \alpha_{0yx} & \alpha_{0yy} & \alpha_{0yz} \\ \alpha_{0zx} & \alpha_{0zy} & \alpha_{0zz} \end{bmatrix} + \begin{bmatrix} \alpha'_{xx} & \alpha'_{xy} & \alpha'_{xz} \\ \alpha'_{yx} & \alpha'_{yy} & \alpha'_{yz} \\ \alpha'_{zx} & \alpha'_{zy} & \alpha'_{zz} \end{bmatrix} \tag{5.13}$$

拉曼光谱与光的偏振密切相关，因此，随着入射光和散射光偏振方向的变化，测得的拉曼光谱也会不同。考虑与入射光沿 y 方向行进三维具体情形（见图 5.4），与入射光成 $90°$ 采集散射信号，仅需考虑 y 和 z 方向的感应偶极矩分量。由于振荡偶极子在振动方向没有辐射，x 方向的感应偶极矩这里可以忽略。对于入射光为沿 Z 方向偏振的光：

$$\left.\begin{array}{l} p_y = \varepsilon_0 \alpha_{yz} E_z \\ p_z = \varepsilon_0 \alpha_{zz} E_z \end{array}\right\} \tag{5.14}$$

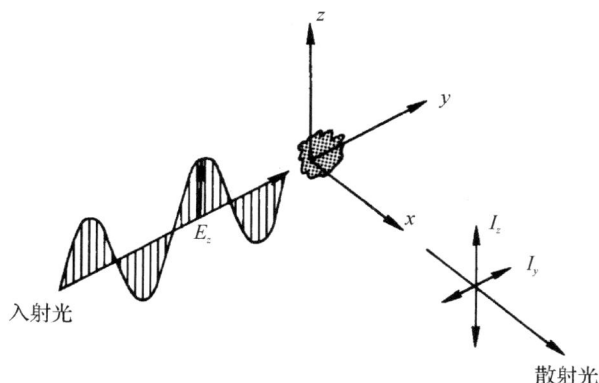

图 5.4　偏振激光入射条件下的拉曼散射

注意 p_y 项将导出沿 y 方向偏振的散射光强度 I_y。引入退偏度表示两个偏振方向的强度比,记为 $\rho_p = I_y/I_z$,下标"p"表示入射光为偏振光。如果是非偏振光或自然光,将使用下标"n"。注意,这里只定义了直角方向的散射。退片度也是一个可测量的参数,与微分散射截面相结合使用,推导一些拉曼散射计算中的重要参数,如振动拉曼光谱的极化率张量导出量。

到目前为止,仅考虑了笛卡儿坐标系中的一些固定取向的分子。在气体中,分子是自由转动和任意取向的,因此,需要对所有分子取向平均。考虑到辐照强(测量方向的能流密度)与极化率张量的二次乘积相关,对于空间无规则取向的分子,常用的极化率张量分量的二次乘积的空间平均值为(这里不具体推导)

$$\overline{(\alpha_{xx})^2} = \overline{(\alpha_{yy})^2} = \overline{(\alpha_{zz})^2} = a^2 + \frac{4}{45}\gamma^2 \tag{5.15}$$

$$\overline{(\alpha_{xy})^2} = \overline{(\alpha_{yz})^2} = \overline{(\alpha_{zx})^2} = \frac{1}{15}\gamma^2 \tag{5.16}$$

式中,a 和 γ 是张量的不变量,分别表示极化率平均值和各向异性率(各向异性的度量),需要说明的是,极化率导出量也有其平均值和各向异性率,即 a'、γ'。

$$a = \frac{1}{3}(\alpha_{xx} + \alpha_{yy} + \alpha_{zz}) \tag{5.17}$$

$$\gamma^2 = \frac{1}{2}\left[(\alpha_{xx} - \alpha_{yy})^2 + (\alpha_{yy} - \alpha_{zz})^2 + (\alpha_{zz} - \alpha_{xx})^2 + 6(\alpha_{xy}^2 + \alpha_{yz}^2 + \alpha_{zx}^2)\right] \tag{5.18}$$

散射光的辐射强度,即每单位立体角的散射功率,与感应偶极矩的平方相关。因此

$$I_{yz}^{\Omega} = \frac{\mathrm{d}P(\frac{\pi}{2})}{\mathrm{d}\Omega} \sim \overline{(\alpha_{yz})^2}E_z^2 = \frac{1}{15}\gamma^2 E_z^2 \tag{5.19}$$

$$I_{zz}^{\Omega} = \frac{\mathrm{d}P(\frac{\pi}{2})}{\mathrm{d}\Omega} \sim \overline{(\alpha_{zz})^2}E_z^2 = \frac{1}{45}(45a^2 + 4\gamma^2)E_z^2 \tag{5.20}$$

式中,用上标 Ω 来表示辐射强度,以区别于辐射度 I(单位面积上的能量流由 Poynting 矢量表示)。辐射强度的下标分别表示散射光和入射光的偏振方向。退偏度 ρ_p 定义为 I_{yz}/I_{zz},因此

$$\rho_p = \frac{3\gamma^2}{45a^2 + 4\gamma^2} \tag{5.21}$$

式中，a 和 γ 的值对于计算不同偏振方向上的辐射强度很重要，但是到目前为止，这两个值如何计算，或者如何获得仍然不清楚。式(5.21)表明退偏度和这两个值有关，另外，微分散射截面也与这两个值相关，通过实验测量得到退偏度和微分散射截面，就可以计算出某一散射介质的 a 和 γ。还有一点很重要，对于振动拉曼散射，式(5.21)中的 a 和 γ 分别是导出极化率张量的不变量，即 a'，γ'。

5.2.3　选择定则

尽管经典电动力学理论能够计算散射强度和退偏特性，但它不能预示不同拉曼散射的相对强度，也不能描述允许的跃迁模式。相对强度和选择定则依赖散射过程的量子力学处理方法，这一点在第 2 章中已经介绍，这里不再赘述，这里只介绍具体的选择定则。

双原子分子形成的线性谐振子，振动拉曼光谱的选择定则为 $\Delta v = 0, \pm 1$。$\Delta v = 1$ 为斯托克斯散射，$\Delta v = -1$ 为反斯托克斯散射。

对于非线性谐振子，振动拉曼光谱的选择定则为

$$\Delta v = 0, \pm 1, \pm 2, \pm 3, \cdots$$

按高阶展开将会出现谐波，由于谐波依赖于极化率的二阶导数项，通常信号非常微弱。事实上，振动拉曼散射的基频信号也很弱，导致探测困难。因此，谐波通常在燃烧诊断方面价值甚微，然而在精细光谱研究中却非常重要。

对于刚性转子的拉曼散射，转动选择定则为

$$\Delta J = 0, \pm 2$$

振-转拉曼散射又具有三个分支，Q 分支($\Delta J = 0$)，S 分支($\Delta J = 2$)和 O 分支($\Delta J = -2$)。Q 分支的强度较 S 和 O 高两个量级，为主要的特征谱线，如图 5.5，图 5.6 和图 5.7 所示。

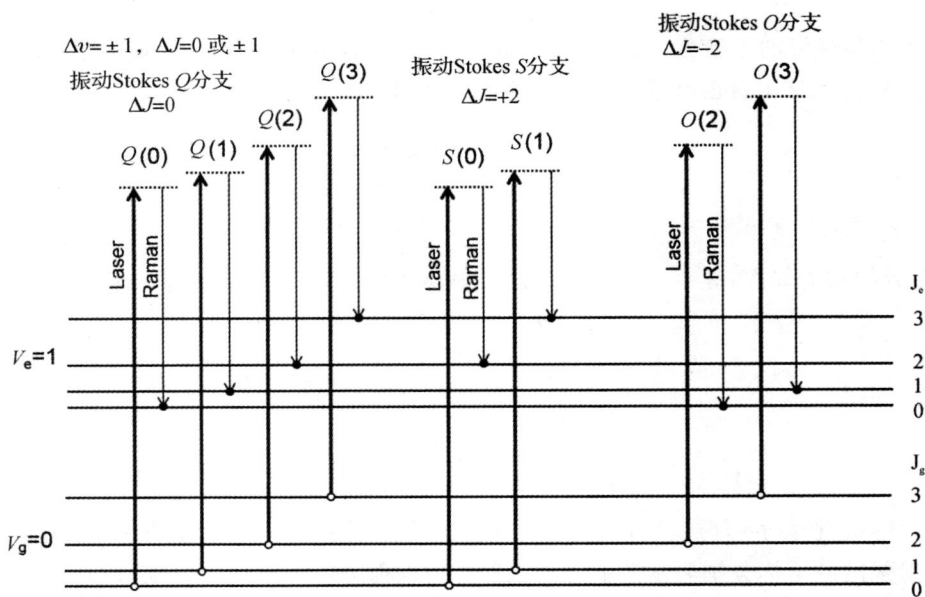

图 5.5　振动拉曼光谱的斯托克斯跃迁

$\Delta v=-1$，$\Delta J=0$ 或 ± 2

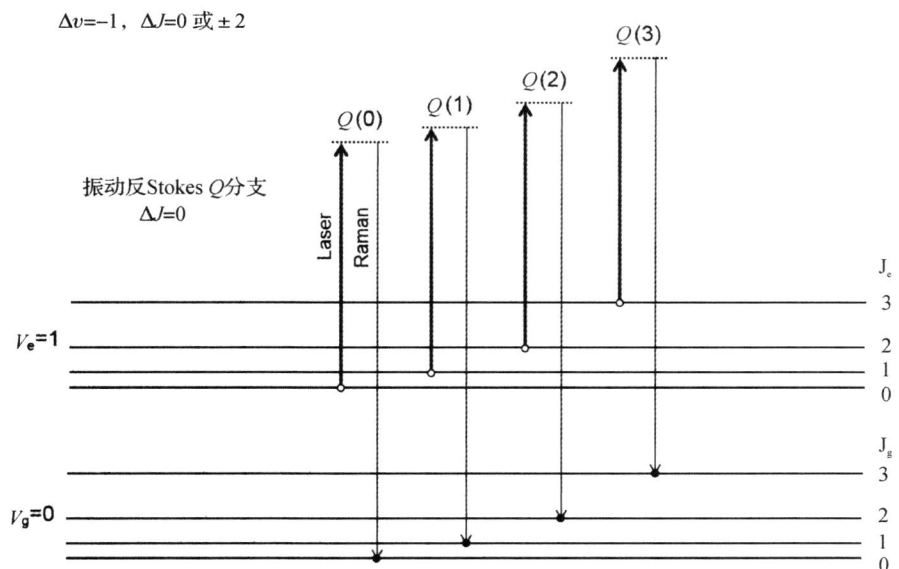

图 5.6　振动拉曼光谱的的反斯托克斯跃迁

$\Delta v=0$，$\Delta J=0$ 或 ± 2

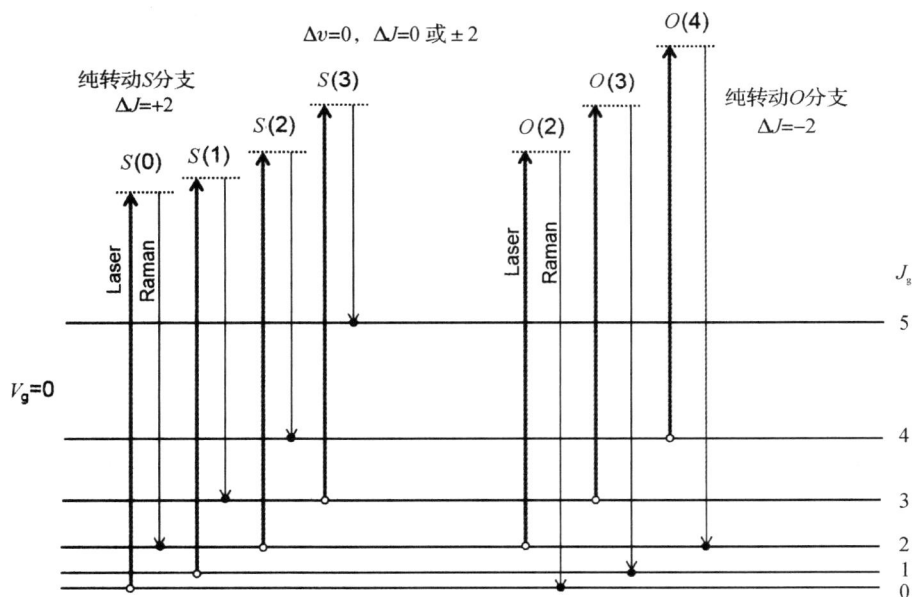

图 5.7　纯转动跃迁

5.2.4　散射强度

由第 2 章的振荡偶极子辐射分析可以得出散射的辐射强度为

$$I_{nm}^{\Omega} = \frac{\pi^2}{2\varepsilon_0 c^3}\ (\nu_0 + \nu_{nm})^4\ p_{nm}^2 N_n = \frac{1}{32\varepsilon_0 c^3 \pi^2}\ (\omega_0 + \omega_{nm})^4\ p_{nm}^2 N_n \qquad (5.22)$$

式中，N_n 是能态 n 时的散射分子数量；ν_{nm} 为拉曼频移，可正可负，依据于 $E_m > E_n$ 还是

$E_m < E_n$；散射强度与频率成四次方关系源自于偶极辐射的本质，在第 2 章中已经介绍；p_{nm} 与入射光场的平方有关，导致散射光的强度与入射光强度或辐射有关。

在后文还会发现，式(5.22)以光子数(能量)或单位时间光子流率(功率)的形式出现。在后文中，光的电磁场用经典方法处理，而处理分子时用到了量子力学方法获得结果。

1. 纯转动散射

首先考虑纯转动拉曼散射。转动拉曼散射产生于处于平衡状态的极化率张量，实际上仅仅来自于它的各向异性项 γ。平均极化率 a 只对瑞利散射有很大贡献，对转动拉曼散射则没有。对于各向异性或球形分子，例如 CH_4，没有产生转动拉曼效应。这也很容易理解，当各向异性分子转动时，入射光"看见"的是相对的极化率。因此，转动时没有分子极化率的变化，不会产生跃迁。

纯自发转动拉曼散射在燃烧诊断中并不常用，多用于研究分子结构。拉曼频移很小，即小于几百波数，通常还多种频率混合，光谱之间的相互干扰和覆盖使得分析困难。由于光谱间隔太小，入射光的分辨也很困难。原子/分子和薄膜滤波器发展对减轻此类问题有帮助。纯转动拉曼散射通常用于简单混合物或某一种成分占主导的情形。令人感兴趣的是，单个跃迁的转动拉曼散射截面通常比振动拉曼大一个数量级。这里，我们将注意力集中到双原子分子，以更清楚地解释问题。而且，燃烧产物中许多感兴趣的组分是双原子分子。对双原子分子的描述对线性多原子分子也适用，同样适用于由对称伸缩运动导致的转-振情形。

对于一个具有 $^1\Sigma$ 电子基态的双原子分子，仅需一个振动量子数 υ 和转子量子数 J 来确定系统能量。纯转动拉曼选择定则是 $\Delta J = \pm 2$(基于量子力学分析)，导致斯托克斯 S 分支($\Delta J = +2$)和反斯托克斯 O 分支($\Delta J = -2$)。散射强度与空间平均的极化率张量分量的平方成正比，即

$$I^\Omega \sim b_{J\pm2,J}\ (\gamma)_0^2 \tag{5.23}$$

这里 $b_{J',J''}$ 称为 Placzek – Teller 函数

$$\left.\begin{aligned}
b_{J+2,J} &= \frac{3(J+1)(J+2)}{2(2J+1)(2J+3)} \\
b_{J-2,J} &= \frac{3J(J-1)}{2(2J+1)(2J-1)} \\
b_{J,J} &= \frac{J(J+1)}{(2J-1)(2J+3)}
\end{aligned}\right\} \tag{5.24}$$

式中，$(\gamma)_0$ 是平衡极化率张量的各向异性项，是产生转动拉曼散射的原因所在。后者系数由出于公式的完整性而列出的，它仅与转-振拉曼散射相关。$\Delta J = +2$ 并没有本质的解。当一个线性分子绕垂直于原子核连线的轴转动时，在转动半周后，出现在相同位置(相对于入射光振荡电场)，如图 5.8 所示。因此，频率(相对于入射光波方位变化)是自由转动频率的两倍，这给了量子力学对于选择原则的物理解释。

对于非线性的多原子分子，有三个惯性矩。如果三个惯性矩不相等，分子将为不对称陀螺；如果其中两个相等，分子为对称陀螺；如果三个值都相等，分子是球形分子。这其中最重要的情况是对称陀螺，在此情况下，除了转动量子数 J 之外，转动量子数 K 被引入，K 是 J 沿分子对称方向的分量。当然，K 不会超过 J，并且限制为整数 $J, J-1, J-2, \cdots, 0, -J$。在这种情况下，除 $\Delta J = 0, \pm 2$ 之外，ΔJ 也可以等于 ± 1(当 $K \neq 0$ 时)，还有另外一个规则 $\Delta K = 0$。如果存在振动简并，附加的选择定则源自于 ΔK。

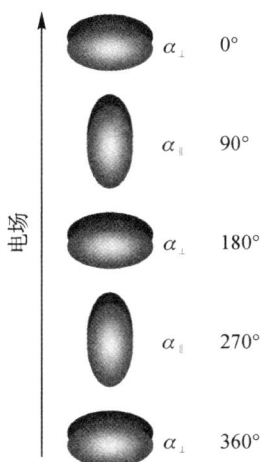

图 5.8 转动拉曼散射

2. 振-转拉曼散射

振-转拉曼散射与燃烧诊断的关系更紧密。对于超过两个原子的分子,并不是所有的正则振动模式都具有拉曼活性。在一个对称的线性三原子分子内,仅仅对称伸缩振动模式是具有拉曼活性的,如图 5.9 所示。而弯曲扰动和非对称伸缩不具备拉曼活性。在非线性原子分子中,所有正常振荡型都具有拉曼活性。

图 5.9 一些简单结构分子的拉曼和红外活性

振动拉曼散射的强度依赖于矩阵元的积分。基于 Placzek 的极化率理论，极化率矩阵元等于

$$\alpha_{nm} = \left(\frac{\partial \alpha}{\partial Q}\right)_0 (\upsilon + 1)^{1/2} \left(\frac{h}{4\pi m \omega_k}\right)^{1/2} \quad \Delta \upsilon = +1$$

$$\alpha_{nm} = \left(\frac{\partial \alpha}{\partial Q}\right)_0 \upsilon^{1/2} \left(\frac{h}{4\pi m \omega_k}\right)^{1/2} \quad \Delta \upsilon = -1 \tag{5.25}$$

式中，ω_k 是振动频率；m 是分子质量。如果把式子写成式(5.20)相似的形式，我们可以得到辐射强度为

$$I_{zz}^{\Omega} = \frac{\mathrm{d}P(\frac{\pi}{2})}{\mathrm{d}\Omega} \sim \overline{(\alpha_{zz})^2} E_z^2 \sim (\upsilon + 1)\left[(a')^2 + \frac{4}{45}(\gamma')^2\right] E_z^2 \tag{5.26}$$

这里使用了导出极化率张量分量空间平均值的平方，是计算拉曼散射强度的基础，在计算之前还需要推导振动拉曼截面表达式。

在双原子分子中，单个拉曼跃迁的极化率张量分量空间平均值的平方为

$$\Delta \upsilon = +1, \Delta J = 0 (\upsilon + 1)\left[(a')^2 + \frac{4}{45} b_{J,J}(\gamma')^2\right]$$

$$\Delta \upsilon = +1, \Delta J = \pm 2 \frac{4}{45}(\upsilon + 1) b_{J\pm2,J}(\gamma')^2 \tag{5.27}$$

式中，$b_{J',J''}$ 称为 Placzek - Teller 函数，如式(5.24)所示。a' 和 γ' 是导出极化率张量的平均和各向异性不变量。注意 O 分支和 S 分支($\Delta J = \pm 2$)仅仅源自于导出极化率张量的各向异性部分，而 Q 分支($\Delta J = 0$)产生于导出极化率导出量的平均量和各向同性分量。纯转动拉曼的单个谱线强度表达式(5.24)，转-振拉曼散射[见式(5.27)]的谱线强度是计算线型的关键。在研究谱线之前，先考虑拉曼散射的散射截面，其对估计信号强度非常重要，对评估实验可行性很重要。

5.2.5 拉曼截面

如果在式(5.26)中插入式(5.22)所包含物理常数的合适的比例因子，用辐射度 $I = (c\varepsilon_0/2)E^2$ 取代光波电场的峰值，并且对所有分子求和，可以得到拉曼散射辐射强度的表达式。由于辐射强度与$(\upsilon + 1)$成比例，必须考虑给定温度下的振动布居分布。对所有分子的求和表达式为 $\sum_{\upsilon} (\upsilon + 1) N_{\upsilon}$。根据玻尔兹曼振动布居分布，则

$$\sum_{\upsilon} (\upsilon + 1) N_{\nu} = \frac{N}{[1 - e^{-hc\omega_e/kT}]} \tag{5.28}$$

在式(5.26)和式(5.28)的基础上，拉曼辐射强度可写成

$$I_{zz}^{\Omega} = \frac{\mathrm{d}P(\frac{\pi}{2})}{\mathrm{d}\Omega} = \frac{hN(\nu_c - \nu_k)^4}{8mc^4 \nu_k [1 - e^{-hc\omega_e/kT}]}\left[(a')^2 + \frac{4}{45}(\gamma')^2\right] I \tag{5.29}$$

这里 ν_k 是振动频率。拉曼散射截面的微分形式为

$$\left(\frac{\partial \sigma}{\partial \Omega}\right)_{zz} \equiv \frac{I_{zz}^{\Omega}}{NI} = \frac{h(\nu_0 - \nu_k)^4}{8mc^4 \nu_k [1 - e^{-hc\omega_e/kT}]}\left[(a')^2 + \frac{4}{45}(\gamma')^2\right] \tag{5.30}$$

通常拉曼散射截面和退偏度由试验确定，并可由实验值计算出极化率导出量，使拉曼光谱

可分析复杂分子的结构,即

$$\left(a'\right)^2 = \left(\frac{\partial \sigma}{\partial \Omega}\right)_{zz} \frac{8 m_{\mathrm{mol}} \sigma_R}{(\sigma_L - \sigma_R)^4 (v+1) hc} \left(\frac{3-4\rho}{3}\right) \tag{5.31}$$

$$\left(\gamma'\right)^2 = \frac{45 \left(a'\right)^2 \rho}{(3/4) - \rho} \tag{5.32}$$

表 5.1 列出了燃烧研究所关心的大多数分子在室温下振动 Q 分支截面。利用 337.1 nm 的 N_2 激光器,获取表中的数据。532.0 nm(Nd:YAG)和 488.0 nm(氩离子)从 337.1 nm 的数据计算而来,依据 $(\nu_0 - \nu_k)^4$ 计算。注意从 532 nm 到 337.1 nm,散射截面有较大的增加。对于一个 $4 \times$ Nd:YAG 激光器(266 nm),或准分子激光器,XeCl 308,KrF 248,ArF 193 nm 增加效果更加剧烈。表中还列出了一些纯转动拉曼截面数据做为比较。

前面已定义了微分散射截面,式(5.29)可变成更适用的形式。对于一个小的散射立体角,辐射强度表达为散射到立体角的功率,$P_{zz}(\theta)/\Omega$。分子总数 N,被激发和可观测到的为 nAl,这里 n 是数密度,A 是入射光束的截面面积,l 是样品宽度。辐射度 I 意义为单位面积入射光功率流或 P_{i}/A。因此,拉曼散射功率 P_r 表达式为

$$P_r = P_i n \left(\frac{\partial \sigma}{\partial \Omega}\right) \Omega l \varepsilon \tag{5.33}$$

式中,ε 为采集系数,表示光采集系统的损失,这个表达式是决定自发拉曼散射在给定的应用是否可行的关键,并可估计信号/干扰(信噪)之比。

表 5.1　燃烧中感兴趣分子的拉曼截面[150]

组份		振动频率 cm^{-1}	振动拉曼截面			转动拉曼截面 $\sigma_{zz}(J'' \to J')$ 488 nm
			337 nm	488 nm	532 nm	
N_2		2 330.74	35 2.8(Q)	0.68	0.46 0.37(Q)	5.4(6→8)
H_2		4 160.2	8.7	1.32 0.88(Q)	0.943	2.2(1→3)
O_2		1 556	4.6 3.3(Q)	0.72	0.65 0.47	14.0(7→9)
NO		1 877	1.5	0.15	0.2	
NO_2	ν_2	1 320	51.0		7.37	
	ν_2	754	24.0		3.63	
NH_3		3 334	11.0	2.75	1.3	
CO		2 145	3.6	0.71	0.48	0.61(6→8)
CO_2	ν_1	1 388	4.2	0.77	0.6	53.0(16→18)
	ν_2	1 285	3.1	0.49	0.45	
H_2O		3 657	7.8(Q)	1.4	0.9	

5.2.6　拉曼光谱计算

本节给出拉曼光谱的计算方法。为了简单起见,仅考虑双原子分子。当然,基本原理对所

有分子的光谱计算都是可用的。光谱是通过每个跃迁的谱线位置,特定跃迁的谱线强度和初始量子态的分子数而构建的。拉曼光谱方法用于燃烧温度测量时,一种常用的方法是基于测量精细光谱曲线的拟合,因此,介绍精细光谱的理论分析计算方法显得非常必要。

1. 转动拉曼谱

对于刚性转子,双原子分子的转动能量为

$$F(J) = \frac{E_r}{hc} = BJ(J+1) \tag{5.34}$$

式中,F 是 J 转动态的能量,单位 cm^{-1}。双原子分子纯转动拉曼散射的选择定则为 $\Delta J = \pm 2$。对于斯托克斯跃迁,$J \rightarrow J+2$,光子传递给分子的能量为

$$F(J+2) - F(J) = 4B\left(J + \frac{3}{2}\right) \tag{5.35}$$

拉曼跃迁的发生频率:

$$S \text{分支} \quad \bar{\nu}_{J+2,J} = \bar{\nu}_0 - 4B\left(J + \frac{3}{2}\right) \quad J = 0, 1, 2\cdots \tag{5.36}$$

式中,$\bar{\nu}_0$ 是入射光频率。上面的横线表示以 cm^{-1} 单位出现。同样,反 stoke 跃迁,$J \rightarrow J-2$ 的发生频率为

$$O \text{分支} \quad \bar{\nu}_{J-2,J} = \bar{\nu} + 4B\left(J - \frac{1}{2}\right) \quad J = 2, 3, 4\cdots \tag{5.37}$$

注意,第一条斯托克斯和反斯托克斯线与入射光频率之间的间隔为 $6B$,后续的线之间相隔为 $4B$,如图 5.10 所示。每条谱线的强度由 Placzek - Teller 系数,即式(5.24)确定($b_{J+2,J}$ 或 $b_{J-2,J}$)。初始量子态的分子数目与温度有关,由 Boltzmann 公式给出:

$$N_J = \frac{N}{Q_{rot}} g_I (2J+1) e^{-BJ(J+1)hc/kT} \tag{5.38}$$

式中,g_I 是核自旋简并度。表 5.2 列出了燃烧诊断中感兴趣的双原子分子的核自旋数。每条线的相对强度由 N_J 的 $b_{J',J''}$ 乘积决定。图 5.11 显示了 N_2 的纯转动拉曼光谱(刚性转子,温度的函数)。

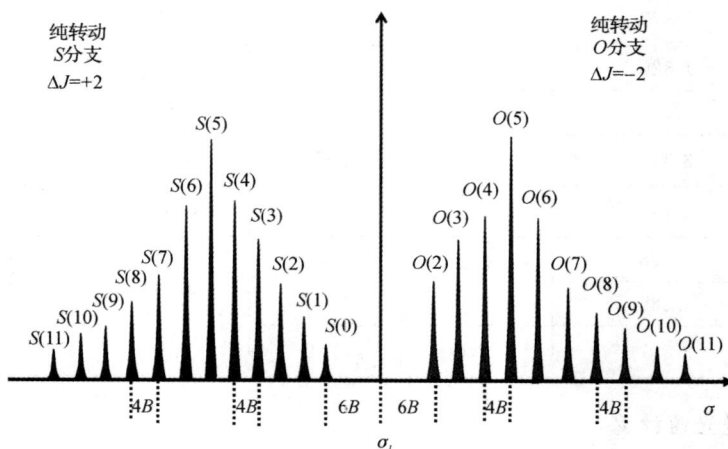

图 5.10 纯转动拉曼散射光谱

表 5.2　几个分子的核自旋参数

		O_2	H_2	N_2
核自旋 I		0	1/2	1
核自旋简并度 $2I+1$		1	2	3
统计权重	奇数	1	3	3
	偶数	0	1	6
相对转动拉曼强度	奇数	1	3	1
	偶数	0	1	2

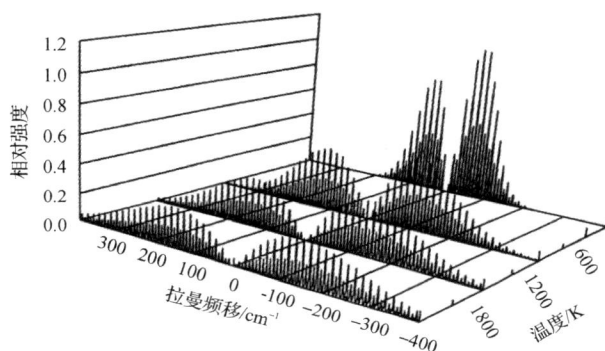

图 5.11　温度相关的 N_2 转动拉曼谱[1]

2. 振动拉曼谱

用同样的方法,可计算出 N_2 的振-转拉曼光谱,某一振动态下分子的总数由下式给出:

$$N_v = N\, e^{-\frac{vhc\omega_e}{kT}}(1 - e^{-\frac{vhc\omega_e}{kT}}) \tag{5.39}$$

给定某一振动能级下的转动能级之间布局组分由式(5.38)描述,式中的 N 被 N_v 代替。由于转动-振动之间的相互作用,式(5.38)指数项中的转动常数 B 对振动有轻微的依赖,这种相互作用对不同振动能级之间转动能级的布局分布影响甚微。对于大多数分子,特别是线性分子,导出极化率张量的平均项 a',大大超过了各向异性不变量 γ'。这是这种分子退偏度甚小的一种反应,如式(5.21)所示。这意味着在振-转拉曼散射中,Q 分支跃迁($\Delta J = 0$)比 O 分支和 S 分支强得多,如式(5.27)所示。而且 O 分支和 S 分支谱展得很开,在 Q 分支有限的谱范围内可以忽略。各向异性对 Q 分支贡献很弱,因此可被忽略。对于一个给定的振动谱段,单个 Q 分支谱线强度可被看作接近常数。如果不忽略各向异性,这依然是正确的,因为 $b_{J,J}$ Placzek - Tell 系数非常弱的依赖于 J。许多振动拉曼光谱的计算代码在此假设条件下编写。在这些代码中,在给定振动谱段的 Q 分支将仅仅与初始转动能级布局成比例。不同振动谱段的相对强度与偶极矩阵元的平方有关,stokes 散射是($v+1$),反 stokes 对应 v,此外还需对相对布局加权。

谱线位置基于能量守恒计算,对于 stokes 分支,有

$$\bar{\nu} = \bar{\nu}_0 - \frac{1}{hc}\big[E(v', J') - E(v'', J'')\big] \tag{5.40}$$

转-振状态的能量可表示为振动和转动的能量之和,即

$$E(\nu, J) = E_\nu + E_r \tag{5.41}$$

对于非简谐振子,有

$$E_\nu = hc\left[\omega_e(\upsilon + 1/2) - \omega_e x_e(\upsilon + 1/2)^2 + \omega_e y_e(\upsilon + 1/2)^3 + \omega_e z_e(\upsilon + 1/2)^4 + \cdots\right] \tag{5.42}$$

忽略高阶项,则振动能量为

$$\frac{E_\nu(\upsilon)}{hc} = \left(\upsilon + \frac{1}{2}\right)\left[\omega_e - \omega_e x_e\left(\upsilon + \frac{1}{2}\right)\right] \tag{5.43}$$

对于 $\Delta\upsilon = +1$(斯托克斯),即 $\nu' - \nu'' = 1$,$E_{\nu'} - E_{\nu''}$ 可以写成

$$\frac{E_{\nu'} - E_{\nu''}}{hc} = \omega_e - 2\omega_e x_e(\nu'' + 1) \tag{5.44}$$

考虑非刚性转子

$$E_r = hc\left[BJ(J+1) - DJ^2(J+1)^2\right] \tag{5.45}$$

式中,B 为转动常数;D 为考虑转动是离心作用引入的校正参数,一般远小于 B。考虑振动对转动的影响,即振动的时候转动惯量发生变化,从而导致转动能量的变化,B 和 D 的表达方式变成

$$\left.\begin{aligned} B_\nu &= B_e - \alpha_e\left(\upsilon + \frac{1}{2}\right) \\ D_\nu &= D_e - \beta_e\left(\upsilon + \frac{1}{2}\right) \end{aligned}\right\} \tag{5.46}$$

式中,下标 e 表示处于核平衡位置。若忽略离心畸变,即不考虑 D 项,但考虑转-振相互作用,可被写成

$$E_r(\nu', J') - E_r(\nu'', J'') = -\alpha_e J(J+1) \tag{5.47}$$

对于斯托克斯 Q 分支,$\Delta\upsilon = +1$,$J' = J''$,因此,斯托克斯 Q 分支谱线位置可写成

$$\bar{\nu}_{\upsilon+1, J; \upsilon, J} = \bar{\nu}_0 - \left[\omega_e - 2\omega_e x_e(\upsilon+1) - \alpha_e J(J+1)\right] \tag{5.48}$$

同样,反斯托克斯 Q 分支的频率($\upsilon, J \rightarrow \upsilon-1, J$)可被写成

$$\bar{\nu}_{\upsilon-1, J; \upsilon, J} = \bar{\nu}_0 + \left[\omega_e - 2\omega_e x_e \upsilon - \alpha_e J(J+1)\right] \tag{5.49}$$

由式(5.48)和式(5.49),线性分子的振动拉曼散射 Q 分支的所有主要特征都可以辨别。如果没有明显的转-振相互作用,即 $\alpha_e \approx 0$,所有 Q 分支将相互靠近。CO_2 即类似这样的情形,对于 CO_2,$\alpha_e = 0.005\ 6$(拉曼活性 ν_1 对称伸缩模式),给定振动跃迁中的单独转动态大量重叠,如图 5.12 所示。尽管从名义上对称伸缩模式是唯一的拉曼活性模式,一个意外的能量简并耦合了弯曲和对称伸缩模式,通过"费米共振"导致混合,即伸缩弯曲,弯曲模式也具有了拉曼活性。在显示的 CO_2 光谱中,一些这样的振动跃迁是很明显的,而且常带有非常小的转动拖尾效应。H_2 的 α_e 很大,每个 Q 分支相互之间间隔明显,如图 5.13 所示。在 H_2 中,对于一个给定的振动能级(如 $\upsilon=0 \rightarrow \upsilon=1$),转动跃迁的多样性在图 5.13 中显示。在质量较大的分子中,如 N_2,O_2,CO 和 NO,转-振相互作用没有 H_2 显著,但无论如何,转动跃迁还是足以区分的,这些分子的拉曼光谱从定性上相似,但由于原子核自旋简并和谱线间距,其光谱还是有小的差别。

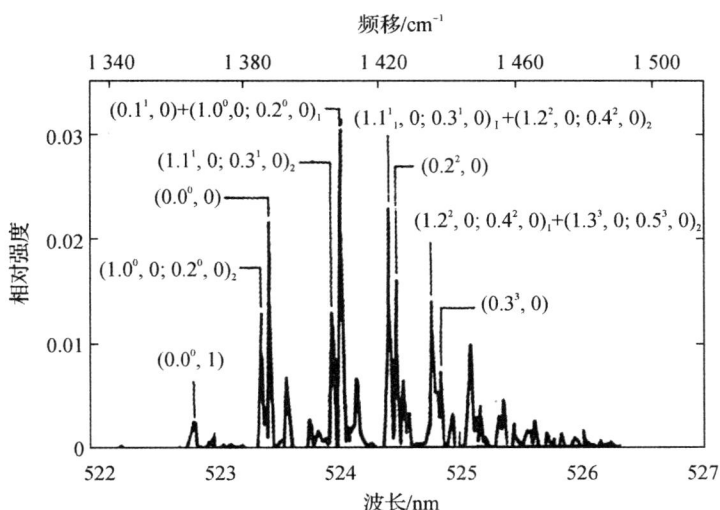

图 5.12　CO_2 的计算拉曼谱(1 600 K)

这里讨论一下 N_2,因为它在有空气参与的燃烧测温中很重要。N_2 的 $\alpha_e=0.017$,在指定的振动谱段,随着 J 的增加,拉曼散射强度逐渐变小。非简谐的影响项,$\omega_e x_e$,也会移动并将不同的振动序列区分开来,这种特征在计算不同温度下斯托克斯振-转拉曼光谱时很明显。如图 5.14 所示。如果拉曼位移小,振-转拉曼频率会给出一个好的图形来描述由于温度变化导致转-振能级布局变化。注意在斯托克斯谱中,振动矩阵元的二次方与($v+1$)成比例,每个振动波段的强度与振动能级布局并不严格对应。反斯托克斯谱也是这样,波段强度与 v 成比例。

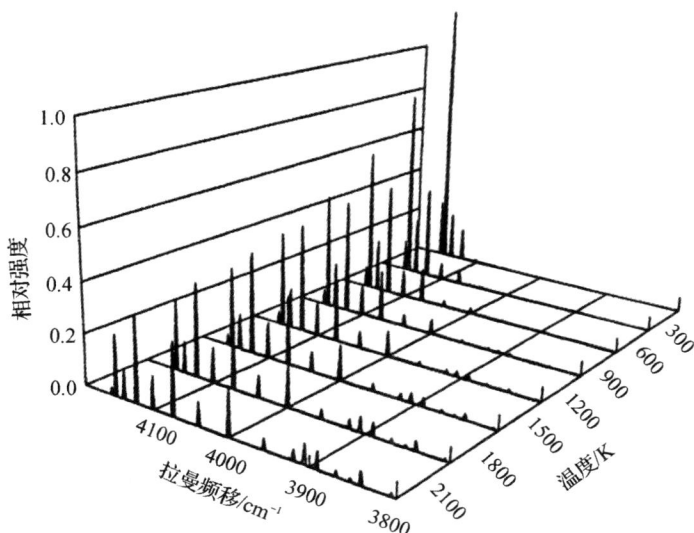

图 5.13　H_2 的振动 Q 分支拉曼谱(密度固定,考虑温度的变化)

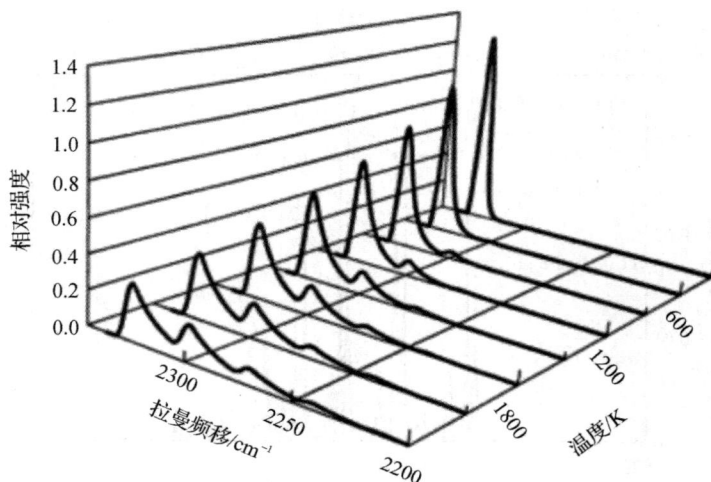

图 5.14　给定密度下 N_2 振动 Q 分支随温度的变化

5.2.7　算例

为使读者对拉曼光谱的测量有更为深入的认识,本节列举两个算例,分别计算拉曼散射的光子数和谱线形状,为进一步的实验研究打下更为坚实的基础。

1.算例 1:拉曼散射光子数计算

问题描述:一个包含 $50\%N_2$ 和 $50\%H_2$ 的气室,介质温度为 500 K,压强为 200 kPa,一束能量为 1.0 J、持续时间为 1 μm、波长为 400 nm、光束直径为 200 μm 的激光从 y 方向照射,激光沿 z 方向偏振。从 x 方向采集拉曼信号,透镜放置在距离光束 200 mm 的地方,直径为 100 mm,沿光束的聚焦长度为 1 mm。计算一个激光脉冲条件下,透镜采集到的 N_2 振荡 Q 分支($v=0\rightarrow v=1$,初态下标为 i,末态为 f)拉曼散射光子数,包含 y,z 两个偏振方向的散射信号。

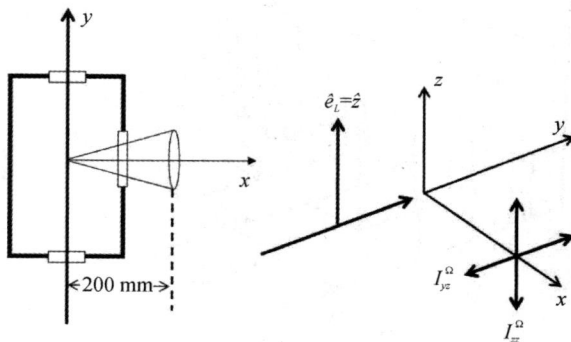

图 5.15　光学布置和偏振信号示意图

计算过程:

(1)光学系统采集到的拉曼光子数:

$$N_p = \frac{I^{\Omega} \Omega_C \Delta t_L}{hc(\sigma_L - \sigma_R)}$$

$$I^{\Omega} = I^{\Omega}_{zz} + I^{\Omega}_{yz} = I^{\Omega}_{zz}(1 + \rho)$$

$$I^{\Omega}_{zz} = \pi^2 (\sigma_L + \sigma_{if})^4 \overline{(\alpha_{zz})^2_{if}} I_L N_i = \pi^2 (\sigma_L - \sigma_R)^4 \overline{(\alpha_{zz})^2_{if}} I_L N_i$$

整个散射过程满足能量守恒,$\dfrac{E_i}{hc} + \sigma_L = \sigma_{if} + \dfrac{E_f}{hc}$。

（2）对于斯托克斯散射过程,$\sigma_{if} = -\sigma_R$,平均取向的张量元由下式给出:

$$\overline{(\alpha_{zz})^2_{if}} = \frac{(\upsilon+1)\hbar}{2m_{mol}\omega_k}\left[(a')^2 + \frac{4}{45}b_{J,J}(\gamma')^2\right] \Delta\upsilon = +1(\upsilon \to \upsilon+1), \Delta J = 0$$

$$\overline{(\alpha_{zz})^2_{if}} = \frac{(\upsilon+1)\hbar}{8\pi^2 m_{mol} c\sigma_k}\left[(a')^2 + \frac{4}{45}b_{J,J}(\gamma')^2\right]$$

对于 N_2,查表可得上式的值,即

$$(a')^2 = 1.937 \times 10^{-37} \text{ m}^4, (\gamma')^2 = 2.630 \times 10^{-37} \text{ m}^4, \rho = 0.022$$

当转动量子数 J 较大时,Placzek 系数 $b_{J,J}$ 接近与其渐进极限 $1/4$,则 zz 张量分量为

$$\overline{(\alpha_{zz})^2_{if}} = \frac{(0+1)(6.626 \times 10^{-34} \text{ J/s})}{8\pi^2(4.676 \times 10^{-26} \text{ kg})(2.998 \times 10^8 \text{ m/s})(2\,330 \times 10^2 \text{ m}^{-1})} \times$$

$$\left[(1.937 \times 10^{-37} \text{ m}^4) + \frac{1}{45}(2.63 \times 10^{-37} \text{ m}^4)\right] = 5.13 \times 10^{-61} \text{ m}^6$$

激光辐照度为

$$I_L = \frac{E_L}{\Delta t_L A_L} = \frac{1.0J}{(1.0 \times 10^{-6} \text{ s})(\pi/4)(200 \times 10^{-6} \text{ m})} = 3.18 \times 10^{13} \frac{J}{s \cdot m^2}$$

对 Q 分支拉曼信号有贡献的分子数约等于探测体积内的 N_2 分子数,在 500 K 时,基本上所有的分子都处于振动基态,假设采集所有的 Q 分支拉曼信号,则

$$N_i = n_{N_2} \forall_C = \frac{p_{N_2}}{k_B T} \frac{\pi}{4} D_C^2 \ell_C = \frac{10^5 \text{ J/m}^3}{(1.380\,6 \times 10^{-23} \text{ J/K})}\left(\frac{\pi}{4}\right)(200 \times 10^{-6} \text{ m})^2(10^{-3} \text{ m})$$

$$= 4.55 \times 10^{14}$$

响应的频率（波数）为

$$\sigma_L = 1/\lambda_L = \frac{1}{400 \times 10^{-9} \text{ m}} = 2.5 \times 10^6 \text{ m}^{-1}, \sigma_R = 233\,000 \text{ m}^{-1} = 2.33 \times 10^5 \text{ m}^{-1}$$

$$(\sigma_L - \sigma_R)^4 = (2.5 \times 10^6 - 2.33 \times 10^5 \text{ m}^{-1})^4 = 2.64 \times 10^{25} \text{ m}^{-4}$$

Z 方向的散射强度为

$$I^{\Omega}_{zz} = \pi^2(2.64 \times 10^{25} \text{ m}^{-4})(5.13 \times 10^{-61} \text{ m}^6)(3.18 \times 10^{13} \frac{J}{s-m^2})(4.55 \times 10^{14})$$

$$= 1.94 \times 10^{-61} \text{ J/s}$$

两个方向的散射总强度为

$$I^{\Omega} = I^{\Omega}_{zz}(1 + \rho) = 1.98 \times 10^{-6} \text{ J/s}$$

（3）光学收集系统接受到的光子数为

$$N_p = \frac{I^{\Omega} \Omega_C \Delta t_L}{hc(\sigma_L - \sigma_R)} = \frac{(1.98 \times 10^{-6} \text{ J/s})(0.196)(10^{-6} \text{ s})}{(6.626 \times 10^{-34} \text{ J/s})(2.998 \times 10^8 \text{ m/s})(2.267 \times 10^6 \text{ m}^{-1})}$$

$$= 862.000 \text{photons}$$

以上分析用于估计拉曼信号的强度,以便选用合适的探测仪器。

2. 算例 2:拉曼散射谱线计算

在高分辨的拉曼光谱分析中,通常采用谱线拟合的方法分析介质的温度,因此,计算特定条件下的拉曼谱线,对于分析试验数据非常重要。

问题描述:在空气和氢气形成的高压火焰中,计算 20 atm 和 1 889 K 时 N_2 的振动拉曼谱线($v=0 \rightarrow v=1$)。

计算过程:

(1)谱线位置。首先计算拉曼光谱线的位置,能量守恒定律,分子的振动频率 ν_k

$$\nu_k = \frac{E_f - E_i}{hc}$$

式中:E_i 为初态的能量;E_f 为末态的能量。振动-转动状态的能量为振动能量 $G(v)$ 和转动能量 $F(v, J)$ 的总和

$$E(v, J) = \frac{G(v) + F(v, J)}{hc}$$

考虑非谐振子模型,双原子分子的 $G(v)$ 为

$$G(v) = \omega_e \left(v + \frac{1}{2}\right) - \omega_e x_e \left(v + \frac{1}{2}\right)^2 + \omega_e y_e \left(v + \frac{1}{2}\right)^3$$

式中,ω_e,$\omega_e x_e$ 和 $\omega_e y_e$ 为分子常数,可查表得到。转动采用非刚性转子模型,考虑旋转导致离心畸变的影响(下式右边第二项)。对于双原子分子,有

$$F(v, J) = B_v J(J+1) - D_v J^2 (J+1)^2$$

式中,$B_v = B_e - \alpha_e(v+1/2)$;$D_v = D_e + \beta_e(v+1/2)$;$B_e$,$D_e$,$\alpha_e$ 和 β_e 为分子常数,均可从相应的表格中查得。因此,对于斯托克斯 Q 分支,$\Delta v = +1$,$\Delta J = 0$,拉曼线频率为

$$\nu_k(v, J) = \frac{E(v_i + 1) - E(v_i)}{hc}$$

(2)线型。室压条件下的拉曼谱线通常由 Gaussian 线型描述,而在高压条件下应该考虑碰撞加宽的效果。通常采用 Gaussian 和 Lorentz 函数的卷积得到的 Voigt 线型函数来描述(实际上除了加宽之外还存在一些变窄的机制),Voigt 函数不能在线形的外侧有效地模拟。

Voigt 函数的表述如下:

$$V(a, x) = \frac{a}{\pi} \int_{-\infty}^{+\infty} \frac{e^{-y^2}}{a^2 + (x-y)^2} dy$$

式中的 a 和 x 参数由如下方程给出:

$$a(\nu, J, P, T) = \sqrt{\ln 2} \frac{\Delta \nu_c(P, T)}{\Delta \nu_G(\nu, J)}$$

$$x(\nu, J) = 2\sqrt{\ln 2} \frac{[\nu - \nu_k(\nu, J)]}{\Delta \nu_G(\nu, J)}$$

式中,$\Delta \nu_G$ 为整体卷积高斯宽度,表达式为

$$\Delta \nu_G(\nu, J) = \sqrt{(\Delta \nu_D^2 + \Delta \nu_{laser}^2 + \Delta \nu_{spec}^2)}$$

式中,$\Delta \nu_D$ 为与分子相关的多普勒频谱宽度;$\Delta \nu_{laser}$ 为入射激光器线宽,可以取 0.003 cm^{-1};

$\Delta\nu_{spec}$为光谱仪的谱分辨率,这里假设为 14.0 cm^{-1}(具体值跟具体的光谱仪有关)。$\Delta\nu_c$ 为碰撞加宽宽度。$\Delta\nu_c = 2\gamma(p,T)$,$\gamma(p,T)$为压强加宽线的半高带宽($cm^{-1}$/atm),与整体压强、温度和分子的分压($P_s$)有关,即

$$\gamma(p,T) = \left(\frac{T_0}{T}\right)^n \left[\gamma_{air}(p_0,T_0)(p-p_s) + \gamma_{self}(p_0,T_0)p_s\right]$$

上式中,$\gamma_{air}(p_0,T_0)$和 $\gamma_{self}(p_0,T_0)$为 296 K 和一个大气压条件下的空气加宽宽度和自加宽宽度。n 是空气加宽带宽与温度的关系系数,此处取经典值 0.5。对于 N_2 拉曼线,在燃烧可能产生的温度范围内,$\gamma_{air}(p_0,T_0)$和 $\gamma_{self}(p_0,T_0)$两者假设为同一值,0.048(cm^{-1}/atm)(可由 HIT-RAN96 计算得到)。

最后,在 T 和 p 条件下的拉曼光谱将由所有的 Voigt 线基于所给定的假设近似值计算而得。需要说明的是,在高压气体中,拉曼光谱相互发生的混合在当前的模拟中没有考虑。对于 N_2 的拉曼光谱,在 60 atm 下,由于线型混合产生的线形变窄或线形变化已经观察到,约为 10^{-1} cm^{-1}。因此,对于 N_2,这一混合效果对拉曼光谱的测量结果影响很小。

(3)参考计算结果。如图 5.16 所示是文献中计算的 N_2 振动拉曼谱线,利用曲线拟合法,可以获得 N_2 的温度,也代表了燃烧的温度。

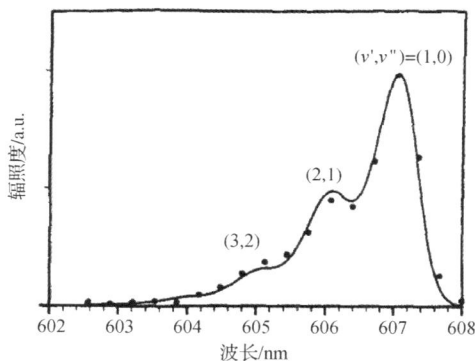

图 5.16 N_2 振动拉曼光谱(2 atm,1 889 K,图中的点是实验值)

5.3 实 验 装 置

在自发拉曼散射实验中,首先考虑的是激光器的选择。激光器的选择主要依赖于两个方面:①测量中要求的时间分辨率;②燃烧、火焰环境的光照强度。自发拉曼散射的信号较弱,实验系统设计应充分注意。拉曼信号产生分数 P_r/P_i(散射功率与入射功率之比)对于特定的情况需要进行估计。考虑大气压力下,处于 2 000 K 的空气火焰,处于振动基态的 N_2 分子数密度分数可以基于玻尔兹曼分布来估算,估算值约为 0.82。对 N_2 浓度为 70% 的火焰,每立方厘米处于振动基态的 N_2 分子总数为 2.1×10^{18}。在绿色激光的照射下,如连续氩离子激光器发射的波长为 514.5 nm 的激光或由 2xNd:YAG 脉冲激光器发射的波长为 532 nm 的激光,从表 5.1 中查到的 Q 分支拉曼散射截面值是 3.7×10^{-31} cm^2/sr。如果需要 1 mm 的空间分辨率,需要一套 $f_{\#}$5 光学收集系统,$\Omega = 3.1\times10^{-2}$ sr,并且具有 30% 的收集效率,拉曼场信号产

生分数大约为 7×10^{-16}。例如对每 10^{15} 的光子输入，平均获得一个散射光子。若激光功率为 1 W，或激光脉冲能量为 1 J，对应 2.7×10^{18} 绿光光子，将会从振动基态波段激发产生的拉曼散射光子总数为 2 210。在高温下，由于振动和转动的相互作用，信号的波段分布超过 30 cm^{-1}，如图5.14所示。在光谱峰值附近 1 cm^{-1} 的谱区内，大约有 250 个光子。采用量子效率为 20% 的光电倍增管，如果要探测到这些信号，当信噪比为 7 时对应的误差为 $\pm14\%$，如果要在低的光谱分辨率下完全探测到这些信号，信噪比约为 21，对应的误差为 $\pm5\%$。

将使用可见的绿激光与使用准分子激光器产生的 248 nm 的激光做对比，会帮助理解激光器的选择。在紫外光情况下，通过表5.1可近似查出 N_2 的拉曼截面为 1.05×10^{-29} cm^2/sr，约为绿光照射下拉曼截面的 28 倍。在同样参数下得到的拉曼信号产生分数约为 2×10^{-14}。目前可以从商业准分子激光器获得 0.2 J 的激光输入，散射到接收器的拉曼光子数量为 5 560。采用量子效率为 20% 的光电倍增管，此时收集全部信号时的信噪比为 33，或 $\pm3\%$ 的单脉冲误差。也就是说，在从 1 J 532 nm 激光到 0.2 J 248 nm 激光的变化过程中，用 1/5 的激光能量输入获得了 250% 信号光子的增量。同样重要的是，对相同的激光能量来说，观察到拉曼信号的光子数与拉曼频率的三次方成正比。拉曼截面与拉曼频率的四次方成正比，即 $(\nu_0-\nu_k)^4$，光子能量的增加会部分降低拉曼截面，即 $(\nu_0-\nu_k)/h$。因此，从拉曼信号的角度看，在自发拉曼散射的应用中，使用紫外激光将会得到更好的信号。随着市场上高能、准分子和高次谐波的 Nd:YAG 激光器的出现，使得在紫外光谱区工作成为可能。

如果激光的能量能够在足够短的时间内释放，就可以进行"瞬态"测量。此处的"瞬态"指一个时间尺度远小于介质参数变化所需的特征时间，如柯尔莫哥洛夫(Kolmogorov)尺度。高能脉冲激光器通常拥有的脉冲宽度小于 10^{-6} s，这使获得较高时间分辨率变得容易。如果没有足够能量或瞬时的激光器，如单脉冲激光器，则瞬态测量不能进行，测量必须限制在稳态现象并采用时均方法。基于这样的情况，除非瞬态波动较小，否则采用连续激光或脉冲激光得到的拉曼数据会产生较大的误差。下面将主要讲述时均参数测量和时间分辨测量方法。

5.3.1　时均测量方法

在含有少量自然光的稳态火焰中，如 H_2 燃烧火焰，可选用连续激光器，并通过前面所述的方法统计拉曼散射光子数量。在这种情况下，一个很狭窄的谱段内每秒可记录到几百个光子。通常来说，我们计数一段足够长的时间，直到获得足够的光子来满足信噪比要求。如果需要的信噪比为 100，在光电倍增管 20% 的量子效率下就需要 10^4 次计数，或捕获到 5×10^4 个光子，这相当于在每个谱区计数几分钟。如果要扫描的谱区为 60 cm^{-1}（对于 N_2 的基态和第一振动态），采用 2 cm^{-1} 光谱分辨的单色仪观测需要半个小时，除非使用光谱综合测量方法，否则对微量组分的探测则需要更长的时间。为了加强光子收集并减少测量次数，需要采取一系列的方法。这包括多通道照射和采集方案，腔内照射和宽频多通道检测器。

(1)信号增强方法。对颗粒含量少或没有颗粒的火焰，可见光激光束穿过火焰区时能量实际上并没有衰减，因为在该谱区瑞利和拉曼散射非常小，且没有显著的分子吸收。一般采用多次反射的方式增强信号，设计特殊的几何结构，将尽可能多的散射光子反射至信号接收装置。采用高反射率、低损失的反射镜可以得到 20~30 倍的净增益。

(2)连续波激光实验装置。用于扫描方法、时均测量的典型自发拉曼散射装置如图5.17所示，它用到了很多信号增强措施。连续激光被斩波以允许门控信号检测。在斩波器工作过程中,激光断续通过。在激光被阻挡没有通过的时间段内,可以采集自然背景光和探测器暗电流,用于测量噪声去除。散射光子在某个谱段累计,直到达到指定的信噪比。在很多实验中,激光束水平地穿过火焰区,单色仪纵向入口狭缝垂直于激光和火焰轴心。此时,单色仪的狭缝宽度同时决定了光谱分辨率和空间分辨率,而空间分辨和光谱分辨率之间是相互矛盾的。如果增大狭缝宽度,增加取样区域以获得更强的信号,光谱分辨率反而降低。如果缝隙边缘与激光光线相互平行,这个问题就可以避免。

（3）脉冲激光技术。随着火焰亮度的增加,上述类似于背景光采样和噪声抑制的方法效果会变差,如果发光过于强烈,该方法不再适用。无论激光光子 1 s 还是 10^{-6} s 发出,拉曼信号是相同的。但是,在采用脉冲激光的条件下,如果探测系统采用矩形波串积分器(boxcar integrator)火焰发光的收集量可大大降低。为改善信噪比,可采用脉冲激光器,例如倍频或三倍频调 Q Nd:YAG 激光器,其抑制噪声的能力将会提高若干数量级。

（4）光学多道检测。当通过窄带探测系统扫描拉曼光谱时,如单色仪和光电倍增器,仪器带宽之外的信号不能被采集而浪费掉了。如果所有的光谱频率可以同时记录,节省 $SW/\Delta\lambda$ 倍的时间,此处 SW 是指光谱扫描宽度,$\Delta\lambda$ 是探测带宽或分辨率。换句话说,对于给定观测时间,采用多能道测量时,信噪比将会增加 $N^{1/2}$ 倍,其中 N 是通道数。举例说明,当 SW 为 60 cm^{-1},分辨率为 2 cm^{-1} 时,将会节省 30 s 时间。光学多通道技术配合适当的激光技术,曾被研究者广泛应用于火焰的时均测量。为获得高质量的光谱,信号总数 n_s 和暗电流噪声总数 n_d 的比值在光学多通道探测器中不能太小。为了减小长时间探测累积的暗电流噪声,探测器必须进行冷却。采用 CCD 相机成为了较好选择,因为仅仅是采用热电致冷的方式,其暗电流可以达到较低的水平。

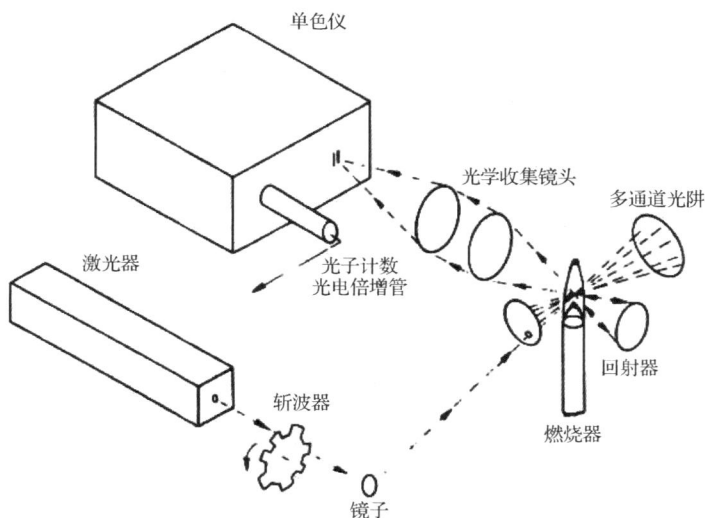

图 5.17　稳态火焰时均拉曼测量的典型实验装置示意图

5.3.2　单脉冲测量

当输入激光的能量足够大时,可以用单脉冲完成测量。对于大气压下空间分辨率为毫米量级的燃烧测量,理论计算分析表明,可见光激光的单脉冲能量为焦耳量级,或者紫外激光为十分之几焦耳量级即可满足实验要求。假设进行光谱积分，上述能量使得用单脉冲来测量主要成分成为可能，比如 N_2，但对痕量组分的测量比较困难。

单脉冲测量时使用的激光器包括调 Q 红宝石激光器，闪光灯泵浦染料激光器，倍频 Nd：YAG 激光器和激态原子（准分子）激光器。红宝石和闪光灯泵浦染料激光器都有几个焦耳能量输出的能力。由于热变形，典型的高能红宝石激光器被限制在每分钟几个脉冲的水平，商业染料激光器通常可以达到每秒几个脉冲。激态原子激光器取决于充填的气体，具有几十到几百毫焦耳激光能量范围，脉冲重复率达到几百赫兹。倍频 Nd：YAG 激光器可以达到 $0.5\sim1.0$ J 的能量，重复频率在 $10\sim30$ Hz。目前，千赫兹级重复率的激光器已经商业化。

为了同时记录几种主要成分的光谱，可采用多色仪或摄谱仪，配合光学多通道探测器或者光电放大器阵列，目前可采用增强型 CCD，千赫兹级的 ICCD 已有商业化的产品。

5.4　测量干扰及排除方法

应用自发拉曼散射技术，成功开展了大量的实际燃烧设备测量工作，但总的来说，其应用通常被限定在某些特定的理想燃料、当量比、位置和工作条件。目前的实验研究主要针对使用氢燃料的扩散燃烧，以及内燃机中预混火焰。在这些情况下，火焰发光辐射的影响较小，对于碳氢燃料，需要抑制或者避免碳烟颗粒的生成。在各种实际应用中使用拉曼技术进行研究之前，应该定量研究一下在什么样的情况下干扰问题需要进行预先考虑。

5.4.1　背景发光

考虑一个用 10 W 的 514.4 nm 的连续氩离子激光和直角收集系统，研究 N_2 拉曼散射光谱。根据前面的理论，得出拉曼散射与背景光信号的比值可以表达为

$$\frac{S}{I} = \frac{2Pnf\left(\frac{\partial\sigma}{\partial\Omega}\right)}{R\Delta\lambda\pi f_\# \ell^2} \tag{5.50}$$

式中，R 为背景光辐射能量密度；f 为带宽因子，对于带宽 $\Delta\lambda$ 是 1 nm 的情况大约为 0.5。$f_\#$ 5 收集光学系统假定使用的是中等快速的单色仪立体接收角，选择了 1 mm 的探测范围来增加比值 S/I。不同辐照能量密度条件下的计算结果如表 5.3 所示。对于典型的碳氢燃料扩散火焰的辐射能量密度，背景亮度超过拉曼散射信号几个数量级。这些干扰计算说明，即使采用高能量的激光，连续拉曼散射研究仅仅是在一些低背光环境下开展，对实际应用限制明显。计算同时表明，使用高峰值功率脉冲激光，拉曼信号与背景光的比值将得到大大改善。

为了分析使用脉冲激光的信号背景干扰情况，考虑 6 种商用激光器：①10 ns 脉冲宽度，每个脉冲为 0.8 J 的 $2\times$Nd：YAG 激光器；②对 $2\times$Nd，YAG 激光进行倍频，达到 266 nm，即 $4\times$Nd：YAG 激光，每个脉冲能量为 0.15 J；③0.5 μs 宽度，波长 590 nm 的 1.0 J 染料激光器；④能量 2 J，30 ns 红宝石激光器；⑤对上述红宝石激光器倍频，波长为 347.2 nm，50% 的倍频效率；⑥20 ns 脉冲宽度，脉冲能量 0.25 J，248 nm 的窄带 KrF 准分子激光。峰值功率高，但低能量的脉冲激光，例如，N_2，Cu 被排除在外，因为其拉曼效率太低，不能够开展单脉冲测量。使用式（5.50），计算了 1 标准大气压，温度为 2 000 K 的火焰中氮气的拉曼散射（假设 N_2 的含量为 70%）的 S/I。光学系统采用 1 nm 带宽，因子为 0.5 的 $f_\#$ 5 光学系统。计算时考虑的背

景光(感染信号)的波长为 600 nm,辐射能量密度假定为 30×10^{-8} W/(cm³ nm sr),假设碳烟颗粒数密度为 10^8 cm⁻³,颗粒直径 40 nm。计算结果如表 5.4 所示。

表 5.3 连续波激光拉曼/背景亮度干扰比率(括号内为 10 的幂)

R/(nW/cm³ nmsr)	0.01	0.1	1	10	100	1 000	10 000
S/I	6	6(−1)	6(−2)	6(−3)	6(−4)	6(−5)	6(−6)

表 5.4 各种激光类型的 N₂ 拉曼信号/背景亮度干扰比率

(在 2 000 K 火焰 10^8 cm⁻³,40 nm 每个烟雾分子)

激光(波长)	能量/J	功率/W	探测 1 cm	深度 1 mm
2×Nd:YAG(532)	0.8	8(7)	17	1.7(3)
4×Nd:YAG(266)	0.15	1.5(7)	3.0(2)	3.0(4)
Dye(590)	1.0	2(6)	0.14	14
Ruby(694)	2.0	6.7(7)	1.2	120
2×Ruby(347)	1.0	3.3(7)	3.8(3)	3.8(5)
KrF exclimer(248)	0.25	1.3(7)	1.6(3)	1.6(5)

每种情况均考虑了拉曼截面的变化、黑体分布和微粒辐射效率随波长的变化。从表 5.4 中的结果看出使用短脉冲紫外光激发的优势。短脉冲提供了高的峰值拉曼功率,从另一个角度看,短脉冲允许使用短的探测门宽,减少背景光的收集。使用紫外光更有利的原因是更大的散射截面,拉曼信号加强,同时在较短波长时,2 000 K 条件下的黑体背景辐射减少。对于 1 cm 的探测范围,由于拉曼信号与波长的关系和背景光干扰,染料激光器(590 nm)和红宝石激光并不实用。如果用同样能量的 488 nm 的染料激光器,S/I 会提高 8 倍。在更明亮的情况下,如液体燃料火焰的发光通量增加 100 倍,此时只有具有很好空间分辨率的双倍频率钕或紫外激光才可以使用。因此,选择合适的激光器,典型燃烧实验中的强背景光也是可以被克服的。当然这仅适用于主要组分的拉曼散射。

5.4.2 激光诱导荧光干扰

在没有强烈的火焰发光和炭烟颗粒的情况下,需要考虑激光诱导荧光的干扰。而在有强烈的火焰发光和炭烟颗粒的情况下,激光诱导荧光干扰可以忽略。荧光的干扰来自火焰自然产生的组分,通常为自由基中间产物和多环芳烃(PAHs),或者来自于激光与介质的相互作用产生的组分,如水的双光子离解产生的 OH 基,激光使得炭烟颗粒汽化于形成的 C_2。对可见光激发的氢气-空气火焰来说,诱导荧光干扰一般不会成为问题。对于紫外拉曼散射,需要采取一些措施避免荧光干扰。对于 248 nm 的 KrF 激光,主要的干扰为氧气和 OH 的荧光信号,可以通过使 KrF 激光带宽变窄和适当的波长调节来进行抑制。另外,需要限制激光的能量通量,以避免水的双光子解离。对于 193 nm 的 ArF 激发,需要考虑的是来自氧气和高温 NO 的荧光干扰。对于 308 nm 的 XeCl 激光器,A－X (0,0) 和 (0,1) 带的 OH LIF 可能会产生干扰。

碳氢火焰中,除了上述的荧光干扰外,含 C 自由基,如 C_2,CN,CH 和 PAHs,也可产生荧光干扰。在非预混的甲烷-空气火焰中,应用拉曼散射已经成功测量了蓝光、没有炭烟的区域。

使用 532 nm 激发波长,发现了来自 PAHS 和初期的炭烟颗粒核的宽带荧光干扰。利用变混合比层流火焰的结果拟合经验公式,可进行荧光修正,应用于主要组分的拉曼散射测量。

如前所述,使用低于 500 nm 的激光波长,1 000~5 000 ppm 浓度范围的碳氢化合物(如 CH_4)产生的荧光干扰和由主要组分产生的拉曼散射信号具有同样的量级。在没有了解所涉及的特定碳氢组分之前,荧光干扰很难有一个定量的预先估计。这里需要强调的是,对于波长低于 500 nm 的激光,发生荧光干扰的可能性很大。

5.4.3 激光调制颗粒白炽光

前面已经指出,选择合适的激光,应用自发拉曼散射技术测量主要组分时可以排除较强的背景光干扰。虽然荧光干扰会有些麻烦,但是通过采样和减去方法,产生合适的 S/I。但是,还要考虑的是激光脉冲与微粒之间的相互作用,这导致多种干扰影响。

当炽热的炭烟颗粒吸收入射激光能量,加热到远高于燃烧火焰环境的温度时,会产生激光诱导颗粒白炽光。炭烟的温度上升很快,甚至对于 10^{-8} s 的脉冲激光,激光诱导白炽光的过程也没有时间滞后。不同于拉曼体积和总探测体积可以不同的背景发光的情况,激光诱导颗粒白炽光只会来自受照射的体积。在这种情况下,干扰可以写成

$$I = R^* \Delta\lambda\Omega\varepsilon A n_p A_P \tag{5.51}$$

式中,R^* 为激光诱导温度的辐射能量密度;n_P 炭烟颗粒数密度;A_P 炭烟颗粒面积;A 激光束的焦点面积。激光束的面积和探测深度的乘积定义了颗粒的承受体积。因此,拉曼信号和激光诱导颗粒白炽光干扰比例可以写成

$$\frac{S}{I} = \frac{Pnf\left(\frac{\partial\sigma}{\partial\Omega}\right)}{R^* \Delta\lambda n_p A_P A} \tag{5.52}$$

在这种情况下,由式(5.52)可以看出,S/I 并不显式地依赖于探测深度。

考虑之前计算的聚焦光束 1 mm 直径激光的情况。假设不发生气体击穿,炭烟颗粒被加热的温度可以由相关资料获得。利用普朗克辐射定律,考虑颗粒大小对于黑体辐射大小影响,可以计算单个颗粒的辐射能量密度,而根据之前算出来的烟灰颗粒分散度是 10^8 cm^{-3},每个颗粒直径为 40 nm,假定对于 1 nm 测量带宽,带宽因子是 0.5,可以计算出 2 000 K 时 N_2 的拉曼信号与颗粒白炽光干扰的比例,结果如表 5.5 所示。

表 5.5 各种类型的激光 N_2 拉曼信号/激光诱导颗粒白炽光干扰的数据
(假定烟灰颗粒分散度是 10^8 cm^{-3},颗粒直径 40 nm)

激光(波长)/nm	通量/(w·cm^{-2})	颗粒温度/K	S/I
2×Nd:YAG(532)	1(10)	5 800	7.1
4×Nd:YAG(266)	2(9)	5 400	60
Dye(590)	3(8)	4 800	0.3
Ruby(694)	9(9)	5 900	3.6
2×Ruby(347)	4(9)	5 600	17
KrF exclimer(248)	2(9)	5 400	92

对比表 5.4(探测深度是 1 mm)和表 5.5 的数据,可以明显发现激光诱导颗粒白炽光比背景光的影响大得多。尽管相对于背景光颗粒的数量很少,但是由于颗粒具有很高的温度,干扰大大增加。另外,和背景光辐射干扰形成鲜明的对比,由于黑体辐射分布随温度变化,紫外激光所测出来的 S/I 比仅比钕激光所测出来的好一点。如前所述,紫外激光所测出来的 S/I 比更好些,是因为拉曼截面的放大和背景辐射在紫外区的减少。然而,由于较高的颗粒温度,激光诱导碳烟颗粒白炽光的辐射在这一区域的下降相比于自身的背景发光不那么明显。当碳烟颗粒质量密度增加一个量级,如达到 7.6×10^{-8} g/cm^{-3} 时,对于所有的激光辐照,激光诱导白炽光会超过或者和以前测得 N$_2$ 拉曼信号强度相当。由于模型较为简单,计算比较粗略,但是这个模型清楚地显示了碳烟颗粒环境中拉曼散射的干扰问题。除了碳烟颗粒白炽光,伴随激光导致碳烟颗粒气化,将大大提高的 C$_2$ 辐射。通过精确的激光波长选择,在多数拉曼波段,可以在很大程度上避免这些问题。

当粒子尺寸较大时(能够产生米散射),对给定碳烟颗粒质量含量,S/I 值随着粒子尺寸的增加而增加。这是由于粒子的表面积体积比与粒径的反比关系。对于更大尺寸的粒子,给定总的碳烟颗粒质量含量,就使得总的辐射面积变小,因此,干扰减小。对于给定总的碳烟颗粒密度,大尺寸分布时少了很多的麻烦,并将导致更高的 S/I。然而,也是由于粒子表面积体积比,对于一定的辐射能量密度,要求碳烟颗粒质量含量随粒子直径成线性增加。对于给定辐射能密度水平,发现拉曼信号与激光诱导白炽光干扰的比值与粒子尺寸无关。因此,无论粒子尺寸怎样分布,S/I 等值线就是辐射能密度等值线。对于辐射能密度大一个数量级的情况,如液体燃料,几乎所有的激光都会导致激光诱导白炽光的信号超过 N$_2$ 拉曼信号。

以上计算表明,即使对于主要组分的探测,自发拉曼散射诊断在实际燃烧装置存在严重的干扰问题。选择合适的激光可以对主要成分进行温度测量,但是需要合适的辐射能密度。有激光诱导白炽光干扰的情况下,痕量组分的探测几乎是不可能的。

5.4.4 干扰探测和减除

当采用偏振滤波、光学系统重新布置、时间选通等方法,干扰仍然不能被进一步抑制时,可以考虑尝试将干扰信号提取出来,并从原信号中减除。该方法可用于自然产生的干扰和激光诱导产生的干扰。大多数实际燃烧装置里的状态都是随时间变化的,因此这里仅考虑非稳态的情形。对于自然发生的干扰,仅在激光脉冲之前或之后的非常短时间区间内进行信号采样,确保介质不发生改变。当使用 PMT 时,可以用信号探测器在拉曼光谱区测量干扰信号。对于激光诱导产生的干扰,则需与激光脉冲同步,在毗邻拉曼光谱区测量干扰信号。由于各个成分的拉曼谱是离散的,且有一定的间隔,干扰就很容易捕捉到。光学多通道检测仪具有可以观察干扰光谱特性的巨大优势,当干扰不断变化时尤其重要,例如喷雾燃烧。用 PMT 采集信号时,在毗邻拉曼带的离散区域进行采样。如果干扰有相当显著的特征,可以只在一个光谱区探测,并推算至其他区域。

5.5 拉曼散射法的应用实例

图 5.18 是典型的商业化拉曼光谱仪器(德国 LaVision 公司)的配置示意图,激光器发出的激光由偏振器产生偏振,经过火焰后,由拉曼滤波器滤波,经成像光谱仪后,由 ICCD 获得图

像,用于分析和处理。

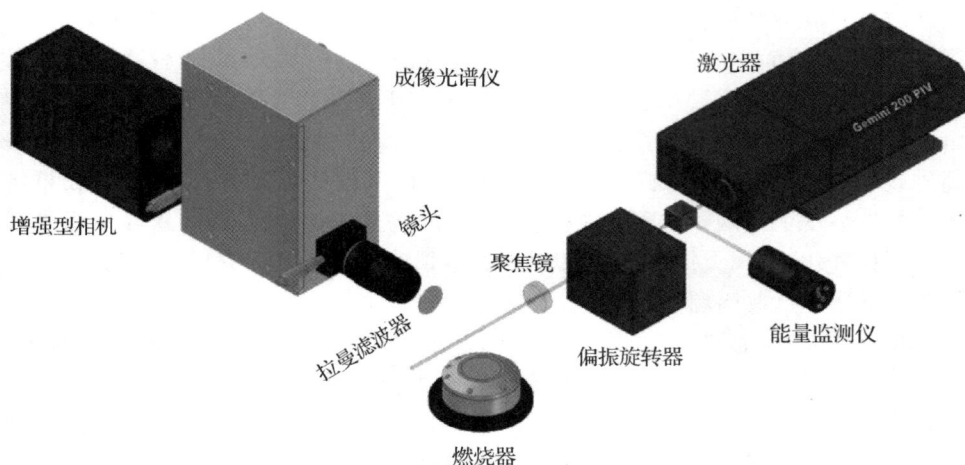

图 5.18　拉曼光谱系统示意图

如果想要获得更好的信号,需要采用准分子激光,激光器的成本也会高一些。如图 5.18 所示的系统是基于 PLIF 系统升级得到的。

获得信号之后,需要经过一定的处理才能得到温度和浓度。浓度主要基于拉曼信号的强度获得,需要进行标定。温度的处理方法主要有 4 种:①谱带面积方法,已经在 N_2,H_2O,CO_2 组分上验证过,由激发态和基态的相对积分强度导出温度值;②谱带峰值强度方法,已经在 N_2 和 O_2 上验证过,通过转动激发态与基态的峰值强度之比来获取温度;③斯托克斯/反斯托克斯强度方法,特别是针对 N_2,通过斯托克斯 Q 分支与反斯托克斯 Q 分支积分的相对强度比率来确定温度;④曲线拟合方法,已用于 N_2,O_2,CO_2,H_2O 和 H_2 的温度测量,通过最小二乘法拟合实验光谱和特定温度下的理论光谱。采用拉曼精细光谱的曲线拟合方法通常与独立的热电偶测量值和绝热平衡温度计算符合很好,误差可以控制在几个百分点内,多次脉冲的叠加可以获得更好的结果。

5.6　瑞利散射

瑞利散射是一种弹性散射,没有频移,散射不针对特定的分子。因此,该技术不能用来针对特定组分的浓度测量(不具有组分分辨能力),而只用来衡量总数密度。实际应用时,瑞利散射会受到米散射和伪散射的干扰。在一些应用中,没有频移的伪散射干扰可以用原子或分子滤波器抑制(利用原子和分子的吸收产生窄带滤波)。由于米散射截面比瑞利散射大十到二十个数量级,所以测量环境必须是几乎无微粒的。因此,该技术的应用仅限于十分洁净的情况下,所有气体的过滤是绝对必要的。尽管有这些限制和问题,由于瑞利散射截面比振动拉曼散射大 3 个数量级,人们对瑞利散射还是非常感兴趣。由于瑞利散射来自诱导极化率,其强度远远高于引起振动拉曼散射的诱导极化率导出项。

观测角度为 90° 时，瑞利微分散射截面可表示为

$$\left(\frac{\partial \sigma}{\partial \Omega}\right)_{\text{Ray}} = \frac{4\pi^2 (n_i - 1)^2}{N_0^2 \lambda^4} \tag{5.53}$$

式中，n_i 和 N_0 为标准状况下的折射率和数密度。散射强度与取向平均的诱导极化率的平方相关，如式（5.15）～式（5.18）所示。瑞利散射截面可用折射率来表示，在波长为 488 nm 激光照射下，N_2 瑞利截面计算值为 8.4×10^{-28} cm²/sr。对比表 5.1，该计算值比 Q 分支振动拉曼截面高三个数量级。在混合气体中，瑞利总截面是每个组分截面与摩尔分数的加权平均，从而

$$\left(\frac{\partial \sigma}{\partial \Omega}\right)_{\text{mix}} = \sum_i x_i \left(\frac{\partial \sigma}{\partial \Omega}\right)_i \tag{5.54}$$

式中，x_i 是组分 i 的摩尔分数。从混合气体得到的瑞利散射功率类似于式（5.33），为

$$P_{\text{Ray}} = P_i n \left(\frac{\partial \sigma}{\partial \Omega}\right)_{\text{mix}} \Omega l \varepsilon \tag{5.55}$$

5.6.1　密度和温度测量

瑞利散射的功率取决于总数密度和组分，实际瑞利实验设计通常使散射功率仅依赖于其中的变量之一。在简单的碳氢燃料燃烧中，从反应物到产物的瑞利截面变化一般是 10% 的量级。通过谨慎地调节燃料和氧化剂的流量，例如，向燃料中添加 H_2，可以使燃烧过程中瑞利散射截面的变化保持在几个百分点。这些实例中，瑞利散射功率的变化直接与总密度有关。在大多数燃烧过程中的反应区马赫数是相当低的，并且静压的变化几乎可以忽略不计。根据气体状态方程，通过由瑞利散射功率得到的总密度可确定气体的温度。在与空气的燃烧反应中，若碳氢氧化物处于饱和状态，则产物中大约含 75% 的 N_2，12.5% 的 CO_2 和 H_2O。这种混合物的瑞利散射截面在 514.5 nm 下为 7.7×10^{-28} cm²/sr。对于通常用到的系统参数，即 l 为 1 mm，$P_i = 5$ W，$f_{\#}$ 5 光学系统，收集率为 30%，探测器的量子效率为 20%，在温度为 2 000 K 火焰中瑞利计数率计算值为 7×10^6 s⁻¹。在这种计数水平上，在几十千赫兹的频率下能实时跟踪湍流的波动。

在稳态火焰状态下，瑞利散射已被用来测量温度。根据温度的变化和反应物输入流量的变化，可以分析燃烧速度。在常压高温火焰中，记录瑞利谱线，也可以用与温度相关的多普勒宽度获得温度。瑞利谱线形状与温度的表达式如下：

$$f(\nu) = \left(\frac{m}{2\pi kT}\right)^{1/2} \exp\left\{ -\frac{m}{2kT} \left[\frac{(\nu - \nu_0)c}{2\nu_0 \sin(\theta/2)} \right]^2 \right\} \tag{5.56}$$

式中，θ 为散射角；m 为分子质量；ν_0 为谱线中心（或激光）频率。随着数密度的增加必须考虑布里渊（Brillouin）散射的贡献，会在瑞利"线"两侧成对出现对称偏移。Brillouin 散射部分源于由于热态激发和声波传播而引起的相应密度波动，导致散射。在更高的密度下，瑞利谱线将主要由碰撞增宽主导，并显示出所有显式的温度敏感特征。这种技术通常需要高分辨率光谱扫描，影响了瑞利散射的高频响应能力。

5.6.2　组分监测

瑞利散射的另一项应用是在等温、混合流中，瑞利散射功率反映了混合气体成分的变化，

进而可分析混合分数的变化。有人用该方法开展了碳氢化合物喷射流进入空气的研究。由式(5.54)可知,当密度不变时,这种流动的瑞利散射功率为

$$P_{Ray} \sim x_{HC} \left(\frac{\partial \sigma}{\partial \Omega}\right)_{HC} + (1 - x_{HC}) \left(\frac{\partial \sigma}{\partial \Omega}\right)_{air} \qquad (5.57)$$

式(5.57)表明碳氢组分的摩尔分数将由瑞利散射强度确定。丙烷的瑞利散射截面是空气的13.5 倍,CH_4 则为 2.3 倍。可以开展数十千赫兹频率的时间分辨探测。

5.6.3 瑞利散射法的应用实例

瑞利散射法尽管没有组分分辨能力,但是其实现起来相对简单,更容易得到应用,特别是洁净的火焰,如航空发动机和燃气轮机的燃烧环境。当存在杂散光干扰时,需要采用分子滤波技术,如图 5.19 所示是分子滤波瑞利散射技术用于燃烧场的测试所需的硬件。值得注意的是其滤波技术,需要窄带滤波技术(一般采用分子或原子的吸收凹陷)来消除米散射和伪散射的干扰,一般利用特定的蒸气吸收(如汞或碘)来完成,具体可参考相应的研究文献。

如图 5.20 所示是分子滤波的原理,激光的带宽很窄,包含在汞蒸气分子的吸收范围之内,类似于线翼的部分作为有用的瑞利散射信号。如图 5.21 所示有无分子滤波实验图像的对比,可以看出,没有滤波的情况下干扰非常强,采用汞蒸气滤波后,干扰被有效消除。

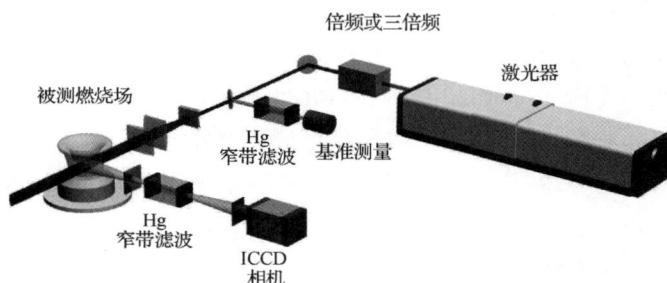

图 5.19　滤波瑞利散射技术系统示意图

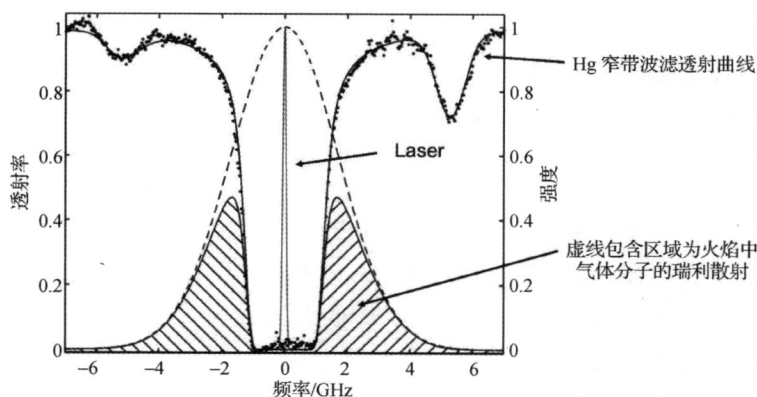

图 5.20　窄带滤波效果示意图

含滤波(Hg)　　　　　不滤波

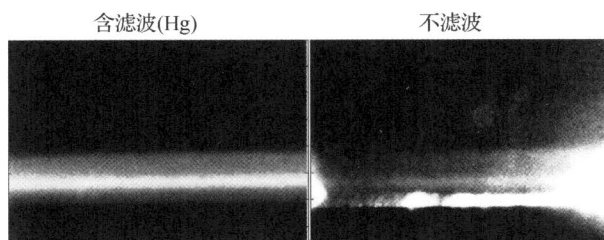

图 5.21　有无滤波的信号对比

5.7　小　　结

　　本章介绍了拉曼散射的概念和理论,介绍了拉曼光谱用于燃烧诊断的相关计算方法、实验装置和干扰排除技术,最后简单介绍了分子滤波瑞利散射技术。拉曼散射技术具有组分分辨能力,采用高分辨拉曼光谱可实现温度和浓度的准确测量,由于拉曼散射信号非常弱,比瑞利信号、荧光信号小约 3 个量级,因此在产生拉曼散射信号的同时,往往伴随荧光的产生,特别是在高温、气体成分很多的情况下,共振荧光及双光子吸收产生的荧光往往会淹没拉曼散射信号,给测量分析带来相当大的困难。将拉曼散射技术与 LIF 等技术相结合,可以获得更多的燃烧信息。

第6章　激光诱导荧光

激光诱导荧光(Laser Induced Fluorescence，LIF)技术是最常用的基于激光的燃烧诊断技术，由于 LIF 系统相对简单，一般不需要严格的光学校准，并且具有非常高的探测灵敏度和可扩展的 2D 空间分辨(采用 PLIF 技术)，被广泛地应用于燃烧过程中一些微量组分的浓度、温度和流场速度测量。不仅如此，LIF 也常用于非反应流场的测量，利用示踪荧光物质的 LIF 可以用来解决定量的流动混合问题，如湍流混合、燃料分布等的测量。

6.1　激光诱导荧光(LIF)概述

处于高能级激发态的原子或分子，由于处于不稳定状态，会自发发射光子释放能量回到较低能级，这个过程中发射的光子称作荧光。严格地讲，荧光是产生在同样的电子自旋态的之间的发射，生存时间取决于碰撞猝灭，一般为 $10^{-10} \sim 10^{-5}$ s；不同电子自旋态之间的发射产生磷光，其生存时间为 $10^{-4} \sim 1$ s。

激发原子或分子使其达到激发态的方式有很多，如电子轰击，化学反应，加热或光子吸收等。激光诱导荧光(LIF)的过程是使处于较低能级的原子或分子吸收能量 $h\nu$ 的激光光子达到激发态，处于不稳定激发态的粒子(原子或分子)会通过自发辐射另一个能量为 $h\nu_\mathrm{f}$ 的荧光，衰减回到较低能态。这种激光诱导荧光信号强度对于选择激发的组分的浓度很敏感，因此，LIF 信号的强度通常要比探测燃烧主要产物的拉曼散射信号高许多数量级，通常用于燃烧过程中自由基组分(—OH，—CH，—C_2，…)和一些少量中间产物(NO，CO，…)的测量，这些组分的浓度通常低于 0.01% (100×10^{-6})，但是这些自由基组分的分布不仅会影响火焰结构，点火和火焰传播过程，同时还对燃烧化学、燃烧动力学模型等的研究有非常重要的意义。

激光诱导荧光过程如图 6.1 所示，根据量子力学理论，分子或原子存在一系列的电子能级，振动能级，转动能级。由于这种分立的不连续的能级结构，只有当激光光子的能量 $h\nu$ 刚好为两个能级的能量之差时，处于较低能级的原子或分子会吸收激光光子能量，刚好跃迁到确定激发态能级，此时，处于该激发态的原子或分子可能直接自发辐射荧光回到较低能级，也有可能先通过碰撞能量交换，吸收或释放光子的形式发生振动能级和转动能级之间跃迁，然后再回到低能级，这个过程使得产生的荧光不仅仅涉及原始能级之间的跃迁，还涉及新能级之间的跃迁。因此，荧光通常包含与激发波长相同和 Stokes 偏移的较长波长的光。与激发波长相同的荧光称为谐振荧光，由于探测谐振荧光信号容易受到米氏散射或瑞利散射的影响，一般荧光信号的探测波长选择较长波长。

实际上可以将 LIF 看成吸收光谱，当激光的波长满足条件时被吸收，然后会产生荧光，这个荧光的大小与吸收组分的浓度，温度等参数相关。由于不同的分子或原子具有不同的能级结构，因此，分子或原子光谱类似于人的"指纹"，对于 LIF，针对不同的待测组分，选择不同的激光波长进行光谱选择性的激发，从而测量特定组分的浓度，温度等信息。另外，对于给定分子或原子的 LIF 测量,通常需要事先知道该分子或原子的发射或吸收光谱。如图 6.2 所示为 OH 基的部分吸收和发射光谱。

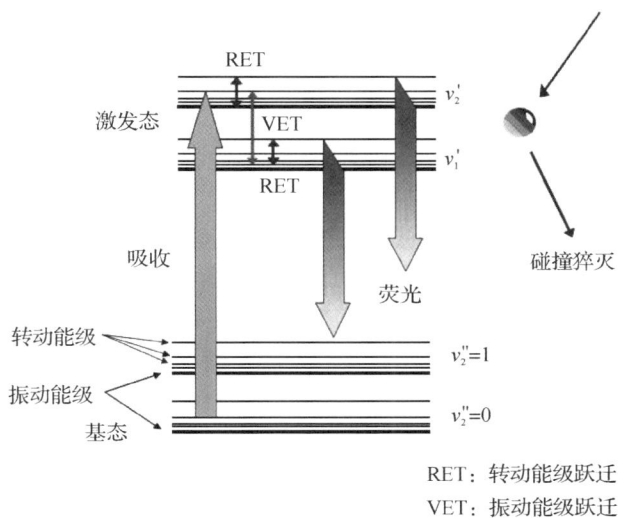

图 6.1　激光诱导荧光

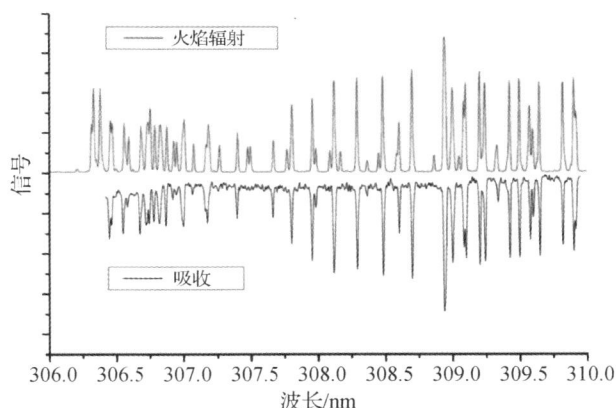

图 6.2　OH 基的部分吸收和发射光谱

典型 LIF 测量如图 6.3(a)所示,将激光束聚焦到火焰中的一点,利用与之垂直的收集光路探测荧光信号,如果利用线阵列的探测器接收沿整个激光束产生的荧光信号,则可以得到一维线荧光成像,特别地,若将激光束扩展成平面片光,如图 6.3(b)所示,激光片光通过燃烧火焰的某一平面,利用平面成像的 CCD 相机采集产生的荧光,则可以获得二维荧光图像,此即平面激光诱导荧光技术(PLIF),PLIF 可以提供空间分辨,被广泛用于燃烧流场诊断。

应该指出,LIF 能够测量的组分也受到一定的限制,LIF 常用紫外或可见光激励形成电子跃迁,对于火焰中的自由基和少量中间产物,吸收波长通常在 $200 \sim 600$ nm,这个波段通常可以方便地通过可调染料或准分子激光器来实现。但是,它不适于测量波长位于真空紫外 (VUV)的闭壳层分子,例如,CH_4,H_2,CO_2,H_2O,N_2,N_2O 等,目前,LIF 主要用于那些在位于紫外和可见光区域存在强烈能级跃迁并且结构相对简单的分子或原子,文献中常用的 LIF 测量的燃烧组分包括 OH,CH,C_2,NO,H,O,CHO,CH_2O 等。此外,LIF 还可以检测金属原子及其化合物,硼化物等。随着红外非线性光学晶体和红外相机技术的发展,利用分子振动跃迁的红外平面激光诱导荧光(IRPLIF)得到发展,文献[162-163]中介绍了 CO,CO_2 的 IRPLIF 成像。

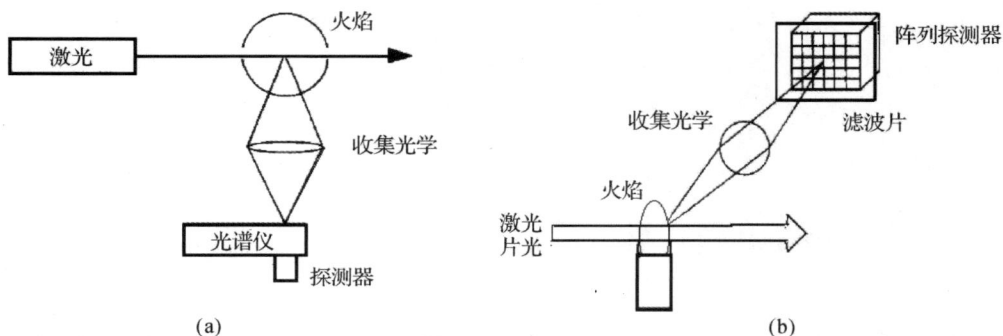

图 6.3 典型 LIF 和 PLIF 测量

(a)典型 LIF 测量;(b)典型 PLIF 测量

另外,对于 LIF 的测量,并不是全部处于电子激发态的分子或原子会通过发射荧光回到低能态,还存在其他能量损失方式,例如离解,电离,或与其他分子的非弹性碰撞导致碰撞猝灭等。事实上,激光产生的受激发射态经历有限的时间,在这个时间内的碰撞的影响在所难免。例如,大气压下的火焰中,每千个受激 OH 分子仅有两个各发射一个光子,其余均因碰撞而猝灭。由于猝灭速率跟很多因素有关,很难预测,因此 LIF 作为准确定量的测量有难度。通常,一些定量的 LIF 研究方法被提出避开碰撞猝灭的影响,这将在后面进一步的讨论。在大多数实际应用的情况下,LIF 被作为一种半定量的测量方法。

6.2 激光诱导荧光(LIF)理论基础

如前所述,实际上,分子和原子具有一系列的电子能级、振动能级和转动能级,为了使激光诱导荧光(LIF)过程在数学上描述更加容易。下面首先阐述分子状态间的能量传输和简化的两能级系统模型,这个简化的模型可以更好地理解 LIF 测量的基本理论和概念,也常常被作为实际测量过程的简化近似。

6.2.1 分子状态间的能量传输

分子通过吸收或释放光子,或者分子间碰撞的形式进行能量的传递,伴随着分子能量的变化,即发生能级跃迁。对于 LIF 过程,这些分子能量的传输过程主要包括:

(1)受激吸收:分子吸收光子的能量,向较高能级跃迁的过程。

(2)受激发射:处于较高能级的分子可能受到激光的诱导受激发射返回初始能级,即吸收一个光子,然后同时发射两个同样的光子返回到初始能级。

(3)自发辐射:处于原始激发态或者通过碰撞形成的附近的激发态的分子自发发射光子回到基态,这即是我们要测量的荧光信号,荧光信号大小正比于该过程中释放的光子数。

（4）非弹性碰撞：分子同其他的分子发生非弹性碰撞，导致分子发生转动和振动的能量传递，以及电子能的能量传递，前者将导致分子在转动和振动能级上的重新分配，后者导致碰撞猝灭的发生。

（5）预离解：分子内个别原子间的相互作用会产生内部能量传输和分子解离，而分子由稳定排列迅速变成排斥电子排列所产生的解离称为预解离。

（6）光电离：激发态分子吸收额外的光子上升到更高的能级，包括电离能级。

6.2.2　两能级模型

如图 6.4 所示为一个简化的两能级系统 LIF 模型，对于一个两能级的系统，处于低能级（能级 1）上的粒子吸收入射激光的能量后，向较高能级（能级 2）跃迁，同时较高能级的粒子由于处于不稳定的激发态，通过上面描述的过程释放能量。

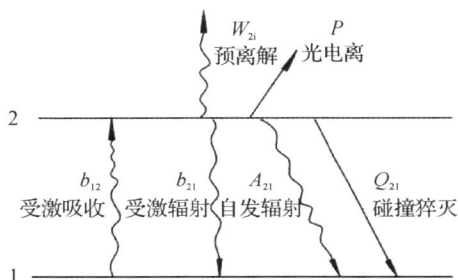

图 6.4　简化的两能级 LIF 模型

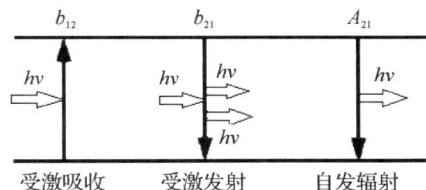

图 6.5　光与粒子相互作用

爱因斯坦给出了光与物质相互作用的三个基本过程及其相应的跃迁发生的速率系数（见图 6.5）：受激吸收跃迁速率系数 b_{12}，受激发射跃迁速率系数 b_{21}，自发发射速率系数 A_{21}。b_{12} 和 b_{21} 和 A_{21} 分别表示单位时间内通过吸收、受激或自发辐射发生跃迁的次数，其中 b_{12}，b_{21}，可以通过下式给出：

$$b = \frac{B I_\nu}{c} \tag{6.1}$$

式中：b 对应于 b_{12} 和 b_{21}；B 对应于爱因斯坦受激吸收系数 B_{12} 和受激发射系数 B_{21}；I_ν 为每个频率间隔内入射激光的辐射能量密度，单位为 $W/cm^2 \cdot s^{-1}$；c 是光速。

A_{21} 为自发发射速率系数，又称为爱因斯坦自发发射系数。W_{2i} 和 P 分别为预离解过程和光电离过程的速率常数；Q_{21} 代表与其他分子的非弹性碰撞导致的碰撞猝灭速率系数，一般同温度、压强和碰撞组分有关。

对于图 6.4 所示的两能级系统，由于分子在能级间跃迁，我们用 N_1 和 N_2 分别表示处于两个能态的粒子数密度，则粒子数密度随时间的变化为

$$\frac{dN_1}{dt} = N_1 = -N_1 b_{12} + N_2(b_{21} + A_{21} + Q_{21}) \tag{6.2}$$

$$\frac{dN_2}{dt} = N_2 = N_1 b_{12} - N_2(b_{21} + A_{21} + Q_{21} + P + W_{2i}) \tag{6.3}$$

考虑到通常情况下，预离解过程在大多数激发态不会发生（除非特殊选择情况），光电离过程一般可以忽略，并假设在测量时间内无化学反应发生，因此，对一个封闭两能级系统，有

$$\frac{\mathrm{d}}{\mathrm{d}t}(N_1 + N_2) = 0 \quad \text{即}: N_1 + N_2 = N_1^0 \tag{6.4}$$

式中，N_1^0 为受激之前 1 能级的粒子数密度，这里假设激光照射前，初始 2 能级上的粒子数密度为 0。求解上述微分方程，可以得到

$$N_2(t) = \frac{b_{12} N_1^0}{b_{12} + b_{21} + A_{21} + Q_{21}}(1 - \mathrm{e}^{-\tau t}) \tag{6.5}$$

式中，$\tau = 1/(b_{12} + b_{21} + A_{21} + Q_{21})$，当激光脉冲大于 $\tau(1 \sim 10)\mathrm{ns}$ 时，可以假设上述两能级系统达到平衡态，即 $\mathrm{d}N_1/\mathrm{d}t = 0$，$\mathrm{d}N_2/\mathrm{d}t = 0$，将其分别代入式(6.2)和式(6.3)中，并联立式(6.4)，可以解出

$$N_2 = N_1^0 \frac{b_{12}}{b_{12} + b_{21}} \frac{1}{1 + \frac{A_{21} + Q_{21}}{b_{12} + b_{21}}} \tag{6.6}$$

定义饱和光辐射能量密度为

$$I_\nu^{\mathrm{sat}} \equiv \frac{(A_{21} + Q_{21})c}{B_{12} + B_{21}} \tag{6.7}$$

根据式(6.1)和式(6.7)，式(6.6)可以表示为

$$N_2 = N_1^0 \frac{B_{12}}{B_{12} + B_{21}} \frac{1}{1 + \frac{I_\nu^{\mathrm{sat}}}{I_\nu}} \tag{6.8}$$

荧光产生于自发辐射过程，其强度正比于 $N_2 A_{21}$，定义荧光流率 R_p 表示单位时间单位体积产生的荧光光子数，有

$$R_p = N_2 A_{21} = N_1^0 \frac{B_{12}}{B_{12} + B_{21}} \frac{A_{21}}{1 + \frac{I_\nu^{\mathrm{sat}}}{I_\nu}} \tag{6.9}$$

式(6.9)又称为荧光流率方程，该方程表明荧光流率与激光的能量密度和吸收态 1 能级的初始粒子数密度有关。对于荧光流率方程，下面讨论几种特殊情况：线性 LIF 区域、饱和 LIF 区域，及预离解 LIF。

（1）线性 LIF 区域。

当激光激发能量密度较低时，如果 $I_\nu \ll I_\nu^{\mathrm{sat}}$，式(6.9)可以进一步简化为

$$R_p = N_1^0 B_{12} I_\nu \frac{A_{21}}{A_{21} + Q_{21}} \tag{6.10}$$

此时，可以看出荧光流率线性正比于输入的激光能量密度，称为线性荧光区域。另外，荧光信号还正比于 $\frac{A_{21}}{A_{21} + Q_{21}}$，将此项称为荧光效率，由于 $A \ll Q$，荧光效率通常情况下远小于 1。这里需要注意，荧光信号的大小取决于激光的能量密度，而不是激光的能量。激光的能量等于激光的能量密度乘以激光聚焦面积。因此，线性 LIF 区域，荧光光子数线性正比于激光在脉冲区间内发射的光子数。

由上面荧光信号公式，要想对待测组分进行定量测量，就必须获得猝灭速率常数 Q，猝灭率 Q 通常于温度、压强和燃烧组分有关，其表达式如下：

$$Q = N \sum_i \chi_i \sigma_i v_i \tag{6.11}$$

式中，N 为总的分子数密度；χ_i 为碰撞组分的摩尔分数；σ_i 为碰撞截面，取决于不同的碰撞组

分；v_i 为待测组分与碰撞组分之间的有效分子速度，与温度有关。

因此，根据式(6.11)，获得猝灭率的一种方法，测量主要组分信息和温度，根据式(6.11)计算得出猝灭率，这在实际中很难。另一种可行的方法是利用更短脉冲长度的激光器，如皮秒激光，由于脉冲长度较特征碰撞时间短，可以直接测量猝灭速率常数，但这种测量存在着很大的局限性，一般在层流火焰和低压燃烧环境进行。因此，通常情况下定量的测量希望避免涉及猝灭速率，采用下面的两种方法：饱和 LIF 和预离解 LIF 方法。

（2）饱和 LIF 区域。

避免猝灭影响的定量测量最常用的方法是应用饱和 LIF，当激光激发能量密度很高时，如果满足 $I_v \gg I_v^{sat}$，则式(6.9)可以简化为

$$R_p = N_1^0 \frac{B_{12}}{B_{12} + B_{21}} A_{21} \tag{6.12}$$

在饱和 LIF 区域，荧光信号功率与激光能量密度和猝灭均无关。物理上这个现象的解释是由于在饱和 LIF 情况下，激光吸收和受激发射的速率相比猝灭速率大得多，成为主要的能量传递方式。除了使得荧光信号与猝灭无关之外，这种方法还产生强的荧光信号，提高了组分探测的灵敏度。然而，由于特定的吸收波长或达到饱和对激光能量密度要求很高，完全饱和 LIF 不容易达到。另外，空间上聚焦激光束的外围边缘，能量密度无法达到饱和区域，时间上，由于脉冲区间内激光能量随时间变化，在整个脉冲区间上，无法实现饱和 LIF。因此，对于定量测量，饱和 LIF 存在这些实际问题需要考虑，限制了在大多数情形下的应用。

（3）预离解 LIF。

激光诱导预离解荧光（LIPF），利用特殊选择的激光波长，将分子或原子激发跃迁到预离解能态，此时预离解速率 $P \gg Q$，由于通常 $A < Q$，由激发态的能量损失主要是通过预离解 P。预离解速率 P 是分子本身的属性，可以通过单独测量获得。忽略光电离，联立方程(6.2)和方程(6.3)，得到

$$\frac{d}{dt}(N_1 + N_2) = \frac{dN_1}{dt} + \frac{dN_2}{dt} = -N_2 P \tag{6.13}$$

基于 $P \gg Q_{12} > A, N_1 \approx N_1^0$ 的假设，可以得到荧光功率表达式为

$$R_p = N_1^0 B_{12} I_v \frac{A_{21}}{P} \tag{6.14}$$

同样，预离解 LIF 无需给出碰撞猝灭速率，这种测量策略已经被用于 OH 基的测量，然而，这种方法的缺点是预离解使得产生的荧光效率非常低，大大降低了探测灵敏度，因此，要求使用高能可调谐激光器作为激励源。预离解 LIF 主要用于 OH 和 O_2 探测，对于 OH 的(3,0)跃迁被用来产生预离解 LIF。同时被限制应用在大气压或更低压强的火焰测量，对于高压情况，由于此时 $Q \approx P$，猝灭的影响不能忽略。

对于上述推导的荧光流率方程，我们避开了线型的影响。实际上，激光和吸收线型均不是无限窄的一条线，而是存在一定的光谱分布。因此，严格来讲，由于激光光谱分布，公式(6.1)应该被表达为

$$b = \frac{B}{c} \int_v I_v(\nu) g(\nu) d\nu \tag{6.15}$$

式中，ν 为光频率；$I_v(\nu)$ 为激光线型；$g(\nu)$ 为吸收线型，取决于吸收跃迁的自然加宽，多普勒加宽，碰撞加宽。

激光线型可以表达成

$$I_\nu(\nu) = I_\nu^0 L(\nu) \tag{6.16}$$

式中,I_ν^0为标准化的激光能量密度;$L(\nu)$为激光光谱分布函数,通过激光半高全宽(FWHH)$\Delta\nu_L$标准化,其定义为

$$\int_\nu L(\nu)\mathrm{d}\nu = \Delta\nu_L \tag{6.17}$$

因此,将式(6.16)和式(6.17)代入式(6.15)中,得

$$b = \frac{B}{c} I_\nu^0 \int_\nu L(\nu)g(\nu)\mathrm{d}\nu \tag{6.18}$$

式(6.18)中的积分项又称为谱线重叠积分,如果假设激光中心频率ν_0与吸收线型的中心频率重合,并且激光线型半高宽$\Delta\nu_L$较吸收线型足够大,以至于其在整个吸收线型内的变化可以忽略,则

$$b = \frac{B}{c} I_\nu^0 \int_\nu L(\nu_0)g(\nu)\mathrm{d}\nu = \frac{B}{c} I_\nu^0 L(\nu_0) = \frac{B}{c} I_\nu(\nu_0) \tag{6.19}$$

以上我们讨论了基于简化两能级系统的 LIF 测量理论,更为复杂的系统模型在这里不再阐述,由于碰撞猝灭在大多数情况下无法获得,准确的定量 LIF 测量通常是很困难的,通常需要有效的标定方法或联合其他的测量手段,如一维吸收光谱等。

6.3　激光诱导荧光(LIF)测量组分浓度和温度

激光诱导荧光信号涉及众多因素,利用 LIF 进行定量测量之前,通常需要考虑:
(1)待测组分的吸收或发射光谱;
(2)与荧光直接相关的自发辐射速率系数;
(3)考虑碰撞猝灭、预离解、光电离等过程的影响。

由于饱和荧光不容易达到,因此,线性荧光常用于 LIF 的测量。对线性荧光流率方程(6.10)在激光脉冲时间内积分,并考虑到光学传输损失,检测光学的接收效率,可以得到荧光信号方程。从体积为 V 的测量体到达光电探测器的总荧光光子数为

$$N_p = \eta\,\frac{\Omega}{4\pi}\,f_1(T)\,\chi_\mathrm{m} nV B_{12}\,E_\nu\,\frac{A_{21}}{A_{21}+Q_{21}} \tag{6.20}$$

式中,η为光学传输效率;Ω为接收立体角;$f_1(T)$为无激光场时较低激光耦合态的相对布局,与温度有关;χ_m为吸收组分的摩尔分数;n为总的气体数密度;E_ν为激光光谱能量密度。

这里需要指出,对于宽频带脉冲激光源,谱宽大于分子跃迁的宽度,根据式(6.19)可以不考虑吸收谱线形状影响,但对于窄带激励的荧光信号,公式中E_ν为脉冲能量 E 乘以谱线重叠积分。

6.3.1　激光诱导荧光(LIF)组分浓度测量

对于 LIF 测量组分浓度,根据式(6.20)和理想气体状态方程,通常将探测器接收到信号与实验参数(温度、压力、摩尔分数等)之间的关系表达成下面的形式:

$$I_\mathrm{f} = \frac{E_\mathrm{p}}{A_\mathrm{las}}\,\frac{\chi_\mathrm{m} p}{kT}\sum_i \left[f_{J''}BG\right]\left(\frac{A}{A+Q}\right)C_\mathrm{opt} \tag{6.21}$$

式中:将所有的激发跃迁求和,E_p 为每一脉冲的激光能量;A_{las} 激光束或屏的横截面积;χ_m 为待测吸收组分的摩尔分数;k 为玻尔兹曼常数;p 为压力;T 为温度;$f_{J''}$ 为转动量子数 J'' 的吸收态的玻尔兹曼分布;B 为受激吸收的爱因斯坦系数;G 为谱线重叠积分;$A/(A+Q)$ 称为荧光产率,A 为所有直接或间接激发态自发辐射的速率;Q 为受激态电子碰撞猝灭率;C_{opt} 为与接收光学和探测系统光电转换效率有关的系数。

由式(6.21)可知,LIF 测量组分浓度的方程,不仅于组分浓度有关,还含有温度和压力的显函数和隐函数。玻尔兹曼分数 $f_{J''}$ 为温度的函数,谱线重叠积分 G 和猝灭率 Q 也为温度和压力的函数。

1. 温度影响

荧光的产生来自于受激发的低能态上的粒子数密度,这取决于温度,并满足玻尔兹曼分布

$$f_{J''} = \frac{hc\,B_v}{kT}(2\,J''+1)\exp\left[\frac{-hc\,B_v\,J''(J''+1)}{kT}\right] \tag{6.22}$$

式中,J'' 为吸收态转动能级的量子数;B_v 为转动常数;k 玻尔兹曼常数;h 为普朗克常量。对于浓度的测量,根据玻尔兹曼分布,通常需要选择对温度不敏感的受激吸收态,而避开温度的影响,当然对于温度的测量,则希望选择对温度敏感的受激吸收态。

2. 线型影响

LIF 测量中的激光谱线和吸收谱线均不是无限窄,它们存在一定的谱线宽度,其谱线重叠积分

$$G = \int_v L(v)g(v)\mathrm{d}v \tag{6.23}$$

式中,v 为频率;$L(v)$ 为激光光谱分布函数;$g(v)$ 为吸收线型函数。对于火焰中分子的吸收线型存在三种谱线加宽效应:自然加宽、碰撞引起的压力加宽、分子运动引起的多普勒加宽。自然加宽相比压力加宽和多普勒加宽小得多,因此,一般考虑压力加宽和多普勒加宽,分别用 Lorentzian 和 Gauss 线型表示。当多普勒线宽与 Lorentzian 线宽同等量级时,用 Voigt 分布来表示吸收线型。对于 Lorentzian 线型,其为温度和压力的函数,Gauss 线型为温度的函数。当温度为 300 K 时,一般压力加宽要比多普勒加宽大一个量级,当温度为 2 000 K 时,则需要同时考虑两种加宽效应,此时需要用 Voigt 线型分布。

3. 猝灭率 Q

猝灭率 Q 与温度、压强和燃烧组分相关,其表达式如下:

$$Q = \sum_i n_i \sigma_i v_i \tag{6.24}$$

其中

$$v_i = \left(\frac{8kT}{\pi\mu}\right)^{1/2} \tag{6.25}$$

式中,n_i 为碰撞组分的分子数密度,与压强有关;μ 为折合质量,与两者的分子质量有关;σ_i 为碰撞截面,与不同的碰撞组分有关;v_i 为待测组分与碰撞组分之间的有效分子速度,与温度有关。

考虑到 LIF 测量组分浓度时的温度影响,一个测量策略是选择合适的吸收跃迁,使得荧光信号在实验温度范围内对温度的敏感性尽可能地低,因为大多数燃烧过程为恒压过程,这样获得的荧光信号近似正比于待测组分浓度。实际上,通过选择合适的激发转动能级,使得该能级的分子布居数对温度不敏感。然后,由其他参数组成的比例系数可以通过合理的标定过程

获得。因此,对于定量组分浓度测量,选取合适的激光激励波长很重要。图 6.6 为定压下为 OH 基 $A^2 \sum^+ (V'=0) \leftarrow X^2 \prod^+ (V'=0)$ 跃迁,不同转动态 J'' 吸收相对强度随温度的变化。由图可以看出,选择吸收态 $J'' = \prod \frac{1}{2}$ 可以获得满意的浓度测量结果,当然还需要考虑吸收系数的大小是否合适。

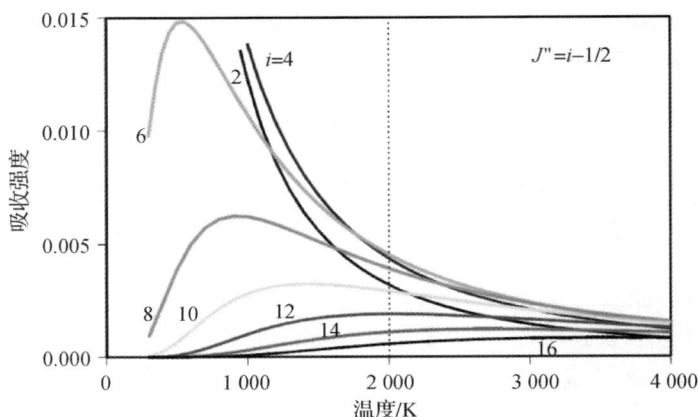

图 6.6　OH 基 $A^2 \sum^+ (V'=0) \leftarrow X^2 \prod^+ (V''=0)$ 不同跃迁转动态 J'' 的吸收线强度随温度的变化(等压条件)

然而即便如此,荧光效率 $A/(A+Q)$ 与温度、压力和燃烧产物组分仍然有关,因此,在温度和混合物组分梯度较大的地方,如湍流情况,荧光效率将发生很大的变化,尤其是在高压的情况下,这在一定程度上使得 LIF 准确定量测量很困难。

6.3.2　激光诱导荧光(LIF)温度测量

LIF 测温主要是通过测量两个或更多低能级吸收态的粒子数分布,从而根据玻尔兹曼分布,获得温度信息。常用的方法有三种:双线法(Two - Line),激励扫描(Excitation Scan),热辅助法(Thermally Assisted Thermometry)。

1. 双线法

双线法的原理图如图 6.7 所示,通过选择两个吸收态,将其激发到同一个激发态,然后分别测量其斯托克斯和反斯托克斯荧光,获得两个能级 1,2 上的相对粒子数分布,从而根据玻尔兹曼分布获得温度。双线测温的优点是,将两个低能态粒子激发到同一个高能态,这样的好处是对于每一个跃迁荧光,可以大致认为猝灭和转动/振动能传递相同。因此,通过比值的方法可以将这些变量消掉,简化了标定过程。

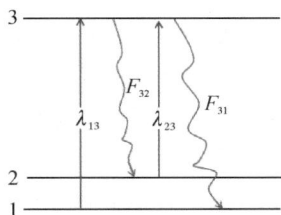

图 6.7　双线 LIF 测温原理

从 1 能级到 3 能级的速率方程：

$$\frac{\mathrm{d}N_3}{\mathrm{d}t} = N_1 b_{13} - N_3(b_{31} + A + Q) \tag{6.26}$$

式中，$A = A_{31} + A_{32}$，$Q = Q_{31} + Q_{32}$；从能级 3 到能级 1 的荧光信号

$$F_{32} \sim N_3 A_{32} = \frac{N_1 b_{13} A_{32}}{b_{31} + A + Q} \tag{6.27}$$

类似的，可以获得

$$F_{31} \sim N_3 A_{31} = \frac{N_2 b_{23} A_{31}}{b_{32} + A + Q} \tag{6.28}$$

式中，$b_{ij} = \frac{B_{ij} I_{ij}^{\nu}}{c}$，$B_{ij} = \frac{A_{ij}\lambda_{ij}^3}{8\pi h}$，$g_i B_{ij} = g_j B_{ji}$，这里 g_i 为能态 i 的简并度。

对于 $b \ll A + Q$ 的线性荧光条件，两个荧光信号的比值，利用玻尔兹曼分布得

$$\frac{F_{31}}{F_{32}} = \frac{I_{23}\lambda_{32}^3}{I_{13}\lambda_{31}^3} \mathrm{e}^{-(E_2 - E_1)/kT} \tag{6.29}$$

式(6.29)的关系式被用来测量温度。通常可以利用火焰中的自由基组分，NO，O_2 等或向火焰中加入的原子组分如 In，Pb 等的 LIF 来测量火焰温度。利用双线测温的关键是选取合适的两跃迁能量差，以获得足够的温度敏感性。另外，双线法通常需要两个独立激光源，并且需要两个相机来分别获得两个荧光信号，这使得系统复杂且昂贵。

2. 激励扫描

利用激励扫描测温的原理如图 6.8 所示，对于稳态火焰，在整个电子基态能级进行振-转能级的扫描激励是可行的。在线性荧光区域，从每一个较低吸收态 J 跃迁的荧光信号正比于该能级上的粒子数，即

$$F_J \sim N_J B_{12}\varphi_J = n f_J B_{12}\varphi_J = \frac{nhc B_\nu}{kT} B_{12}\varphi_J (2J+1)\exp\left[-B_\nu J(J+1)\frac{hc}{kT}\right] \tag{6.30}$$

式中，f_J 为 J 能态的玻尔兹曼分数；φ_J 为每一个跃迁的荧光效率；B_{12} 为从 $(m, V'', J'') \rightarrow (n, V', J')$ 跃迁的爱因斯坦吸收系数。对上式两端取对数，可以得到

$$\ln\left(\frac{F_J/B_{12}\varphi_J}{2J+1}\right) = -B_\nu J(J+1)\frac{hc}{kT} + \ln\frac{nhc B_\nu}{kT} \tag{6.31}$$

由此可以看出，$\ln\frac{F_J/B_{12}\varphi_J}{2J+1}$ 与 $-B_\nu J(J+1)hc$ 成线性关系，其斜率即为 $1/(kT)$，由此可以获得温度。该方法要求使用连续可调的激光源。

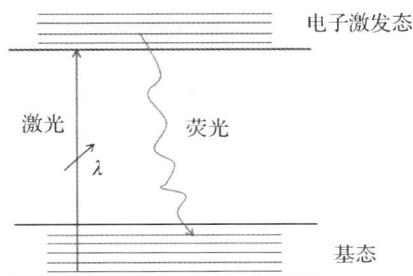

图 6.8　激励扫描 LIF 测温原理

3.热辅助法

如图 6.9 所示为热辅助测温法原理,热辅助测温法与上述方法相比系统简单,只需要一个激光源,受激高能级的粒子由于通过碰撞能量传递,分布在不同的振动或转动能级上,与双线法测量两个基态能级的粒子数然后通过玻尔兹曼分布获得温度不同,热辅助测温法测量激发态上的两个或更多能级上的粒子数分布,通过碰撞能量传递过程模型获得温度。在热辅助法中,激发态上的能级可以是同一振动能级上的不同的转动能级或同一电子能级上的不同的振动能级。

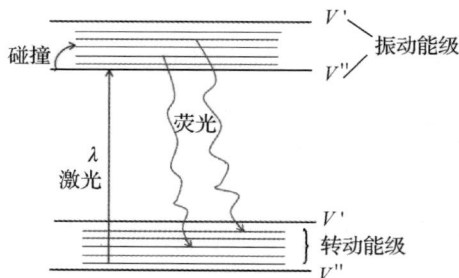

图 6.9 热辅助 LIF 测温原理

对于碰撞能量传递过程,利用两能级平衡的模型,可以推导出两荧光信号的比值与温度的关系如下:

$$\frac{F_1}{F_0} = \frac{A_1 \ e^{-\frac{\Delta E}{kT}}}{A_0(1+\frac{Q_1}{V_{10}})} \tag{6.32}$$

式中,A_i 为 i 能级的自发辐射速率;V_{10} 为 1 能级向 0 能级传递速率;Q 为猝灭率。该方法的准确性在于计算猝灭率和相应标定过程。

由于 LIF 信号的大小与很多参数相关,除了上述将 LIF 用于组分浓度、温度的测量外,还可以将 LIF 用于速度、压强等的测量。由于多普勒效应,速度将影响吸收线型,产生吸收线的多普勒频移,这种方法在高速时有很好的应用前景。

6.4 平面激光诱导荧光(PLIF)应用

LIF 被广泛应用于燃烧流场诊断领域。除了用于组分浓度、温度和速度的测量利用示踪分子外,LIF 还用于解决复杂湍流混合和燃烧的研究。如前所述,LIF 在实际应用中很难给出定量的信息,通常用来定性的燃烧流场分析,特别是平面激光诱导荧光 PLIF 技术提供二维的空间分辨,被用于燃料/空气混合、湍流混合和燃烧、火焰区位置和结构、超声速点火和火焰稳定等研究。

6.4.1 典型实验系统

如图 6.10 所示,典型 PLIF 实验系统包括激光及片光光学系统,荧光探测系统及计算机控制和图像处理。

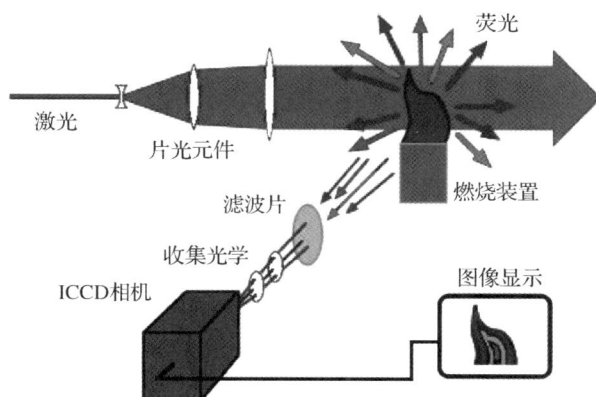

图 6.10　典型 PLIF 实验系统

（1）激光和光学系统。对于 LIF 应用，最常用的激光系统是 Nd:YAG 激光器泵浦染料激光器和准分子激光器。染料激光器可以输出在较大范围内波长可调的激光，通过光栅获得高分辨窄带光谱，从而实现确定的吸收跃迁激励，染料激光器本身需要泵浦激光激励特定的染料实现特定波段的激光输出。Nd:YAG 激光器能够产生脉冲 1 064 nm 的激光，倍频可输出532 nm，355 nm 的激光，通过倍频的激光被用来泵浦染料激光器。另一种准分子激光器，其产生的波长取决于激发物质，如：ArF，193 nm；KrCl，222 nm；KrF，248 nm；XeCl，308 nm；XeF，353 nm。准分子激光器的主要特点是直接生成 UV 激光，高脉冲能量和高的重复频率。准分子激光器也可以用来泵浦染料激光器，Nd:YAG 激光器或准分子激光器泵浦染料激光器一般可以实现 200～900 nm 的激光输出。

激光片光生成元件通常是由一组球面或柱面透镜组成的，将激光束转换成激光片光，实际测量中，激光输出能量通常需要实时监测，用于后期的荧光图像的处理。

（2）荧光探测系统。PLIF 系统利用 CCD 相机实现二维荧光探测，在 CCD 相机之前，需要使用滤波片使想要探测波长的荧光通过，而滤掉由于激光瑞利散射等产生的干扰以及背景光。CCD 相机通常不足以获得清晰的荧光图像，因此，需要在 CCD 相机之后使用图像增强器获得高亮度的图像。

（3）计算机控制和图像处理。计算机控制系统中各部件工作和数据的采集处理，采用一定时序使得脉冲激光器和 ICCD 协同工作，利用软件对 ICCD 采集的二维图像进行处理，通常需要对获取的原始图像进行去背景光、片光吸收校正、激光能量校正等处理，获得荧光图像，利用标定数据，最终获取想要的二维浓度信息。

6.4.2　实验考虑

（1）激励波长和探测波长的选择。从测量的角度看，为了获得足够的荧光信号，增加信噪比，当然希望选择待测组分强的吸收谱线。但为了避免图像失真，需要避免过强的吸收谱线，例如，极端情况下激光在刚开始通过火焰就被大量吸收，就无法获得完整的图像。因此，对于激励波长的选择需要折中，而且由于激光沿程吸收导致激发能量的衰减不可避免，必须对 LIF获得的图像进行吸收校正。

根据玻尔兹曼分布，不同能级上的粒子布居数是温度的函数，选择不合适的激发转动态 J

会导致 LIF 信号过度依赖温度,这在测量温度时当然是希望的,但对于测量浓度,则需要选择对于温度不敏感的转动态 J''。

探测波长通常选择较激励波长的范围跃迁,同时需要考虑抑制由其他组分产生的不想要的荧光和激光散射,如瑞利散射。同时,需要注意某一部分波长的荧光可能容易被重新被吸收,从而探测不到,这种现象被称为荧光捕获,例如,OH 基在 308 nm 附近火焰的吸收非常强,因此,高浓度的 OH 基在 0—0 跃迁(308 nm 附近)吸收效率很高,这个波段辐射的荧光很容易被重新吸收而探测不到。

(2)探测组分选择。利用 PLIF 测量火焰中的自由基组分常用来反映燃烧反应区的结构。反应区或火焰锋(Flame Front)是火焰中很薄的区域,在这个区域里化学反应将燃料和氧化剂转换成燃烧产物,并且释放大量能量。OH 基是氢或碳氢燃料燃烧过程存在于高温反应区中的重要中间产物,OH 基常被看作燃烧反应进行的标志,OH 基的快速增加可以看成火焰锋的开始;CH 基在碳氢燃料初始反应中产生,代表碳氢燃料燃烧反应的开始,CH 基较 OH 基存在于反应区更薄的区域内,浓度一般较 OH 低,在富燃情况下浓度较高;CHO 基可以反映大量放热的区域。因此,在许多研究中,OH 基、CH 基的分布被用来研究火焰结构和火焰锋位置,着火和熄火行为。NO 在许多燃烧环境中非常稳定,有比较确定的光谱行为,可以容易加入到火焰中,通常被用来测量温度。

对于非反应流,通过示踪 PLIF 被用于研究燃料/空气混合过程、燃料的分布、温度的测量等。通常选择的示踪物质需要有比较清楚的光谱行为,并且可以产生足够强的激光诱导荧光信号。NO、丙酮、甲苯以及碳氢燃料中的一些芳香族成分被用于一些燃烧装置中的燃料分布、温度分布等的测量。

(3)高压环境影响。当应用在高压燃烧环境,需要考虑谱线压力增宽效应导致一些组分的光谱重叠,例如,当压力大于 10bar 时,无法找到一个激发谱线仅对应 NO 吸收光谱。谱线的加宽和增加的碰撞猝灭也使得探测的荧光信号减弱。不仅如此,由于在高压下热的燃烧产物(主要是 CO_2,H_2O)对紫外波长吸收很强,激光和荧光信号的衰减加剧。另外,在高压情况下,信号的干扰需要考虑,如加宽的 CO_2 辐射(200~450 nm),燃料多环芳烃等。文献[173]讨论了 NO 在高压火焰中的定量 LIF 测量策略,获得了温度图像和 NO 浓度图像。文献[169]利用 OH 基 $A^2\sum^+ - X^2\prod(v' = 1, v'' = 0)$ 的 Q11(9.5)跃迁(284 nm),获得高压 LO_x/GH_2 射流火焰中 OH 基 PLIF 浓度图像。

6.4.3 应用举例

(1)航空发动机燃烧室应用。为了提高液体煤油燃料的航空发动机的燃烧效率,降低污染物排放,关键的措施是改进喷注系统设计,优化燃料液滴的雾化和蒸发过程,使得燃料在燃烧室内合理分布。另外,燃烧室内燃料/空气混合分布在时间和空间上的不均匀也会导致燃烧不稳定。M. ORAIN 等人[173]同时测量煤油蒸气的 PLIF 和 OH - PLIF 来研究燃烧室内的燃料分布和火焰结构,实验装置如图 6.11 所示。

两个脉冲激光系统分别用来产生煤油 PLIF 和 OH - PLIF,对于 OH - PLIF,使用 Nd:YAG 激光器泵浦染料激光器产生 282.75 nm 的脉冲激光激励 OH 基 $A^2\sum^+ - X^2\prod(v' = 1, v'' = 0)$ 的 Q1(5)跃迁,Q1(5)跃迁具有高的吸收强度和较低的温度敏感性。Nd:YAG 激光器经过倍频产生的 266 nm 激光被用来产生煤油 PLIF 图像。两个激光脉冲之间的延迟时间为 200 ns,这样可以避免 OH 基和煤油 PLIF 信号的干扰,同时,这个时间较典型的流动时间尺度小,因此可以认为两个图像代表同一时间的物理现象。

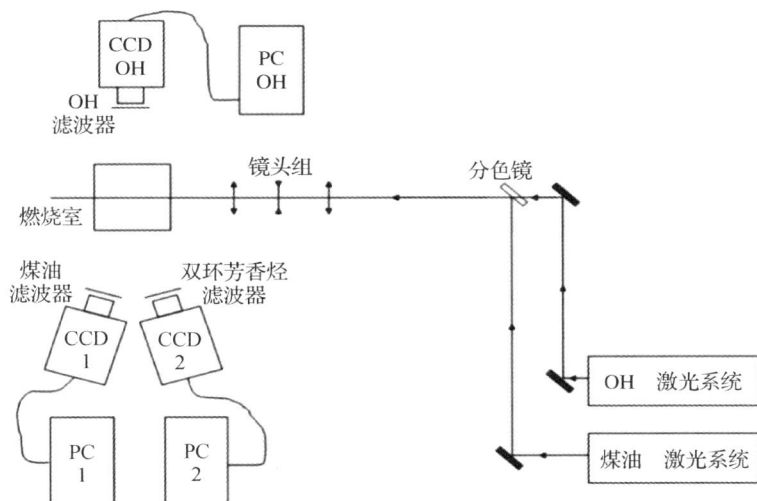

图 6.11　煤油 PLIF 和 OH - PLIF 测量系统

两束激光通过两色分束镜合并后,同时经过一组柱面镜和球面镜展成片光进入开有光学窗口的燃烧室。ICCD 被用来探测产生的荧光信号,并且与计算机相连。对于 OH - PLIF,310 nm 附近的荧光被探测(使用 WG 295 和 UG 5 滤波片),对于煤油,两组滤波片和 ICCD 相机分别用于探测煤油单环芳香烃和双环芳香烃的荧光。

利用上述的实验装置,开展一系列的实验(空气入口温度 480～730 K,燃烧室压力 0.45～2.2 MPa)。经过数据处理,各种工况下的煤油/空气当量比和 OH 基分布的 2D 图像被获得来分析不同喷注方式的燃料分布及其火焰结构,典型的实验结果如图 6.12 所示。

(2) PLIF 技术在超声速点火和火焰稳定研究中的应用[174-177]。新型推进系统的发展越来越依赖先进的测试技术,激光燃烧诊断技术被用于研究燃烧本质并提供实验数据验证 CFD 计算结果。超燃冲压发动机设计的关键问题是使燃料在超声速来流中实现可靠的点火和稳定的组织燃烧,由于燃料在发动机中的驻留时间很短(毫秒量级),实现超声速流中的高效混合和燃烧增强技术是超燃冲压发动机中关键的技术挑战。

OH - PLIF 技术被广泛用于在超声速来流下,不同的燃料喷注方式的点火和火焰稳定的研究中[174-177],Adela Ben - Yakar[175] 利用 OH - PLIF 技术研究超声速来流下横向喷氢和乙烯的混合和点火。利用 Nd:YAG 激光器泵浦染料激光器,获得激发 OH 基 $A^2\sum^+ \leftarrow X^2\prod(v'=1,v''=0)$ 跃迁的激光(283 nm 附近),随后利用 ICCD 探测产生于强的(1,1)跃迁的荧光信号(315 nm 附近,308～325 nm)。对于 $J=7.5$,在 1 500～3 000 K 的温度范围内,获取的 OH 荧光信号有最小的温度敏感性。因此,283.226 nm 的激光(约 8～10 mJ)被选择用来激发 OH 基的 Q1(7)跃迁。激光最终被调整成宽度为 0.3～0.4 mm,高度为 35 mm 的片光,Schott UG11 和 WG - 305 滤波片被用来获得想要探测波长范围的荧光。

(a)

(b)

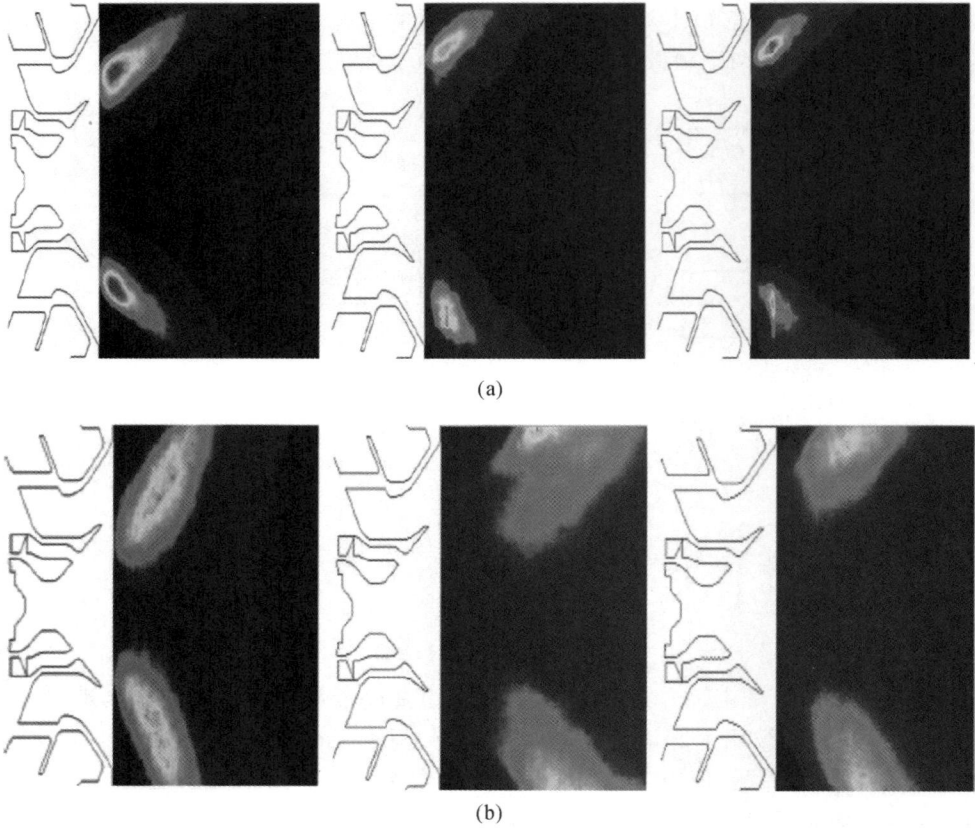

图 6.12　典型实验结果

(a)各种工况下的煤油/空气当量比 2D 图像;(b)OH 基分布的 2D 图像

如图 6.13 所示为横向 H_2 射流与超声速来流相互作用结构和点火后的 OH - PLIF 显示的火焰反应区结构。OH 基的分布反映了反应区结构,可以看出,在横向射流前形成了回流区域,H_2 与 O_2 充分接触并混合,因而形成了稳定的点火和燃烧反应。

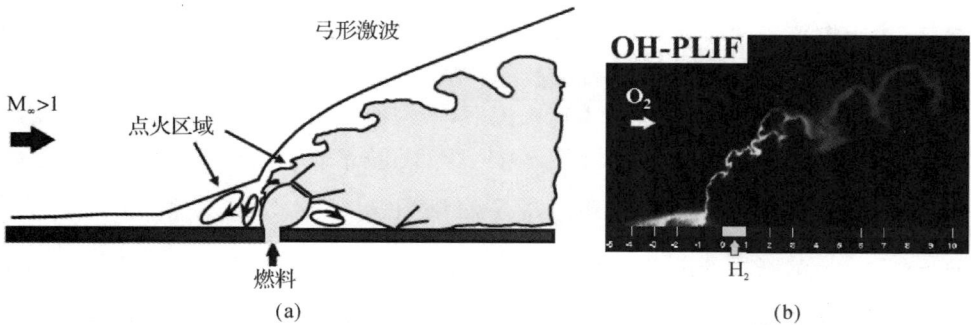

图 6.13　超声速横向射流

(a)流场结构;(b) O_2/H_2 的 OH - PLIF 图像($M=$ 6.7)

凹腔火焰稳定器由于内部大的回流区有助于火焰稳定,并且具有低的总压损失,通常被应用于超燃冲压发动机燃烧室的火焰稳定。OH-PLIF 被用来研究凹腔的火焰稳定机理。如图 6.14 所示为凹腔前横向喷氢的纹影和 OH-PLIF 图像,由 OH 基反映的火焰区结构,凹腔与主流之间的剪切层增强了燃料和主流空气之间的混合,是影响火焰稳定的关键区域。

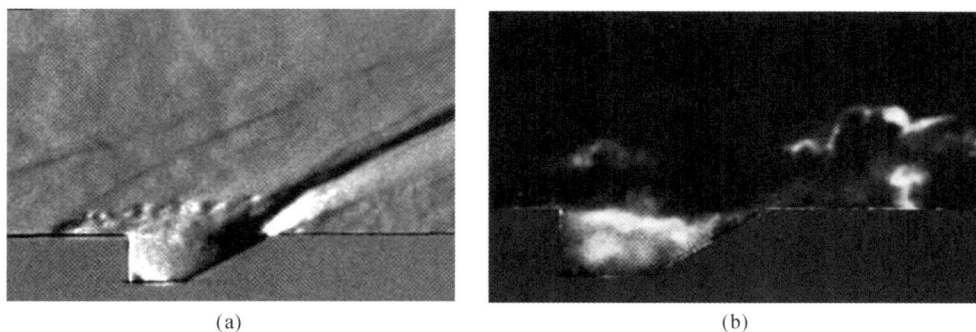

(a)　　　　　　　　　　　　　　　(b)

图 6.14　超声速来流凹腔前横向喷氢
(a)纹影图;(b)OH-PLIF

6.5　小　　结

本章介绍了 LIF 的理论基础,以简单的两能级模型为例介绍了 LIF 信号的影响因素,以及 LIF 法用于温度和组分浓度测量的原理,最后介绍了 PLIF 在实际燃烧装置中的应用。PLIF 是一种有效的二维可视化技术,诊断对象丰富,包括 OH,CH,CH2O,HCO,NO 等,可为深入理解燃烧动力学过程提供宝贵的中间产物信息,可测量组分、温度、压力等物理量,在湍流燃烧基础研究发挥了重要作用。LIF 技术本身也处于发展之中,例如用于定量测量的时间分辨方法、超高速 LIF、多组分 LIF 同步测量等也在不断取得进展并走向实用化。当然,由于实际燃烧器为密闭空间,燃料成分复杂,工作环境复杂,获得准确的定量化燃烧信息依然面临不小的挑战。

第7章 数字全息技术

数字全息(Digital Holography,DH)是常规成像应用中形成的新的技术,它以电子成像手段替代传统全息的光化学处理过程,为全息领域打开了一扇具有诸多新特性的大门。虽然全息技术中的许多显著特性在几十年前就已被熟知,但是其烦琐的处理程序和对实验装置的严苛要求,还是限制了许多实际应用。在数字全息领域,全息干涉条纹由物光和参考光叠加产生,通过CCD或者(COMS)数字采样形成数字阵列传输到计算机。衍射理论可以完整、精确地描述光场的传输过程,借此我们可以将图像重建为复数阵列,用以表示光场的振幅和相位。数字全息具备许多明显的优点,例如可以快速采集全息图,获取光场完整的振幅和相位信息以及存在多种干涉测量和图像处理技术。实际上,通过光场的数值衍射,数字全息技术可以用于那些在实际空间全息中难以实现的成像和图像处理。本章侧重讨论数字全息技术的基本原理,介绍数字全息在发动机燃烧场以及固体推进剂金属颗粒燃烧中的应用。

7.1 概　　述

7.1.1 摄影术和全息术

当一个物体被照明时,之所可以看见该物体,是因为被物体散射而产生的物光波进入我们的眼睛里。物光波可以用亮度或者强度的幅值表示,并且对应于物体形状的相位。当物光波照明一个记录介质,如感光胶片或者CCD相机时,由于这些记录介质仅对光强敏感,因此在记录介质平面上仅记录下强度的变化,形成一张相片,相片中体现的则是二维强度分布。因此在照相术中,由于这种强度记录方式的原因,所有由原始三维景物发出的光波的相位信息都丢失了。光场相位信息的丢失实质上破坏了景物的三维立体特性,因此我们不能感知原始三维物体的深度。本质上来说,摄影术(相片)是对三维景物的二维记录。

全息术不仅记录了光场的振幅信息,同时还记录了其相位信息。全息单词"Holography"是由两个希腊单词组合而成:Holos,意思是"完整的",而Graphein意思是"写或者记录"。因此,全息(Holography)意思就是记录下物体的完整信息。在全息记录过程中,记录介质记录下了复振幅,即同时记录了原始的物光波的振幅和相位信息。这样记录下来的强度变化称之为全息图。光波照明全息图,由于衍射效应能重建出原始物光波,该光波将产生包含物体全部信息的三维像。这个波前记录和重建的过程称为全息术。

7.1.2 全息术的历史和发展阶段

1948年,Dennis Gabor提出了一种记录光波振幅和相位的方法,随后用实验证实了这一想法,即全息术,并制成世界上第一张全息图。Gabor当时正在从事提高电子显微镜分辨率工作,他并没有试图换上电子成像透镜,而是意识到电子束的衍射图中包含了电子波振幅和相位的完整信息,电子波的衍射图形经过记录后,可用于光学合成物波场。因此,就可以使用可见光光学元件来成像,与采用电子光学件相比更为简单。他把这种新的成像原理称作全息,因为它具有记录整个光场的特性。从第一张全息照片制成到 20 世纪 50 年代末期,全息图制作具有以下共同的特性:全息图都是用汞灯作为光源,而且是所谓同轴全息图,即物光和参考光在同一条光路上得到的全息图。这一时期的全息图被称为第一代全息图,标志着全息技术的萌芽。虽然 Gabor 演示实验中的记录和再现是通过光学途径实现的,但是由于缺少高相干性和高强度光源以及孪生像问题,全息光学并没有产生巨大的进步,全息术进展缓慢。

20 世纪 60 年代,有两项关键发明激发了光学全息术的发展。一项是激光的发明,可提供高质量相干对比的强大相干光源,所有不同类型的激光器都可以用来产生和再现全息图,例如从半导体激光器到高功率气体激光器,其光谱范围不只是可见光波段,还有红外光、紫外光和X 射线。另一项发明是有 Emmett Leith 和 Juris Upatnieks 提出的将通信理论中的载频概念推广到空域中,用独立参考波面的离轴照明形成参考光与物光干涉形成全息图,再利用离轴的参考光照射全息图,使全息图产生三个在空间互相分离的衍射分量,这种方法被称为离轴全息术,这是全息技术发展的第二个阶段。第二代全息术解决了光源相干和高强度问题,同时也解决了 Gabor 同轴全息结构的零级和孪生像问题,并在立体成像、干涉计量检测、信息存储等应用领域获得了巨大的进展,但激光再现的全息图失去了色调信息。

科学家们开始致力于研究第三代全息图像。同样是采用激光记录,但用白光再现的全息图,在一定的条件下赋予全息图鲜艳的色彩,即彩色全息。第三代全息技术已经在很多领域中得到了应用,例如,像全息、反射全息、彩虹全息、模压全息等。

激光的高度相干性,要求全息拍摄过程中各个元件、光源和记录介质的相对位置严格保持不变,这也给全息技术的实际使用带来了种种不便。于是,科学家们又回过头来继续探讨白光记录的可能性。第四代全息图应该是白光记录、白光再现的全息图,它将使全息术最终走出有防震工作台的黑暗实验室,进入更加广泛的实用领域。

7.1.3　数字全息

数字全息这个概念可以用于多种语境,在本章只有一个明确的定义,即光学方法产生一个全息图,然后再用电子方式采集和数值重建获得图像。它的另外一个意思是数值计算全息干涉图的相反过程,然后再打印或者输出到真实空间,所以重建过程不用光学的方法而是用人工方法进行编码制作全息图像而实现,现在称为计算全息(GCH)。

光学场的传播可以通过衍射理论完备精确地描述,因此也就可以用数值计算来表述。1976 年,Joseph Boodman(斯坦福大学)等人由此演示了全息图像的数值重建的可能性,认为参考波和物波形成的干涉条纹直接由摄像机的光敏面探测(不用镜头)。摄像机的输出由256×256 像元阵列进行采样,而且定量为 8 个灰度级。PDP - 6 计算及用来编程实现阵列的二维傅里叶变换,并且提取结果的二次方模量。采用快速傅里叶转换,能够在 5 分钟内获得图像。计算结果可以直接输出到示波器的显示器上。

数字全息的另一位先驱是 1992 年由 Haddad(Los Alamos 国家实验室)研发的傅里叶变换全息显微镜。采用一个定制的 CCD,敏感面是 $2\,048 \times 2\,048$ 的方形像元,像素大小是 $9\ \mu m$。在计算机上进行 FFT 计算,生成了一段蛔虫的显微全息图像。用数值透镜进行处理,演示了不同焦距的数值定焦过程。

从 1994 年开始,Ulf Schnars 和 Werner Jueptner(不莱梅大学,德国)发表了大量 CCD 记录和菲涅尔离轴全息图数值重建的实验,而且展示了用于宏观物体计量的可行性。此时,CCD 相机和计算技术已经发展到了一定程度,可以完成数字全息的实际应用,并且越来越多的研究人员开始开发新技术和新应用。

传统的模拟全息可以重建相位信息,但为了提取出相位信息,必须通过另一个干涉实验来实现,但是在数字全息中,只要光场的复数数值计算完成,就获得了相位信息。数字全息的加速发展得益于计算能力的进步。举个例子,使用一台一般的个人计算机进行 1 024×1 024 阵列的二维 FFT 运算只需要几秒,与之相比的传统全息中的光化学处理过程需要大量的时间。一张相片的典型领密度大约为 10^5 光子$/\mu m^2$,而 CCD 的灵敏度大约为 10^0 光子$/\mu m^2$。这就减少了曝光时间,大幅降低了设备稳定性对于振动和其它扰动的要求。

7.1.4 全息术主要应用及其发展方向

全息最重要的一项工程应用是干涉测量。相位和强度信息可以被重建,所以原来在时间或者空间独立的波前,甚至不同波长的波前都可以通过全息干涉进行比较。带有粗糙的表面的物体形变可以通过干涉方法来精确研究,而且可以进行诸多无损检测,例如变形、振动、表面轮廓,以及由于温度、化学、生物变化过程引起的折射率变化。全息不仅能够存储物理的三维图像信息,而且可以存在任何形式正确编码的数据。全息数据存储具备很多优势,包括高容量存储和高速并行处理。全息数据存储于多种有用的全息图像处理技术紧密联系,例如全息加密,模式识别、联想记忆和神经网络。

7.2 标量衍射理论

阿诺尔德·索末菲(Arnold Sommerfeld)曾把不能用反射或者折射来解释的光线对于直线光路的任何偏离称为光的衍射。它是光的波动性的表现,是光波传播过程中遇到障碍物,波面受到限制时表现出来的现象,所以衍射现象是普遍存在的。光波通过光学系统传播,由于光的波长很短,光通过小孔或者狭缝时可以明显观察到衍射现象。可以说,衍射理论实际上就是讨论光波传播的规律。光波是矢量,完备描述光波,应当考虑光波场的矢量性质。然而在光的干涉、衍射等许多现象中,允许把光波近似作为标量处理。当衍射孔径比光波波长大许多,并且不在太靠近孔径的地方观察衍射场时,标量衍射理论所给出的结果与实际十分相符。因此,本节将重点介绍几种典型的衍射理论。

7.2.1 麦克斯韦方程和波动方程

光具有波动性和粒子性,在描述光的宏观传播特性时常利用麦克斯韦的电磁波理论进行数学描述。在不同的实际条件下,麦克斯韦方程组具有不同的描述形式。在各向同性且均匀的介质中麦克斯韦方程组可为

$$\nabla \cdot \boldsymbol{D} = \rho \tag{7.1}$$

$$\nabla \cdot \boldsymbol{B} = 0 \tag{7.2}$$

$$\nabla \times \boldsymbol{E} = -\frac{\partial B}{\partial t} \tag{7.3}$$

$$\nabla \times \boldsymbol{H} = j + \frac{\partial \boldsymbol{D}}{\partial t} \tag{7.4}$$

式中各参数定义如下：

$\boldsymbol{D}$——为电位移矢量；

$\boldsymbol{B}$——为磁感强度；

$\boldsymbol{E}$——为电场强度；

$\boldsymbol{H}$——为磁场强度；

ρ——为封闭曲面电荷密度；

j——为闭合回路电流密度矢量。

为使麦克斯韦方程能够处理实际问题，还需要加入描述物质在电磁场作用下的物质方程。在各向同性的假设下，物质方程描述为

$$j = \sigma \boldsymbol{E} \tag{7.5}$$

$$\boldsymbol{D} = \varepsilon \boldsymbol{E} \tag{7.6}$$

$$\boldsymbol{B} = \mu \boldsymbol{H} \tag{7.7}$$

式中各参数定义如下：

σ——电导率；

ε——介电常数；

μ——磁导率。

在均匀介质的假设下，$\sigma = 0$，ε，μ 均为常数。真空中，$\varepsilon = 8.854\,2 \times 10^{-12}$ C^2/(N·m^2)，$\mu = 4\pi \times 10^{-7}$ N·s^2/C^2。

物质方程与麦克斯韦方程构成一个完整的方程组，能够用于描述各向同性介质中电磁波的传播规律。假设在无限大空间并且没有辐射源场，即存在 $\rho = 0$，$j = 0$，上述麦克斯韦方程则简化为

$$\nabla \cdot \boldsymbol{E} = 0 \tag{7.8}$$

$$\nabla \cdot \boldsymbol{B} = 0 \tag{7.9}$$

$$\nabla \times \boldsymbol{E} = -\frac{\partial \boldsymbol{B}}{\partial t} \tag{7.10}$$

$$\nabla \times \boldsymbol{B} = \varepsilon \mu \frac{\partial \boldsymbol{E}}{\partial t} \tag{7.11}$$

对式(7.10)和式(7.11)取旋度，同时令 $\nu = 1/\sqrt{\varepsilon \mu}$，麦克斯韦方程可转化为三维标量波动方程形式：

$$\nabla^2 \nu - \frac{1}{\nu^2} \frac{\partial^2 \nu}{\partial t^2} = 0 \tag{7.12(a)}$$

或

$$\frac{\partial^2 \nu}{\partial x^2} + \frac{\partial^2 \nu}{\partial y^2} + \frac{\partial^2 \nu}{\partial z^2} = \frac{1}{\nu^2} \frac{\partial^2 \nu}{\partial t^2} \tag{(7.12(b)}$$

若不涉及一些特殊情况，如光传播过程中障碍物或光学元件尺寸与光波长相接近等，可以将电场强度 E 视为标量，利用其标量解同样能够十分准确地描述光传输的过程。这种求解方式被称为标量衍射理论。

7.2.2 衍射理论介绍

当平面波入射到一个孔径或者衍射屏,例如入射到一具有一些可让光透过的开口的不透明屏时,需要给出光离开孔径后的场分布或经过衍射屏后的衍射场。为处理衍射问题,需要找到在一些初始条件下的标量波动方程的解。假设孔径可以由具有一定振幅透过率的投射函数 $t(x,y)$ 来描述,且置于平面 $z=0$ 处,如图7.1所示。

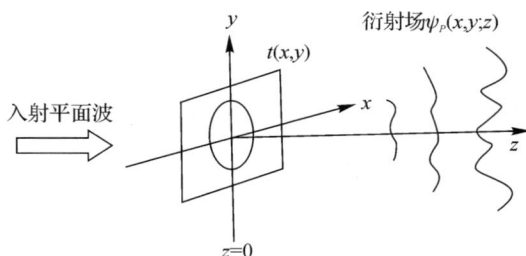

图 7.1 衍射结构示意图

振幅 A 的平面波入射到孔径上,对 $z=0$,当平面波刚到达孔径前可表示为 $A\exp(jw_0t)$。而刚离开孔径处的场分布为 $\psi(x,y,z=0)=At(x,y)\exp(jw_0t)$。一般来说,$t(x,y)$ 为一复函数,其改变入射到孔径上的波的场分布,且其厚度可认为无限小。为进一步对 $\psi(x,y,z=0)$ 做数学处理,在 $z=0$ 位置有

$$\psi(x,y,z=0,t)=At(x,y)\exp(jw_0t)=\psi_{p0}(x,y)\exp(jw_0t) \quad (7.13)$$

式中,参量 $\psi_{p0}(x,y)$ 在光学中称为振幅。该振幅是一个初始条件,其由 $\psi_{p0}(x,y)=At(x,y)$ 来定义,即入射平面波的振幅与孔径透过率函数的乘积。为了给出距离孔径 z 处的场分布,可将场分布的解写为

$$\psi(x,y,z,t)=\psi_p(x,y;z)\exp(jw_0t) \quad (7.14)$$

式中,$\psi_p(x,y;z)$ 是未知的,可通过初始条件 $\psi_{p0}(x,y)$ 给出。为求得 $\psi_p(x,y;z)$,将公式(7.14)代入三维标量波动方程(7.12)中,便可得到 $\psi_p(x,y;z)$ 的霍姆赫兹方程为

$$\frac{\partial^2 \psi_p}{\partial x^2}+\frac{\partial^2 \psi_p}{\partial y^2}+\frac{\partial^2 \psi_p}{\partial z^2}+k_0^2\psi_p=0 \quad (7.15)$$

根据理论分析,满足赫姆霍兹方程的解有3种解:基尔霍夫-菲涅尔公式,瑞利-索末菲公式,角谱衍射公式。这些公式是数字全息数值重建的理论基础,也是光学信息处理中广泛使用的工具。下面介绍两种常用的衍射公式。

7.2.3 基尔霍夫-菲涅尔衍射理论

对式(7.15)进行空间二维傅里叶变换和反变化,即可获得菲涅尔衍射公式为

$$\psi_p(x,y;z)=\psi_p0(x,y)*h(x,y;z)=$$

$$\exp(-jk_0z)\frac{jk_0}{2\pi z}\iint_{-\infty}^{\infty}\psi_p0(x',y')\exp\left\{\frac{-jk_0}{2\pi z}\left[(x-x')^2-(y-y')^2\right]\right\}dx'dy' \quad (7.16)$$

式中:k_0 ——波数,$2\pi/\lambda$;

x',y' ——源点坐标$(z=0)$。

该公式描述了具有初始复振幅 $\psi_{p0}(x,y)$ 的"光束"在传播过程中的菲涅尔衍射。若要计算光场在远离孔径一段距离之后的衍射条纹,可对(7.16)进一步简化:

$$\psi_p(x,y;z)=\exp(-\mathrm{j}k_0z)\frac{\mathrm{j}k_0}{2\pi z}\exp\left[\frac{-\mathrm{j}k_0}{2\pi z}(x^2+y^2)\right]\times F\left\{\psi_{p0}(x,y)\exp\left[\frac{-\mathrm{j}k_0}{2\pi z}(x^2+y^2)\right]\right\}_{kx=\frac{k_0x}{z},ky=\frac{k_0y}{z}}$$

$$(7.17)$$

如式(7.17)中的积分所示,可将 ψ_{p0} 认为是"源",于是坐标 x' 和 y' 所确定的平面可称之为源平面。为给出 z 距离处观察平面上的场分布 ψ_p,需要将源乘以两个如式(7.16)积分中所示的指数函数,然后在源坐标面上积分。积分的结果再乘以因子 $\exp(-\mathrm{j}k_0z)\dfrac{\mathrm{j}k_0}{2\pi z}\exp\left[\dfrac{-\mathrm{j}k_0}{2\pi z}(x^2+y^2)\right]$ 便可最终得到观察平面上由式(7.16)所给出的场分布的结果。

7.2.4　角谱理论

如果把描述球面子波相干叠加的基尔霍夫理论称为衍射的球面波理论,则角谱理论可以称作衍射的平面波理论。他描述孔径平面上不同方向上传播的平面波分量在传播距离 z 后,各自引入与频率有关的相移,然后再线性叠加,产生观察平面上的场分布。

$$\psi_p(x,y;z)=-\frac{\mathrm{j}k}{z}\exp(\mathrm{j}k_0z)\exp\left[\frac{\mathrm{j}k_0}{2\pi z}(x^2+y^2)\right]\times F\left\{\psi_{p0}(x,y)\exp\left[\frac{\mathrm{j}k_0}{2\pi z}(x^2+y^2)\right]\right\}(\mathrm{d}x\mathrm{d}y)$$

$$(7.18)$$

可以看出,基尔霍夫理论与角谱理论完全是统一的,它们都证明了光的传播现象可看作线性不变系统。基尔霍夫理论是在空间域讨论光的传播,是把孔径平面光场看做点源的集合,观察平面上的场分布则等于把门所发出的带有不同权重因子的球面子波相干叠加。球面子波在观察平面上的复振幅分布就是系统的脉冲响应。角谱理论是在频率域讨论光的传播,是把孔径平面场分布不看作许多不同方向传播的平面波分量的线性组合。观察平面上场分布仍然等于这些平面波分量相干叠加,但每个平面波分量引入相移。相移的大小决定于系统的传递函数,它是系统脉冲响应的傅里叶变化。两种衍射理论的一致性,根据原因还在于标量的波动方程是它们共同的物理基础。

7.3　全息的基本原理

全息的基本原理包括有物光波和参考波干涉形成全息图的记录过程,以及通过衍射与传播的另一束参考波形成的全息图像的再现过程。下面将介绍全息的基本原理。

7.3.1　全息记录

由于所有的记录介质都是对振幅有响应,不能记录波前携带的相位信息,必须设法将相位的空间调制信息转化为强度的空间调制信息才能够实现完整的信息的波前记录(也叫全息记录),而这一过程的实现正是采用干涉法。将物光波前和与之相干且振幅相位已知的参考光相叠加,全息记录过程示意图如图 7.2 所示。传统全息常用的记录介质是银盐感光胶片(或干板),数字全息常用的记录介质是 CCD 或 COMS 等光电成像器件。

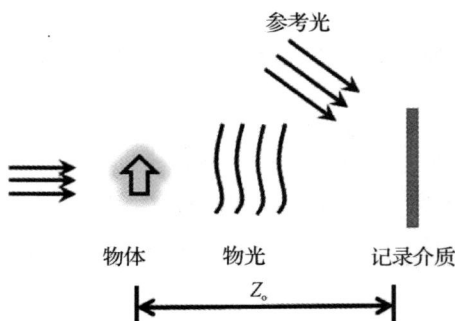

图 7.2　全息记录过程示意图(离轴)

两个复光场叠加后的强度不仅与物光场的强度有关,还依赖于物光场的相位。光波场强度的空间分布可以表示为

$$
\begin{aligned}
I(x,y) &= \mid O(x,y) + R(x,y) \mid^2 = \mid O(x,y) \mid^2 + \mid R(x,y) \mid^2 + O(x,y)R(x,y)^* + \\
&\quad O(x,y)^* R(x,y) = \mid O(x,y) \mid^2 + \mid R(x,y) \mid^2 + 2 \mid O(x,y) \mid \mid R(x,y) \mid \\
&\quad \cos[\psi(x,y) - \varphi(x,y)]
\end{aligned}
\tag{7.19}
$$

式中,$O(x,y)$ 为物光波,其表达式为

$$
O(x,y) = \mid O(x,y) \mid \exp[j\varphi(x,y)]
\tag{7.20}
$$

$R(x,y)$ 为参考光波,表达式为

$$
R(x,y) = \mid R(x,y) \mid \exp[j\psi(x,y)]
\tag{7.21}
$$

光场空间强度分布方程(7.19)中,$\mid R(x,y) \mid^2$,$\mid O(x,y) \mid^2$ 分别为参考光和物光波的强度。第三项表示了两光波的相干效应,称之为干涉项,其中包含物光波的强度以及相位信息。如果将银盐干板或光电传感器放于相干区域,就能够获得全息图。因此,全息图实际上就是一幅干涉图。在干涉条纹的幅值以及条纹位置信息中,包含物光振幅和相位信息,它们分别受到参考光振幅和相位的调制。

在全息图的记录过程中,传统的光学全息与数字全息基本上是一样的。传统的光学全息所采用的光路设置都适用于数字全息。可以提出的一点区别在于传统的光学全息所使用的光敏介质需要严格在暗室下操作实验,而数字全息可以避免这一点,只要环境光源不过强均可开展实验,这大大扩展了全息的应用范围。

7.3.2　波前重建

全息技术包括两个步骤,前面已经介绍了第一个步骤:全息记录。第二个步骤就是波前重建。全息波前再现过程示意图如图 7.3 所示。

物光波前再现过程中,需要将全息干板进行显影、定影处理并将感光控制在光敏响应区的线性区。此时全息图的透射率正比于叠加后的空间光场强度,全息图的振幅透射率可以表示为

$$
\begin{aligned}
t(x,y) &= \beta \mid R(x,y) \mid^2 + \beta \mid O(x,y) \mid^2 + \\
&\quad \beta O(x,y)R(x,y)^* + \beta O(x,y)^* R(x,y)
\end{aligned}
\tag{7.22}
$$

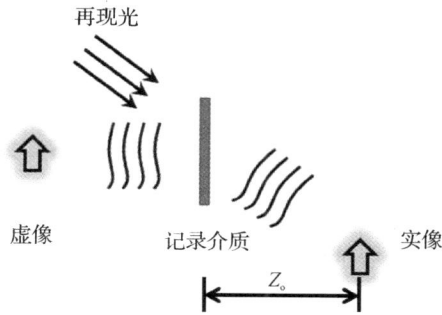

图 7.3　全息再现过程示意图

　　然后使用重现光照明全息图,假设再现照明光是一束振幅为 A 的均匀平面波,经过全息图后的透射光场复振幅分布为

$$At(x,y) = A\beta \mid R(x,y) \mid^2 + A\beta \mid O(x,y) \mid^2 +$$
$$A\beta O(x,y)R(x,y)^* + A\beta O(x,y)^* R(x,y) \qquad (7.23)$$

　　再现照明光通常使用的就是参考光,即 $A = R$。透射光场的复振幅可以改写为

$$Rt(x,y) = \beta[\mid R(x,y) \mid^2 R + \mid O(x,y) \mid^2 R +$$
$$O(x,y) \mid R(x,y) \mid^2 + O(x,y)^* R^2(x,y)] \qquad (7.24)$$

式中前两项保留了参考光的全部性质,两项之和形成了再现衍射光场中的零级衍射光。实际上,当物体尺寸较小时,存在 $\mid O(x,y) \mid << \mid R(x,y) \mid$,式中第二项可以忽略不计。第三项正比于物光波,是物光波的准确再现,观察者沿着全息图从右向左观察时,将在距离全息图 Z_o 处观察到物体的虚像,称为 $+1$ 级波。第四项正比于物光波的共轭,根据光波的复函数表示可知,它将会在观察者一侧,距离全息图 Z_o 处产生实像,称之为 -1 级波。这种对称的实像和虚像称之为孪生像。

　　如若采用不同于参考光的照明光进行在再现,照明光源的位置、方向、波长都会对再现光场产生影响。因此光学全息中一般都采用与记录全息图时相同的光源进行全息再现。在颗粒流场的全息测试中,一般会采用脉冲激光进行全息记录,采用相同波长的连续激光进行物光波再现。目的是脉冲激光可以降低杂散光的影响,减小颗粒运动产生的拖尾所带来的影响,而再现时采用连续光可以方便后续的机械扫描记录。在数字全息中,再现照明光采用数学形式描述,能够避免上述影响。采用不同于参考光的照明光也可以准确再现。

7.3.3　同轴全息

　　同轴全息与离轴全息的区别在于全息记录的光路布置方法。同轴数字全息记录光路布置方法是 Gabor 提出全息照相概念时所采用的记录方法。在同轴记录光路中,物光、参考光和全息图记录平面位于同一轴线上,同轴全息光路布置示意图如图 7.4 所示。

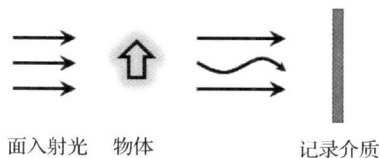

图 7.4　同轴全息光路布置示意图

记录介质上的复振幅透过率可以表示为

$$t(x_0, y_0) = t_0 + \Delta t(x_0, y_0) \tag{7.25}$$

式中，t_0 为平均透射率；Δt 表示在平均值附近的变化。

由 t_0 箱透过的均匀的较强平面波 r_0 作为参考光，而 Δt 所产生的弱的衍射光作为物光 $O(x, y)$，显然 $|O(x, y)| \ll r_0$。在距离物体为 z_0 的位置，记录物体直接透光与衍射光所产生的的干涉图的光强为

$$I(x, y) = r_0{}^2 + |O(x, y)^2| + r_0 O(x, y) + r_0 O^*(x, y) \tag{7.26}$$

若显影后，负片的复振幅透过率正比于曝光光强，即

$$t(x, y) = t_b + \beta'(|O^2| + r_0 O + r_0 O^*) \tag{7.27}$$

用振幅 C_0 的平面波垂直照明全息图，透射光场为

$$U_t(x, y) = C_0 t_b + \beta' C_0 |O(x, y)^2| + \beta' C_0 r_0 O(x, y) + \beta' C_0 r_0 O^*(x, y) \tag{7.28}$$

式中，第一项为透过全息图的均匀衰减的平面波；第二项正比于弱的衍射光光强，可忽略不计；第三项和第四项分别再现出原始物光波前及其共轭。它们的传播将在全息图两侧距离为 z_0 的对称位置产生物体的虚像和实像，称之为孪生像。

由于"孪生像"的存在，在获得物体实像的同时总会伴有离焦的虚像的干扰。同样地，在获得物体虚像的同时会伴有离焦的实像的干扰。除此之外，同轴全息图重建中还伴有较强的直透光干扰。同轴全息优势在于对光源的质量要求低、光路布置简单、对记录介质的分辨率要求低。

7.3.4　离轴全息

离轴全息是美国科学家 Leith 和 Upatnieks 首先提出，有效地解决了"孪生像"和直透光的干扰。采用与物光具有一定偏角的参考光与物光干涉，使得再现时虚像项与实像项有不同的传播方向，进而实现虚、实像分离。离轴全息光路布置示意图如图 7.2 所示。

离轴全息图的记录光如图 7.2 所示。共有两束光，一束照射物体，另一束以倾角 θ 投射到记录介质作为参考光。记录介质上的总的复振幅分布为

$$U(x, y) = r_0 \exp(-2\mathrm{j}\pi\alpha y) + O(x, y) \tag{7.29}$$

式中，α 为参考波的空间频率，且 $\alpha = \sin\theta/\lambda$。

记录介质上的强度分布为

$$I(x, y) = r_0{}^2 + |O(x, y)^2| + r_0 O(x, y)\exp(-2\mathrm{j}\pi\alpha y) + r_0 O^*(x, y)\exp(-2\mathrm{j}\pi\alpha y) \tag{7.30}$$

假设显影后负片的复振幅透过率正比于曝光光强，则有

$$t(x, y) = r_b + \beta'[|O^2| + r_0 O(x, y)\exp(2\mathrm{j}\pi\alpha y) + r_0 O^*(x, y)\exp(-2\mathrm{j}\pi\alpha y)] \tag{7.31}$$

如果用振幅为 C_0 的均匀平面波垂直照射全息图，则透射光波将由下面 4 个分量构成：

$$U_t(x, y) = C_0 t_b + \beta' C_0 |O(x, y)^2| + \beta' C_0 r_0 O(x, y)\exp(2\mathrm{j}\pi\alpha y) + \beta' C_0 r_0 O^*(x, y)\exp(-2\mathrm{j}\pi\alpha y) \tag{7.32}$$

式中，第一项是经过衰减的照明光波；第二项是一个透射光锥，主要能量靠近光轴方向传播，形成晕轮光；第三项表示物光波前的信息承载在一个向上倾斜的平面波 $\beta' C_0 r_0 O(x, y) \times \exp(2\mathrm{j}\pi\alpha y)$ 上传播，它在离开全息图距离 z_0 处产生物体一个虚像，但不在光轴方向上，而是偏

离角度 θ；第四项表示物光共轭波前 $O^*(x,y)$ 的信息承载在一个向下倾斜的平面波 $\beta'C_0 r_0 \times O(x,y)\exp(2\mathrm{j}\pi\alpha y)$ 上，它在与虚像对称的全息另一侧产生一个实像。这个实像也不在光轴上，而是向下偏离角度 θ。

由于承载信息的两个平面波向不同方向传播，$O(x,y)$ 和 $O^*(x,y)$ 产生的孪生像互不干扰。这两个平面波可称为空间载波。它们产生的根本原因还在于引入了倾斜参考光。当然，为使成像光波之间以及它们和第一项、第二项之间能成功分离，需要使参考角 θ 满足下面条件：

$$\sin\theta \geqslant 3f_\mathrm{m}\lambda \tag{7.33}$$

式中，f_m 为物体最高空间频率。

离轴全息虽然能够实现消除孪生像干扰，但对于记录介质的分辨率要求过高。光学全息所使用的全息干板能够满足离轴全息的分辨率要求，而数字全息中所使用的感光元件分辨率远不及干板，离轴全息的应用受到较大限制。

7.4　颗粒场数字全息技术

在实际颗流场的测量中，颗粒场通常具有较高的透明度，符合同轴数字全息测量的要求。加之同轴全息对光源要求低、光路布置简单、易获得高分辨全息图等优势，并且同轴夫琅禾费全息图能够忽略"孪生像"的影响。因此同轴数字全息十分适合颗粒场的测量，并广泛应用于多相流的测量中，下面将详细介绍颗粒场全息术的数学描述，为数值重建过程打下基础。

7.4.1　颗粒场全息技术的数学描述

1.颗粒场的全息记录数学描述

如图 7.5 所示，图中所建立的直角坐标系中，z 为光轴，定义物光所在平面为 $\xi\eta$ 平面，CCD 所在平面为 xy 平面，物光场所在平面与 CCD 所在平面距离为 d。在满足远场条件 $d \gg k(\xi^2 + \eta^2)/2$（其中，$k$ 为波数，λ 为激光波长，d 为全息记录距离）时，粒子粒径大小相对于全息记录距离非常小，此时颗粒"孪生像"对于测量的影响就可以忽略了。

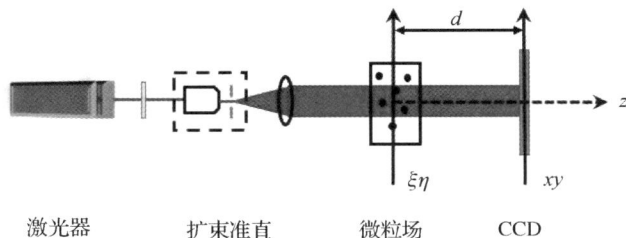

图 7.5　颗粒场同轴全息系统光路示意图

在数字颗粒全息测量中，激光遇到固体颗粒或喷雾液滴会发生散射，颗粒的散射光作为物光与未穿过颗粒的直透光形成全息图被 CCD 记录。根据巴比涅原理，两个互补屏所产生的衍射光场相同。对于颗粒来说，颗粒的互补屏就是与颗粒在轴向投影相同的孔，因此可以利用孔的透射函数获得颗粒的透射函数。假设颗粒的透射函数为 $\tau_0(\xi,\eta)$，对应孔的透射函数为 $\tau(\xi,$

$\eta)$，则有如下关系式：

$$\tau_o(\xi,\eta) = 1 - \tau(\xi,\eta) \tag{7.34}$$

半径为 r 的圆孔透射函数可以描述为

$$\tau(\xi,\eta) = \begin{cases} 1, (\sqrt{\xi^2 + \eta^2} \leqslant r) \\ 0, 其他 \end{cases} \tag{7.35}$$

一振幅为 A 的均匀平面波，穿过浓度不高的粒子场时，可以将物光场两侧的介质空间看做是均匀的。此时到达 CCD 的光波场可以用菲涅尔衍射积分描述

$$U(x,y) = \frac{A\exp(jkd)}{j\lambda d} \times$$
$$\int_{-\infty}^{\infty}\int_{-\infty}^{\infty} [1 - \tau(\xi,\eta)]\exp\left\{\frac{jk}{2d}[(\xi-x)^2 + (\eta-y)^2]\right\}d\xi d\eta \tag{7.36}$$

式中，$j = (-1)^{1/2}$；$k = 2\pi/\lambda$ 为波数；λ 为波长；d 为颗粒距离 CCD 记录平面的距离。

理论分析证明，$I(x,y) = U(x,y)U^*(x,y)$ 等价于一幅同轴数字全息图，因此可求得 CCD 记录平面的光振幅分布：

$$I(x,y) = U(x,y)U^*(x,y) =$$
$$A^2\left\{1 - \frac{2}{\lambda d}\left[\sin(\frac{\pi(x^2+y^2)}{\lambda d})\mathrm{Re}T(\frac{x}{\lambda d},\frac{y}{\lambda d}) + \right.\right.$$
$$\frac{2}{\lambda d}\cos(\frac{\pi(x^2+y^2)}{\lambda d})\mathrm{Im}T(\frac{x}{\lambda d},\frac{y}{\lambda d})\right] +$$
$$\left.\frac{1}{(\lambda d)^2}T(\frac{x}{\lambda d},\frac{y}{\lambda d})T^*(\frac{x}{\lambda d},\frac{y}{\lambda d})\right\} \tag{7.37}$$

式(7.37)中，$T(x/\lambda d, y/\lambda d)$ 为 $\tau(\xi,\eta)$ 的傅里叶变换，Re、Im 分别表示实部和虚部。从式(7.37)中可以看出，CCD 记录光波场主要由四项组成，第一项为直透光即穿过颗粒场未被散射的光。第二项和第三项是正弦和余弦函数调制后的颗粒互补屏的频谱，颗粒的信息就携带其中，是我们测量所需要的。最后一项相比于其他项要小得多，可以忽略。从上面的记录过程可知，全息图中记录了颗粒的物光场全部信息，通过全息再现就能够获得颗粒清晰的再现像。

2. 颗粒场波前再现的数学描述

图 7.6 显示了同轴全息图的再现过程，用振幅为 C，波长为 λ 的平面波照射全息图，在全息图的右方可以获得颗粒的实像，可以用菲涅尔衍射积分描述重建光场为

$$U(x_i,y_i) = \frac{C\exp[jkd]}{j\lambda d} \times$$
$$\int_{-\infty}^{\infty}\int_{-\infty}^{\infty} [I(x,y)]\exp\left\{\frac{jk}{2d}[(x_i-x)^2 + (y_i-y)^2]\right\}dxdy \tag{7.38}$$

进而可以获得实像平面处光波场振幅分布为

$$I(x_i,y_i) = U(x_i,y_i)U^*(x_i,y_i) =$$
$$A^2C^2\left\{1 - \frac{2}{\lambda d}\left[\sin(\frac{\pi(x_i^2+y_i^2)}{2\lambda d})\mathrm{Re}T(\frac{x_i}{2\lambda d},\frac{y_i}{2\lambda d}) + \right.\right.$$
$$\cos(\frac{\pi(x_i^2+y_i^2)}{2\lambda d})\mathrm{Im}T(\frac{x_i}{2\lambda d},\frac{y_i}{2\lambda d})\right] +$$

$$\frac{1}{(2\lambda d)^2}T(\frac{x_i}{2\lambda d},\frac{y_i}{2\lambda d})T^*(\frac{x_i}{2\lambda d},\frac{y_i}{2\lambda d})\Big\}+$$

$$C^2A^4\tau^*(x_i,y_i)\tau(x_i,y_i) \tag{7.39}$$

式中，$T(x_i/\lambda d,\ y_i/\lambda d)$ 为 $\tau(x,y)$ 的傅里叶变换；Re、Im 分别表示实部和虚部。式(7.39)中 $\tau^*(x_i,y_i)\tau(x_i,y_i)$ 为颗粒的实像，而前四项为颗粒虚像衍射至实像平面所产生的背景干扰，在满足远场条件的夫琅禾费全息图再现中，虚像的影响可以忽略。实际在式(7.39)中应该还存在一些小项，这些小项只构成一些很小干扰，可以忽略。在颗粒场的测量中，利用式(7.39)重建的图像中不但存在虚像的干扰，检测层面前后空间中离焦粒子的像必然对检测面形成干扰。但是由于检测平面上聚焦粒子的强度较高，通过合适的滤波降噪、颗粒识别等数字图像处理方法便能够较好地获取颗粒的清晰像。

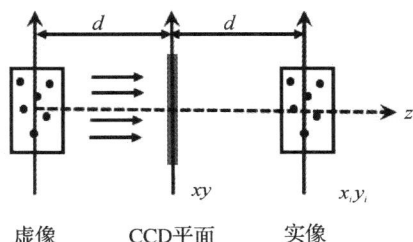

图 7.6　颗粒场同轴全息再现示意图

7.4.2　颗粒全息重建算法

典型的全息重建算法有菲涅尔变换法、卷积法、角谱法、傅里叶法和小波法。虽然几种算法都能够实现全息重建，但几种算法的适用范围和计算速度都不同，下面将详细介绍各算法原理。

1. 菲涅尔变换法

建立如图 7-7 所示坐标系，在傍轴近似条件下，即衍射距离远大于颗粒尺寸时，满足如下关系式：

$$d^3 \gg \frac{1}{8\lambda}\big[(x_i-x)^2+(y_i-y)^2\big]^2 \tag{7.40}$$

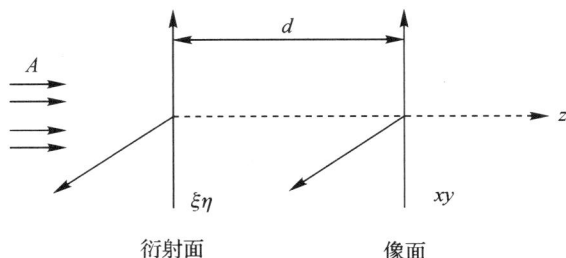

图 7.7　光衍射过程衍射面与像面几何关系示意图

式(7.40)中，d 为衍射面 $\xi\eta$ 与像面 xy 之间的距离。此时衍射过程可以用菲涅尔近似积分表达，即

$$U(x,y,d) = \frac{A\exp(\mathrm{j}kd)}{\mathrm{j}\lambda d} \int_{-\infty}^{\infty} \int_{-\infty}^{\infty} \tau(\xi,\eta) \cdot$$

$$\exp\left\{\frac{\mathrm{j}k}{2d}\left[(x-\xi)^2 + (y-\eta)^2\right]\right\} \mathrm{d}\xi \mathrm{d}\eta \tag{7.41}$$

式中,$\tau(\xi,\eta)$ 为衍射面或物面的振幅透射函数;d 为物面与像面间的距离;$k=2\pi/\lambda$ 为波数,A 为入射平面振幅。

将菲涅尔公式积分中的平方和项展开并整理成如下形式:

$$U(x,y,d) = \frac{A\exp(\mathrm{j}kd)}{\mathrm{j}\lambda d}\exp\left[\frac{\mathrm{j}k}{2d}(x^2+y^2)\right]\int_{-\infty}^{\infty}\int_{-\infty}^{\infty}\tau(\xi,\eta)\exp\times$$

$$\left\{\frac{\mathrm{j}k}{2d}\left[(\xi)^2+(\eta)^2\right]\exp\left[\frac{-2\pi\mathrm{j}}{\lambda d}(x\xi+y\eta)\right]\right\}\mathrm{d}\xi\mathrm{d}\eta \tag{7.42}$$

令 $u=\xi/\lambda d$,$v=\eta/\lambda d$,结合傅里叶变换定义,式(7.4.2)可以简化为

$$U(x,y,d) = \frac{A\exp(\mathrm{j}kd)}{\mathrm{j}\lambda d}\exp\left[\frac{\mathrm{j}k}{2d}(x^2+y^2)\right]\times$$

$$F\left\{\tau(\xi,\eta)\exp\times\frac{\mathrm{j}k}{2d}\left[(\xi)^2+(\eta)^2\right]\right\} \tag{7.43}$$

式(7.43)中,$F\{\cdot\}$ 表示傅里叶变换,可以利用快速傅里叶变换算法加速重建速度。由于菲涅尔积分法,重建光场分辨率取决于再现光波场和重建距离,重建颗粒图像的视场和像素大小与全息图的视场及像素大小不同。

2.卷积法

根据卷积理论中的定义

$$f(x) \otimes g(x) = \int_{-\infty}^{\infty} f(u)g(x-u)\mathrm{d}u \tag{7.44}$$

菲涅尔积分可以转化为卷积形式:

$$U(x,y,d) = \tau(x,y) \otimes h(x,y,d) \tag{7.45}$$

其中

$$h(x,y,d) = \frac{A\exp(\mathrm{j}kd)}{\mathrm{j}\lambda d}\exp\left[\frac{\mathrm{j}k}{2d}(x^2+y^2)\right] \tag{7.46}$$

式中,$h(x,y,d)$ 称为衍射系统的脉冲响应函数。根据卷积定理,空域下两个函数的卷积等于各自傅里叶变换后再作逆变换。数学描述为

$$U(x,y,d) = \mathrm{IF}\{F(\tau(x,y)) \cdot F(h(x,y,d))\} \tag{7.47}$$

式(7.47)被称为全息重建的卷积算法,其中 $\mathrm{IF}\{\cdot\}$ 为逆傅里叶变换,可以利用快速傅里叶变换加速计算。利用卷积法重建,再现光场的复振幅分布通过三次傅里叶变换得到,从空域到频域再到空域。重建图的视场及像素大小与颗粒全息图的视场及像素大小是相同,适合同轴数字全息重建。

3.角谱法

角谱公式是赫姆霍兹方程的准确解,由标量衍射理论推导而来,是光波衍射过程在频域下的准确表述。角谱公式数学表达形式为

$$G_d(f_x,f_y) = G_o(f_x,f_y)H(f_x,f_y,d) \tag{7.48}$$

式(7.48)描述了从物平面衍射至像平面的频谱变化关系,表明光波沿光轴传播在频域下表现为物光场的频谱 $Go(f_x,f_y)$ 乘以一个与衍射距离 d 有关的相位延迟因子,这个相位延迟因子 $H(f_x,f_y)$ 的数学表达式为

$$H(f_x,f_y,d) = \exp\left[\frac{j2\pi}{\lambda}d\sqrt{1-(\lambda f_x)^2-(\lambda f_y)^2}\right] \tag{7.49}$$

在线性系统理论中,可以将相位延迟因子看作是衍射在频域下的传递函数,说明光波的衍射过程等价于光波通过一个线性不变系统的变换过程。从角谱公式中可以得出,如果能够获得物面处的频谱,就可以通过角谱公式获得空间各位置处光波的复振幅分布。利用傅里叶变换,角谱公式可以简化成如下形式:

$$U(x,y,d) = IF(F[\tau(x,y)] \cdot H(f_x,f_y)) \tag{7.50}$$

由于在角谱公式中两次使用傅里叶变换,因此再现图像视场和像素大小均与全息图相同。

4.几种再现算法的对比

几种再现算法的理论推导式都殊途同归,卷积再现公式可以由菲涅尔积分公式推得,也可以直接由瑞利-索末菲公式得到,甚至可以用角谱公式频域内相位延迟因子傅里叶变换替换为其解析解直接转换为卷积公式。因此三种再现算法都能够开展全息的重建工作。从再现图像的抽样来看,菲涅尔变换法再现图像的分辨率不仅与 CCD 的像素数量和大小有关,还与衍射距离有关。而卷积法和角谱法的再现图像中分辨率只与 CCD 参数有关,与衍射距离无关。在重建速度上,菲涅尔变换法只经过一次傅里叶变换,重建速度最快。卷积法和角谱法分别经过三次和两次傅里叶变换,重建速度较慢。在同轴数字全息的重建工作中,卷积法和角谱法因为重建图像视场与记录视场相同而应用较多。菲涅尔变换方法较适用于离轴全息图的重建。

7.5　数字全息技术在燃烧颗粒场测量中的应用

本节将结合推进剂燃烧场及铝颗粒燃烧特性,给出数字全息测量系统各部件的参数选择原则,并利用标准粒径颗粒板对实验系统测量精度进行标定,并对颗粒场进行全息测量,获得典型的测量结果。

7.5.1　数字全息测量系统

数字全息铝燃烧测量系统主要由激光器、扩束准直系统、成像系统和高速相机组成。数字全息测量系统的整体结构组成如图 7.8 所示。

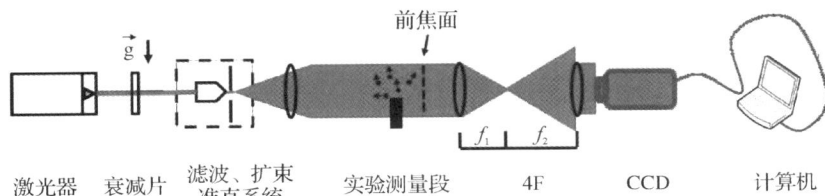

图 7.8　数字全息铝燃烧测量系统组成示意图

1.激光器

激光器采用连续半导体激光器,波长 532 nm,相干长度 150 m。激光器额定功率为

150 mW,激光采用自由空间出射方式,激光光斑束腰半径<1 mm。为避免激光能量过高损伤高速相机感光元件,实验光路中使用衰减片。激光器如图 7.9 所示。实验中采用连续激光器的理由有两个:①连续激光的能量降低,对整个光路上光学元件的安全使用十分有利。②脉冲激光器的激光脉冲持续时间较短,想要顺利捕获到燃烧铝颗粒全息图需要配有同步器,实验成本较高。

图 7.9 数字全息测量系统的激光器

2.扩束准直系统

扩束准直系统包括空间滤波器和扩束准直透镜,如图 7.10 所示。

图 7.10 扩束准直系统

空间滤波器在实验中起到低通滤波的作用,滤去激光中存在的空间噪声。空间滤波器采用显微物镜和针孔组成,由于空间噪声的频率较高,通过将针孔置于显微物镜的焦点处,滤去光束中的高频信息,只让低频部分通过就可以获得轮廓平滑、干净的光束。

显微物镜和针孔的选择需要进行参数匹配,需要使激光聚焦后的束腰大小与针孔大小相当。激光聚焦光斑束腰大于针孔大小,激光光束能量损失过大。激光聚焦光斑束腰小于针孔大小,则起不到滤除高频条纹的作用。激光聚焦后的束腰半径可用下式计算:

$$r = \frac{2\lambda}{\pi \cdot \mathrm{NA}} \tag{7.51}$$

式中:λ 为激光波长;NA 为显微物镜的数值孔径。在实际使用中,国产针孔通常采用激光在金属薄片上打孔的方法获得,金属薄片具有一定厚度,成为一个空间隧道,而不是理论上的二维孔径光阑。此外考虑到针孔的圆度,实际使用的针孔孔径比理论计算获得要大些,该结论也在实验中得到验证。

3.光学玻璃

光学玻璃安装于密封燃烧器的光学开窗处,数字全息铝燃烧测量的实验中对光学玻璃的要求较高。为了承受高压和高温的燃烧环境,玻璃一般会选择石英玻璃。适用的石英光学玻璃型号一共有三种:JGS-1,JGS-2,JGS-3。其中 JGS-1 可透远紫外光,透光波长范围:185~2 500 nm。JGS-2 属于紫外光学玻璃,透光波长范围:220~2 500 nm。JGS-3 为红外石英玻璃,透光波长范围:260~3 500 nm。数字全息测量系统激光选为 532 nm,位于可见光波段,三种玻璃均能够满足要求。综合考虑其光谱范围以及价格成本,实验中选用JGS-2 型光学石英玻璃。

在国家标准中,光学石英玻璃具有严格的质量指标分类和定级,主要包括 7 个方面:①光谱特性;②光学均匀性;③双折射;④条纹;⑤颗粒不均匀性;⑥气泡;⑦荧光特性。在数字全息测量中,我们主要关心的是条纹特性、颗粒不均匀性以及气泡的影响。为此我们选用了几种光学玻璃开展数字全息的测量实验,测量对象即为光学玻璃。一般对玻璃这种高透光的材料想要准确获得其内部的相关参数如密度、折射率等,可以采用离轴全息的方法。而此处选取光学玻璃作为观察视窗,只需要关注在经过玻璃后光场是否产生大幅的改变,此时采用同轴的记录方式更为简单方便。如果光场改变较大则表明玻璃的影响不能忽略,对颗粒的准确测量带来干扰。由于存在高压工况,光学玻璃的厚度需要进行强度校核,经过计算后确定采用的光学玻璃如图 7.11 所示,直径为 50 mm,厚度为 50 mm。如图 7.12 所示为实验中采用了 4 种石英玻璃在同轴全息光路中记录下的玻璃全息图像。实验中相机感光元件 CCD 距离光学玻璃 3 cm。

图 7.11　JGS-2 光学石英玻璃

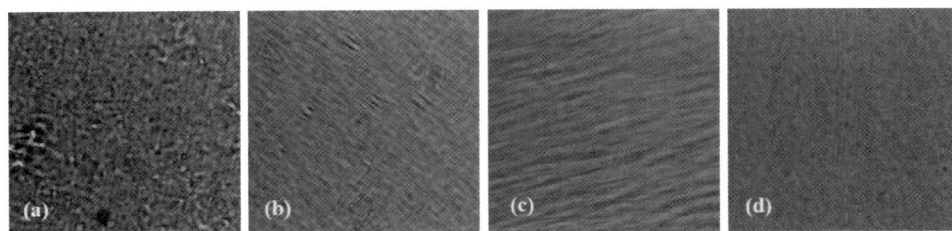

图 7.12　数字全息系统拍摄的光学玻璃全息图

实验中选用四种 JGS-2 型光学石英玻璃,如图 7.12(a)所示为最早采用的光学玻璃用于直接显微拍摄测量系统。从全息图中可以看出,石英玻璃中存在较多的杂质,密度分布不均匀并且存在很多气泡,平行光束经过该玻璃后光场变化巨大。这种光学玻璃对于直接测量来说没有影响,但无法用于数字全息铝颗粒燃烧的测量。如图 7.12(b)所示全息图中可以看到玻璃中仍然存在一些杂质和少量条纹,密度均匀性有所提高。从图 7.12(c)中可以看出,石英玻璃中的杂质变少,但是存在大量的条纹。如图 7.12(d)所示的全息图中可以看到少量颗粒和条纹,光场变化不大,可以应用在数字全息测量中。

由于推进剂中燃烧的铝颗粒温度较高,在颗粒迸溅到光学玻璃窗口后会造成永久性损伤。

如图 7.13 所示为被推进剂燃烧铝颗粒损伤的光学石英玻璃,玻璃上镶嵌了较多的氧化铝颗粒,高温熔融态的液体颗粒遇到石英玻璃后迅速冷凝对玻璃产生损伤,图中有白色物质包裹的颗粒为燃烧颗粒遇到玻璃温度骤降熄灭形成。由此,光学玻璃属于易耗品。综合考虑实验要求,实验中选择图 7.12(d)中所用的光学石英玻璃。

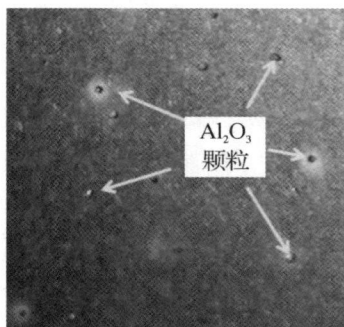

图 7.13　损伤的光学石英玻璃

4.滤光片

数字全息测量技术已经在多相流领域开展了较多的应用,推进剂铝颗粒燃烧场与传统的多相流区别在于铝颗粒燃烧伴有强烈的辐射发光,实验中采用光纤光谱仪测量得到推进剂典型辐射光谱曲线如图 7.14 所示。

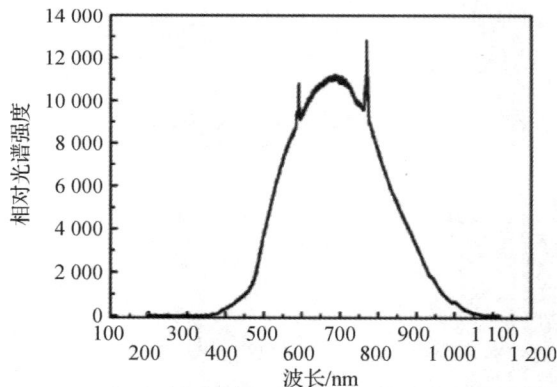

图 7.14　推进剂燃烧辐射光谱

从推进剂辐射光谱图中可以看出,在 360～1 100 nm 波段内光谱仪可以探测到推进剂燃烧辐射强度,尤其在可见光波段内推进剂存在较强的辐射发光。高速相机在可见光波段内有较高的光谱效率,因此推进剂燃烧所发出的强光极易使相机过度曝光而无法测量。此外,对于数字全息的测量来说,除激光以外的所有光均为干扰光,因此为保证全息测量系统的精度需要去除推进剂的燃烧发光。实验中采用带通滤光片来滤除火焰辐射发光,中心波长选为532 nm,带宽为2 nm,保证激光的能量损失最小又能够有效滤去火焰发光,实验中采用的带通滤光片如图 7.15 所示。

图 7.15　532 nm 带通滤光片

5.成像系统

数字全息中使用的成像系统一般可选用 4F 系统和成像镜头。成像镜头的成像质量较好,同时火焰对测量的影响比较大。4F 系统的成像质量取决于采用的透镜质量、透镜中心的同轴性以及透镜焦点的重合度。两种成像方案各有优劣,实验中两种成像方法均有涉及。本节给出 4F 系统的三维变换特性,成像镜头随着光路结构的不同,变换特性不同,本书中暂不涉及。

4F 系统是空间滤波和光学信息处理的重要工具,在二维场的研究中获得了广泛的应用。4F 同样可以拓展用于三维场的研究,比如应用于全息技术中。全息中使用 4F 系统将三维物场转化为了三维像场,通过记录像场信息能够反演得到物场信息。在数字全息中,由于记录介质为 CCD 或者 CMOS 等光电感光元件,限于目前的集成技术水平,分辨率还不够高,为了获得更多的颗粒条纹信息,需要将 CCD/CMOS 置于距离被测流场很近的位置才能获得高质量的全息图。但同时出于机械安装以及元器件安全等方面考虑,感光元件无法过于靠近流场。此问题可以加装 4F 系统来解决。通过将 CCD/CMOS 置于 4F 后焦面处,4F 前焦面可以距离被测流场较近,能够记录更多的颗粒条纹信息。针对推进剂铝燃烧的实验研究,4F 系统可以实现 CCD 远离推进剂燃烧发生区,避免了燃烧释放热对相机产生影响。本节将给出 4F 物象转换的关系,以及 4F 系统用于燃烧场全息测量的优势。

4F 系统实际上由两个傅里叶变换透镜组成,为给出颗粒物光经过 4F 系统的光场分布及物象关系,建立如图 7.16 所示的颗粒与 4F 系统的几何关系。

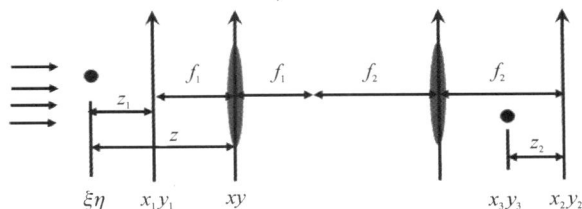

图 7.16　颗粒与 4F 系统间的几何关系

其中,颗粒位于距离 4F 系统的前焦面 z_1 处,所在平面为 $\xi\eta$ 平面。两个傅里叶透镜焦距分别为 f_1 和 f_2,激光波长为 λ。颗粒经过 4F 系统的像所在平面为 x_3y_3。其他平面及距离定义如图 7.16 所示。4F 物像转换的关系如下:

(1)颗粒位于 4F 系统的前焦面上,将在后焦面形成与颗粒成 f_1/f_2 比例的倒立实像。实际上,光场经过第一个傅里叶透镜可视为进行一次傅里叶变换,经过第二个傅里叶透镜进行一次傅里叶逆变换。对于数字全息测量技术,颗粒光场经过 4F 系统振幅大小的改变对于测量来说没有影响。

(2)对于颗粒位于 4F 前焦面之前的颗粒,在 4F 后焦面的光场为:颗粒衍射至 4F 前焦面光场的倒立光场,放大倍数为 f_2/f_1。对于颗粒位于 4F 前焦面之后的情况,可以获得类似的结论。同一颗粒分别位于 4F 前焦面前后距离相同的位置,在 4F 后焦面处的光场呈共轭关系,这对于测量来说是一样的,因此在实验设置上尽量避免颗粒出现跨焦面运动的情况。

至此,在数字全息中,可以将 CCD/CMOS 置于 4F 系统后焦面处,将 4F 系统前焦面置于被测量流场附近实现远距离测量。对铝燃烧的测量来说,铝燃烧存在很强的火焰背景辐射,利用较高的激光能量配合 4F 光学系统的使用可以有效消减燃烧光对于测量的影响。

6.高速相机

为了获得推进剂铝颗粒从燃面上的团聚、融合直到飞离燃面的动态过程,实验中记录全息图的相机为高速相机,可以获取更多的动态信息。实验中采用的高速相机为美国 Phantom 公司的 Miro Midsize Cameras 系列高速相机,相机型号 Miro M340,相机如图 7.17 所示。

图 7.17　全息图记录高速相机

高速相机通过以太网接口连接至电脑主机,通过 PCC2.6 软件控制相机的分辨率、采样帧率与曝光时间。曝光时间需要根据推进剂燃烧工作压强,激光器的出光能量进行匹配以获得高对比度的全息图像。高速相机的主要技术参数如下:

(1)彩色 CMOS 传感器,传感器真实尺寸:25.6 mm×16 mm;

(2)满幅的拍摄速率可达 800 帧/s;

(3)存储空间:4G - internal RAM 存储器;

(4)曝光方式:全域电子快门曝光,可进行像素级极限动态范围曝光控制(EDR),改善大明暗对比度环境下的图像质量,最小曝光时间 1 μs;

(5)可进行自动曝光控制,根据外界环境的明暗变化自动调节图像亮度;

(6)标准 Nikon - F 镜头接口;

(7)1 000 M 以太网控制及图像下载;

(8)触发方式:支持 TTL 接口外触发。

(9)拍摄图像位深度为 12 b。

高速相机图像分辨率与最大采样帧率的数值对应关系由表 7.1 给出。

表 7.1　高速相机分辨率与最大采样帧率的数值对应关系

Resolution	2 560×1 600	1 600×1 600	1 920×1 600	1 024×1 024	1 280×800
FPS	800	1 220	1 380	2 780	2 960

至此,利用上述相关参数选择相应的光学元件可以搭建一套同轴数字全息系统。

7.5.2　数字全息图像重建

1. 颗粒全息重建方法及软件介绍

如图 7.18 所示为作者们建立的全息图像重建软件界面和相关重建方法及后处理流程。

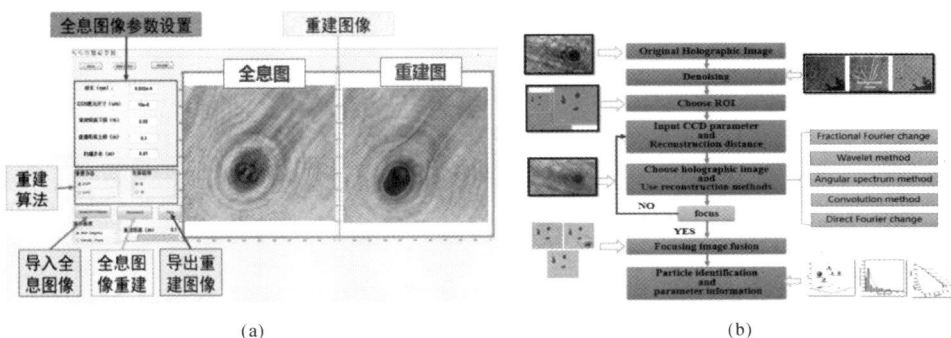

图 7.18　全息图像重建软件及算法

(a)全息图像重建软件界面;(b)全息图像重建流程示意图

第一步,将测量得到的原始全息图像导入软件中,输入相关仪器的测量参数,如激光波长、CCD 参数、放大倍数等。

第二步,对原始全息图像进行一系列前处理工作,如图像去噪、去背景、选定 ROI(目标区域)等,以提高全息图像的信噪比,如图 7.19(a)所示。全息图中的噪声主要分为两类:动态噪声和静态噪声。其中动态噪声主要由流场脉动如湍流流动、燃烧反应等引起,动态噪声在实验中较难去除。静态噪声主要来源于激光的不均匀性和透镜系统、相机等灰尘的干涉条纹,静态噪声条纹在全息图中是固定的,其强度及位置在整个实验过程基本保持不变。为了去除静态噪声,需要获取背景全息图像。实验中,通过拍摄一系列全息图像 Iraw(i),对所有全息图取平均值,获取背景全息图像 IBG,如图 7.19(b)所示。从全息背景图像中可以清晰地看到附着于透镜以及相机感光元件 CCD 上的灰尘及条纹。利用背景相减法,将原始颗粒全息图减去背景图获得信噪比较高的颗粒全息图,如 7.19(c)所示。

第三步,选用如 7.19(c)所示的 ROI 部分作为全息图开展数值重建,随着图像数量增大,直接计算菲涅尔衍射积分的计算量将迅速增加。因此需要适合的快速算法,可以采用直接傅里叶变换法、卷积法、角谱法以及小波法等。选取所需的重建算法同时,也需要输入全息图像的重建范围以及计算空间步长 Δz。重建获得颗粒聚焦图像如图 7.20 所示,图像中的 Z 值均为重建平面距离成像系统前焦平面的距离。从重建聚焦结果中可以看出三个颗粒位于三维空间中的不同位置,分别位于 $Z=26.8$ mm 和 $Z=28.4$ mm 两个平面中,实现大焦深范围分层聚焦获得空间中每个颗粒的聚焦图像。并且从颗粒的聚焦图像中能够清晰地看出颗粒并不是规则的球形,而是呈各种不规则的形状,因此该系统能够用于颗粒形貌的测量。

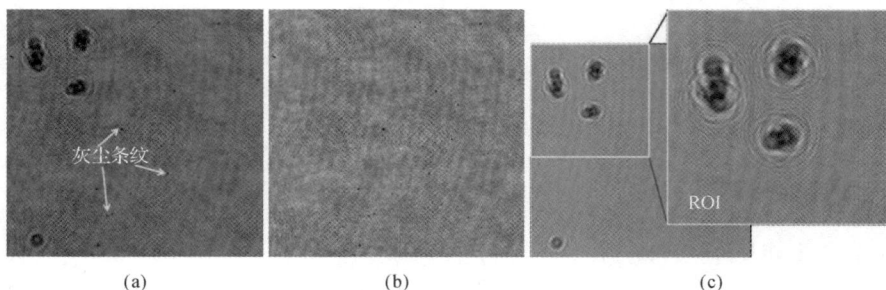

图 7.19　去背景前后的颗粒全息图

(a)原始全息图;(b)全息背景图;(c)ROI 区域选取

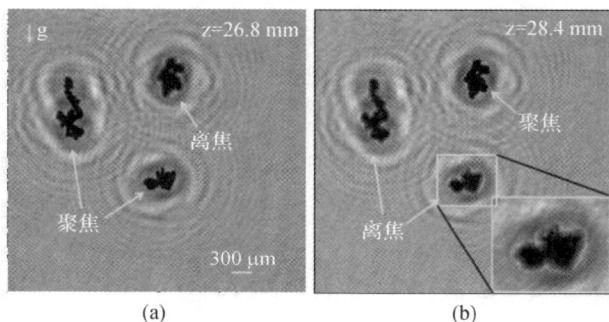

图 7.20　颗粒重建图像

第四步,重建图像表明数字全息测量系统能够获得空间不同位置处的颗粒聚焦图像。在实际测量中,由于相机感光元件尺寸以及记录距离的影响,整个测量系统的数值孔径很小,导致重建图像中每个截面处的景深较小,只有较少数的粒子处于在焦的状态,大量颗粒处于离焦的状态。为了方便观察颗粒粒径及其变化,在实验图像处理中需要进行景深拓展,将多个截面处的颗粒聚焦至同一截面上。图 7.21 为对图 7.20 所示全息图的 ROI 部分进行重建获得景深拓展图像。从图像中够可以看出,全部颗粒均处于聚焦状态,此时对于分析颗粒场的粒径及分布十分有利,只需要对拓展景深后的图像进行统计即可,而不需要扫描每个重建截面。

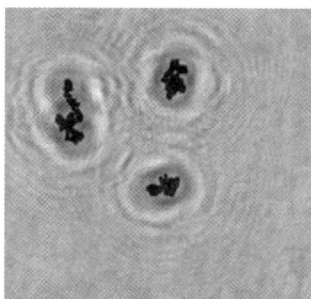

图 7.21　景深拓展图像

如图 7.22 所示较多颗粒全息图及其重建景深拓展图像,整个视场中共有 19 个颗粒,位于空间不同位置。数值重建范围选取 $Z=10$ mm 至 $Z=50$ mm,从获取的景深拓展图像中可以看出,全部颗粒均处于在焦状态。

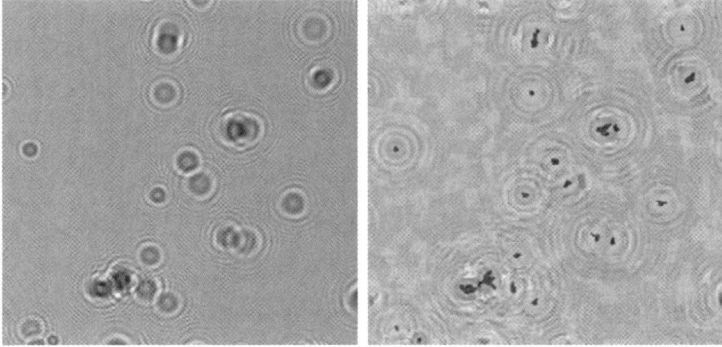

图 7.22　较多颗粒全息图及其重建景深拓展图像

第五步,通过数字图像处理可准确地获得颗粒粒径、三维形貌以及空间分布等信息,如图 7.23 所示。对于大部分球形团聚燃烧颗粒,其颗粒粒度即由等效圆的直径获得,而对于少量的非球形团聚颗粒,颗粒粒度则需要采用与之面积相等的等效圆的直径获得,因此存在一定的误差。但由于非球形团聚颗粒相对数量较少,大部分均为球形颗粒。因此该部分误差对于整体的粒度分布影响较小。

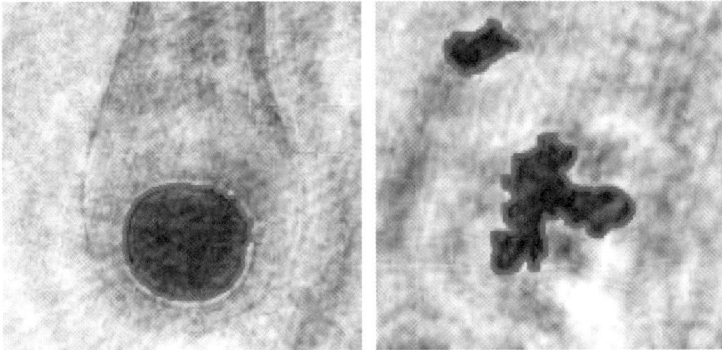

图 7.23　颗粒边缘识别及等效直径

全息图像中颗粒的直径 D 计算与图像内的像素数量、CCD 像元尺寸和成像系统的放大倍数有关。当颗粒图像尺寸较小,甚至与像元尺寸同一数量级时,颗粒粒径计算相对误差会非常大。因此,需要对重建后的颗粒全息图像进行二维图像插值,使粒子图像突破像元尺寸的限制,然后再进行直径 D 的计算,从而提高粒径测量的精度。如图 7.24(a)所示为一颗颗粒粒径 $d=20$ μm 粒子的重建图像,成像面像元尺寸为 6.3 μm。采用传统灰度阈值 $G50$ 提取粒子图像并换算得到的颗粒粒径为 $d_{DIH}=18.9$ μm。如图 7.24(b)所示是经过图像线性插值计算后的粒子重建图像,同样利用灰度阈值 G_{50} 提取粒子图像并换算得到的颗粒粒径为 $d_{DIH-LI}=19.96$ μm。结果表明,图像插值提高了颗粒图像直径测量的精度。下一节将进一步分析测量误差。

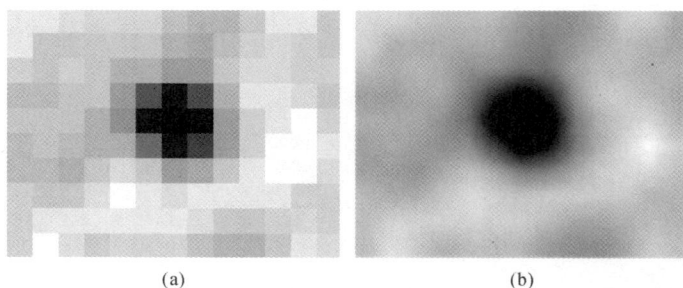

(a)　　　　　　　　　　　　　(b)

图 7.24　颗粒全息图像的插值计算

(a)原始全息图；(b)插值后结果

2.数字全息测量系统精度

理论上,在平面波入射的条件下,全息测量系统具有自标定的特性,利用 CCD/CMOS 的像元大小计算颗粒的粒径等信息。实际上,在实验光路调试中,严格的平面波入射很难保证。为保证数字全息测量系统对颗粒粒径测量的准确性,采用标准粒径颗粒板作为被测对象,通过拍摄颗粒板全息图像,重建获得颗粒板的再现聚焦像,测量颗粒板颗粒粒径,并与准确值进行对比,获得数字全息测量系统的放大或缩小倍数。标准粒径颗粒板如图 7.25 所示。

图 7.25　标准粒径颗粒板

标准粒径颗粒板共 4 个区域,分别为 $100~\mu m$,$200~\mu m$ 的均一粒径区和 $10\sim200~\mu m$,$1\sim10~\mu m$ 的变粒径区域。考虑到测量系统的分辨能力和标定的可信性,以及实际推进剂燃烧场中铝团聚颗粒的范围,选取颗粒粒径为 $10\sim200~\mu m$ 的变粒径区域内的 4 种典型颗粒粒径测量:$10~\mu m$,$50~\mu m$,$100~\mu m$ 和 $200~\mu m$,分别对两种放大倍数($\times1.1$ 和 $\times2.7$)的光测系统进行测量,采用数值重建方法获得颗粒板的聚焦图像进而计算得到图像中颗粒粒径大小。实验中获得全息图像和重建聚焦图像如图 7.26 所示,测量误差结果如表 7.2 所示。

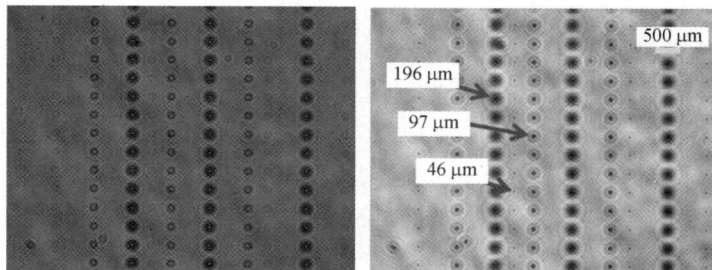

图 7.26　标准粒径颗粒板全息图和重建聚焦图像

表 7.2　同轴数字全息测量结果及误差

标准直径/μm	测量结果 /μm		相对误差	
	×1.1	×2.7	×1.1	×2.7
10	9.1	9.5	9%	5%
50	46.1	48.7	7.8%	2.6%
100	97.4	98.9	2.6%	1.1%
200	196.8	199.2	1.6%	0.4%

从表 7.2 中可以看出,相同粒径条件下,放大倍数越大,相对测量误差越小,测量得更为精确,最小误差可达到 0.4%;相同放大倍数下,粒径越小,相对测量误差变化,但均在 9% 以内。

7.5.3　颗粒燃烧实验测量系统

固体推进剂铝燃烧实验测量系统主要由密闭燃烧器、数字全息测量系统、点火控制系统、气路控制系统、燃烧器稳压系统以及数据采集系统组成。整个实验系统结构如图 7.27 所示。

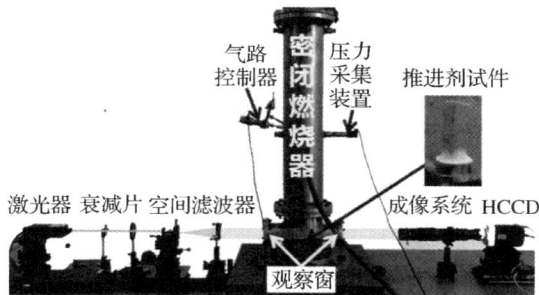

图 7.27　密闭环境推进剂铝燃烧实验测量系统

整个测量系统的工作流程如下:

(1)整个数字全息测量系统光学元件除尘,减小光学元件上灰尘对测量的影响。

(2)打开激光器,利用衰减片将激光衰减至能量较弱的状态,以免相机感光元件损坏。

(3)调整空间滤波器显微物镜与针孔的相对位置,使滤波器既能够有效滤波又不致激光能量衰减过大。

(4)调整扩束透镜的位置,并检测光束是否准直。同时保证激光能够覆盖到密封实验器的光学玻璃窗口。

(5)连接相机与成像系统,然后调节成像系统和相机与入射激光同轴。至此,数字全息测量系统调节完毕。

(6)将制备好的推进剂试件安装在试件夹上,将其置于密封燃烧器底部的中间,调整推进剂试件使其位于相机视场的中央,保证测量系统能够拍摄到推进剂燃烧的动态过程。

(7)安装密封燃烧器,打开氮气源向密闭燃烧器内充入 N_2,通过压力传感器及数据采集系统检测燃烧器内压力。

(8)燃烧室内压力达到实验工况后,利用点火控制系统实现推进剂点火,同时开始数字全息测量系统采集。

7.5.4 数字同轴全息的典型结果

1. 几种常用测量方法对比

如图 7.28 所示为 0.1 MPa 压强下,三种光学测量方法得到的推进剂铝颗粒燃烧图像。

从图 7.28(a)可以看出,采用 Phantom 高速相机直接成像法得到的推进剂铝燃烧结果中为一团团白色发光体,难以观测到铝燃烧的粒径火焰等信息;如图 7.28(b)所示是采用 Phantom 高速相机+Questar 长焦显微镜头组合方式获得的推进剂燃烧表面的铝颗粒燃烧图像。从图像中可以看出铝颗粒本身和发光火焰,但粒径和火焰轮廓较难明确的区分,由于颗粒处于运动状态,颗粒很容易离焦导致图像更为模糊;如图 7.28(c)所示是采用同轴数字全息技术获得的铝颗粒燃烧图像,从图中可以清晰地看到铝颗粒的粒径和火焰轮廓。因此,数字全息技术应用于推进剂复杂燃烧场中的铝颗粒燃烧动态测量是可行的。

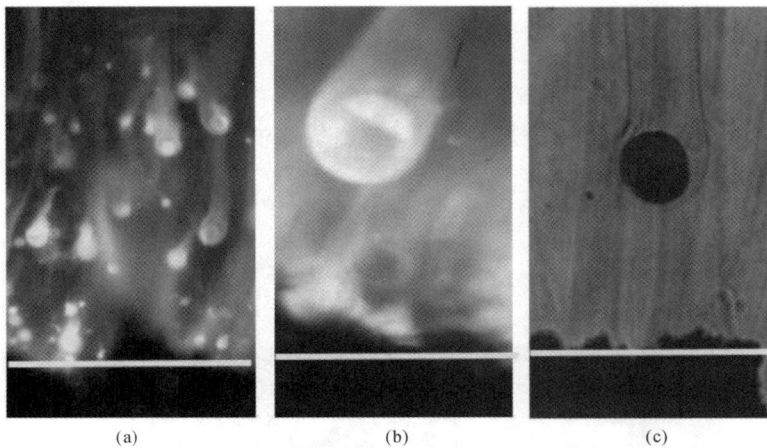

图 7.28　三种典型测量结果对比图

(a)HCCD 方法;(b) HCCD+LFM 方法;(c)digital holographic 方法

2. 颗粒燃烧微观形貌测量

如图 7.29 所示为 1.0 MPa 压强下利用全息技术获得的固体推进剂中铝颗粒的燃烧微观特性。铝颗粒在近燃面区域经过聚集、团聚以及融合等过程,形成大尺寸铝团聚颗粒,并在近燃面区域点燃,而后随流动过程在燃面上方区域燃烧。

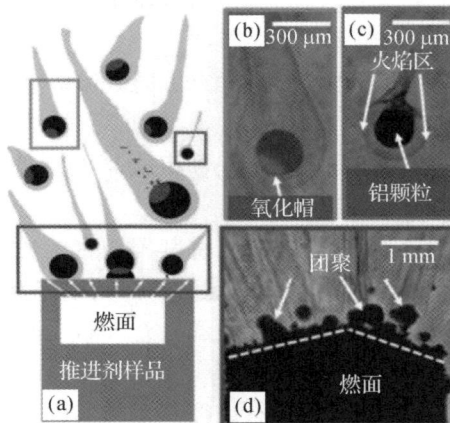

图 7.29　全息技术获得的固体推进剂中铝颗粒的燃烧微观特性

3.颗粒三维空间分布测量

如图 7.30 所示为 0.1 MPa 压强下利用数值重建算法获得的推进剂中铝颗粒燃烧的重建聚焦图像。图 7.30(a)是实验测量得到的全息图像;图 7.30(b)是将图 7.30(a)中所有颗粒重建聚焦的图像融合在同一平面上的结果。可以看出,铝粒子在成像平面纵深方向的空间分布范围为 $z=21\sim100$ mm,为铝燃烧颗粒的粒径。

如图 7.30(c)所示为聚焦于推进剂燃烧表面的重建图像,重建轴向距离为 $z=60$ mm,可以看出推进剂燃烧表面以及表面上即将离开燃面的铝团聚物,直径约为 230 μm;图 7.30(d)为距离成像平面 $z=51$ mm 截面处的重建图像,该粒子直径约为 29 μm;由于重建距离较远,颗粒粒径较小,粒子边缘不是很清晰;图 7.30(e)为距离成像平面 $z=21$ mm 截面处的重建图像,该粒子直径约为 20 μm;与图 7.30(d)相比,重建距离较近,颗粒粒径边缘相对清晰;图 7.30(f)为距离成像平面 $z=100$ mm 截面处的重建图像,该粒子直径约为 76 μm;图 7.30(g)是轴向距离为 $z=47$ mm 处的重建图像,同样能够清晰重建颗粒,该粒子直径约为 148 μm;图 7.30(h)为距离成像平面 $z=33$ mm 截面处的重建图像,该粒子直径约为 73 μm;图 7.30(i)是距离成像平面 $z=29$ mm 截面处的重建图像和聚焦粒子放大图像,由于燃烧的发光火焰区域与周围气体的折射率不同,因此能够在重建图像中清晰分辨发光火焰与铝粒子凝相边缘,铝粒子直径约为 250 μm。图 7.30(j)为较大颗粒的聚焦图像,粒子直径约为 350 μm,轴向距离为 $z=54$ mm,从重建的图像中能够清晰分辨粒子的边缘,能够看到粒子的火焰。但由于粒子火焰不强烈且重建距离较大,火焰不清晰。

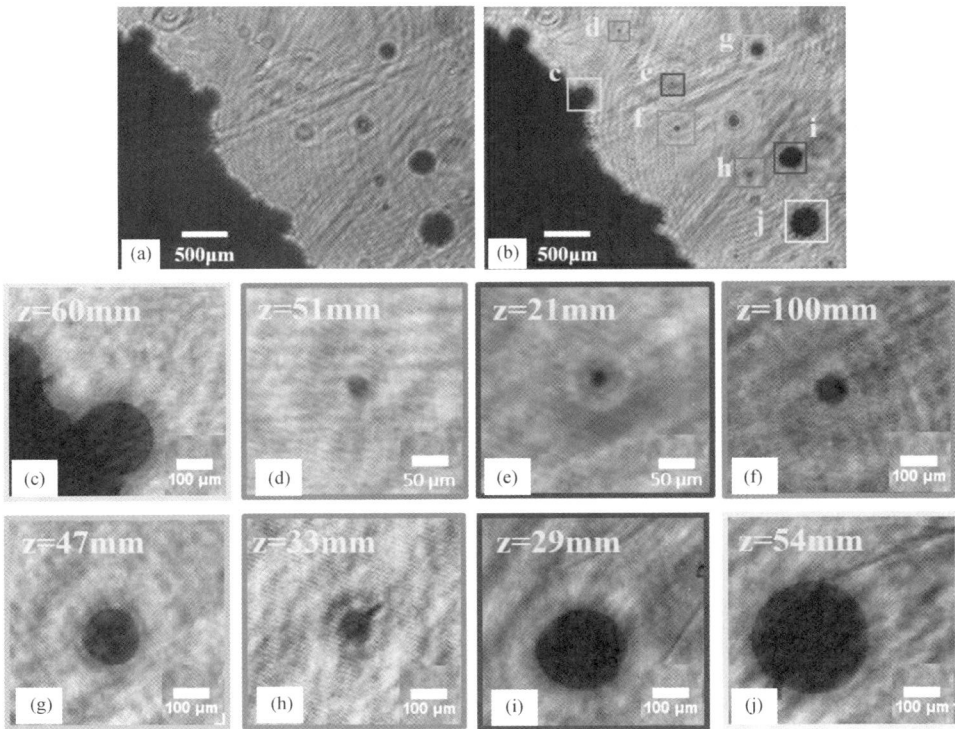

图 7.30　典型全息图像重建结果($p=0.1$ MPa)

(a)原始全息图;(b)重建融合图 $z=0$;(c) $z=60$ mm;(d) $z=51$ mm;(e) $z=21$ mm;
(f) $z=100$ mm;(g) $z=47$ mm;(h) $z=33$ mm;(i) $z=29$ mm;(j) $z=54$ mm

基于图 7.30 的推进剂铝颗粒燃烧全息测量结果，根据每一个铝颗粒的空间位置信息和粒径信息，可以对铝燃烧颗粒的空间分布进行三维重构，将铝燃烧颗粒等效为球体，如图 7.31(a)所示。可以在图中反映出铝颗粒的粒径、空间位置、颗粒运动速度大小以及矢量方向等信息。将所有铝燃烧颗粒在观测平面(XY 平面)上投影，可以进一步获得所有颗粒在观测平面上的相关信息，如图 7.31(b)所示。

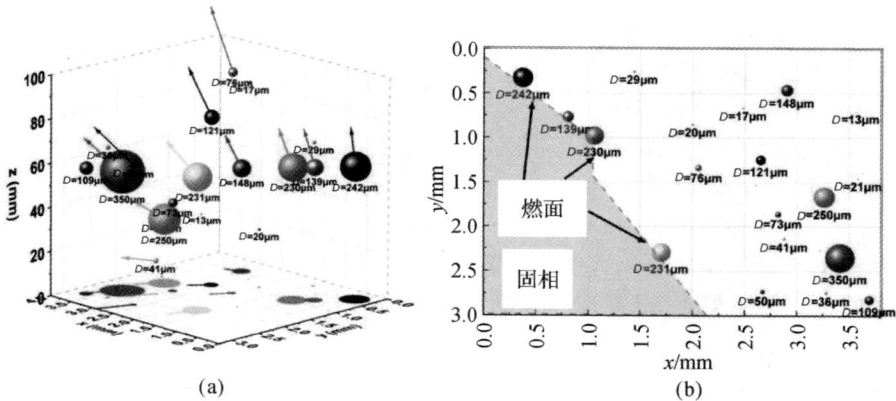

图 7.31　典型铝燃烧颗粒的三维空间重构结果
(a)铝燃烧颗粒三维重建；(b)XY 平面投影

4. 颗粒三维速度测量

推进剂铝颗粒在燃烧表面逸出后，在燃面上方进一步燃烧，其粒径、速度和运动方向以及轨迹均在不断的变化，全息测量可以很好地获得每一个铝颗粒的粒径变化及运动特性。例如，从众多粒子中跟踪某个粒子，可以获得该铝燃烧颗粒空间运动信息，如图 7.32 所示。可以看出，铝粒子在成像平面纵深方向的运动范围为 $Z=-14\sim10$ mm，如此大景深的清晰成像是直接拍摄方法所做不到的。如图 7.32(a)所示为 $t=0$ 时刻的燃烧铝颗粒，粒径约为 314 μm。随着燃烧的发生，颗粒逐渐远离燃面，经过 $t=1.25$ ms 后，粒子直径变为约 323 μm，如图 7.32(b)所示。粒子直径变大是由于粒子燃烧过程中粒子形态发生变化导致投影截面变大引起的。在 $t=2.5$ ms 和 $t=3.75$ ms 时刻，颗粒的形貌在热流的作用下变化更加明显，变为椭球形，粒子直径变为约 300 μm 和 297 μm，如图 7.32(c)(d)所示。在 $t=5$ ms，$t=6.25$ ms，$t=7.5$ ms，$t=8.25$ ms 时刻颗粒又变为近圆形，颗粒直径分别为：294 μm，290 μm，300 μm，294 μm，如图 7.32(e)~(h)所示。

对图 7.32 跟踪的某个铝颗粒燃烧动态过程进行三维重建，可获得该铝颗粒三维运动轨迹图像，如图 7.33 所示。从图中可以看出，该铝颗粒从燃烧表面逸出之后，并不是朝着某一个矢量方向飞行，在近燃面处受颗粒之间团聚和融合等作用，其运动方面会发生变化，当铝颗粒团聚成型后，其运动方面基本上朝着某一气流的方向飞行。

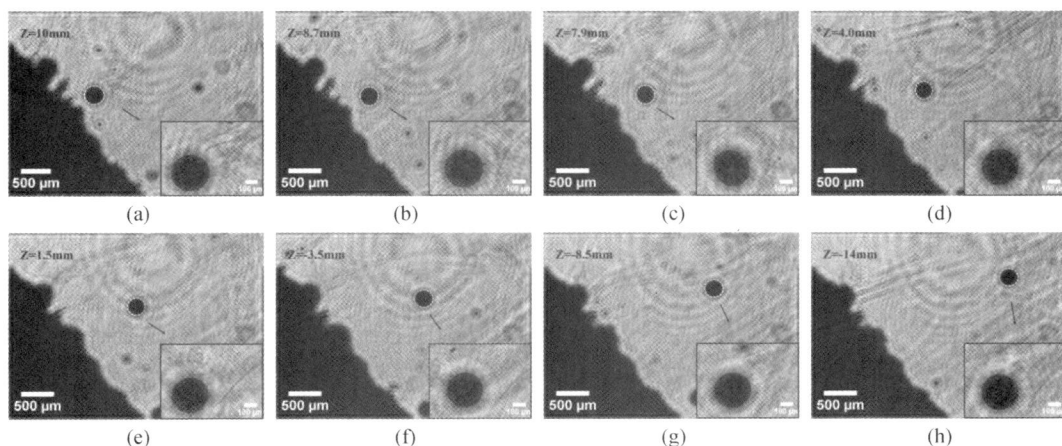

图 7.32　铝燃烧颗粒动态特性($p=0.1$ MPa)

(a) $t=0$ ms；(b) $t=1.25$ ms；(c) $t=2.5$ ms；(d) $t=3.75$ ms；

(e) $t=5$ ms；(f) $t=6.25$ ms；(g) $t=7.5$ ms；(h) $t=8.75$ ms

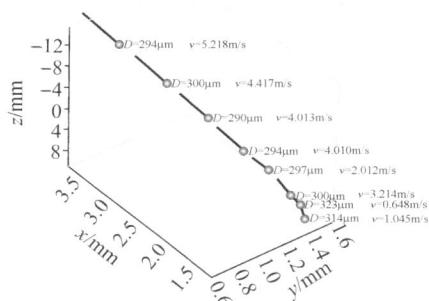

图 7.33　铝燃烧颗粒运动特性

根据单位时间内铝颗粒在空间中的运动距离，可以获得该铝颗粒的瞬时运动速度。图 7.33 显示了该铝颗粒燃烧运动过程中的瞬时速度，在近燃面附近铝颗粒的运动速度较小，随着燃烧气流的影响，颗粒的运动速度逐渐增大，直到飞出测量区域。

5.颗粒粒度分布

通常颗粒粒度采用两种分布统计方式来表征：个数概率密度函数（Number PDF）和体积概率密度函数（Volume PDF）。

Number PDF 表达式为

$$N_0 = \frac{N}{\sum N \times \Delta d} \tag{7.52}$$

Volume PDF 表达式为

$$V = \frac{N \times d^3}{\sum (N \times d^3) \times \Delta d} \tag{7.53}$$

式中，N 为相同粒径的数量；N_0 为数量概率密度函数；V 为体积概率密度函数，Δd 为定义的柱状区间；d 为颗粒粒径。

对推进剂所有有效的全息图像进行重建,提取燃烧表面和燃烧场中所有粒子的粒径信息。其中,从 4 000 张重建图像中提取出 16 340 个有效颗粒,结果如图 7.34 所示。

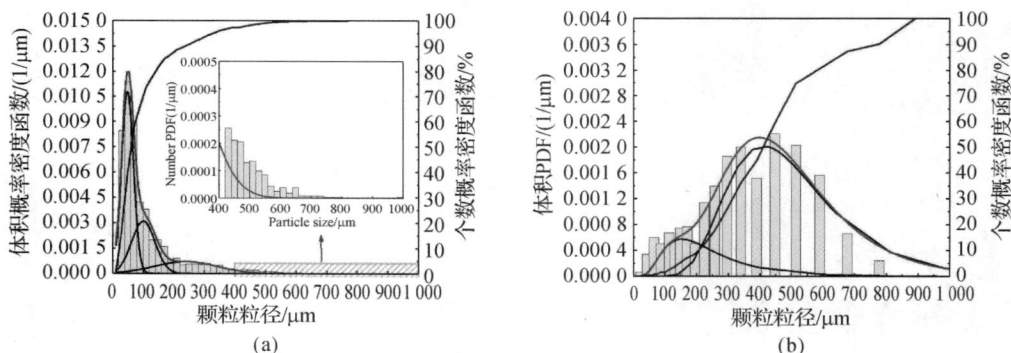

图 7.34　铝团聚颗粒粒径分布
(a) 个数 PDF 分布;(b)体积 PDF 分布

如图 7.34(a)所示为铝燃烧颗粒的 Number PDF 分布柱状图,团聚物颗粒直径在 35~800 μm 之间,Number PDF 分布成三峰分布,其中 $d=50$ μm 左右的数量最多,占总数量的 23% 左右;而在 $d=100$ μm 左右形成第二个峰,占总数量的 8% 左右;团聚物在 $d=250$ μm 左右形成第三个峰,占总数量的 2% 左右。从整个粒度分布上看,随着粒子直径尺寸的增大,粒子数量越来越少,粒子数量百分比逐渐减小,数量概率密度也逐渐减小。燃烧颗粒在直径 35~400 μm 之间连续分布,其数量占总的 96.8%。

如图 7.34(b)所示为某推进剂中铝燃烧颗粒的 Volume PDF 分布柱状图,团聚物颗粒直径在 35~800 μm 之间成双峰分布,其中在 $d=150$ μm 左右的形成第一个峰,占总体积的 2% 左右,在 $d=400$ μm 左右形成第二个峰,占总体积的 15% 左右。

对个数和体积 PDF 分布柱状图进行多峰拟合,并计算 D_{10}(线性平均粒径)、D_{32}(体积表面积平均粒径)、D_{43}(质量平均粒径)、D_{50}(质量中径),拟合结果如表 7.3 所示。其中,Number PDF 分布采用多峰 Gauss 函数拟合,而 Volume PDF 分布采用多峰 log-normal 函数拟合拟合表达式如下所示:

$$f(D)_{\text{Number}} = \sum_{i=1}^{n} \frac{w_i}{\sigma_i \sqrt{\pi/2}} e^{-\frac{(D-\mu_i)^2}{\sigma_i^2}} \tag{7.54}$$

$$f(D)_{\text{Volume}} = \sum_{i=1}^{n} \frac{w_i}{D\sigma_i \sqrt{2\pi}} e^{-\frac{(\ln D-\mu_i)^2}{2\sigma_i^2}} \tag{7.55}$$

表 7.3　平均粒径和体积 PDF 分布拟合结果

粒子数目	平均粒径					体积 PDF 分布拟合			
	$\dfrac{D_{10}}{\mu m}$	$\dfrac{D_{32}}{\mu m}$	$\dfrac{D_{43}}{\mu m}$	$\dfrac{D_{50}}{\mu m}$	w	μ_1 (ln[μm])	σ_1 (ln[μm])	μ_2 (ln[μm])	σ_2 (ln[μm])
16 340	51.3	348.6	471.2	451.7	0.810	2.32	0.55	2.57	0.39

7.5.5　数字离轴全息的典型结果

如图 7.35 所示是针对冷/热态实验系统的全息技术测试现场,激光器经过分光镜照射到实验模型段。

(a)　　　　　　　　　　　　　　(b)

图 7.35　大梯度亚-超剪切混合层实验

(a)实验段实物图;(b)激光数字离轴全息测量装置示意图

如图 7.36 所示为针对冷/热态实验系统采用激光全息技术获得的亚-超剪切混合层的测试结果,其中图 7.36(a)为原始激光全息包裹相位图,图 7.36(b)则为全息强度图,通过进一步对全息结果进行处理,可以获得相应的密度场及密度梯度场分布情况,从而获得亚-超剪切层的结构特性。

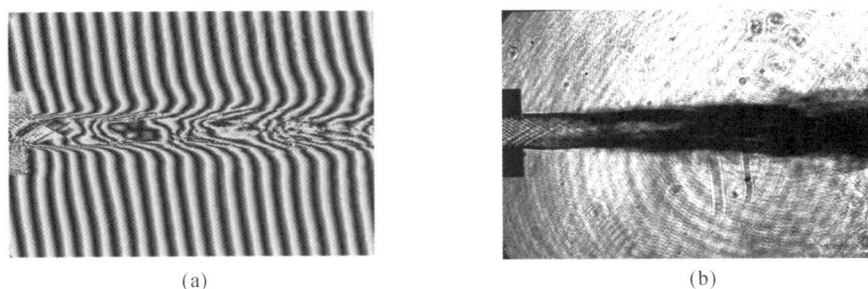

(a)　　　　　　　　　　　　　　(b)

图 7.36　离轴全息流场测量结果

(a)原始全息图;(b)强度图

7.6　小　　结

利用数字全息技术研究十微米至百微米级液体或固体颗粒物的燃烧,可以避免长焦显微摄像面临的小景深问题,这两种技术可以配合使用,获得更好的实验效果。另外,数字全息技术可以和比色法集合,获得燃烧过程中颗粒的温度信息。本章较为全面地介绍了数字全息的理论基础和基本原理,介绍并比较了几种颗粒全息图像的重建算法。结合固体推进剂中铝颗粒燃烧的实例,详细介绍了实验系统的搭建方法,以及一些关键部件的选择时需要注意的技术细节,展示了数字全息技术在颗粒微观形貌、三维空间分布、三维速度分布和粒度分布方面的分析能力。

第8章　基于数字图像的火焰特征分析

火焰在燃烧过程中,会发出可见光。对碳氢燃料而言,扩散火焰通常呈现红黄色,由燃烧过程中产生的碳烟颗粒所产生的连续光谱形成。预混火焰通常呈现蓝绿色,是由于反应物在分子裂解过程中,处于激发态的中间基回落到基态时所发出的。蓝绿色火焰所呈现出来的颜色主要是由 CH 和 C₂ 发出的,对应的波长在 400~700 nm 之间。扩散火焰的颜色由于是连续光谱,因此在不同的燃烧环境下发光比较类似。但是对于预混火焰而言,火焰颜色会随着流场分布、当量比和燃料成分等的变化发生明显变化。因此,火焰颜色实际上隐含了有关燃烧特性的物理参数。依据火焰的发光特性,发展了一些非接触式的一维测量技术如光电倍增管(PMT)和摄谱仪。随着数码相机的发展,采用 CCD/CMOS 成像的数字图像逐渐取代了以往的胶片成像技术。数字图像和计算机图像处理技术的发展,使得基于图像进行火焰特性的测量和分析得到了快速发展。如 LIF 和 PLIF 等技术将基于光谱的测量扩展到了二维空间。近年来针对科研用途所发展的高速彩色摄像机,具有快门速度高、帧速高、曝光时间短、存储容量大、空间分辨率高的优点,可方便地用于火焰动态特性的测量。

8.1　火　焰　光　谱

实验的光谱测量方法是基于原子或分子的电磁辐射的吸收、发射或散射特性。其中能用彩色相机采集的主要是可见光波段(400~700 nm),介于红外光谱和紫外光谱之间,如图 8.1 所示。

依据麦克斯韦理论,光是一种电磁波,由相互垂直的电场和磁场构成。电磁波可在真空中传播,电磁波的速度总是等于光速(c),等于波长(λ)和频率(f)的乘积,即

$$c = \lambda f \tag{8.1}$$

在空间传播的光是不连续的,而是一份一份的,每一份叫做一个光子,光子的能量与频率成正比,即

$$\Delta E = h f \tag{8.2}$$

式中,$h = 6.626 \times 10^{-34}$ J/S。电磁光谱的不同波段可作为有效探测工具,例如 γ 射线与核裂变过程有关。当 X 射线光子与原子撞击,原子可以吸收其能量,原子中电子可跃迁至较高电子轨态,单一光子能量足够高(大于其电子之电离能)时可以电离此原子。一般来说,较大之原子有较大机会吸收 X 射线光子。人体软组织由较细之原子组成而骨头含较多钙离子,所以骨头较软组织吸引较多 X 射线。故此,X 射线可以用作检查人体结构。

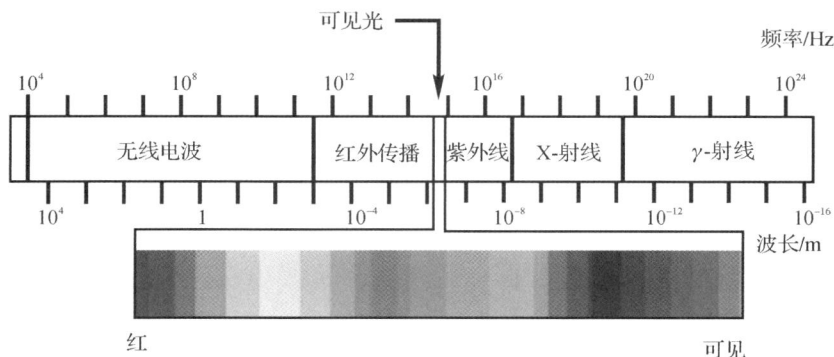

图 8.1 电磁光谱

对于气态碳氢燃料,火焰燃烧过程所发出的光与燃烧方式相关。对于预混燃烧火焰,火焰的颜色与当量比有关。以甲烷为例,如图 8.2 所示,当向预混射流火焰中逐渐加入空气后,甲烷火焰的颜色由红黄色逐渐转变为蓝色。如果继续增加空气达到稀燃状态,火焰将呈现圆锥形,并呈现蓝绿色。预混火焰颜色是由化学反应过程中被激发的中间基所释放出的光子引起的。对于扩散燃烧火焰,由于燃烧过程中产生大量的炭烟颗粒,通常呈现明亮的红黄色,如图 8.2 所示。

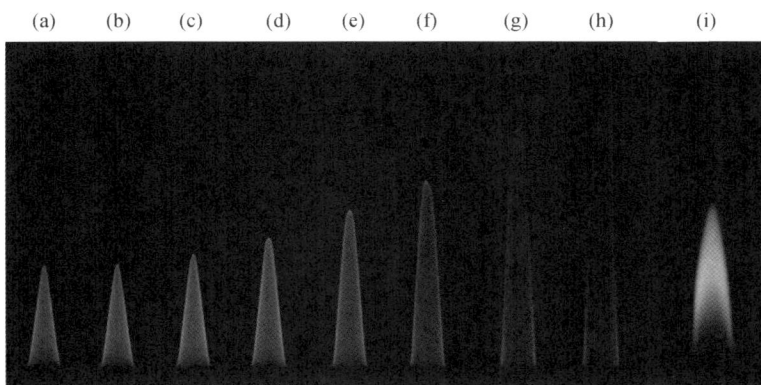

图 8.2 不同当量比下的甲烷预混火焰

当量比从左到右依次为 1.00,1.05,1.11,1.17,1.24,1.32,1.40,1.50;(i)表示甲烷层流扩散火焰

8.2 颜 色 模 型

8.2.1 RGB 颜色模型

人工视觉技术的发展主要是基于 Young-Helmoholtz 理论,提出人类眼睛视网膜用于感知图像的传感器主要有三种。视网膜位于眼球壁的内层,是一层透明的薄膜。视网膜就像一架照相机里的感光底片,负责感光成像。当我们看东西时,物体的影像通过屈光系统落在视网膜上。视信息在视网膜上形成视觉神经冲动,沿视路将视信息传递到视中枢形成视觉,这样在我们的头脑中建立起图像。用于接受视觉信息的有两种感受细胞:视柱和视锥细胞。视柱细胞主要用于低光条件下,只对物体的亮度进行黑白成像,在高光条件下不活跃。视锥细胞主要

用于我们的颜色感知。大量针对人体解剖学的研究发现,视锥细胞对光谱的感知能力并不均衡,分别在长波、中波和短波存在一个峰值,分别对应颜色中的红色(R)、绿色(G)和蓝色(B),如图 8.3 所示。三种"过滤"过的信号被传送到大脑,形成特定的颜色。相机成像正是基于上述的视觉成像原理和功能。

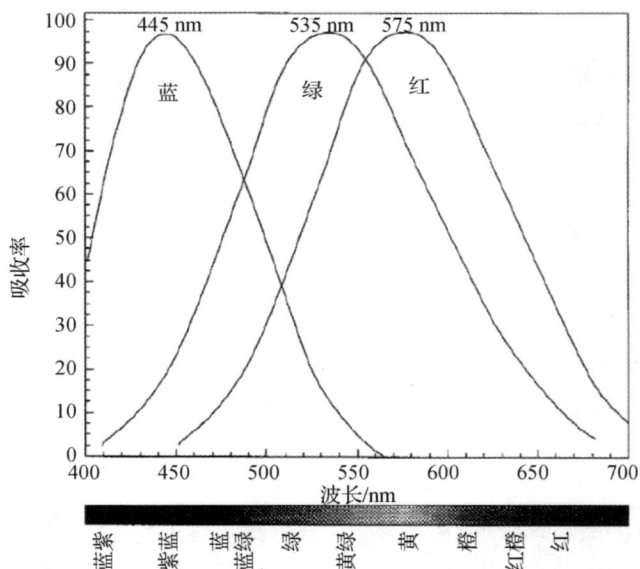

图 8.3 视锥细胞对长波、中波和短波的感知分布

RGB 颜色模型主要基于原理和条件配色理论。在色几何学中,条件配色指的是表征一个物体的外在颜色不需要与其实际的物理特性相对应。RGB 模型也称为加色法混色模型,不同的颜色采用红色、绿色和蓝色(RGB)三色光的不同比例和强度的混合来表示,是目前运用最广的颜色系统之一。RGB 模型通常可在一个三维的立方体空间中表示,如图 8.4 所示。在这个立方体中,不同的颜色可以用如下的表达式来表示:

$$\text{Colour} = [I_R, I_G, I_B] \tag{8.3}$$

式中,I 表示轻度,下标 R,G 和 B 分别代表三种不同的颜色。亮度同样由三基色的强度决定,在 RGB 模型中在消色差轴线上表示。饱和度由主要颜色的最大和最小值之间的差值决定,颜色更接近于三基色中强度最大的颜色。如果有两种基色的强度相同,则颜色接近于合成色:蓝绿色(G 和 B 相当),紫色(R 和 B 相当),黄色(R 和 G 相当)。当三种颜色强度相同时,颜色则呈现灰色。国际照明协会定义了对应于三基色的三个波长:435.8 nm,546.1 nm 和 700 nm。前两个波长取自汞灯在可见光谱内的原子发射线。红色部分选择 700 nm,主要是基于视锥接收细胞的探测范围。

国际照明委员会(CIE)1931 年制定了一个色度图,如图 8.5 所示,用组成某一颜色的三基色比例来规定这一颜色,即用三种基色相加的比例来表示某一颜色,并可写成方程式

$$(C) = R(R) + G(G) + B(B) \tag{8.4}$$

式中,(C) 代表某一种颜色;(R),(G),(B) 是红、绿、蓝三基色;R,G,B 是每种颜色的比例系数,它们的和等于 1,即 $R+G+B=1$。"C"是指匹配即在视觉上颜色相同,如某一蓝绿色可以表达为

$$(C)=0.06(R)+0.31(G)+0.63(B) \tag{8.5}$$

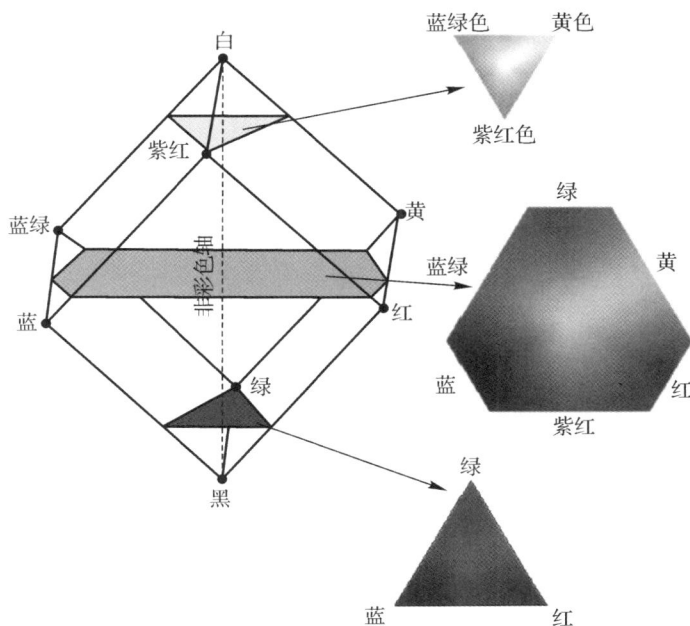

图 8.4　RGB 颜色模型

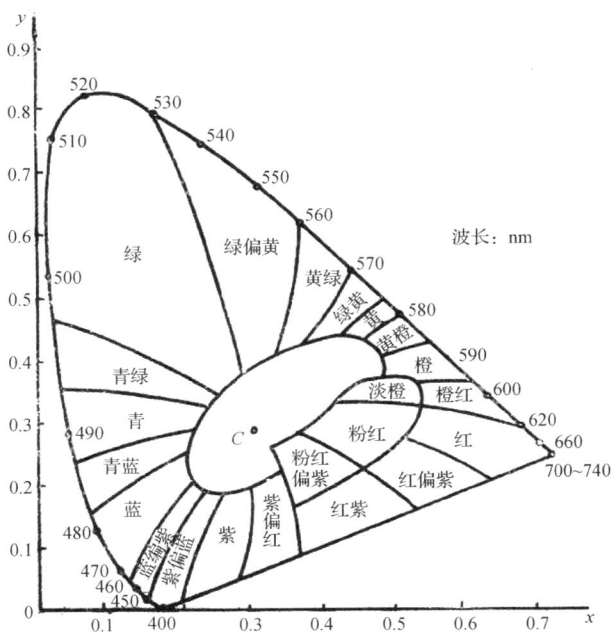

图 8.5　XYZ 制 CIE 色度图

如果是二基色混合,则在三个系数中有一个为零;如匹配白色,则 R,G,B 应相等。任何颜色都用匹配该颜色的三基色的比例加以规定,因此每一颜色都在色度图中占有确定的位置。色度图中:X 轴色度坐标相当于红基色的比例;Y 轴色度坐标相当于绿基色的比例。色度图中的弧形曲线上的各点是光谱上的各种颜色即光谱轨迹,是光谱各种颜色的色度坐标。红色波段在图的右下部,绿色波段在左上角,蓝紫色波段在图的左下部。图下方的直线部分,即连接400 nm 和 700 nm 的直线,是光谱上所没有的、由紫到红的系列。靠近图中心的 C 是白色,相当于中午阳光的光色,其色度坐标为 $X=0.310\ 1, Y=0.316\ 2, Z=0.373\ 7$。

8.2.2　HSV 颜色模型

HSV(Hue, Saturation, Value)颜色空间的模型对应于圆柱坐标系中的一个圆锥形子集,圆锥的顶面对应于 $V=1$。HSV 模型和 RGB 模型之间的关系如图 8.6 所示,HSV 模型包含 RGB 模型中的 $R=1, G=1, B=1$ 三个面,所代表的颜色较亮。色彩 H 由绕 V 轴的旋转角给定。红色对应于角度 0°,绿色对应于角度 120°,蓝色对应于角度 240°。在 HSV 颜色模型中,每一种颜色和它的补色相差 180°。饱和度 S 取值从 0 到 1,所以圆锥顶面的半径为 1。HSV 颜色模型(见图 8.7)所代表的颜色域是 CIE 色度图的一个子集,这个模型中饱和度为百分之百的颜色,其纯度一般小于百分之百。在圆锥的顶点(即原点)处,$V=0$,H 和 S 无定义,代表黑色。圆锥的顶面中心处 $S=0$,$V=1$,H 无定义,代表白色。从该点到原点代表亮度渐暗的灰色,即具有不同灰度的灰色。对于这些点,$S=0$,H 的值无定义。可以说,HSV 模型中的 V 轴对应于 RGB 颜色空间中的主对角线。在圆锥顶面的圆周上的颜色,$V=1$,$S=1$,这种颜色是纯色。HSV 模型对应于画家配色的方法。画家用改变色浓和色深的方法从某种纯色获得不同色调的颜色,在一种纯色中加入白色以改变色浓,加入黑色以改变色深,同时加入不同比例的白色,黑色即可获得各种不同的色调。由 RGB 模型转换到 HSV 模型,可以通过下列方程进行,即

$$H' = \begin{cases} \dfrac{G-B}{\text{Max}-\text{Min}} & \text{if} \quad R=\text{Max} \\[2ex] 2+\dfrac{B-R}{\text{Max}-\text{Min}} & \text{if} \quad G=\text{Max} \\[2ex] 4+\dfrac{R-G}{\text{Max}-\text{Min}} & \text{if} \quad B=\text{Max} \end{cases} \tag{8.6}$$

$$H' = \frac{H'}{6} \times 360 \tag{8.7}$$

$$H = \begin{cases} H' & \text{if} \quad H'>0 \\ H'+360 & \text{if} \quad H'<0 \end{cases} \tag{8.8}$$

$$S = \begin{cases} 0 & \text{if} \quad \text{Max}=0 \\ 1-\dfrac{\text{Min}(R,B,G)}{\text{Max}(R,B,G)} & \text{其它} \end{cases} \tag{8.9}$$

$$V = \text{Max}(R,G,B) \tag{8.10}$$

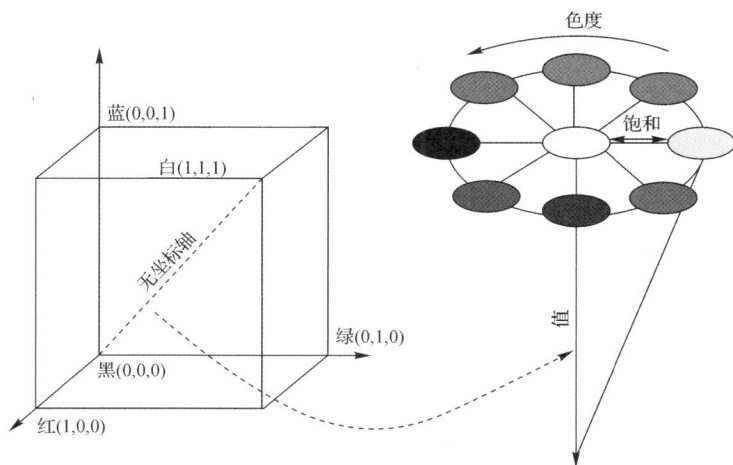

图 8.6　RGB 和 HSV 模型对照图

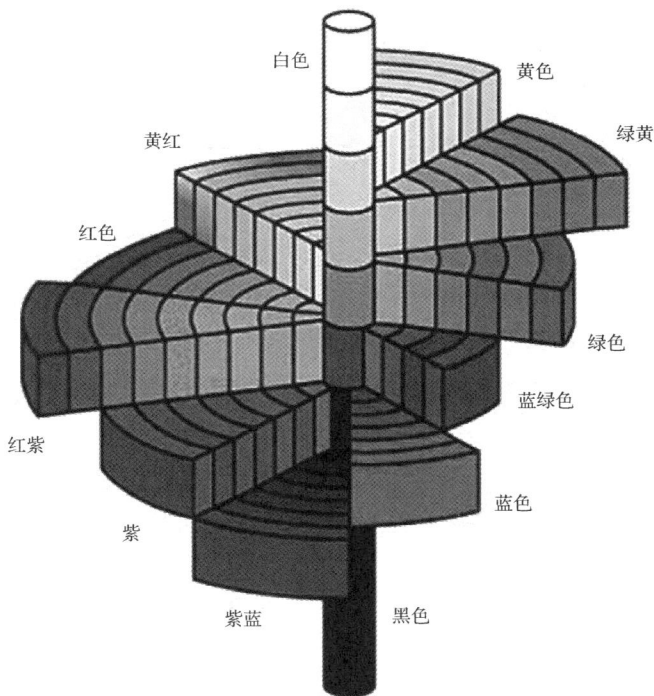

图 8.7　HSV 颜色模型

8.3　相机成像原理

8.3.1　胶片相机成像原理

照相机简称相机,是一种利用光学成像原理形成影像并对影像进行记录的设备。很多可以记录影像的设备都具备照相机的特征,如医学成像设备、天文观测设备等。传统胶片照相机的构造如图 8.8 所示,主要包括:光圈、快门和镜头。拍摄的影像就是沿着光路投射在底片上成像。

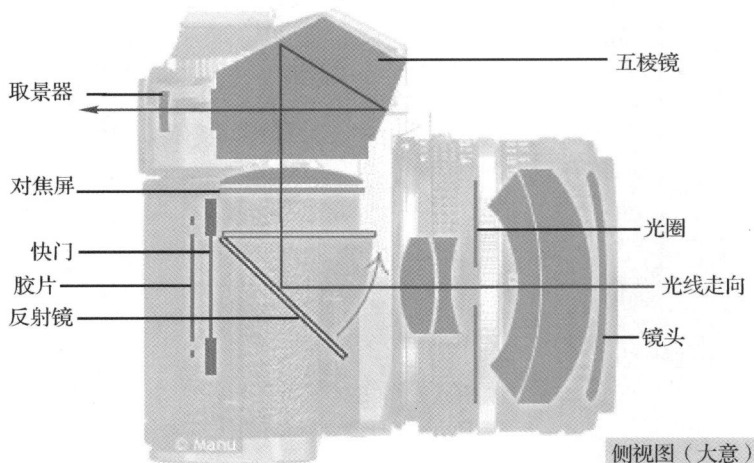

图 8.8　相机结构

光圈是在镜头中间由数片互叠得金属叶片组成的可调节镜头通光口径的装置,如图 8.9 所示。光圈的第一个作用是调节通光量。光圈能开大,能缩小。在拍照同一个对象时,光线强时,应将光圈缩小,光线弱时,应将光圈开大。第二个作用是改变景深范围大小。光圈越大,景深越小,光圈越小,景深越大。f 系数指光圈的大小,是焦距与光孔直径的比,如:$f2.8$,$f4$,$f5.6$,$f8$,$f11$,$f16$,$f22$ 等。每个系数为光圈的一个档次。光圈系数值越大,光圈越小,通光量越小。反之,光圈系数值越小,光圈越大,通光量越大。

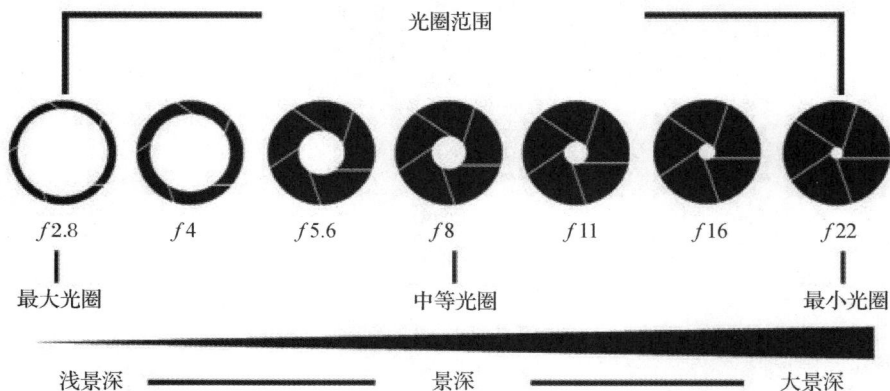

图 8.9　光圈大小及其与景深的关系

快门是控制感光片曝光时间长短的装置,快门时间越短,则曝光时间越短;反之亦然。

使用变焦镜头,透镜组可以前后移动,进行焦距调节,从而获得最清晰的图像。拍摄者站在同一位置上推拉或旋转镜头,就可以变换焦距,拍摄出大小不同的画面。变焦就是通过移动镜头内部镜片来改变焦点的位置,改变镜头焦距的长短,并改变镜头的视角大小,从而实现影像的放大与缩小。照相机不同焦距镜头的视角如图 8.10 所示。

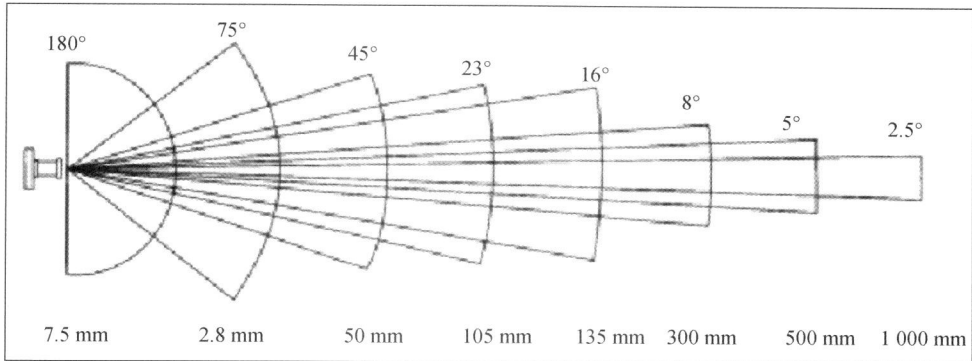

图 8.10　照相机不同焦距镜头的视角示意图

照相机镜头成像,并不是物点只能在像点的焦平面上结成清晰影像,而是某物距前后相当长一段距离范围内的景物都能够在焦平面上结成清晰的影像。结成这一清晰影像的景物的纵长深度叫做景深。纵长深度越大,景深越大,反之,景深越小。镜头的光圈和焦距对景深都有影响。光圈越小,景深越大;反之,光圈越大,景深越小。镜头焦距越长,景深越小;反之,镜头焦距越短,景深越大。

8.3.2　数码相机成像原理

数码相机的成像介质为传感器,主要分为两种:Charge-Coupled-Device (CCD)和 Complementary-Metal-Oxide-Semiconductor (CMOS),如图 8.11 所示。两种成像介质都采用半导体材料将光信号转变为电信号,在可见光和近红外区域由类似的敏感度。CCD 和 CMOS 都采用二维的成像点矩阵,二者的主要区别在于成像点结构和处理电信号的方式不同。

CCD 的每个成像点由一个光电二极管和其控制的一个邻近电荷存储区组成。光电二极管将光线(光量子)转换为电荷(电子),聚集的电子数量与光线的强度成正比。在读取这些电荷时,各行数据被移动到垂直电荷传输方向的缓存器中。每行的电荷信息被连续读出,再通过电荷/电压转换器和放大器传感。这种构造产生的图像具有低噪声、高性能的特点。但是生产 CCD 需采用时钟信号、偏压技术,因此整个构造复杂,增大了耗电量,也增加了成本。

CMOS 传感器周围的电子器件,如数字逻辑电路、时钟驱动器以及模/数转换器等,可在同一加工程序中得以集成。CMOS 传感器的构造如同一个存储器,每个成像点包含一个光电二极管、一个电荷/电压转换单元、一个重新设置和选择晶体管以及一个放大器。覆盖在整个传感器上的是金属互连器(计时应用和读取信号)以及纵向排列的输出信号互连器,它可以通过简单的 X-Y 寻址技术读取信号。

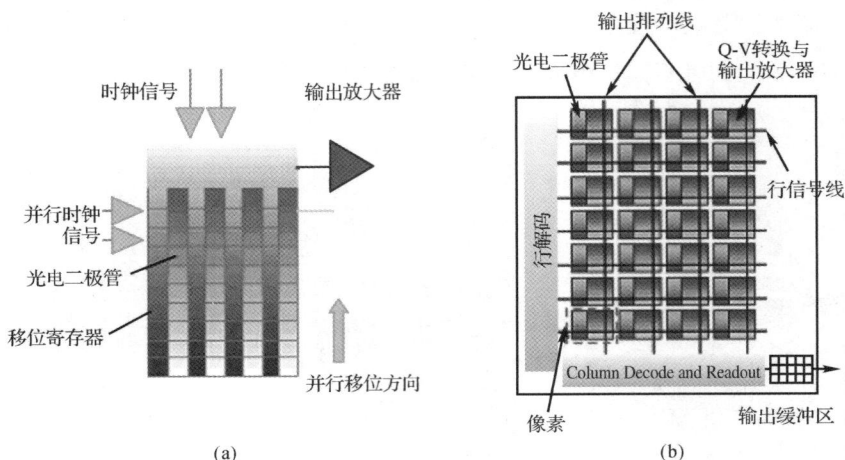

图 8.11　CCD 和 CMOS 结构对比

(a)CCD 成像元件；(b)CMOS 成像元件

　　CCD 电荷耦合器需在同步时钟的控制下，以行为单位一位一位地输出信息，速度较慢；而 CMOS 光电传感器采集光信号的同时就可以取出电信号，还能同时处理各单元的图像信息，速度比 CCD 电荷耦合器快很多。但是由于 CMOS 的光电传感器占据了一定的空间，成像区域比 CCD 要小，敏感性也更差。近年来，随着 CMOS 成像技术的发展，CMOS 与 CCD 成像质量的差距逐渐减小，且 CMOS 可采用半导体大批量生产的方式，具有价格优势，应用越来越广泛。

　　数码相机上的每个像素都带有一个光感应器，用以测量光线的明亮程度。由于光电二极管是只支持单颜色的装置，不能区别不同波长的光线。现代彩色成像技术采用一个分光镜将光线分成红绿蓝三基色，然后采用三层颜色过滤阵列进行图像合成，具有瞬时成像和画面质量高的优点。最常用的单层颜色过滤阵列如图 8.12 所示，红、绿、蓝的比例为 1:2:1，因为人的眼睛对绿色更为敏感。每个颜色图层中遗失的像素按照一定的运算法则，根据旁边象素和其他颜色通道的数值进行插补处理。把这些完整（部分通过计算求得）的图层结合起来就形成了以三原色表示、颜色准确的图像。

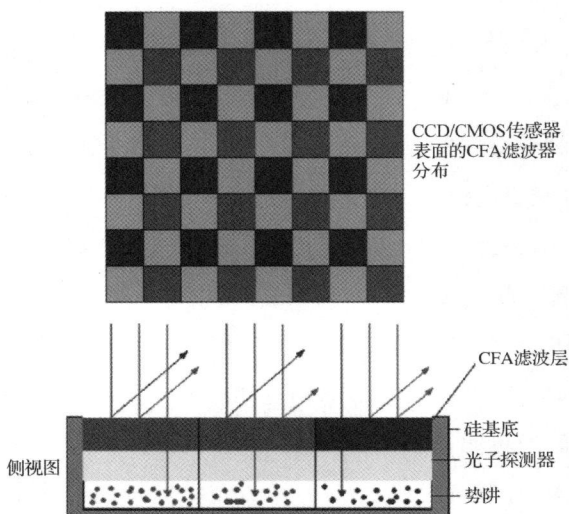

图 8.12　颜色滤镜示意图

8.4　基于彩色图像的燃烧诊断技术

采用直接成像的方法研究燃烧现象由来已久,研究者们通过高速彩色相机,观察到了很多重要的燃烧现象。随着数字成像技术的发展,使得图片获取和分析更为方便。通过火焰形成的图像,可以获得火焰燃烧模式、层流燃烧速率、火焰温度、火焰跳动频率、当量比、三维结构等信息。

8.4.1　火焰形态观测

火焰发出的可见光,可用彩色相机直接进行拍照观察。对于非稳态燃烧的火焰,采用较短的曝光时间,可以获得火焰的瞬时图像。Foat 等人利用直接拍照的方法,观察到了预混湍流碰撞火焰存在 8 种不同的燃烧模式,如图 8.13 所示。他们的研究指出,碰撞火焰的燃烧模式与点火位置、湍流结构、火焰面拉伸率和当量比等因素有关。通过火焰图片,证明了火焰面中存在孔洞的现象。这一发现激发了更多学者采用定量化的研究方法进行了进一步的研究。

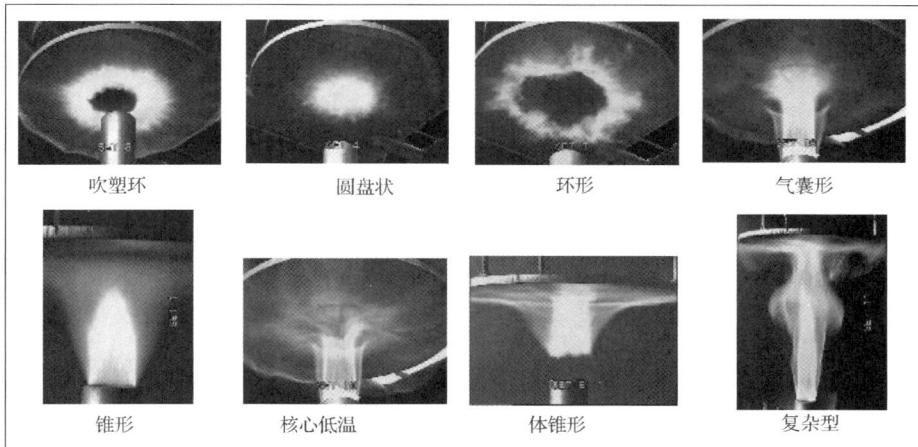

(a)

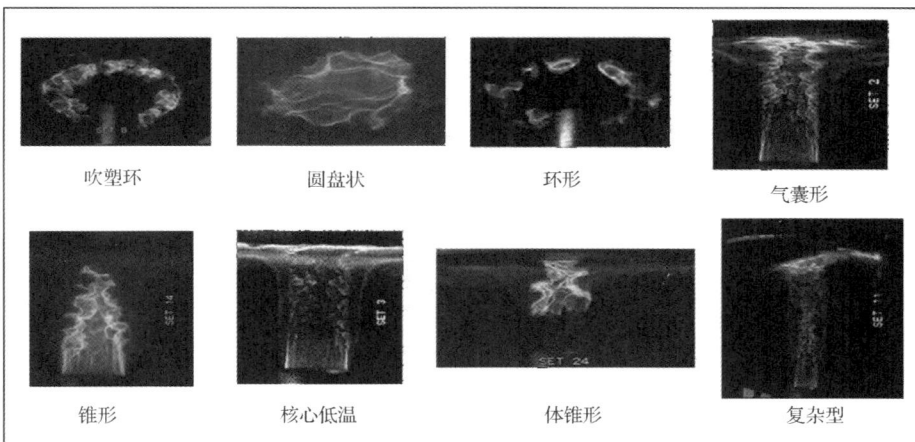

(b)

图 8.13　丙烷预混湍流碰撞火焰的不同燃烧模式

(a)快门速度 1/50 s;(b)快门速度 1/4 000 s

8.4.2 火焰层流燃烧速率测定

对于层流燃烧装置,气流速度在喷嘴和火焰边缘周围很低,沿着中心位置方向逐渐增加。在火焰边缘内部,气流速率都超过燃烧速率,火焰呈现向内倾斜的形状;因此,火焰的燃烧速率等于气体的流动速度在垂直于火焰前锋面方向的分量。这种方法适用于我们常见的锥形火焰。利用测量未燃气体气流速率和锥形角提供了一种测量层流速率的方法。这种方法的主要困难在于一个清晰可辨的平面火焰前锋只在特定情况下才能获得。在理想条件下,一个在气流中形成的很薄的火焰前锋面如图 8.14 所示。火焰的层流燃烧速率S_u可由下式表示:

$$S_u = U\sin\alpha \tag{8.11}$$

式中,U 为燃料出口速度;α 为火焰锥角的一半。

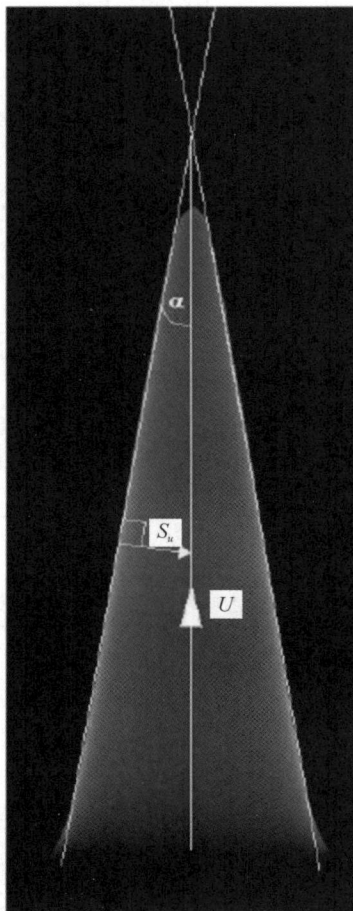

图 8.14 锥形角法测量预混火焰燃烧速率示意图

8.4.3 两光谱法测温

利用非接触测量方法获得火焰的温度,是深入理解燃烧过程和污染物形成过程的重要技术手段。Hottel 和 Broughton 在 1932 年率先提出了利用两光谱法进行测温的技术,并用于测量燃烧炉的火焰温度。近年来,该方法被进一步拓展到开放式火焰的温度测量方面,包括扩散火焰和预混火焰。

两光谱法测温的基本原理为普朗克的辐射定律:

$$M(\lambda, T) = \varepsilon_\lambda \frac{C_1}{\lambda^5} \left(e^{C_2/\lambda T} - 1 \right)^{-1} \tag{8.12}$$

式中,M 是光谱辐射强度(W/m^2/μm);λ 是辐射电磁波的波长;T 是物体的温度;c_1,c_2 是第一和第二普朗克常量;ε 是光谱发射率。在火焰的温度测量中,波长范围在 $0.6 \sim 0.8\ \mu$m 之间,温度范围在 1 000~2 200 K 之间。在此范围内,$C_2/\lambda T \gg 1$,因此普朗克定律可用维恩定律代替,即

$$M(\lambda, T) = \varepsilon_\lambda \frac{C_1}{\lambda^5} e^{-C_2/\lambda T} \tag{8.13}$$

研究表明,在成像装置中,图像的灰度 G 与测量物体和 CCD 的光谱灵敏度成正比,即

$$G(\lambda, T) = R S_\lambda \varepsilon_\lambda \frac{C_1}{\lambda^5} e^{-C_2/\lambda T} \tag{8.14}$$

式中,R 是一个与成像装置有关但与波长无关的常数。

火焰在两个波长 λ_1 和 λ_2 处的灰度比值为

$$\frac{G(\lambda_1, T)}{G(\lambda_2, T)} = \frac{S_{\lambda_1}}{S_{\lambda_2}} \frac{\varepsilon_{\lambda_1}}{\varepsilon_{\lambda_2}} \left(\frac{\lambda_2}{\lambda_1}\right)^5 \exp\left[\frac{C_2}{T} \cdot \left(\frac{1}{\lambda_2} - \frac{1}{\lambda_1}\right)\right] \tag{8.15}$$

从而可获得

$$T = C_2 \left(\frac{1}{\lambda_2} - \frac{1}{\lambda_1}\right) \bigg/ \left[\ln \frac{G(\lambda_1, T)}{G(\lambda_2, T)} + \ln \frac{S_{\lambda_2}}{S_{\lambda_1}} + \ln \frac{\varepsilon_{\lambda_2}}{\varepsilon_{\lambda_1}} + \ln \left(\frac{\lambda_1}{\lambda_2}\right)^5 \right] \tag{8.16}$$

光谱灵敏度的比值 $(S_{\lambda_2}/S_{\lambda_1})$ 可通过利用标准钨灯或黑体炉的标定获得。

利用彩色相机所获得图像中,RGB 可近似认为正比于它们中心波长的辐射强度,因此通过彩色图像提供的信息,便可获得火焰的温度。由于该方法基于灰体辐射的假设,因此仅适用由燃烧过程中产生的碳烟颗粒所产生的连续光谱形成的红黄色火焰。

8.4.4 基于火焰颜色的图像识别技术

如前所述,不同火焰的颜色代表了不同的火焰燃烧特性。对碳氢燃料而言,预混燃烧呈现蓝绿色,而红黄色火焰多见于扩散燃烧。Huang 最近发展了一种基于火焰彩色图像的颜色识别方法(Digital Flame Colour Discrimination,DFCD),可将蓝色火焰与红黄色火焰进行分离,在此基础上可对火焰光谱进行整体和局部分析。

为了将不同颜色特征的火焰区别开,分别采用 RGB 和 HUE 模型对如图 8.15 所示的颜色进行特征分析。其中图 8.15(a)为预混火焰,呈现淡蓝色;图 8.15(b)为扩散火焰,呈现红黄色;图 8.15(c)(d)分别为对钨灯采用滤镜过滤后所得到的 880 nm 和 1 064 nm 近红外光,呈现暗红色和紫色。

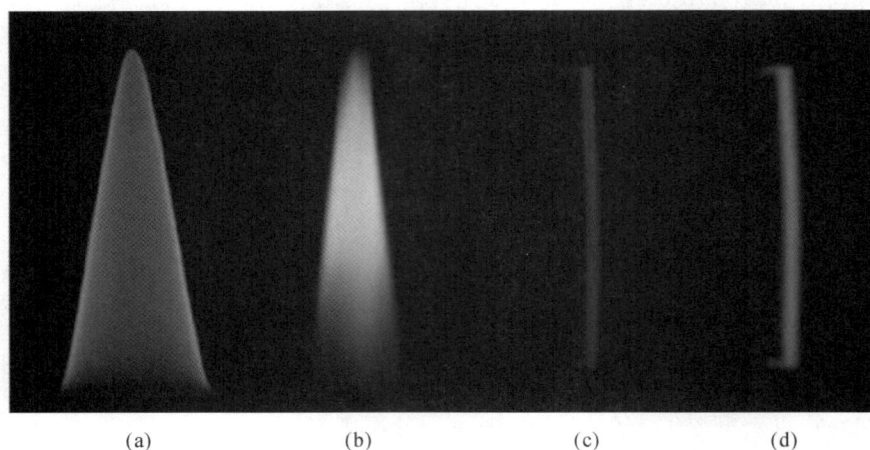

图 8.15　不同光谱特性的图片

(a)甲烷预混火焰；(b)蜡烛火焰；(c)钨灯采用滤镜过滤后所得到的 880 nm 近红外光；
(d)钨灯采用滤镜过滤后所得到的 1 064 nm 近红外光

　　如图 8.16 和图 8.15 所示图片在 RGB 空间的分布，可以看出四张图片分布在不同的区域，可进行识别。蓝色预混火焰更倾向于 B 轴；红黄色扩散火焰更倾向于 R 轴；880 nm 的近红外光主要沿 R 轴分布，在 GB 轴上的分量很小；1 064 nm 的近红外光沿对角线（Monochromatic Line）分布，表明在 RGB 三个方向的分量接近。

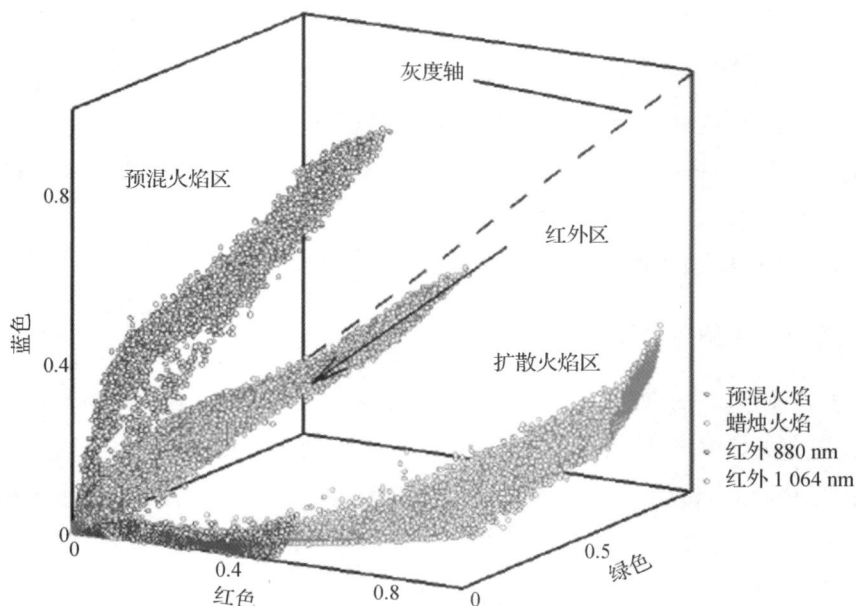

图 8.16　图 8.15 所示图片的 RGB 空间分布

　　如图 8.17 和图 8.15 所示图片在 HSV 模型中的 hue 值分布。从图中可以识别出三个不同且相互独立的区域：蓝色预混火焰的 hue 值分布在 193°～ 242°之间；红黄色扩散火焰的 hue

值分布在 $5°\sim60°$ 之间；880 nm 近红外光的 hue 值分布在 $352°\sim359°$ 之间；880 nm 近红外光的 hue 值分布在 $280°$ 到 $330°$ 之间。结合更多的实验案例和光谱分析，利用 hue 值识别火焰颜色的阈值定义如下：

　　蓝色火焰：$120°\leqslant hue\leqslant255°$；

　　红黄色火焰：$1°\leqslant hue\leqslant60°$；

　　近红外颜色的火焰：$280°\leqslant hue\leqslant359°$。

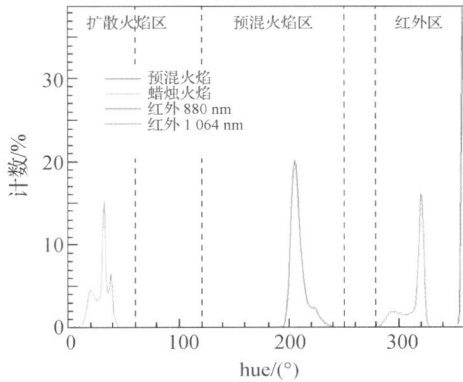

图 8.17　图 8.15 所示图片的 hue 值分布

　　通过上述结果和分析可以发现，采用 HSV 模型进行火焰识别仅需采用 hue 值一个参数，相对 RGB 模型具有应用灵活简便的优点，因此 DFCD 方法采用 HSV 模型进行火焰颜色识别，并可进一步基于火焰颜色对火焰结构进行分离。如图 8.18 所示为火焰分离的例子，其中图 8.18(a) 为甲烷预混碰撞火焰的彩色图片，含有不同颜色的火焰结构。图 8.18(b) 为分离后的红黄色扩散火焰，图 8.18(c) 为分离后的预混蓝色火焰，图 8.18(d) 为识别出的近红外波段的火焰。

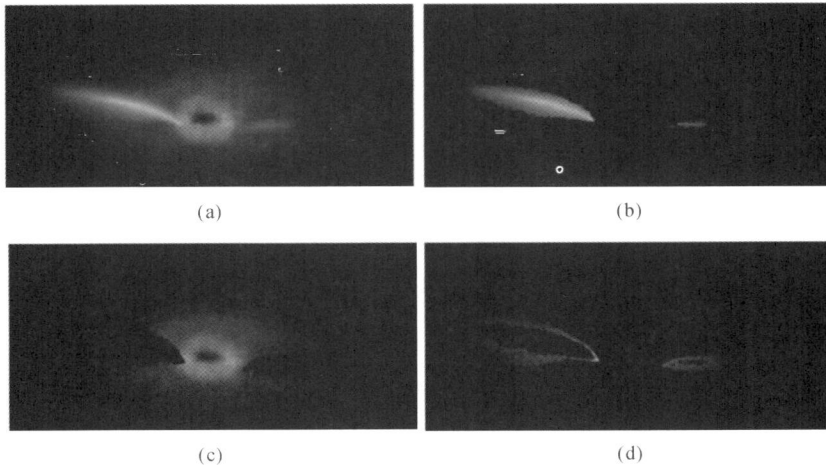

(a)　　　　　　　　　　　　　　　(b)

(c)　　　　　　　　　　　　　　　(d)

图 8.18　基于火焰颜色进行分离

(a)原始火焰；(b)扩散火焰；(c)预混火焰；(d)近红外波段的火焰

　　在火焰颜色识别和分离的基础上，可选择性地对火焰颜色进行局部增强。研究发现，在碳氢燃料点火过程初期，存在大量不易观察到的微弱蓝色火焰，通过 DFCD 颜色识别和局部颜色增强技术,将蓝色火焰进行选择性增强,而红黄色火焰的颜色保持不变,从而避免因对火焰图片整体增强所引起的背景噪声和颜色过曝。如图 8.19(a)所示为丙烷碰撞火焰点火过程中的原始彩色图片,如图 8.19(b)为将微弱蓝色火焰进行识别并增强 15 倍后的火焰图片。通过对比可以看出,局部颜色增强后的图片可以显示更多的火焰结构细节,从而对点火过程进行有效研究。

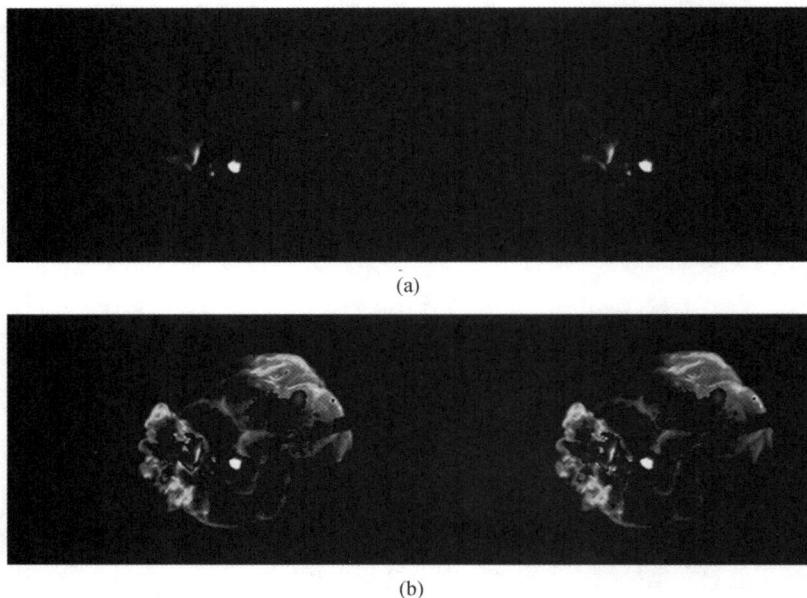

(a)

(b)

图 8.19　丙烷射流碰撞火焰点火过程某一瞬时的图片

(a)原始彩色图片;(b)蓝色火焰颜色增强后的图片

8.4.5　基于彩色图像的光谱测量

在化学发光的火焰中,发出可见光的主要是 CH 和 C_2,采用光谱仪可测得预混火焰中 CH 和 C_2 的信号强度。针对不同当量比的甲烷预混火焰的研究发现,彩色图片中的平均 B 值和 G 值与光谱仪所测得的 CH 和 C_2 的信号强度有良好的对应关系,如图 8.20 所示。基于彩色图片的测量,无需额外使用不同波长的滤镜,可同时获得 CH 和 C_2 的信号强度,具有应用灵活方便的优点。

研究者通过实验发现,CH 与 C_2 光谱信号的比值与预混燃烧火焰的当量比存在依变关系。由于 CH 和 C_2 光谱信号分别与 B 和 G 的强度存在对应关系,B 与 G 之间的比值也因此可用来反应当量比的变化。如图 8.21(a)所示为实验获得的甲烷预混火焰 G/B 随当量比的变化以及采用光谱测量法所获得的 C_2/CH 的值。从图中可以看出,G/B 与 C_2/CH 的值随当量比呈现类似的变化关系;在当量比 0.9～1.4 的范围内,G/B 与 C^2/CH 的值随当量比的增大而增大。如图 8.21(b)所示为实验获得的丙烷预混火焰 B/G 的值随当量比的变化。结果表明,在

当量比 f 在 $0.97 \sim 1.81$ 的范围内，B/G 的值随着当量比的增大而单调减小。

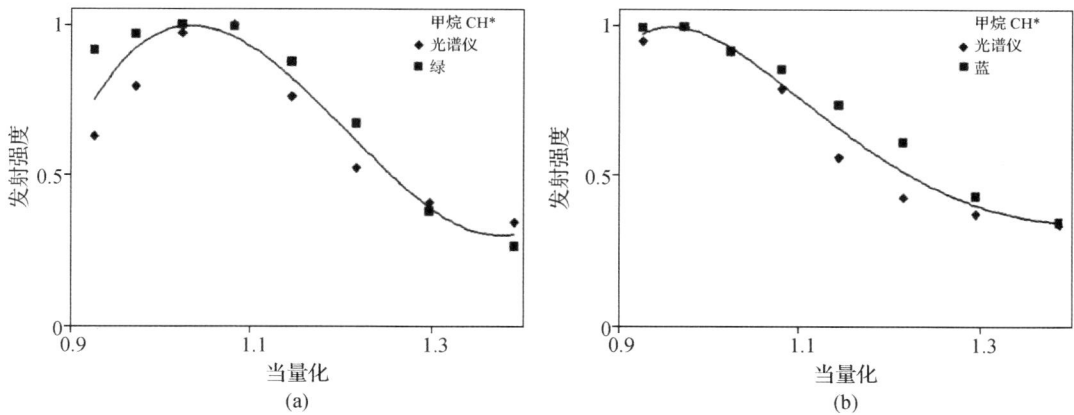

图 8.20　不同当量比的甲烷预混火焰中

(a)C_2 光谱信号与 G 值对比；(b)CH 光谱信号与 B 值对比

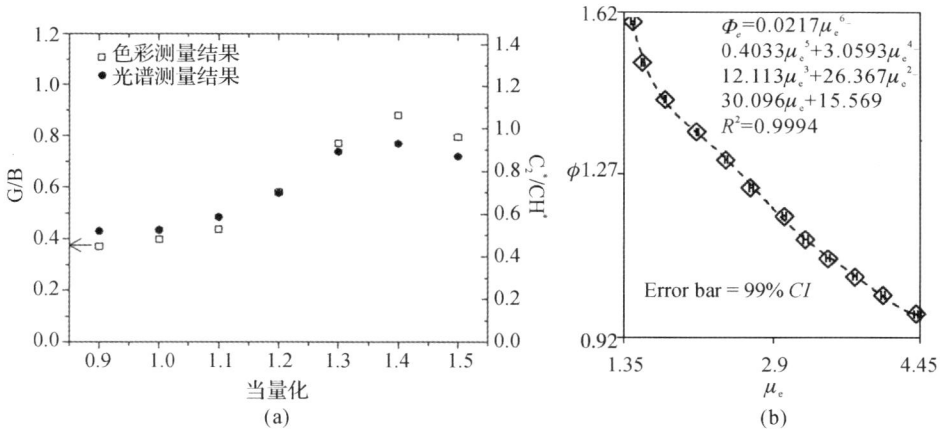

图　8.21

(a)甲烷预混火焰 G/B 和 $C_2{}^*/C_H{}^*$ 随当量比的变化；

(b)丙烷烷预混火焰 B/G 随当量比的变化（μ_e 为 B/G 的高斯分布特征值）

　　此外，利用彩色图像分析得到的光谱信号强度，与二维火焰结构结合在一起，可获得更多有效信息。Yang 等人利用高速相机对管道内的预混振荡火焰进行研究，基于 B/G 的值分析了 CH/C_2 的变化，如图 8.22 所示。由图可以看出，火焰在管中呈现前后振荡特性；在火焰向前发展时 CH/C_2 的值增大，向后发展时 CH/C_2 的值减小。由图 8.21(b)所示，当量比的变化与 CH/C_2 呈相反趋势。

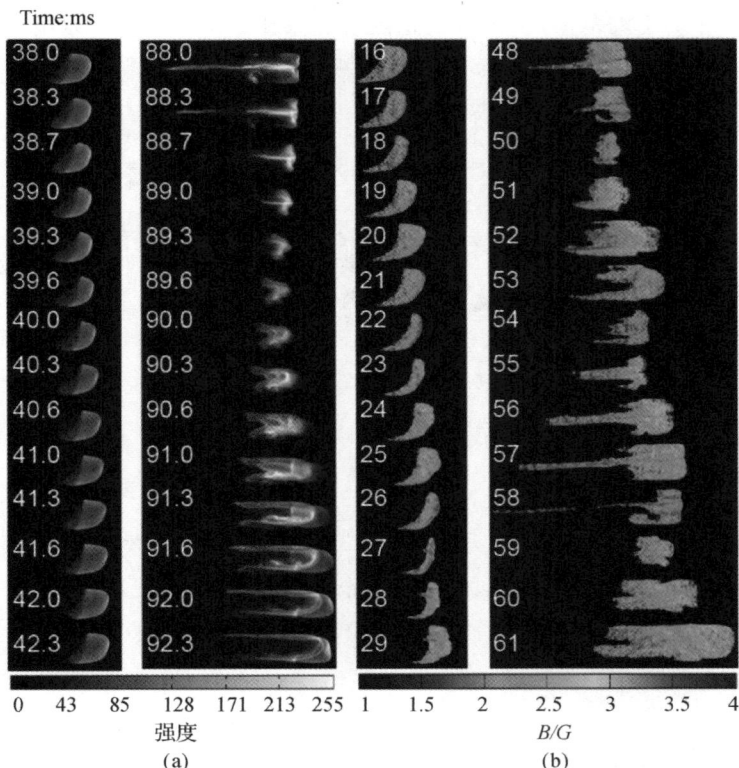

图 8.22
(a)当量比为 1.2 的丙烷预混火焰;(b)B/G 随时间的变化

8.4.6 火焰跳动频率测量

低速射流扩散火焰通常会存在一个低频跳动现象,跳动频率在 $10\sim20$ Hz 之间。火焰跳动主要是由浮升力导致的不稳定性所产生的火焰呈现周期性的波动现象。火焰的跳动频率可以通过光电倍增管(PMT)测量光强信号,并对信号进行快速傅里叶变换(FFT)获得。利用高速相机采集的火焰图像包含了光强信息,对其进行积分后可获得与 PMT 信号类似的一维光强信号。Li 等人对高速火焰图片的亮度进行积分得到光强信号,并对其进行 FFT 变换,获得了和 PMT 测量同样的火焰跳动频率,如图 8.23 所示。Wang 等人利用高速相机分析了协流条件下扩散火焰的跳动频率,并通过与纹影图像的对比发现,火焰的跳动频率与热气体涡团的产生和脱落频率一致。

PMT 仅能分析火焰的一维光强信息,而高速相机采集的火焰图片具有二维空间的信息,因此可以对局部火焰结构的跳动频率进行分析。Huang 和 Wang 等人利用 DFCD 技术将彩色火焰图片中的红黄色火焰和蓝色火焰进行识别和分离,并分别进行 FFT 分析。研究结果表明在声波激励的射流扩散火焰条件下,在靠近喷嘴区域的火焰跳动频率产生了非线性响应模式。如图 8.24 所示的火焰跳动频率频谱中,在火焰固有频率 f_{m} 和声波激发频率 f_{e} 处均有峰值;在声波激发频率 f_{e} 两侧,分别出现了($f_{\mathrm{e}}-f_{\mathrm{m}}$)和($f_{\mathrm{e}}+f_{\mathrm{m}}$)的峰值,此类非线性响应模式首次被发现。经过与纹影图像的对比分析,这一现象主要是由浮升力主导的不稳定性与声波激励所产生的不稳定性互相作用的结果。

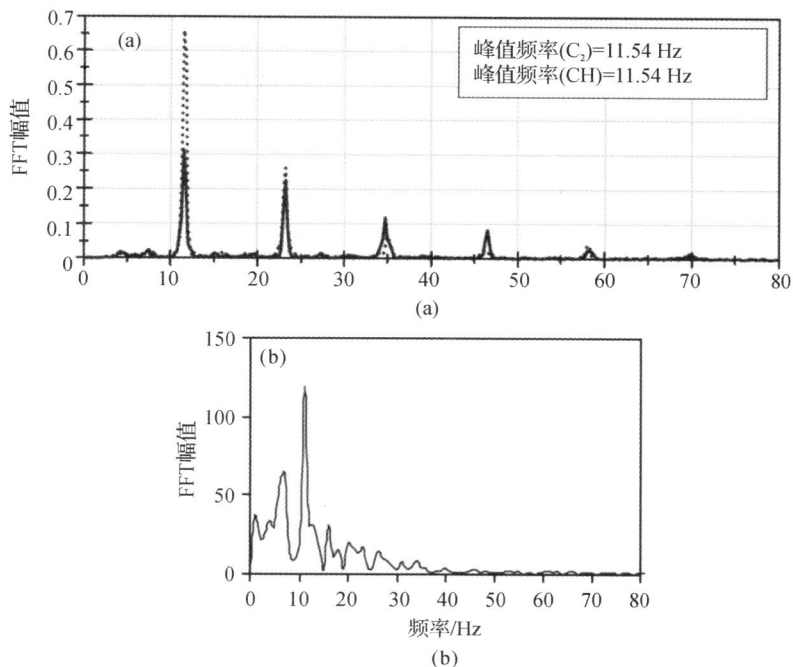

图 8.23　火焰跳动频率研究结果

(a)采用 PMT 和滤镜得到的火焰跳动频率；(b)采用高速相机获得的火焰跳动频率

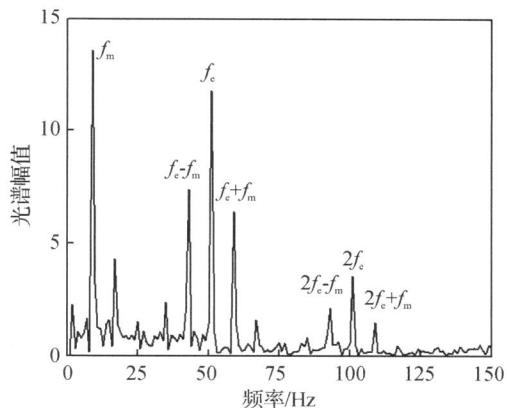

图 8.24　蓝色火焰跳动频率特性

8.4.7　火焰三维结构重建

实际火焰的结构多为三维，而目前针对火焰的光学测量方法多为一维和二维，如光电倍增管、彩色照片、基于激光的 PIV 和 PLIF 等。观察并测量火焰在空间的三维结构和动态特性，对于深入了解燃烧特性具有重要意义。常见的三维测量技术有全息法、断层扫描法和立体成像法。全息法的装置复杂，难以测量复杂的流动；断层扫描法只能针对稳态火焰进行三维结构重建；立体成像法具有应用灵活方便的优点。近来，Zhang 等人采用基于单相机的立体成像法可有效观察和重建火焰三维结构，设备简单，可用于复杂环境下光学燃烧室的诊断和测量，在此对其进行介绍。

立体成像的原理,是采用两个不同角度的图片,分别投射到人的左眼和右眼,大脑将产生具有三维结构的视觉体验。1855 年,英国物理学家 David Brewster 发明了第一台立体成像的照相机。立体成像的最初应用主要是娱乐。1960 年之后,随着数码相机和计算机技术的快速发展,基于立体成像原理进行三维成像和数字重建,作为一种诊断技术发展起来。近年来,Zhang 等人将立体成像技术应用于燃烧领域的研究,发展了可用于火焰三维结构重建的技术。Wang 等人利用该方法,分析了外部声波驱动下的射流火焰三维结构,并结合局部颜色加强和三维成像技术,发展了可用于研究点火过程中火焰三维结构的三维重建技术[207]。在他们的方法中,将一个立体成像转换器安装在相机镜头前,可在一张照片中获得同一物体在两个不同角度的照片。如图 8.25(a)所示为加装立体成像转换器的高速摄像机。立体成像转换器由四面平面镜组成,具体结构和尺寸如图 8.25(b)所示。立体成像的光路如图 8.26(a)所示,物体发射或反射的光线经过两组平面镜的组合投射到相机进行成像,同时获得两个不同角度的照片。采用立体成像转换器获得图片如图 8.26(b)所示,同一个茶叶盒呈现不同的角度。

(a)

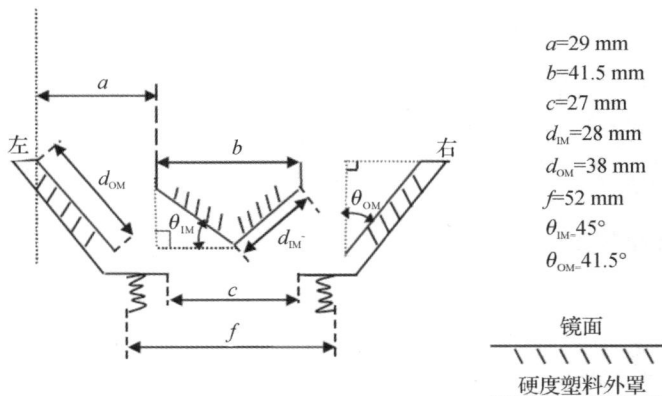

a=29 mm
b=41.5 mm
c=27 mm
d_{IM}=28 mm
d_{OM}=38 mm
f=52 mm
θ_{IM}=45°
θ_{OM}=41.5°

镜面

硬度塑料外罩

(b)

图 8.25

(a)加装立体成像转换器的高速相机;(b)立体成像转换器的结构和尺寸

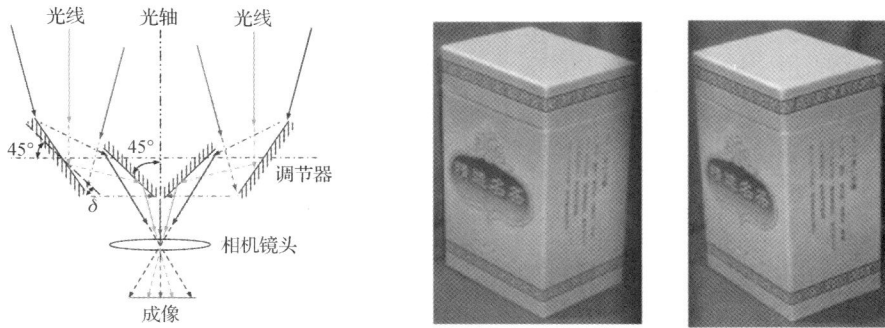

图　8.26

(a)立体成像光路图;(b)立体成像采集的同一物体不同角度的照片

为了获得定量化三维信息,需要对图 8.26(a)所示的光路系统进行标定,获得三维成像光路的基本参数。三维光路的标定过程如图 8.27 所示,采用一个二维的方格阵列,将其放置于 5 个不同的位置,识别方格的角点坐标,采用 Zhang 提出的标定方法获得光路参数。在此基础上,基于所获得的两张图片中的对应点坐标,可计算得到该点在空间的三维坐标。对三维坐标进行曲面重构,便可获得三维火焰结构。Wang 等人结合立体成像和 DFCD 技术,获得了丙烷射流扩散火焰点火过程中蓝色火焰在空间的分布和随时间的变化,如图 8.28 所示。

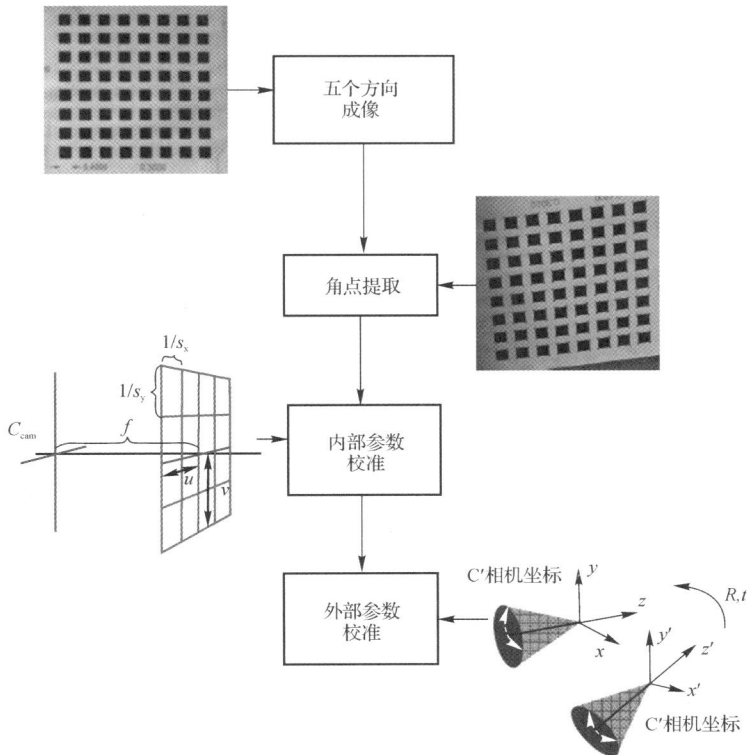

图 8.27　立体成像光路参数标定过程示意图

(a)

(b)

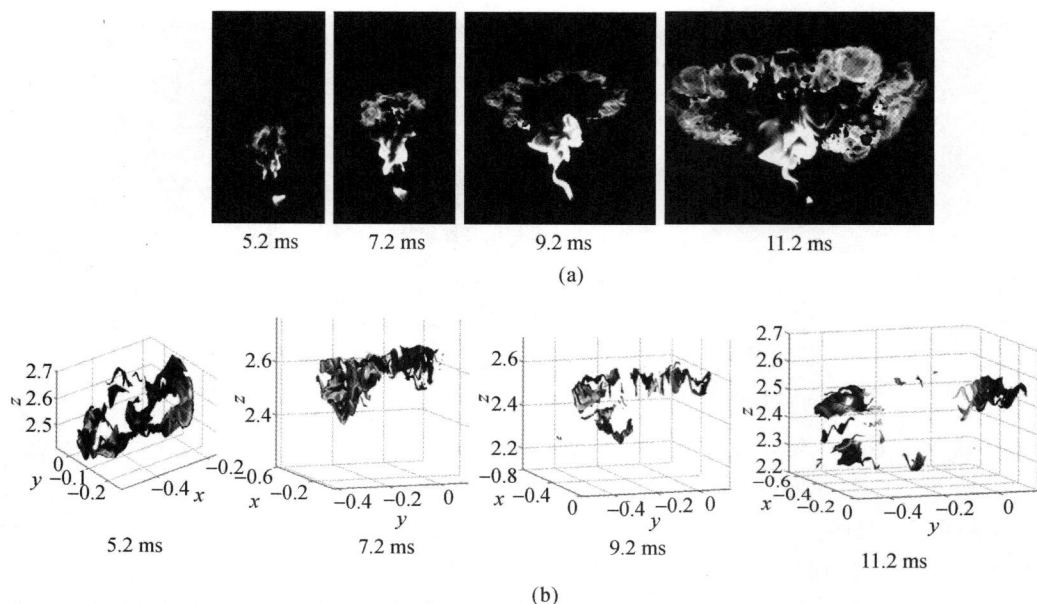

图 8.28 丙烷射流扩散火焰点火过程

(a)采用 DFCD 方法进行蓝色火焰颜色增强后的彩色图片；(b)蓝色火焰的三维结构

8.5 小   结

本章介绍了近年来基于高速彩色相机所发展的燃烧诊断技术。高速相机可连续采集瞬时火焰图片，可用于具有光学视窗的燃烧装置的观察和测量，具有应用方便灵活的优点。基于所获得的彩色数码照片，结合图像处理方法，可获得与燃烧特性相关的定量化表征参数，如层流燃烧速率、火焰跳动频率和光谱信号等。DFCD 方法针对不同颜色特征的火焰进行识别和分离，可有效用于点火过程的研究。结合立体成像和三维重建技术，可获得火焰结构在空间的分布信息，从而获得三维火焰结构随时间的变化关系。

参 考 文 献

[1]汪亮.燃烧实验诊断学[M]. 2版.北京:国防工业出版社,2011.

[2]邓进军,李凯,王云龙,等. 航空发动机内壁高温测试技术[J].微纳电子技术,2015,52(3): 178－184.

[3]徐朝启,何国强,刘佩进,等.固体推进剂燃烧温度的双波长测试方法[J].固体火箭技术, 2010,33(5):594－598.

[4]胡松启,陈静,刘凯,等. 基于亚历山大效应测量固体火箭发动机燃气温度[J]. 含能材料, 2015,23(1):67－72.

[5]GUILDENBECHER D R, COOPER M A, GILL W, et al. Quantitative, three-dimensional imaging of aluminum drop combustion in solid propellant plumes via digital in-line holography[J]. Optics Letters, 2014, 39(17): 5126－5129.

[6]吴迎春,吴学成,SAWITREE S, 等.全场彩虹技术测量喷雾浓度及粒径分布[J].物理学报,2013,62(9):090703.

[7]ZHANG S H, YU X L, LI F, et al. Laser induced breakdown spectroscopy for local equivalence ratio measurement of kerosene/air mixture at elevated pressure[J]. Optics and Lasers in Engineering, 2012,50(6):877－882.

[8]MARTYN D W, STUART M N, ANDREW J O, et al. Ashfold, Cavity ring-down spectroscopy[J]. J Chem Soc, 1998, 94(3): 337－351.

[9]KÖHLER M, BOXX I, GEIGLE K P, et al. Simultaneous planar measurements of soot structure and velocity fields in a turbulent lifted jet flame at 3 kHz[J]. Appl Phys B, 2011, 103(2): 271－279.

[10]CASHDOLLAR K L, LEE C K, SINGER J M. Three-wavelength light transmission technique to measure smoke particle size and concentration[J]. Applied Opticles, 1979, 18(11):1763－1769.

[11]HUANG H W, ZHANG Y. Flame colour characterization in the visible and lnfrared spectrum using a digital camera and image processing[J]. Measurement Science and Technology, 2008,19: 085406.

[12]叶景峰,胡志云,刘晶儒,等. 分子标记速度测量技术及应用研究进展[J]. 实验流体力学, 2015, 29(3): 11－17.

[13]赫兹堡.分子光谱与子结构[M]. 王鼎昌,译. 北京:科学出版社,1986.

[14]WALTER J M. 基础物理化学[M].江逢霖,等,译. 上海:复旦大学出版社,1990.

[15]ECKBRETH A C. Laser Diagnostics for Combustion Temperature and Species [M]. 2nd ed. Calabasa: CRC Press, 1996.

[16]沃尔夫冈.激光光谱学[M]. 姬扬,译. 北京:科学出版社,2012.

[17]ECKBRETH A C. Laser diagnostics for combustion temperature and species[M]. Oxford: Taylor & Francis Books, 1996.

[18]李麦亮.激光光谱诊断技术及其在发动机燃烧研究中的应用[D].长沙:国防科学技术大学,2004.

[19]陆同兴,路秩群.激光光谱技术原理与应用[M].合肥:中国科学技术大学出版社,2006.

[27]BALDASSARE D B, OTTAVIO F. Advances in spectroscopy for lasers and sensing [M]. Netherlands: Springer, 2005.

[20]WOLFGANG D. Laser spectroscopy: vol 1 basic principles[M]. 4th ed. Netherlands: Springer, 2008.

[21]WOLFGANG D. Laser spectroscopy: vol 2 experimental techniques[M]. 4th ed. Netherlands: Springer, 2008.

[22]MCKENZIE R L. Progress in laser spectroscopic techniques for aerodynamic measurements: an overview[J]. AIAA Journal, 1993, 31(3): 465 - 477.

[23]HANSON R K. Applications of quantitative laser sensors to kinetics, propulsion and practical energy systems[J]. Proceedings of the Combustion Institute, 2011, 33(1): 1 - 40.

[24]JOHN C H, JR G P M. Diode lasers for gas analysis: some characteristics[J]. Appl Opt, 1976, 15(3): 748 - 755.

[25]SULZMANN K G P, LOWDER J E L, PENNER S S. Estimates of possible detection limits for combustion intermediates and products with line-center absorption and derivative spectroscopy using tunable lasers[J]. Combustion and Flame, 1973, 20 (2): 177 - 191.

[26]HANSON R K, KUNTZ P A, KRUGER C H. High-resolution spectroscopy of combustion gases using a tunable ir diode laser[J]. Appl Opt, 1977, 16(8): 2045 - 2048.

[27]HANSON R K. Shock tube spectroscopy: advanced instrumentation with a tunable diode laser[J]. Appl Opt, 1977, 16(6): 32 - 36.

[28]WANG J Y. Laser absorption methods for simultaneous determination of temperature and species concentrations through a cross section of a radiating flow[J]. Appl Opt, 1976, 15(3): 768 - 773.

[29]HANSON R K, FALCONE P K. Temperature measurement technique for high-temperature gases using a tunable diode laser[J]. Appl Opt, 1978, 17(16): 2477 - 2480.

[30]HINKLEY E D, KU R T, NILL K W, et al. Long-path monitoring: advanced instrumentation with a tunable diode laser[J]. Appl Opt, 1976, 15(7): 1653 - 1655.

[31]REID J, LABRIE D. Second-harmonic detection with tunable diode lasers-comparison of experiment and theory[J]. Applied Physics B: Lasers and Optics, 1981, 26(3): 203 - 210.

[32]SILVER J A. Frequency-modulation spectroscopy for trace species detection: theory and comparison among experimental methods[J]. Appl Opt, 1992, 31(6): 707 - 717.

[33]KLAUS C L, WALTER T. Measurements of temperatures and OH-concentrations in a lean methane-air flame using high-resolution laser-absorption spectroscopy[J]. Journal

of Quantitative Spectroscopy and Radiative Transfer，1978，20(1)：71－79.

[34]REA E C Jr，HANSON R K. Rapid extended range tuning of single-mode ring dye lasers[J]. Appl Opt，1983，22(4)：518－520.

[35]REA E C Jr，SALIMIAN S，HANSON R K. Rapid-tuning frequency-doubled ring dye laser for high resolution absorption spectroscopy in shock-heated gases[J]. Appl Opt，1984，23(11)：1691－1694.

[36]CHANG Y，REA E C Jr，HANSON R K. Temperature measurements in shock tubes using a laser-based absorption technique[J]. Appl Opt，1987，26(5)：885－891.

[37]CHANG Y，BATTLES B E，HANSON R K. Simultaneous measurements of velocity，temperature，and pressure using rapid cw wavelength-modulation laser-induced fluorescence of OH[J]. Opt Lett，1990，15(12)：706－708.

[38]CHANG Y，DUROSA M D，DAVIDSON D F，et al. Rapid tuning cw laser technique for measurements of gas velocity，temperature，pressure，density，and mass flux using NO[J]. Appl Opt，1991，30(21)：1732－1734.

[39]ALLEN M G. Diode laser absorption sensors for gas-dynamic and combustion flows[J]. Meas Sci Technol，1998，9(4)：545－562.

[40]CAMPARO J C. The diode laser in atomic physics[J]. Contemporary Physics，1985，26(5)：443－477.

[41]JOEL A S，DANIEL J K. Diode laser measurements of concentration and temperature in microgravity combustion[J]. Meas Sci Technol，1999(10)：845－852.

[42]BAER D S，NAGALI V，FURLONG E R，et al. Scanned-and-fixed-wavelength absorption diagnostics for combustion measurements using multiplexed diode lasers[J]. AIAA Journal，1996，34(3)：489－493.

[43]FERNHOLZ T，TEICHERT H，EBERT V. Digital，phase-sensitive detection for in situ diode-laser spectroscopy under rapidly changing transmission conditions[J]. Applied Physics B-Lasers And Optics，2002，75(2)：229－236.

[44]LIU X. Line-of-sight absorption of H_2O vapor：gas temperature sensing in uniform and nonuniform flows[D]. Palo Alto：Standford University，2006.

[45]李飞. 近红外吸收光谱诊断技术在超燃研究中的应用[D]. 北京：中国科学院，2009.

[46]洪延姬. 燃烧场吸收光谱诊断技术研究进展[J]. 实验流体力学，2010，28(3)：12－25.

[47]陈帆，陶波，黄斌，等. 基于 TDLAS 的脉冲爆震火箭发动机尾焰参数测量[J]. 燃烧科学与技术，2013，19(6)：501－506.

[48]张亮，刘建国，阚瑞峰，等. 基于可调谐半导体激光吸收光谱技术的高速气流流速测量方法研究[J]. 物理学报，2012，61(3)：034214.

[49]屈东胜，洪延姬，王广宇，等. 基于激光吸收光谱技术的超声速气流测量研究[J]. 推进技术，2014，35(6)：852－857.

[50]吕晓静，李宁，翁春生. 基于双光路吸收光谱技术的气液两相爆轰燃气诊断技术研究[J]. 光谱学与光谱分析，2014，34(3)：582－586.

[51]ALAN D G. Development and demonstration of a diode laser sensor for a scramjet com-

busotr[D]. Canberra: The Australian National University, 2005.

[52]ARROYO M P, HANSON R K. Absorption measurements of water-vapor concentration, temperature, and line-shape parameters using a tunable InGaAsP diode laser[J]. Applied Optics, 1993, 32(30): 6104 – 6116.

[53]RADU M M, DOUGLAS S B, RONALD K H. Diode laser sensor for measurements of CO, CO_2, and CH_4 in combustion flows[J]. Applied Optics, 1997, 36(33): 8745 – 8752.

[54]PHILIPPE L C, HANSON R K. Laser-absorption mass flux sensor for high-speed airflows[J]. Optics Letters, 1991, 24(16): 2002 – 2004.

[55]LOUIS C P, RONALD K H. Laser diode wavelength-modulation spectrosocpy for simultaneou measurement of temperature, pressure, and velociy in shock-heated oxygen flows[J]. Applied Optics, 1993, 32(30): 6090 – 6103.

[56]ARROYO M P, BIRBECK T P, BAER D S, et al. Dual diode-laser fiber-optic diagnostic for water-vapor measurements[J]. Optics Letters, 1994, 19(14): 1091 – 1093.

[57]ARROYO M P, LANGLOIS S, HANSON R K. Diode-laser absorption technique for simultaneous measurements of multiple gasdynamic parameters in high-speed flows containing water vapor[J]. Applied Optics, 1994, 33(15): 3296 – 3307.

[58]LI H, FAROOQ A, JEFFRIES J B, et al. Near-infrared diode laser absorption sensor for rapid measurements of temperature and water vapor in a shock tube[J]. Applied Physics B-Lasers And Optics, 2007, 89(2): 407 – 416.

[59]FAROOQ A, JEFFRIES J B, HANSON R K. Sensitive detection of temperature behind reflected shock waves using wavelength modulation spectroscopy of CO_2 near 2. 7 μm[J]. Applied Physics B-Lasers And Optics, 2009, 96(1): 161 – 173.

[60]BAER D S, HANSON R K, NEWFIELD M E, et al. Multiplexed diode-laser sensor system for simultaneous H_2O, O_2, and temperature measurements[J]. Opt Lett, 1994, 19(22): 1900.

[61]ALLEN M G, KESSLER W J. Simultaneous water vapor concentration and temperature measurements using 1. 31 μm diode lasers[J]. AIAA Journal, 1996, 34(3): 483 – 488.

[62]ZHOU X, JEFFRIES J B, HANSON R K. Development of a fast temperature sensor for combustion gases using a single tunable diode laser[J]. Applied Physics B-Lasers and Optics, 2005, 81(5): 711 – 722.

[63]LIU X, JEFFRIES J B, HANSON R K. Measurement of nonuniform temperature distributions using line-of-sight absorption spectroscopy[J]. AIAA Journal, 2007, 45(2): 411 – 419.

[64]JOEL A S, DANIEL J K, PAUL S G. Quantitative species measurements in microgravity ames with near-IR diode lasers[J]. Appl Opt, 1995, 34(15): 2787 – 2801.

[65]LIU X, JEFFRIES J B, HANSON R K, et al. Development of a tunable diode laser sensor for measurements of gas turbine exhaust temperature[J]. Applied Physics B-Lasers And Optics, 2006, 82(3): 469 – 478.

[66]RIEKER G B, LI H, LIU X, et al. Rapid measurements of temperature and H_2O con-

centration in IC engines with a spark plug-mounted diode laser sensor[J]. Proceedings of the Combustion Insitute，2007，31(2)：3041 – 3049.

[67]PHILIPPE L C, HANSON R K. Laser-absorption mass flux sensor for high-speed airflows[J]. Opt Lett, 1991, 16(24)：2002 – 2004.

[68]MOHAMED R B, HENRY D. Tunable diode laser measurements on Nitric Oxide in a hypersonic wind tunnel[J]. AIAA Journal, 1996, 34(3)：494 – 499.

[69]MILLER M F,KESSLER W,ALLEN M G. Diode laser-based air mass flux sensor for subsonic aeropropulsion inlets[J]. Applied Optics,1996,35(24):4905 – 4912.

[70]CHADWICK D L, KEVIN R J, SKIP W, et al. Shock-train structure resolved with absorption spectroscopy part 1：system design and validation[J]. AIAA Journal, 2009, 47 (10)：2368 – 2378.

[71]CHADWICK D L, DOUG D, SKIP W, et al. Shock-train structure resolved with absorption spectroscopy part 2：analysis and CFD comparison[J]. AIAA Journal, 2009, 47(10)：2379 – 2390.

[72]SANDERS S T. Diode-laser sensors for harsh environments with application to pulse detonation engines[D]. Palo Alto：Stanford University, 2001.

[73]BAER D S, CHANG H A, HANSON R K. Semiconductor laser absorption diagnostics of atmoic oxygen in an atmospheric-pressure plasmas[J]. Journal of Quantitative Spectroscopy & Radiative Transfer, 1993, 50(6)：621 – 633.

[74]PÖPCKE J，MECHOLD L, KÄNING M，et al. Tunable diode laser diagnostic studies of H_2-Ar-O_2 microwave plasmas containing methane or methanol[J]. Plasma Chem Plasma Process, 1999, 19(3)：395 – 419.

[75]LI H, JEFFRIES J B, HANSON R K. Sensing and control of combustion instabilities in swirl-stabilized combustors using diode-laser absorption[J]. AIAA Journal, 2007, 45 (2)：390 – 398.

[76]LI H, ZHOU X, JEFFRIES J B, et al. Active control of lean blowout in a swirl-stabilized combustor using a tunalbe diode laser[J]. Proceedings of the Combustion Insitute, 2007, 31：3215 – 3223.

[77]LIU J T C, RIEKER G B, JEFFRIES J B, et al. Near-infrared diode laser absorption diagnostic for temperature and water vapor in a scramjet combustor[J]. Appl Opt, 2005, 44(31)：6701 – 6711.

[78]RIEKER G B, JEFFRIES J B, HANSON R K，et al. Didoe laser-based detection of combustor instabilities with application to a scramjet engine[J]. Proceedings of the Combustion Insitute, 2009, 32：831 – 838.

[79]李飞,余西龙,陈立红,等.TDLAS测量甲烷/空气预混平面火焰温度和 H_2O 浓度[J].实验流体力学,2009(2):40 – 44.

[80]余西龙,李飞,陈立红,等.可调谐二极管激光吸收光谱诊断燃烧参数[J].空气动力学学报,2009,27(增刊):6.

[81]YU X L, LI F, CHEN L H, et al. Spatial resolved temperature measurement based on

absorption spectroscopy using a single tunable diode laser[J]. Acta Mechanica Sinica, 2010,26(1): 147 − 149.

[82]陶波,胡志云,张立荣,等.基于激光吸收光谱技术在线测量燃烧场温度研究[J].大气与环境光学学报,2010(6):438 − 444.

[83]WHTING E E. An empirical approximation to the Voigt profile[J]. Journal of Quantitative Spectroscopy & Radiative Transfer, 1968(8): 1379 − 1384.

[84]XIN Z. Diode laser absorption sensors for combustion control[D]. CA: Stanford University, 2005.

[85]ROTHMAN L S, GORDON I E, BARBE A, et al. The HITRAN 2008 molecular spectroscopic database[J]. Journal of Quantitative Spectroscopy & Radiative Transfer, 2009,110(9/10): 533 − 572.

[86]OUYANG X, VARGHESE P L. Line-of-sight absorption measurements of high temperature gases with thermal and concentration boundary layers[J]. Applied Optics, 1989, 28(18): 3979 − 3984.

[87]杨斌.用于 RBCC 参数测量的近红外 TDLAS 技术研究[D].西安:西北工业大学,2013.

[88]齐宗满.基于 TDLAS 技术的 RBCC 流场速度测量[D].西安:西北工业大学,2012.

[89]黄斌.基于 TDLAS 的 RBCC 发动机出口燃烧流场诊断实验研究[D].西安:西北工业大学,2015.

[90]张明生.激光光散射谱学[M].北京:科学出版社,2008.

[91]徐克尊,陈向军,陈宏芳.近代物理学[M].2 版.合肥:中国科学技术大学出版社,2008.

[92]徐克尊.高等原子分子物理学[M].2 版.北京:科学出版社,2006.

[93]刘建胜,刘晶儒,张振荣,等.利用拉曼散射测量燃烧场的组分浓度及温度[J].光学学报,2000, 20(9):1263 − 1267.

[94]刘晶儒,胡志云,张振荣,等.激光光谱技术在燃烧流场诊断中的应用[J].光学精密工程,2011, 19(2): 284 − 296.

[95]DAILY J W. Laser induced fluorescence spectroscopy in flames[J]. Progress in Energy and Combustion Science, 1997,23(2):133 − 199.

[96]CHESKIS S. Quantitative measurements of absolute concentrations of intermediate species in flames[J]. Progress in Energy and Combustion Science, 1999,25(3):233 − 252.

[97]KIRBY B J, HANSON R K. Imaging of CO and CO_2 using infrared planar laser-induced fluorescence[J]. Proceedings of the Combustion Institute, 2000,28(1):253 − 259.

[98]KIRBY B J, HANSON R K. Linear excitationschemes for IR planar-induced fluorescenceimaging of CO and CO_2[J]. Appl Opt, 2002,41:1190 − 1201.

[99]汪亮. 燃烧实验诊断学[M].北京:国防工业出版社,2005.

[100]COPELAND C, FRIEDMAN J, RENKSIZBULUT M. Planar temperature imaging using thermally assisted laserinduced fluorescence of OH in a methane-air flame[J]. Experimental Thermal and Fluid Science, 2007,31(3):221 − 236.

[101]SCHULZ C, SICK VOLKER. Tracer-LIF diagnostics:quantitative measurementof fuel concentration, temperature and fuel/air ratioin practical combustion systems[J]. Prog

Energ Combust，2005，31(1)：5 – 121.

[102]SINGLA G，SCOUFLAIRE P，ROLON C，et al. Planar laser-induced fluorescence of OH in high-pressurecryogenic LOx/GH2 jet flames[J]. Combustion and Flame，2006，144：151 – 169.

[103]KIEFER J，LI Z S，ZETTERBERG J，et al. Investigation of local flame structures and statistics inpartially premixed turbulent jet flames using simultaneoussingle-shot CH and OH planar laser-inducedfluorescence imaging[J]. Combustion and Flame，2008，154：802 – 818.

[104]ORAIN M. Simultaneous equivalence ratio and flame structure measurements in multi-pointinjector using PLIF[J]. Comptes Rendus Mécanique，2009，337(6/7)：313 – 572.

[105]LEE T，JEFFRIES J B，HANSON R K. Experimental evaluation ofstrategies for quantitativelaser-induced-fluorescence imaging of nitric oxidein high-pressure flames (1 – 60 bar)[J]. Proceedings of the Combustion Institute，2007，31：757 – 764.

[106]CHRISTIAN B，BOOD J，JENNY D. Quantitative picosecond laser-induced fluorescence measurements of nitric oxide in flames[J]. Proceedings of the Combustion Institute，2017，36：4541 – 4548

[107]郑亮.用激光诱导炽光法研究燃烧过程中的碳烟生成特性[D].北京:清华大学,2014.

[108]于美文. 光学全息及信息处理[M]. 北京:国防工业出版社,1984.

[109]李俊昌. 衍射计算及数字全息[M]. 北京:科学出版社,2014.

[110]顾德门. 傅里叶光学导论[M]. 北京:科学出版社,1979.

[111]刘子超，赵云惠. 液雾及颗粒的激光测量原理[M]. 北京:宇航出版社,1988.

[112]CAULFIELD H J. Handbook of Optical Holography[J]. Leonardo，1980，12(6)：387 – 393.

[113]LEITH E N，UPATNIEKS J. Holography with Achromatic-Fringe Systems[J]. Journal of the Optical Society of America，1967，57(8)：975.

[114]GABOR D. A new microscopic principle.[J]. Nature，1948，161(4098)：777 – 778.

[115]MENG H，PAN G，PU Y，et al. Holographic particle image velocimetry：from film to digital recording[J]. Measurement Science & Technology，2004，15(4)：673 – 685.

[116]VIKRAM C S. Particle field holography [M]. Cambridge：Cambridge University Press，2005.

[117]PU S，PU X，CEN K，et al. Particle field characterization by digital in - line holography[J]. Experiments in Fluids，2005，39(1)：1 – 9.

[118]LEBRUN D，BENKOUIDER A，COËTMELLEC S，et al. Particle field digital holographic reconstruction in arbitrary tilted planes[J]. Optics Express，2003，11(3)：224 – 229.

[119]LEBRUN D，ALLANO D，MÉÈS L，et al. Size measurement of bubbles in a cavitation tunnel by digital in-line holography[J]. Applied Optics，2011，50(34)：H1 – H9.

[120]CHEN W，QUAN C，TAY C J. Extended depth of focus in a particle field measurement using a single-shot digital hologram[J]. Applied Physics Letters，2009，95(20)：

777.

[121]GUILDENBECHER D R，ENGVALL L，GAO J，et al. Digital in-line holography to quantify secondary droplets from the impact of a single drop on a thin film[J]. Experiments in Fluids，2014，55(3):1670.

[122]TIAN L，LOOMIS N，DOMÍNGUEZ-CABALLERO J A，et al. Quantitative measurement of size and three-dimensional position of fast-moving bubbles in air-water mixture flows using digital holography. [J]. Applied Optics，2010，49(9):1549 - 1554.

[123]GUILDENBECHER D R，COOPER M A，GILL W，et al. Quantitative，three-dimensional imaging of aluminum drop combustion in solid propellant plumes via digital in-line holography. [J]. Optics Letters，2014，39(17):5126 - 5129.

[124]CHEN Y，GUILDENBECHER D R，HOFFMEISTER K N G，et al. Study of aluminum particle combustion in solid propellant plumes using digital in-line holography and imaging pyrometry[J]. Combustion and Flame，2017，182:225 - 237.

[125]TROLINGER J D. Particle field holography[J]. Journal of Modern Optics，1975，14(5):966 - 967.

[126]HUANG T S. Digital holography [J]. Proceedings of the IEEE，2005，59(9):1335 - 1346.

[127]刘志刚，叶梓丰. 4F傅里叶变换透镜系统的三维变换特性[J]. 南京航空航天大学学报，1989(2):39 - 44.

[128]WU Y C，WU X C，YANG J，et al. Wavelet-based depth-of-field extension，accurate autofocusing，and particle pairing for digital inline particle holography[J]. Applied Optics，2014，53(4):556 - 64.

[129]王志新.数字全息技术用于固体推进剂铝燃烧测量实验研究[D]. 西安:西北工业大学,2018.

[130]金秉宁,刘佩进,王志新. 数字全息在固体推进剂铝燃烧三维测量中的应用研究[J]. 推进技术,2018,39(9):2102 - 2109.

[131]金秉宁,王志新,刘佩进,等. 同轴数字全息用于铝燃烧颗粒的测量研究[J].推进技术,2019，40(6):1399 - 1408.

[132]HUANG H W. Digital Camera Based Measurements of Flame Properties[D]. Manchester : Manchester University，2009.

[133]HUL H，WANG Q，MICHAEL D. Flame height and lift-off of turbulent buoyant jet diffusion flames in a reduced pressure atmosphere[J]. Fuel，2013,109:234 - 240.

[134]FOAT T，YAP K P，ZHANG Y. The visualization and mapping of turbulent premixed impinging flames[J]. Combustion and Flame，2001,125(1/2): 839 - 851.

[135]HOTTEL H C,BROUGHTON F P. Determination of true temperature and total radiation from luminous flame[J]. Industrial and Engineering Chemistry (Analytical Edition)，1932,4: 166 - 75.

[136]FLOWE W L. Optical measurement of soot formation in premixed flames[J]. Combustion Science and Technology，1983,33:7 - 33.

[137]FLOWE W L. Soot particle temperatures in axisymmetric laminar ethylene-air diffusion flames at pressures up to 0.7 MPa[J]. Combustion and Flame, 1989, 77(3/4): 279 - 293.

[138]WANG R. Digital stereo imaging reconstruction of flame dynamics[D]. Manchester: Manchester University, 2009.

[139]ZHANG Z. A flexible new technique for camera calibration[J]. Pattern Analysis and Machine Intelligence IEEE, 2000, 22:1330 - 1334.

[140]WANG Q, HUANG H W, ZHANG Y, et al. Impinging flame ignition and propagation visualisation using schlieren and colour-enhanced stereo imaging techniques[J]. Fuel, 2013, 108:177 - 183.

[141]WANG Q, ZHANG Y, TANG H J, et al. Visualisation of diffusion flame/vortex structure and dynamics under acoustic excitation[J]. Combustion Science and Technology, 2012, 184(10/11):1445 - 1455.

[142]MIGLIORINI F, MAFFI S, DE IULIIS S, et al. Analysis of chemiluminescence measurements by grey-scale ICCD and colour digital cameras[J]. Measurement Science and Technology, 2014, 25:055202.

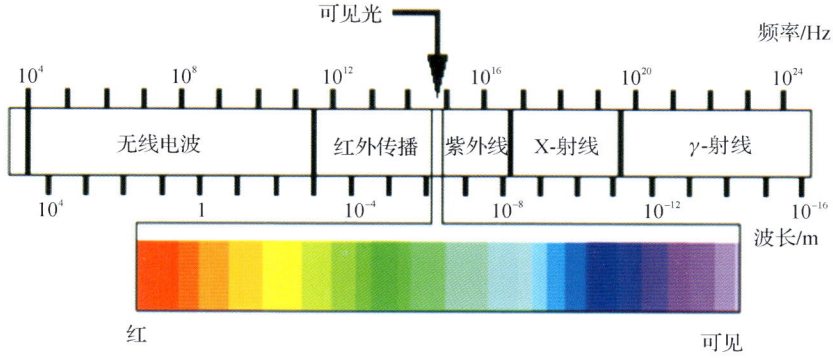

图 8.1 电磁光谱

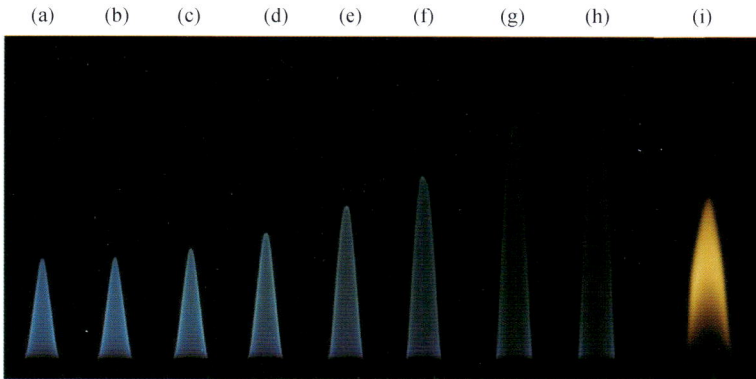

图 8.2 不同当量比下的甲烷预混火焰

当量比从左到右依次为 1.00，1.05，1.11，1.17，1.24，1.32，1.40，1.50；(i)表示甲烷层流扩散火焰

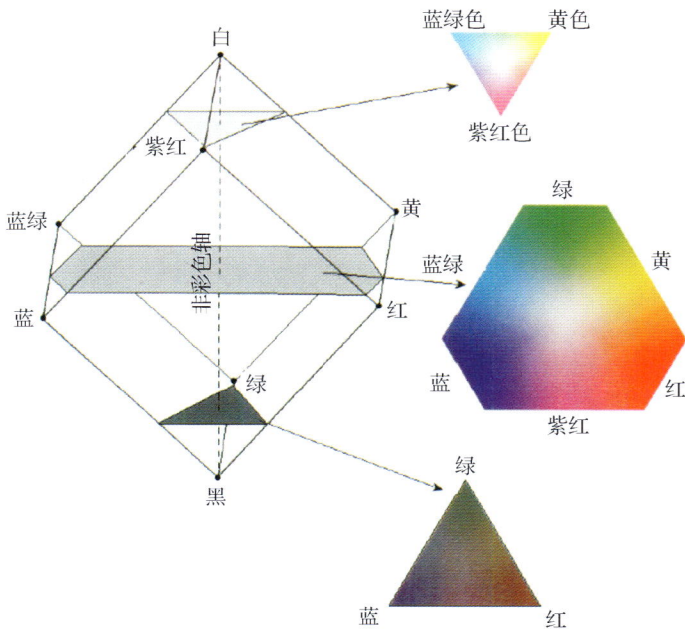

图 8.4 RGB颜色模型

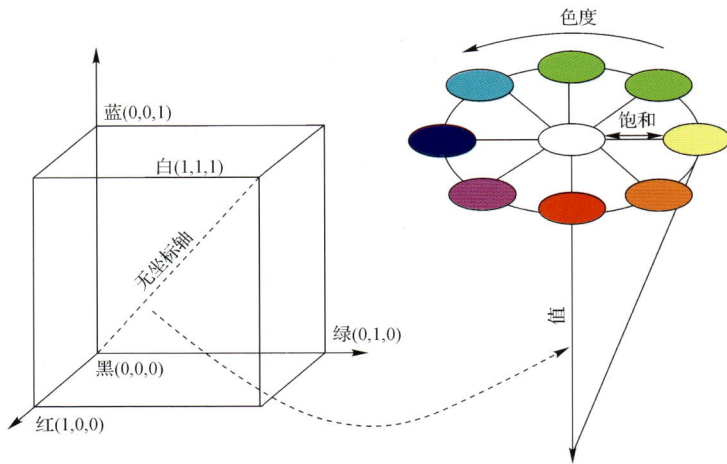

图 8.6　RGB 和 HSV 模型对照图

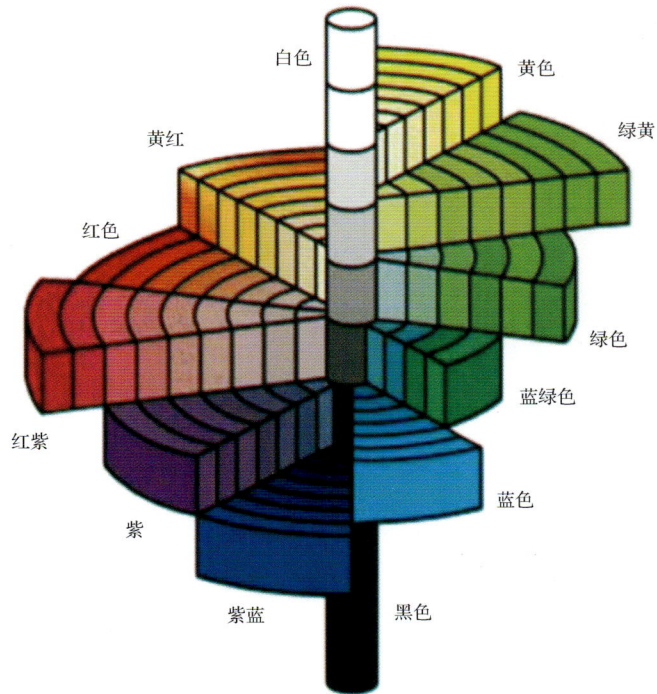

图 8.7　HSV 颜色模型

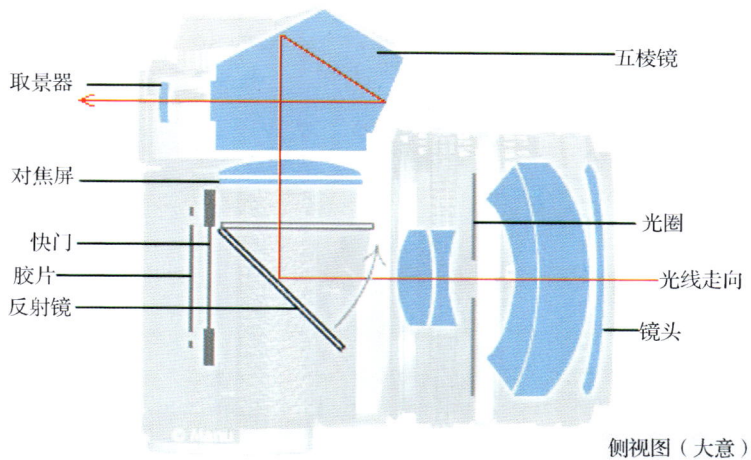

取景器

五棱镜

对焦屏

光圈

快门

光线走向

胶片

反射镜

镜头

侧视图（大意）

图 8.8 相机结构

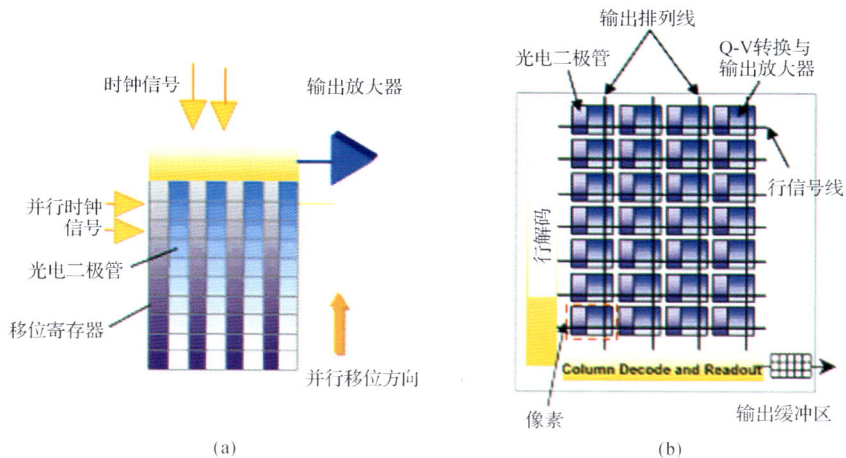

时钟信号

输出放大器

并行时钟信号

光电二极管

移位寄存器

并行移位方向

(a)

输出排列线

光电二极管

Q-V转换与输出放大器

行信号线

行解码

Column Decode and Readout

像素

输出缓冲区

(b)

图 8.11 CCD 和 CMOS 结构对比

(a)CCD 成像元件；(b)CMOS 成像元件

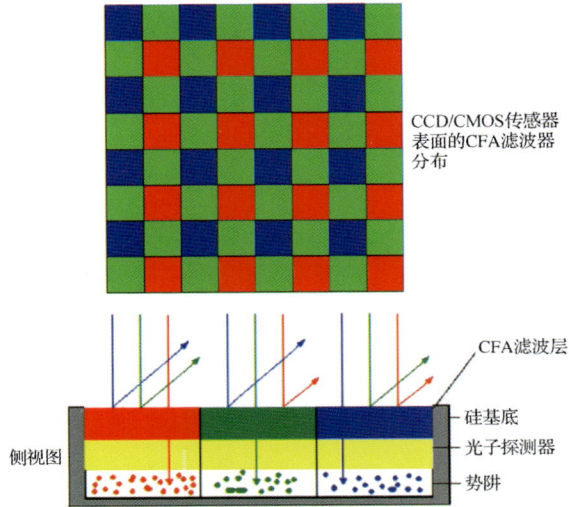

图 8.12　颜色滤镜示意图

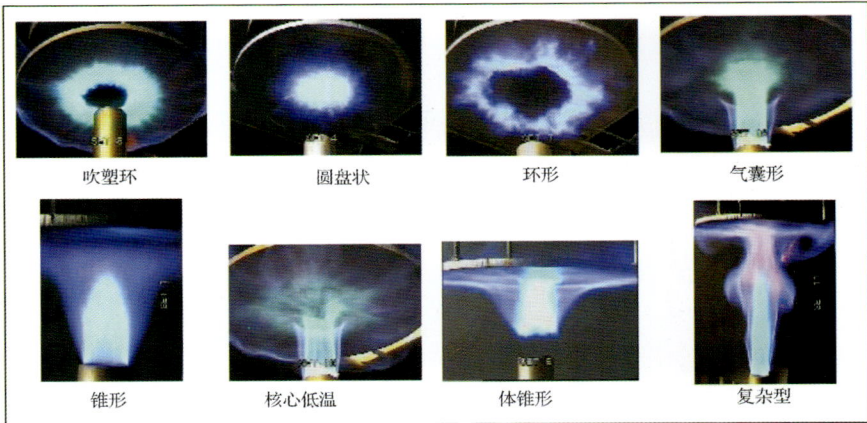

(a)

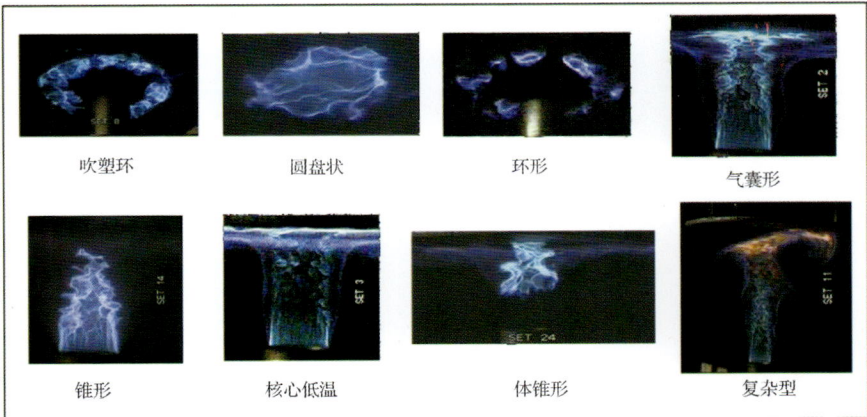

(b)

图 8.13　丙烷预混湍流碰撞火焰的不同燃烧模式
(a)快门速度 1/50 s；(b)快门速度 1/4 000 s

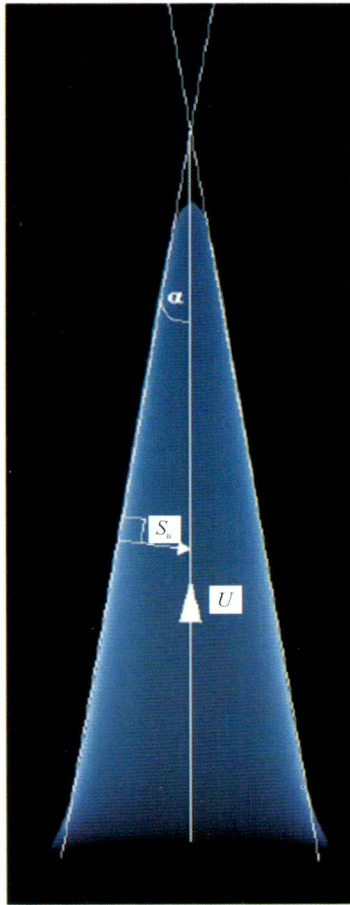

图 8.14　锥形角法测量预混火焰燃烧速率示意图

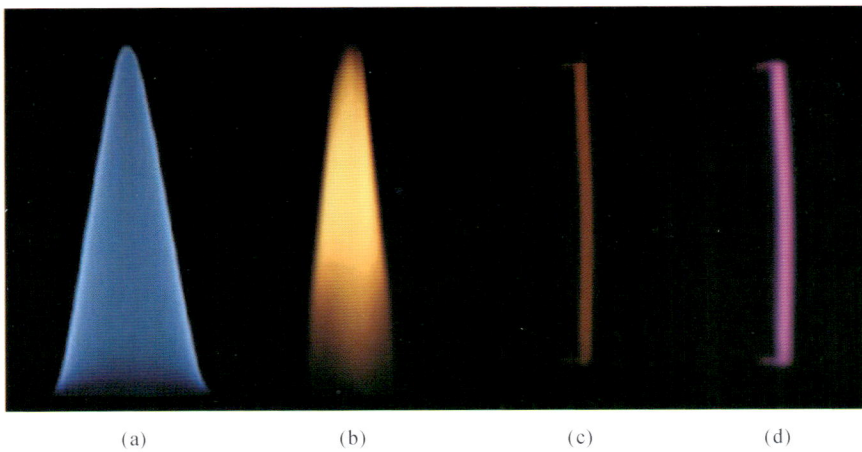

图 8.15　不同光谱特性的图片

(a)甲烷预混火焰；(b)蜡烛火焰；(c)钨灯采用滤镜过滤后所得到的 880 nm 近红外光；

(d)钨灯采用滤镜过滤后所得到的 1 064 nm 近红外光

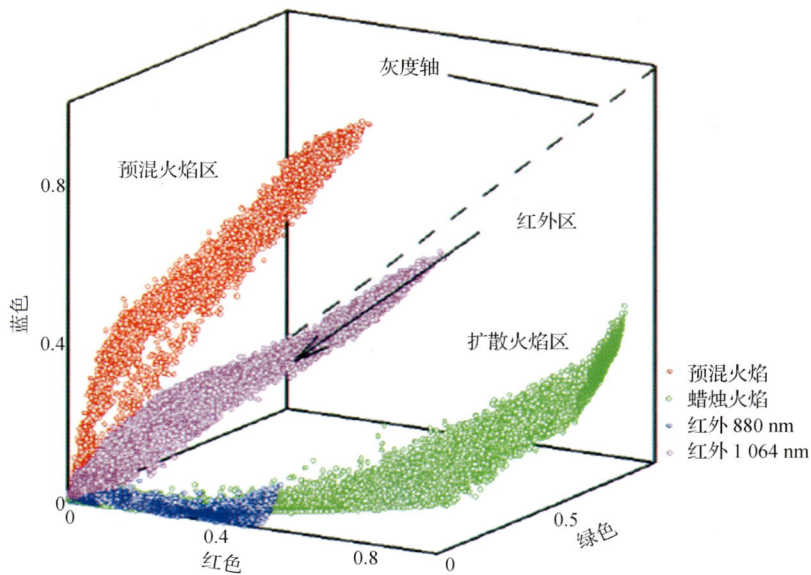
图 8.16 图 8.15 所示图片的 RGB 空间分布

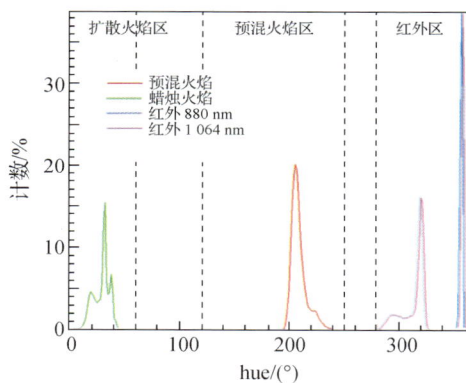
图 8.17 图 8.15 所示图片的 hue 值分布

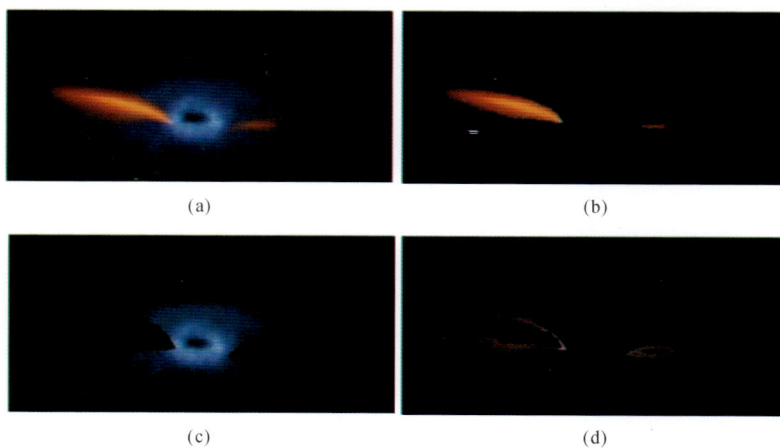
图 8.18 基于火焰颜色进行分离
（a）原始火焰；（b）扩散火焰；（c）预混火焰；（d）近红外波段的火焰

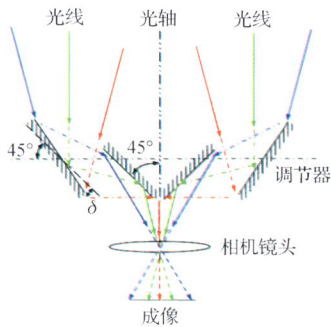

(a)

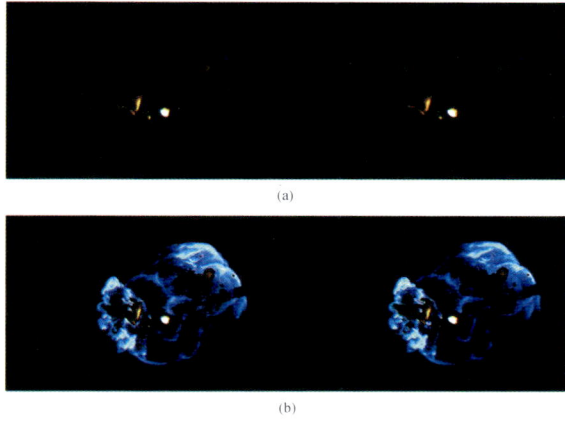

(b)

图 8.19　丙烷射流碰撞火焰点火过程某一瞬时的图片

(a)原始彩色图片;(b)蓝色火焰颜色增强后的图片

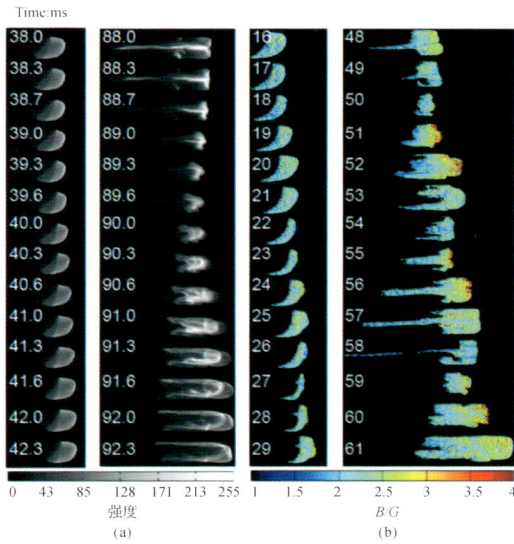

图　8.22

(a)当量比为 1.2 的丙烷预混火焰;(b)B/G 随时间的变化

图　8.26

(a)立体成像光路图;(b)立体成像采集的同一物体不同角度的照片

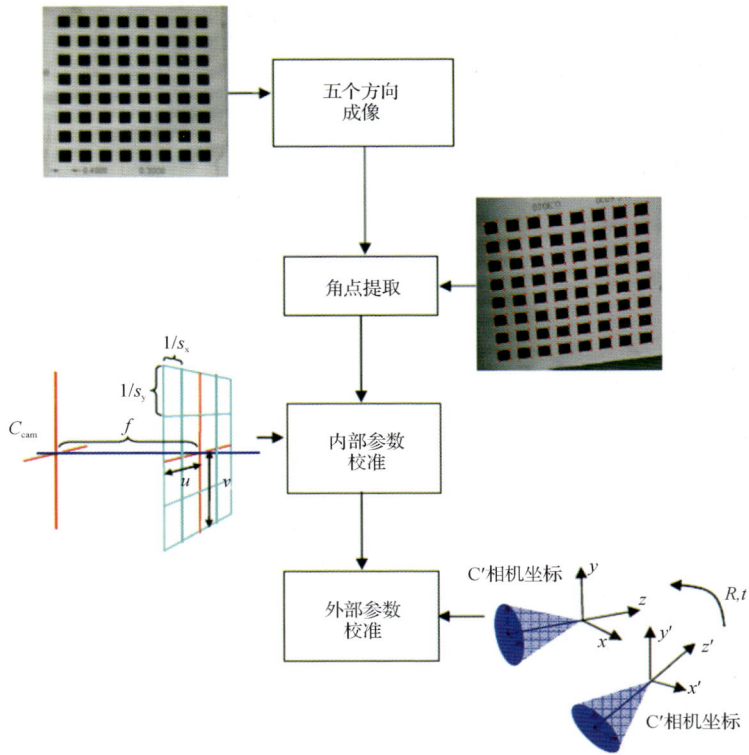

图 8.27　立体成像光路参数标定过程示意图

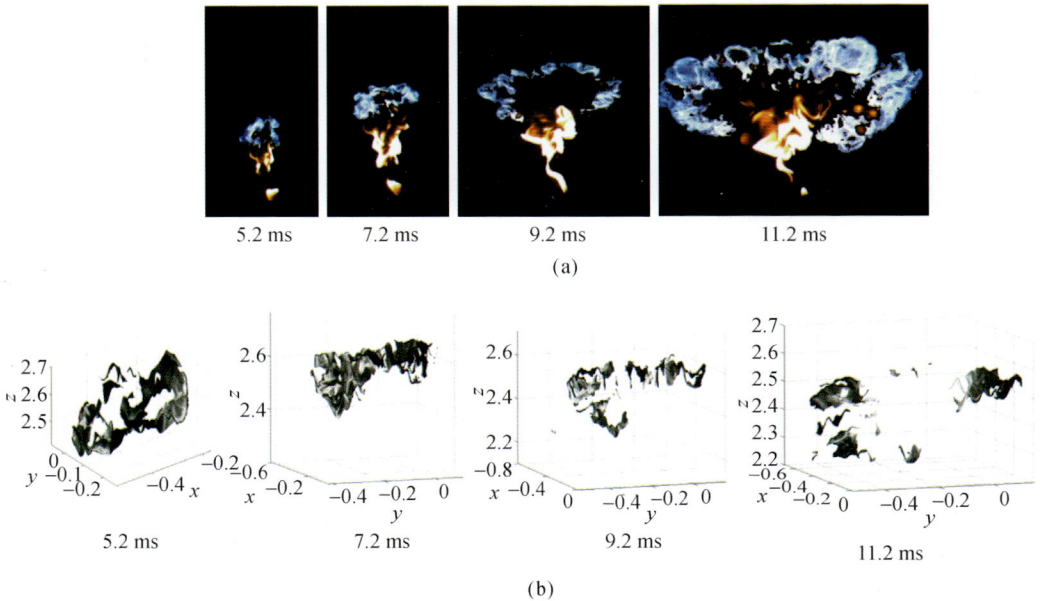

(a)

(b)

图 8.28　丙烷射流扩散火焰点火过程

(a)采用 DFCD 方法进行蓝色火焰颜色增强后的彩色图片；(b)蓝色火焰的三维结构